Werner Linde
Stochastik für das Lehramt

Weitere empfehlenswerte Titel

Aufgaben zur Höheren Mathematik
Für Ingenieure, Physiker und Mathematiker
Norbert Herrmann, 2. Aufl., 2013
ISBN: 978-3-486-74910-6, e-ISBN: 978-3-486-85816-7

Affine Ebenen
Eine konstruktive Algebraisierung desarguesscher Ebenen
Artur Bergmann, Erich Baumgartner, 2013
ISBN: 978-3-486-72137-9, e-ISBN: 978-3-486-74710-2

Die phantastische Geschichte der Analysis
Ihre Probleme und Methoden seit Demokrit und Archimedes.
Dazu die Grundbegriffe von heute.
Hans-Heinrich Körle, 2012
ISBN: 978-3-486-70819-6, e-ISBN: 978-3-486-70819-6

Algebra leicht(er) gemacht
Lösungsvorschläge zu Aufgaben des Ersten Staatsexamens
für das Lehramt an Gymnasien
Martina Kraupner, 2014
ISBN: 978-3-486-74911-3, e-ISBN: 978-3-486-85818-1

www.degruyter.com

Werner Linde

Stochastik für das Lehramt

DE GRUYTER

Autor
Prof. Dr. Werner Linde
Friedrich-Schiller-Universität Jena (FSU)
Mathematisches Institut
Ernst-Abbe-Platz 2
07743 Jena
Werner.Linde@uni-jena.de

ISBN 978-3-486-73743-1
e-ISBN 978-3-11-036241-1

Bibliografische Information der Deutschen Nationalbibliothek
Die Deutsche Nationalbibliothek verzeichnet diese Publikation in der Deutschen Nationalbibliografie; detaillierte bibliografische Daten sind im Internet über http://dnb.dnb.de abrufbar.

Library of Congress Cataloging-in-Publication Data
A CIP catalog record for this book has been applied for at the Library of Congress.

© 2014 Oldenbourg Wissenschaftsverlag GmbH
Rosenheimer Straße 143, 81671 München, Deutschland
www.degruyter.com
Ein Unternehmen von De Gruyter

Lektorat: Kristin Berber-Nerlinger
Herstellung: Tina Bonertz
Titelbild: Werner Linde
Druck und Bindung: CPI buch bücher.de GmbH, Birkach

Gedruckt in Deutschland
Dieses Papier ist alterungsbeständig nach DIN/ISO 9706.

Vorwort

In fast allen Bundesländern Deutschlands spielt die Stochastik im Mathematikunterricht an den gymnasialen Oberstufen eine zentrale Rolle. So findet man beispielsweise im Lehrplan Mathematik des gymnasialen Bildungsgangs (Jahrgangsstufen 5G bis 9G und gymnasiale Oberstufe) von Hessen[1] auf Seite 4 folgende Aussage:

„Im Zentrum des Mathematikunterrichts in der gymnasialen Oberstufe stehen die drei Sachgebiete

- Analysis
- Lineare Algebra/ Analytische Geometrie
- **Stochastik**

Diese drei Sachgebiete sind wesentlich, da sie Schülerinnen und Schüler mit fundamentalen mathematischen Ideen bekannt machen. Hierzu zählen inbesondere infinitesimale, algebraische, geometrische und **stochastische** Begriffsbildungen und Methoden[2]."

Die im zitierten Lehrplan aufgeführten Themen zum Sachgebiet Stochastik reichen weit: Sie beginnen mit der Untersuchung von Häufigkeiten, gehen über mehrstufige Zufallsversuche, bedingte Wahrscheinlichkeiten, Erwartungswert und Varianz bis hin zu Hypothesentests. Theoretisch sollten also unsere Abiturienten über gute Kenntnisse in der Stochastik verfügen, müssten über relevante stochastische Fragestellungen Bescheid wissen und sollten wesentliche Aussagen der Thematik kennen.

Seit vielen Jahren halte ich Vorlesungen zur Stochastik für Hörer verschiedenster Fachrichtungen auf unterschiedlichstem Niveau. Meine Erfahrungen in dieser Zeit besagen, dass recht viele meiner Hörer gar keine oder aber nur sehr einseitige Vorkenntnisse in der Stochastik besaßen. Noch schlimmer, befragte ich Studenten zu ihren Erfahrungen über den Stochastikunterricht an der Schule, so hörte ich öfters Einschätzungen wie „gab es bei uns nicht", „ist ein äußerst kompliziertes Sachgebiet" oder aber „völlig unverständlich". Es drängt sich mir deshalb der Eindruck auf, dass an zahlreichen Schulen beim Stochastikunterricht zwischen Lehrplänen einerseits und Realität andererseits eine große Kluft besteht.

Fasse ich meine persönlichen, sicher sehr einseitigen, Eindrücke zusammen, so ergibt sich für mich das Bild eines an vielen Gymnasien Deutschlands in Hinblick auf Umfang, Inhalt aber auch bezüglich Qualität insgesamt nicht zufriedenstellenden Stochastikunterrichts.

Was sind nun die Ursachen für die aus meiner Sicht unbefriedigende Situation? Sicher ist ein Teil des Problems im Fach Stochastik selbst begründet. Die Aufgabenstellungen, die verwendeten Methoden und auch die Denkweisen in der Stochastik unterscheiden sich von denen in

---

[1] Herausgegeben vom Hessischen Kultusministerium, 2010
[2] Hervorhebungen durch den Autor.

anderen, den Schülern geläufigeren, mathematischen Disziplinen. Aber das ist bestimmt nicht die alleinige Ursache.

Das Kernproblem liegt meines Erachtens in der Tatsache, dass viele der in den Schulen tätigen Lehrer und Lehrerinnen nicht ausreichend auf die Anforderungen eines qualitativ hochstehenden Unterrichts in Stochastik vorbereitet sind. Was man selbst nicht ausreichend weiß, worin man sich nicht sicher fühlt, was man nicht souverän beherrscht, das kann man auch nicht exakt und allgemein verständlich Schülern vermitteln.

Ausgehend von diesen persönlichen Eindrücken sah ich die Notwendigkeit, ein Buch zu schreiben, das unseren angehenden Lehrern den Einstieg in die Welt der stochastischen Denkweise erleichtert und ihnen außerdem die notwendige fachliche Basis liefert, um die Stochastik in der Schule gut und allgemein verständlich zu lehren. Im Buch findet man mehrere Themen, die ganz sicher niemals in irgendeinem Unterricht eine Rolle spielen werden, wie z.B. σ-Algebren. Meine Meinung hierzu: Nur auf der Grundlage eines soliden fachlichen Fundaments und mit der Kenntnis mathematischer Hintergründe, wie z.B., warum man eine saubere mathematische Theorie der Stochastik nicht ohne Verwendung von σ-Algebren aufbauen kann, lässt sich ein qualitativ guter Unterricht durchführen.

Betrachtet man die Inhalte der Stochastikausbildung in der Schule, so stellt man fest, dass vorrangig kombinatorische Probleme und Aufgaben zu bedingten Verteilungen (Bäume) behandelt werden. Das ist sehr, sehr einseitig, trifft die zentralen Fragen der Stochastik nur am Rand. Außerdem ermüdet das ständige Wiederholen desselben Aufgabentyps die Schüler schnell. Dabei existieren so viele, auch für Schüler interessante stochastische Fragen, die man im Unterricht behandeln könnte. Ich erwähne nur geometrische Fragestellungen, Glücksspiele oder statistische Untersuchungen von Daten. Meine Erfahrungen aus Vorträgen für Schüler der gymnasialen Oberstufe besagen, dass das Interesse der Schüler an stochastischen Problemen durchaus vorhanden ist; man muss nur die richtigen Fragestellungen auswählen. Deshalb ist ein weiteres Anliegen dieses Buches, anhand vieler Beispiele interessante Anwendungen der Stochastik aufzuzeigen, und zwar solcher Beispiele, die im Unterricht durchaus (eventuell in vereinfachter Form und/oder auch nur für besonders interessierte Schüler) behandelt werden können.

Die Zielstellung des vorliegenden Buchs habe ich genannt: Optimale Vorbereitung der Lehramtsstudenten auf ihre spätere Arbeit in der Schule und die Bereitstellung einer breiten Auswahl von Beispielen und Anwendungen der Stochastik. Deshalb wendet sich das Buch auch vorrangig an Studenten im Lehramt Gymnasium. Besonders freuen würde es mich, wenn auch bereits in der Schule tätige Lehrer aus dem Buch Anregungen für die Gestaltung ihres Stochastikunterrichts erhielten. Selbstverständlich sind viele der im Buch enthaltenen Themen auch für Studenten anderer Fachrichtungen, wie z.B. der Informatik, Ingenieurwissenschaften, Biologie etc. relevant. Studierende solcher Richtungen, die stochastische Methoden brauchen, können sicher ebenfalls vom Studium dieses vorrangig für Lehramtsstudenten konzipierten Buchs profitieren.

Der Inhalt des Buches orientiert sich im Wesentlichen an der von mir in den letzten Jahren mehrfach gehaltenen vierstündige Vorlesung (mit zweistündiger Übung) zur „Elementaren Wahrscheinlichkeitstheorie und Mathematischen Statistik" für Lehramtsstudenten (Gymnasium) des 3. Semesters. Weiterführende Themen, die nicht Bestandteil der Vorlesung waren, wurden zur Vervollständigung mit aufgenommen. Beispielsweise habe ich weder die Multinomialverteilung in dieser Allgemeinheit behandelt, noch etwas zu Produktmaßen gesagt oder die Frage der Verteilung von Ordnungsstatistiken vorgeführt. Ebenso waren weder das Lemma von Borel

Vorwort

und Cantelli noch die anderen im Abschnitt 7.1.3 enthaltenen Themen Stoff meiner Vorlesung. Die zusätzlich aufgenommenen, teilweise vielleicht etwas speziellen Kapitel (kenntlich durch die kursive Darstellung) können deshalb beim Lesen ohne Verlust für das Gesamtverständnis überblättert werden.

Bei der Gestaltung des Buches ließ ich mich vom folgenden Ausspruch Albert Einsteins leiten[3]:

„Example isn't another way to teach, it is the only way to teach"

Ausgehend von dieser Maxime spielen die zahlreich enthaltenen Beispiele die vielleicht wesentlichste Rolle im Buch: Vor der Einführung eines neuen Begriffes motivieren sie die folgende Definition, danach erklären sie den neuen Begriff und machen ihn verständlich. Beispiele liefern uns den Schlüssel, um in die Welt einer bisher unbekannten Theorie einzutreten. Später dann sind sie die Orientierungspunkte, die uns helfen, sich in dieser neuen Welt zurecht zu finden und nicht den Weg zu verlieren.

Noch eine Anmerkung zu den Beweisen der enthaltenen Aussagen: Wo es im Rahmen des Buchs möglich war, habe ich die Sätze mit einem Beweis versehen. Das geht nicht immer, denn eine wesentliche Basis der Wahrscheinlichkeitstheorie, die Maß- und Integrationstheorie, ist nicht verfügbar. Hier gibt es Grenzen, die ich beim Schreiben des Buchs bedauert habe, die aber bei einer elementaren Einführung in die Stochastik unvermeidbar sind. Im Mathematikunterricht in den Schulen geht leider der Trend immer mehr in die Richtung, Aussagen nicht mehr herzuleiten, sondern nur noch zu erläutern. Das halte ich für gefährlich, denn dadurch wird ein wesentlicher Bestandteil der Mathematik, das logische Schließen, das saubere Begründen von Behauptungen, nicht mehr gelehrt. Vielleicht regt das Buch auch den einen oder anderen Lehrer an, im Mathematikunterricht mal wieder einen „kleinen" Beweis vorzustellen. Schaden würde es sicher nicht!

Abschließend möchte ich mich bei einigen ehemaligen Studenten und Kollegen für ihre Hilfe und Unterstützung bei der Arbeit an dem Buch bedanken.

Beginnen möchte ich mit Herrn Matthias Günther, der 2007/2008 im Rahmen seines Studiums der Informatik meine Vorlesung zur „Einführung in die Wahrscheinlichkeitstheorie" hörte und recht selbständig ein Skript zu dieser Vorlesung anfertigte, das späteren Jahrgängen zur Verfügung stand. Herr Günther hat mir wieder und wieder vorgeschlagen, sein Skript zu einem Buch auszubauen. Seiner Hartnäckigkeit ist es zum großen Teil zu verdanken, dass dieses Buch überhaupt jemals entstand.

Ganz große Hilfe und Unterstützung erhielt ich durch Frau Marina Wahlers, die im Wintersemester 2010/2011 Hörerin meiner Vorlesung zur „Elementaren Wahrscheinlichkeitstheorie und Mathematische Statistik" war. Frau Wahlers hat die erste Version des Buches fast vollständig gelesen; ihre Hinweise und Ratschläge aus Sicht der „Betroffenen" waren unersetzlich für mich. Viele ihrer Anregungen sind in die Gestaltung des Manuskripts eingeflossen. Außerdem hat mich Frau Wahlers immer dann wieder aufgerüttelt, wenn meine Motivation für die Arbeit am Buch etwas erlahmte, indem sie mir versicherte, wie wichtig ein solches Projekt für die Ausbildung zukünftiger Lehrer ist.

Schließlich möchte ich mich noch bei meinem ehemaligen Doktoranden, Herrn Dr. Johannes Christof, und bei unserer ehemaligen Mitarbeiterin, Frau Dr. Anne Leucht, recht herzlich bedanken. Herr Christof hat das Manuskript sehr gründlich gelesen, Fehler aller Art gefunden und

---

[3] Siehe [10], Seite 73

Verbesserungen vorgeschlagen. Frau Leucht hat mir sehr bei der Anfertigung des Abschnitts zur Mathematischen Statistik, ihrem Spezialgebiet, geholfen. Ihre Hinweise waren äußerst wichtig für mich.

Mein Wunsch am Ende: Möge das vorliegende Buch viele Studenten (vielleicht auch einige Lehrer) dazu anregen, sich intensiver mit stochastischen Problemen zu beschäftigen. Möge es ihnen zeigen, was für ein wunderschönes Fachgebiet die Stochastik ist und welch interessanten, teilweise das tägliche Leben betreffenden Anwendungen diese Theorie besitzt. Gelingt es den Lehrerinnen und Lehrern dann, ihre Begeisterung auf die Schüler zu übertragen, so hat das Buch sein Ziel erreicht!

Jena, den 19. Dezember 2013   Werner Linde

Inhaltsverzeichnis

1	**Wahrscheinlichkeiten**	1
1.1	Wahrscheinlichkeitsräume	1
1.1.1	Grundraum	1
1.1.2	Ereignis-σ-Algebra	3
1.1.3	Wahrscheinlichkeitsmaß	5
1.2	Eigenschaften von Wahrscheinlichkeitsmaßen	9
1.3	Diskrete Wahrscheinlichkeitsverteilungen	12
1.4	Spezielle diskrete Verteilungen	17
1.4.1	Einpunktverteilung	17
1.4.2	Gleichverteilung auf endlichen Grundräumen	17
1.4.3	Binomialverteilung	21
1.4.4	Multinomialverteilung	23
1.4.5	Poissonverteilung	26
1.4.6	Hypergeometrische Verteilung	28
1.4.7	Geometrische Verteilung	31
1.4.8	Negative Binomialverteilung	33
1.5	Stetige Wahrscheinlichkeitsverteilungen	36
1.6	Spezielle stetige Verteilungen	40
1.6.1	Gleichverteilung auf einem Intervall	40
1.6.2	Normalverteilung	42
1.6.3	Gammaverteilung	44
1.6.4	Betaverteilung	48
1.6.5	Exponentialverteilung	50
1.6.6	Erlangverteilung	51
1.6.7	χ^2-Verteilung	52
1.6.8	Cauchyverteilung	53
1.7	Verteilungsfunktion	54
1.8	Mehrdimensionale stetige Verteilungen	60
1.8.1	Mehrdimensionale Wahrscheinlichkeitsdichten	60
1.8.2	Mehrdimensionale Gleichverteilung	61
1.9	*Produkte von Wahrscheinlichkeitsräumen*	66
1.10	Aufgaben	74

2	**Bedingte Verteilungen und Unabhängigkeit**	**79**
2.1	Bedingte Verteilungen	79
2.2	Unabhängigkeit von Ereignissen	86
2.2.1	Unabhängigkeit von zwei Ereignissen	86
2.2.2	Unabhängigkeit mehrerer Ereignisse	89
2.3	Aufgaben	93
3	**Zufällige Größen**	**97**
3.1	Transformation zufälliger Ergebnisse	97
3.2	Verteilungsgesetz einer zufälligen Größe	99
3.3	Zufällige Vektoren	109
3.4	Unabhängigkeit zufälliger Größen	118
3.4.1	Unabhängigkeit diskreter zufälliger Größen	121
3.4.2	Unabhängigkeit stetiger zufälliger Größen	125
3.5	*Ordnungsstatistiken*	127
3.6	Aufgaben	132
4	**Rechnen mit zufälligen Größen**	**135**
4.1	Transformation zufälliger Größen	135
4.2	Lineare Transformationen	140
4.3	Münzwurf und Gleichverteilung auf $[0,1]$	144
4.3.1	Darstellung reeller Zahlen als Dualbruch	144
4.3.2	Dualbrüche zufälliger Zahlen	146
4.3.3	Konstruktion zufälliger Zahlen durch unendlichen Münzwurf	147
4.4	Simulation zufälliger Größen	149
4.5	Addition zufälliger Größen	153
4.5.1	Addition diskreter zufälliger Größen	154
4.5.2	Addition stetiger zufälliger Größen	158
4.6	Summen spezieller zufälliger Größen	160
4.6.1	Binomialverteilte Größen	160
4.6.2	Poissonverteilte Größen	161
4.6.3	Negativ binomialverteilte Größen	164
4.6.4	Gleichverteilte Größen	166
4.6.5	Gammaverteilte Größen	166
4.6.6	Exponentiell verteilte Größen	167
4.6.7	χ^2-verteilte Größen	168
4.6.8	Normalverteilte Größen	169

4.7	Multiplikation und Division zufälliger Größen	171
4.7.1	Studentsche t-Verteilung	173
4.7.2	Fishersche F-Verteilung	176
4.8	Aufgaben	178

5 Erwartungswert, Varianz und Kovarianz — 181

5.1	Erwartungswert	181
5.1.1	Erwartungswert diskreter zufälliger Größen	181
5.1.2	Erwartungswert speziell verteilter diskreter Größen	185
5.1.3	Erwartungswert stetiger zufälliger Größen	189
5.1.4	Erwartungswert speziell verteilter stetiger Größen	191
5.1.5	Eigenschaften des Erwartungswertes	195
5.2	Varianz	201
5.2.1	Höhere Momente	201
5.2.2	Varianz einer zufälligen Größe	206
5.2.3	Berechnung der Varianz speziell verteilter Größen	208
5.3	Kovarianz und Korrelation	213
5.3.1	Kovarianz zweier zufälliger Größen	213
5.3.2	Korrelationskoeffizient	219
5.4	Aufgaben	222

6 Normalverteilte Vektoren — 227

6.1	Definition und Verteilungsdichte	227
6.2	Erwartungswertvektor und Kovarianzmatrix	236
6.3	Aufgaben	241

7 Grenzwertsätze — 243

7.1	Gesetze großer Zahlen	244
7.1.1	Ungleichung von Chebyshev	244
7.1.2	*Unendliche Folgen unabhängiger zufälliger Größen*	246
7.1.3	*Lemma von Borel und Cantelli*	249
7.1.4	Schwaches Gesetz der großen Zahlen	255
7.1.5	Starkes Gesetz der großen Zahlen	257
7.2	Zentraler Grenzwertsatz	261
7.3	Aufgaben	275

8 Mathematische Statistik — 277

8.1	Statistische Räume	277
8.1.1	Statistische Räume in allgemeiner Form	277
8.1.2	Statistische Räume in Parameterform	280

8.2	Statistische Tests	282
8.2.1	Aufgabenstellung	282
8.2.2	Gütefunktion und Signifikanztests	285
8.3	Tests für binomialverteilte Grundgesamtheiten	288
8.4	Tests für normalverteilte Grundgesamtheiten	292
8.4.1	Satz von R. A. Fisher	292
8.4.2	Quantile	295
8.4.3	u-Test oder Gaußtest	297
8.4.4	t-Test	300
8.4.5	χ^2-Tests für die Varianz	302
8.4.6	Doppel-u-Test	303
8.4.7	Doppel-t-Test	305
8.4.8	F-Tests	306
8.5	Punktschätzungen	307
8.5.1	Maximum-Likelihood-Schätzer	308
8.5.2	Erwartungstreue Schätzer	315
8.5.3	Risikofunktion	319
8.6	Bereichsschätzer und Konfidenzbereiche	323
8.7	Aufgaben	328
A	**Anhang**	**331**
A.1	Bezeichnungen	331
A.2	Grundbegriffe der Mengenlehre	331
A.3	Kombinatorik	333
A.3.1	Binomialkoeffizienten	333
A.3.2	Ziehen von Kugeln aus einer Urne	338
A.3.3	Multinomialkoeffizienten	340
A.4	Analytische Hilfsmittel	342
Literaturverzeichnis		**349**
Index		**351**

1 Wahrscheinlichkeiten

1.1 Wahrscheinlichkeitsräume

Wesentliches Anliegen der Wahrscheinlichkeitstheorie ist die mathematische Modellierung von Experimenten mit unsicherem, also zufälligem, Ausgang, kurz **Zufallsexperimente** genannt. Im Jahr 1933 begründete der russische Mathematiker A.N. Kolmogorov mit der Herausgabe des Buchs [9] die moderne Wahrscheinlichkeitstheorie, indem er postulierte:

> Zufallsexperimente lassen sich durch geeignete Wahrscheinlichkeitsräume, d.h. durch ein Tripel $(\Omega, \mathcal{A}, \mathbb{P})$, beschreiben.

Hierbei ist Ω der **Grundraum**, $\mathcal{A}$ bezeichnet die **Ereignis-σ-Algebra** und $\mathbb{P}$ ist eine Abbildung von $\mathcal{A}$ nach $[0, 1]$, das so genannte **Wahrscheinlichkeitsmaß**, auch **Wahrscheinlichkeitsverteilung** genannt.

Im Folgenden sollen nun die einzelnen Bestandteile des Wahrscheinlichkeitsraums sowie ihre Eigenschaften näher erläutert werden.

1.1.1 Grundraum

Definition 1.1.1
Der Grundraum Ω ist eine nichtleere Menge, die (mindestens) alle beim Zufallsexperiment möglichen Ergebnisse enthält.

Bemerkung 1.1.2

Aus mathematischen Gründen ist es manchmal sinnvoll, Ω größer als unbedingt notwendig zu wählen. Wichtig ist nur, dass alle möglichen Versuchsergebnisse im Grundraum erfasst sind.

Beispiel 1.1.3

Beim einmaligen Würfeln ist die natürliche Wahl $\Omega = \{1, \ldots, 6\}$. Man könnte aber auch $\Omega = \{1, 2, \ldots\}$ oder sogar $\Omega = \mathbb{R}$ wählen. Dagegen ist aber $\Omega = \{1, \ldots, 5\}$ nicht zur Beschreibung des einmaligen Würfelns geeignet.

Beispiel 1.1.4

Man würfelt mit einem Würfel so lange, bis erstmals die Zahl „6" erscheint. Registriert wird die Anzahl der Würfe, die man dabei benötigt. Zur Beschreibung dieses Zufallsexperiments muss mindestens $\Omega = \mathbb{N}$ gelten. Jede endliche Menge $\Omega = \{1, \ldots, N\}$ ist zur Beschreibung des Experiments ungeeignet, denn, wie groß man auch N wählt, es ist niemals ausgeschlossen, dass man häufiger als N-mal würfeln muss, ehe die Zahl „6" eintritt.

Beispiel 1.1.5

Ein Bauteil wird zum Zeitpunkt Null in Betrieb genommen und arbeitet eine gewisse Zeit. Zu einem zufälligen Zeitpunkt $t > 0$ fällt es aus, d.h., das Bauteil wird genau t Zeiteinheiten alt. Als Zeitpunkte für den Ausfall kommen alle möglichen positiven Werte t infrage. Damit ist die natürliche Wahl für Ω entweder $(0, \infty)$ oder aber, wenn man zulässt, dass Bauteile von Beginn an defekt sein können, auch $\Omega = [0, \infty)$. Man könnte aber auch $\Omega = \mathbb{R}$ nehmen, obwohl es eigentlich nicht sinnvoll ist, negative Lebenszeiten zu betrachten. Aber das ist kein Problem: Negative Lebenszeiten treten dann eben mit Wahrscheinlichkeit Null ein.

Teilmengen von Ω heißen **Ereignisse**. Somit ist die Potenzmenge $\mathcal{P}(\Omega)$ die Menge aller Ereignisse. Beispielsweise sind die möglichen Ereignisse beim einmaligen Würfeln die $2^6 = 64$ Mengen

$$\Big\{\emptyset, \{1\}, \ldots, \{6\}, \{1,2\}, \ldots, \{1,6\}, \{2,3\}, \ldots, \{2,6\}, \ldots, \{1,2,3,4,5\}, \Omega\Big\}.$$

Unter allen Ereignissen sind besonders die von Interesse, die einelementig sind. Diese nennt man **Elementarereignisse**. Im Beispiel 1.1.3 des einmaligen Würfelns sind die Elementarereignisse also

$$\{1\}, \{2\}, \{3\}, \{4\}, \{5\} \quad \text{und} \quad \{6\}.$$

Hat man ein Ereignis $A \subseteq \Omega$ gegeben und beobachtet man beim Versuch ein $\omega \in \Omega$, so sind zwei Fälle möglich:

1. Das beobachtete ω liegt in A. Dann sagt man, dass A **eingetreten** ist.
2. Liegt das beobachtete ω dagegen nicht in A, d.h., es gilt $\omega \in A^c$, so ist das Ereignis A **nicht eingetreten**.

Beispiel 1.1.6

Ist beim einmaligen Würfeln das Ereignis $A = \{2, 4\}$ und würfelt man die Zahl „6", so ist in diesem Fall das Ereignis A nicht eingetreten. Würfelt man dagegen eine „2", so trat A ein.

Beispiel 1.1.7

Im Beispiel 1.1.5 bedeutet der Eintritt des Ereignisses $A = [T, \infty)$ für eine vorgegebene Zahl $T > 0$, dass das Bauteil mindestens T Zeiteinheiten arbeitet, oder anders ausgedrückt, im Alter T verrichtet das Bauteil noch seinen Dienst.

Wir formulieren nun ein paar einfache **Regeln** für das Eintreten von Ereignissen.

1. Aufgrund der Wahl des Grundraums tritt Ω bei einem Zufallsexperiment stets ein. Man nennt Ω deshalb auch das **sichere** Ereignis.
2. Die leere Menge $\emptyset$ kann niemals eintreten. Deshalb heißt $\emptyset$ auch das **unmögliche** Ereignis.
3. Ein Ereignis A tritt genau dann ein, wenn sein Komplementärereignis A^c nicht eintritt und umgekehrt tritt A genau dann nicht ein, wenn A^c eintritt.
4. Sind A und B zwei Ereignisse, so tritt $A \cup B$ genau dann ein, wenn eines dieser Ereignisse eintritt. Dabei ist nicht ausgeschlossen, dass beide Ereignisse gleichzeitig eintreten können.
5. Es tritt $A \cap B$ dann und nur dann ein, wenn sowohl A als auch B eintreten.

1.1.2 Ereignis-σ-Algebra

Das Ziel der Wahrscheinlichkeitstheorie ist, bei der Beschreibung eines Zufallsexperiments jedem Ereignis $A \subseteq \Omega$ die Wahrscheinlichkeit $\mathbb{P}(A)$ seines Eintretens zuzuordnen. Leider ist dies aus mathematischen Gründen nicht immer möglich. Deshalb betrachtet man ein System $\mathcal{A}$ von Ereignissen aus Ω, für die sinnvoll die Wahrscheinlichkeit ihres Eintretens definiert werden kann. Dieses Mengensystem $\mathcal{A}$ von Ereignissen aus Ω sollte sinnvollerweise einige algebraische Bedingungen erfüllen. Genauer sollte Folgendes gelten:

Definition 1.1.8

Ein System $\mathcal{A}$ von Teilmengen aus Ω heißt σ-**Algebra**, wenn

(1) $\emptyset \in \mathcal{A}$,
(2) mit $A \in \mathcal{A}$ folgt $A^c \in \mathcal{A}$ und
(3) für abzählbar unendlich viele $A_1, A_2, \ldots \in \mathcal{A}$ gilt $\bigcup_{j=1}^{\infty} A_j \in \mathcal{A}$.

Wir wollen ein paar einfache Eigenschaften von σ-Algebren beweisen.

Satz 1.1.9

Sei $\mathcal{A}$ eine σ-Algebra von Teilmengen aus Ω. Dann gilt Folgendes:

(i) Man hat stets $\Omega \in \mathcal{A}$.
(ii) Für endlich viele Mengen $A_1, \ldots, A_n$ aus $\mathcal{A}$ folgt $\bigcup_{j=1}^{n} A_j \in \mathcal{A}$.
(iii) Gehören abzählbar unendlich viele $A_1, A_2, \ldots$ zu $\mathcal{A}$, so auch $\bigcap_{j=1}^{\infty} A_j$.
(iv) Für endlich viele Mengen $A_1, \ldots, A_n$ aus $\mathcal{A}$ ergibt sich $\bigcap_{j=1}^{n} A_j \in \mathcal{A}$.

Beweis: Wegen $\emptyset \in \mathcal{A}$ und $\Omega = \emptyset^c$ erhält man unter Verwendung von Eigenschaft (2) in der Definition von σ-Algebren auch $\Omega \in \mathcal{A}$. Damit ist (i) bewiesen.

Um (ii) zu zeigen, setzen wir $A_{n+1} = A_{n+2} = \cdots = \emptyset$. Dann folgt für alle $j = 1, 2, \ldots$ stets $A_j \in \mathcal{A}$, also nach Eigenschaft (3) der σ-Algebra auch $\bigcup_{j=1}^\infty A_j \in \mathcal{A}$. Weil aber $\bigcup_{j=1}^\infty A_j = \bigcup_{j=1}^n A_j$ gilt, ist (ii) bewiesen.

Zum Beweis von (iii) bemerken wir zuerst, dass mit $A_j \in \mathcal{A}$ auch $A_j^c \in \mathcal{A}$ gilt. Folglich erhält man $\bigcup_{j=1}^\infty A_j^c \in \mathcal{A}$. Wendet man nun nochmals an, dass σ-Algebren abgeschlossen gegen Komplementbildung sind, so impliziert dies $\left(\bigcup_{j=1}^\infty A_j^c\right)^c \in \mathcal{A}$. Aus der De Morganschen Regel

$$\left(\bigcup_{j=1}^\infty A_j^c\right)^c = \bigcap_{j=1}^\infty A_j$$

ergibt sich nun (iii).

Aussage (iv) kann man mit den eben verwendeten Methoden aus (ii) herleiten. Oder aber man verwendet (iii) und geht ähnlich wie im Beweis von (ii) vor. Hierbei muss man aber diesmal $A_{n+1} = A_{n+2} = \cdots = \Omega$ setzen. $\square$

Die einfachsten Beispiele von σ-Algebren sind $\mathcal{A} = \{\emptyset, \Omega\}$ und $\mathcal{A} = \mathcal{P}(\Omega)$. Allerdings ist die erste σ-Algebra zu klein, die zweite für überabzählbare Grundräume Ω ungeeignet. Die Konstruktion „passender" σ-Algebren im Fall solcher Ω, z.B. für $\Omega = \mathbb{R}$ oder, allgemeiner für $\Omega = \mathbb{R}^n$, ist komplizierter und soll hier nur kurz angedeutet werden:

Satz 1.1.10

Es sei $\mathcal{C}$ ein beliebiges nicht leeres System von Teilmengen von Ω. Dann existiert eine σ-Algebra $\mathcal{A}$ mit folgenden Eigenschaften:

1. Man hat $\mathcal{C} \subseteq \mathcal{A}$. Mit anderen Worten, Mengen aus $\mathcal{C}$ liegen auf jeden Fall in der σ-Algebra $\mathcal{A}$.
2. $\mathcal{A}$ ist die kleinste σ-Algebra mit dieser Eigenschaft, d.h., gilt für eine andere σ-Algebra $\mathcal{A}'$ ebenfalls $\mathcal{C} \subseteq \mathcal{A}'$, so muss $\mathcal{A} \subseteq \mathcal{A}'$ folgen.

Beweisidee: Man setzt

$$\Phi := \{\mathcal{A}' \subseteq \mathcal{P}(\Omega) : \mathcal{C} \subseteq \mathcal{A}', \mathcal{A}' \text{ ist } \sigma\text{-Algebra}\}.$$

Wegen $\mathcal{P}(\Omega) \in \Phi$ erhält man $\Phi \neq \emptyset$, und es folgt unmittelbar, dass

$$\mathcal{A} := \bigcap_{\mathcal{A}' \in \Phi} \mathcal{A}' = \{A \subseteq \Omega : A \in \mathcal{A}', \forall \mathcal{A}' \in \Phi\}$$

eine σ-Algebra ist. Nach Konstruktion ist $\mathcal{A}$ außerdem die kleinste σ-Algebra, die $\mathcal{C}$ umfasst. Damit besitzt $\mathcal{A}$ die gewünschten Eigenschaften. $\square$

Bezeichnung: Man nennt dann $\mathcal{A}$ die von $\mathcal{C}$ **erzeugte** σ-Algebra und schreibt $\mathcal{A} = \sigma(\mathcal{C})$.

1.1 Wahrscheinlichkeitsräume

Definition 1.1.11

Es sei $\mathcal{C} \subseteq \mathcal{P}(\mathbb{R})$ die Gesamtheit aller abgeschlossenen endlichen Intervalle in $\mathbb{R}$, also

$$\mathcal{C} = \{[a,b] : a < b, a, b \in \mathbb{R}\}.$$

Die von $\mathcal{C}$ auf $\mathbb{R}$ erzeugte σ-Algebra $\sigma(\mathcal{C})$ heißt **Borelsche σ-Algebra** und wird mit $\mathcal{B}(\mathbb{R})$ bezeichnet. Mengen aus $\mathcal{B}(\mathbb{R})$ nennt man **Borelmengen**.

Bemerkung 1.1.12

Nach Konstruktion sind abgeschlossene Intervalle auf jeden Fall Borelmengen, damit aber auch Komplemente solcher Intervalle, abzählbare Vereinigungen oder Durchschnitte. Es zeigt sich, dass alle „interessanten" Teilmengen von $\mathbb{R}$ Borelmengen sind. Die Konstruktion von Mengen, die nicht zu $\mathcal{B}(\mathbb{R})$ gehören, ist möglich, aber recht kompliziert.

Bemerkung 1.1.13

Es existieren viele andere Systeme von Teilmengen in $\mathbb{R}$, die ebenfalls $\mathcal{B}(\mathbb{R})$ im obigen Sinn erzeugen. Z.B. gilt $\mathcal{B}(\mathbb{R}) = \sigma(\mathcal{C}_1) = \sigma(\mathcal{C}_2)$ mit

$$\mathcal{C}_1 = \{(-\infty, b] : b \in \mathbb{R}\} \quad \text{und} \quad \mathcal{C}_2 = \{(a, \infty) : a \in \mathbb{R}\}.$$

1.1.3 Wahrscheinlichkeitsmaß

Bei einem Zufallsexperiment treten Ereignisse nicht vollkommen willkürlich ein, sondern mit gewissen Wahrscheinlichkeiten. D.h., man ordnet Ereignissen A aus Ω eine Zahl $\mathbb{P}(A)$ zu, die die Wahrscheinlichkeit des Eintretens von A beschreibt. Geschichtlich hat man sich darauf geeinigt, dass die Wahrscheinlichkeit $\mathbb{P}(A)$ zwischen 0 und 1 liegen soll, wobei $\mathbb{P}(A)$ nahe 1 bedeutet, dass A mit großer Wahrscheinlichkeit eintritt, wogegen $\mathbb{P}(A)$ nahe Null besagt, dass ein Eintreten von A sehr unwahrscheinlich ist. Denkbar, und manchmal angewandt, ist auch eine Skalierung der Wahrscheinlichkeiten zwischen 0 und 100; an Stelle der Wahrscheinlichkeit $1/2$ des Eintretens von A hätte man dann eine Eintrittswahrscheinlichkeit von 50%.

Was bedeutet nun die Wahrscheinlichkeit $\mathbb{P}(A)$ für das Eintreten von A? Was heißt z.B., wenn für ein Ereignis $\mathbb{P}(A) = 1/2$ gilt? Bedeutet das, A tritt nur zur Hälfte ein? Sicher nicht.

Nehmen wir an, wir führen das Zufallsexperiment n-mal durch (ohne Änderung der Versuchsanordnung) und zwar so, dass die einzelnen Versuchsergebnisse nicht voneinander abhängen. Wir setzen nun

$$a_n(A) := \text{Anzahl der Versuche, bei denen } A \text{ eintrat}. \tag{1.1}$$

Man nennt $a_n(A)$ die **absolute Häufigkeit** des Eintretens von A bei n Versuchen. Man beachte, dass dieses $a_n(A)$ zufällig ist und $0 \leq a_n(A) \leq n$ gilt. Die daraus gebildete Zahl

$$r_n(A) := \frac{a_n(A)}{n} \tag{1.2}$$

heißt **relative Häufigkeit** des Eintretens von A bei n Versuchen. Auch diese Zahl ist zufällig und es gilt $0 \leq r_n(A) \leq 1$.

Anschaulich ist klar (wir werden dies im Abschnitt 7.1 präziser darstellen), dass die relativen Häufigkeiten eines Ereignisses A gegen eine vom Zufall unabhängige Zahl streben, d.h. eine Zahl in $[0,1]$, die unabhängig von den speziell beobachteten Versuchsergebnissen ist, vorausgesetzt die Anzahl n der Versuche strebt gegen Unendlich. Dieser vom Zufall unabhängige Grenzwert ist genau die gesuchte Wahrscheinlichkeit $\mathbb{P}(A)$ des Eintretens des Ereignisses A.

Anders ausgedrückt, bei n gleichartigen unabhängigen Versuchen mit großem n wird im Durchschnitt in $n \cdot \mathbb{P}(A)$ Fällen das Ereignis A eintreten, also z.B. für $\mathbb{P}(A) = 1/2$ in der Hälfte der Versuche.

Welche natürlichen Eigenschaften besitzt die Zuordnung $A \mapsto \mathbb{P}(A)$?

1. Wegen $r_n(\Omega) = 1$ für $n \geq 1$ erhält man $\mathbb{P}(\Omega) = 1$.
2. Da für alle $n \geq 1$ stets $r_n(\emptyset) = 0$ gilt, folgt $\mathbb{P}(\emptyset) = 0$.
3. Sind A und B zwei disjunkte Ereignisse, gilt also $A \cap B = \emptyset$, so folgt für die relativen Häufigkeiten die Aussage $r_n(A \cup B) = r_n(A) + r_n(B)$, damit ergibt sich für die Wahrscheinlichkeiten

$$\mathbb{P}(A \cup B) = \mathbb{P}(A) + \mathbb{P}(B) \,. \tag{1.3}$$

Man sagt auch, $\mathbb{P}$ ist **endlich-additiv**. Wendet man diese Eigenschaft nacheinander auf Ereignisse $A_1, \ldots, A_n$ mit $A_i \cap A_j = \emptyset$, $i \neq j$, an, so folgt aus (1.3) sogar

$$\mathbb{P}\Big(\bigcup_{j=1}^{n} A_j \Big) = \sum_{j=1}^{n} \mathbb{P}(A_j) \,. \tag{1.4}$$

Es stellt sich allerdings heraus, dass zum Aufbau einer inhaltsreichen und vielseitig nutzbaren Wahrscheinlichkeitstheorie eine stärkere Eigenschaft als die endliche Additivität nötig ist; die Zuordnung $A \mapsto \mathbb{P}(A)$ muss σ-additiv sein, d.h., Folgendes muss gelten:

Definition 1.1.14

Die Abbildung $\mathbb{P}$ ist σ-**additiv**, wenn sich für abzählbar unendlich viele disjunkte Ereignisse $A_1, A_2, \ldots$ in Ω die Wahrscheinlichkeit der Vereinigung wie folgt berechnet:

$$\mathbb{P}\Big(\bigcup_{j=1}^{\infty} A_j \Big) = \sum_{j=1}^{\infty} \mathbb{P}(A_j)$$

Wir wollen nun an einem Beispiel illustrieren, warum die endliche Additivität, d.h. (1.3) bzw. die dazu äquivalente Eigenschaft (1.4), für die Beschreibung von Zufallsexperimenten im Allgemeinen zu schwach ist und warum wir wirklich die σ-Additivität brauchen.

Beispiel 1.1.15

Wie in Beispiel 1.1.4 würfeln wir mit einem Würfel so lange, bis erstmals die Zahl „6" erscheint. Das zufällige Ergebnis, das wir beobachten, ist, wie oft wir dazu würfeln müssen. Die möglichen Versuchsergebnisse sind die Zahlen $1, 2, \ldots$. Man kann also als Ω die natürlichen Zahlen $\mathbb{N}$ wählen. Sei nun A das Ereignis, die erste „6" erscheint bei einer geraden Zahl von Würfen, d.h., es gilt $A = \{2, 4, 6, \ldots\}$. Mit $A_k := \{k\}$ folgt $A = \bigcup_{k=1}^{\infty} A_{2k}$. Wir haben also A in **unendlich** viele disjunkte Teilmengen zerlegt und selbstverständlich muss dann

$$\mathbb{P}(A) = \sum_{k=1}^{\infty} \mathbb{P}(A_{2k})$$

gelten. Das ist aber mehr als die endliche Additivität.

Fassen wir zusammen: Will man axiomatisch die Eigenschaften der Abbildung beschreiben, die einer Menge $A \subseteq \Omega$ die Wahrscheinlichkeit $\mathbb{P}(A)$ ihres Eintretens zuordnet, so sollte $\mathbb{P}$ eine Abbildung von $\mathcal{P}(\Omega)$ nach $[0, 1]$ sein, die folgende natürlichen Eigenschaften besitzt:
  1. Es gilt $\mathbb{P}(\emptyset) = 0$ und $\mathbb{P}(\Omega) = 1$.
  2. $\mathbb{P}$ ist σ-additiv im Sinn von Definition 1.1.14.

Wie bereits oben bemerkt, kann man im Fall von „großen", also überabzählbaren, Grundräumen Ω, z.B. für $\Omega = \mathbb{R}$, Wahrscheinlichkeitsmaße nicht immer auf ganz $\mathcal{P}(\Omega)$ sinnvoll definieren, sondern nur auf einer kleineren σ-Algebra $\mathcal{A} \subset \mathcal{P}(\Omega)$. Mit anderen Worten, im Fall solcher Grundräume Ω ist es aufgrund mathematischer Probleme nicht mehr möglich, **jedem** Ereignis A die Wahrscheinlichkeit seines Eintretens zuzuordnen. Dies ist nur noch für gewisse Ereignisse möglich, nämlich für solche, die zu $\mathcal{A}$ gehören.

Deshalb ist folgende Definition notwendig:

Definition 1.1.16

Gegeben sei ein beliebiger Grundraum Ω versehen mit einer σ-Algebra $\mathcal{A}$. Die Abbildung $\mathbb{P}$ heißt **Wahrscheinlichkeitsmaß** oder **Wahrscheinlichkeitsverteilung** auf $(\Omega, \mathcal{A})$, wenn Folgendes gilt:
  1. $\mathbb{P}$ bildet von $\mathcal{A}$ nach $[0, 1]$ ab mit $\mathbb{P}(\emptyset) = 0$ und $\mathbb{P}(\Omega) = 1$.
  2. $\mathbb{P}$ ist σ-additiv, d.h., für disjunkte Mengen $A_1, A_2, \ldots$ aus $\mathcal{A}$ folgt

$$\mathbb{P}\left(\bigcup_{j=1}^{\infty} A_j\right) = \sum_{j=1}^{\infty} \mathbb{P}(A_j).$$

Bemerkung 1.1.17

Da $\mathcal{A}$ eine σ-Algebra ist, ergibt sich aus $A_1, A_2, \ldots \in \mathcal{A}$ auch $\bigcup_{j=1}^{\infty} A_j \in \mathcal{A}$. Damit ist $\mathbb{P}\left(\bigcup_{j=1}^{\infty} A_j\right)$ sinnvoll definiert.

Wir können nun den Begriff des Wahrscheinlichkeitsraums exakt einführen:

Definition 1.1.18

Ein **Wahrscheinlichkeitsraum** ist ein Tripel $(\Omega, \mathcal{A}, \mathbb{P})$ mit Grundraum Ω, einer σ-Algebra $\mathcal{A}$ von Teilmengen aus Ω, der sogenannten **Ereignis-σ-Algebra**, und einem Wahrscheinlichkeitsmaß $\mathbb{P}$ definiert auf $\mathcal{A}$ und mit Werten in $[0, 1]$.

Beispiel 1.1.19

Will man das einmalige Würfeln in diesem Sinn durch einen Wahrscheinlichkeitsraum beschreiben, so setze man $\Omega := \{1, \ldots, 6\}$, als σ-Algebra $\mathcal{A}$ nehme man die Potenzmenge von Ω und ist der Würfel fair, d.h. nicht verfälscht, so besitzen alle Elementarereignisse die gleiche Wahrscheinlichkeit, nämlich $1/6$. Damit ergibt sich aufgrund der Additivität für das gesuchte Wahrscheinlichkeitsmaß $\mathbb{P}$ die Aussage

$$\mathbb{P}(A) = \frac{\#(A)}{6}, \quad A \subseteq \{1, \ldots, 6\}.$$

Hierbei bezeichnet $\#(A)$ die Kardinalität von A, also die Anzahl der Elemente in A.

Bemerkung 1.1.20

Will man ein konkretes Zufallsexperiment mit einem geeigneten Wahrscheinlichkeitsraum beschreiben, so sind Ω und $\mathcal{A}$ unmittelbar durch das Experiment, also die beobachtbaren Ergebnisse und deren Anzahl, gegeben. Schwieriger ist die Bestimmung des Wahrscheinlichkeitsmaßes $\mathbb{P}$. Um dies zu ermitteln, sind folgende Vorgehensweisen möglich:

1. **Theoretische Überlegungen** führen manchmal direkt zum gesuchten $\mathbb{P}$. Ein Beispiel ist der Würfel, bei dem keine Seite bevorzugt ist, oder aber auch das Ziehen von Lottozahlen, bei denen alle Zahlen die gleiche Wahrscheinlichkeit besitzen usw.
2. Sind theoretische Überlegungen nicht möglich, so muss man **statistische Untersuchungen** durchführen. Hintergrund ist die beschriebene Konvergenz der relativen Häufigkeit $r_n(A)$ gegen $\mathbb{P}(A)$. Man führt also eine genügend große Anzahl n von unabhängigen Versuchen durch, z.B. befragt man n Personen, und verwendet die erhaltene relative Häufigkeit $r_n(A)$ als Näherungswert für $\mathbb{P}(A)$.
3. Manchmal nutzt man auch **subjektive oder auf Erfahrung beruhende Ansätze** zur Bestimmung von Wahrscheinlichkeiten. Man rechnet dann so lange mit diesen, bis genauere Werte vorliegen. Beispielsweise macht man, wenn ein neues Bauteil produziert wird, es noch nicht getestet wurde, erst einmal auf Erfahrung beruhende Annahmen über dessen Lebensdauerverteilung. Liegen konkrete Daten über die Lebensdauer mehrerer Teile vor, muss man dies präzisieren.

1.2 Eigenschaften von Wahrscheinlichkeitsmaßen

Wahrscheinlichkeitsmaße besitzen zahlreiche nützliche Eigenschaften. Wir fassen die wichtigsten in einem Satz zusammen.

Satz 1.2.1

Sei $(\Omega, \mathcal{A}, \mathbb{P})$ ein Wahrscheinlichkeitsraum. Dann gilt Folgendes:

(1) Die Abbildung $\mathbb{P}$ ist auch endlich-additiv.
(2) Für zwei Ereignisse $A, B \in \mathcal{A}$ mit $A \subseteq B$ folgt $\mathbb{P}(B \setminus A) = \mathbb{P}(B) - \mathbb{P}(A)$.
(3) Es gilt $\mathbb{P}(A^c) = 1 - \mathbb{P}(A)$ für $A \in \mathcal{A}$.
(4) Das Wahrscheinlichkeitsmaß ist **monoton**, d.h., aus der Inklusion $A \subseteq B$ für Ereignisse $A, B \in \mathcal{A}$ folgt stets $\mathbb{P}(A) \leq \mathbb{P}(B)$.
(5) Das Wahrscheinlichkeitsmaß ist **subadditiv**, d.h., für beliebige $A_j \in \mathcal{A}$ (nicht notwendig disjunkt) gilt

$$\mathbb{P}\Big(\bigcup_{j=1}^{\infty} A_j\Big) \leq \sum_{j=1}^{\infty} \mathbb{P}(A_j) \, .$$

(6) $\mathbb{P}$ ist **stetig von unten**, d.h., sind $A_j \in \mathcal{A}$ mit $A_1 \subseteq A_2 \subseteq \cdots$, dann folgt

$$\mathbb{P}\Big(\bigcup_{j=1}^{\infty} A_j\Big) = \lim_{j \to \infty} \mathbb{P}(A_j) \, .$$

(7) $\mathbb{P}$ ist **stetig von oben** in folgendem Sinn: Gilt für Ereignisse $A_j \in \mathcal{A}$ die Aussage $A_1 \supseteq A_2 \supseteq \cdots$, dann folgt

$$\mathbb{P}\Big(\bigcap_{j=1}^{\infty} A_j\Big) = \lim_{j \to \infty} \mathbb{P}(A_j) \, .$$

Beweis: Um die endliche Additivität zu beweisen, wählen wir beliebige disjunkte Mengen $A_1, \ldots, A_n$ aus der σ-Algebra $\mathcal{A}$. Wir setzen $A_{n+1} = A_{n+2} = \cdots = \emptyset$. Dann sind $A_1, A_2, \ldots$ ebenfalls disjunkt aus $\mathcal{A}$ und wir können nunmehr anwenden, dass das Wahrscheinlichkeitsmaß σ-additiv ist. Also gilt

$$\mathbb{P}\Big(\bigcup_{j=1}^{\infty} A_j\Big) = \sum_{j=1}^{\infty} \mathbb{P}(A_j) \, .$$

Beachtet man $\bigcup_{j=1}^{\infty} A_j = \bigcup_{j=1}^{n} A_j$ und $\mathbb{P}(A_j) = 0$ für $j > n$, so ergibt sich

$$\mathbb{P}\Big(\bigcup_{j=1}^{n} A_j\Big) = \sum_{j=1}^{n} \mathbb{P}(A_j)$$

wie gewünscht.

Zum Beweis der zweiten Aussage schreiben wir $B = A \cup (B \setminus A)$. Wegen $A \subseteq B$ ist das eine disjunkte Zerlegung von B, woraus wegen der endlichen Additivität von $\mathbb{P}$ die Gleichung

$$\mathbb{P}(B) = \mathbb{P}(A) + \mathbb{P}(B \setminus A)$$

folgt. Umstellen nach $\mathbb{P}(B \setminus A)$ beweist Aussage (2).

Aussage (3) ergibt sich einfach aus (2) wegen

$$\mathbb{P}(A^c) = \mathbb{P}(\Omega \setminus A) = \mathbb{P}(\Omega) - \mathbb{P}(A) = 1 - \mathbb{P}(A).$$

Die Monotonie erhält man ebenfalls einfach aus (2). Wegen

$$\mathbb{P}(B) - \mathbb{P}(A) = \mathbb{P}(B \setminus A) \geq 0$$

folgt sofort $\mathbb{P}(B) \geq \mathbb{P}(A)$.

Zum Beweis der Subadditivität nehme man beliebige Teilmengen $A_1, A_2, \ldots$ aus $\mathcal{A}$ und bilde mit diesen die Mengen $B_1 := A_1$, $B_2 := A_2 \setminus A_1$ und allgemein

$$B_k := A_k \setminus (A_1 \cup \cdots \cup A_{k-1}).$$

Dann sind $B_1, B_2, \ldots$ disjunkte Teilmengen aus $\mathcal{A}$, für die $\bigcup_{j=1}^{\infty} B_j = \bigcup_{j=1}^{\infty} A_j$ gilt. Weiterhin hat man nach Konstruktion $B_j \subseteq A_j$, somit $\mathbb{P}(B_j) \leq P(A_j)$. Wendet man all dies an, so folgt

$$\mathbb{P}\Big(\bigcup_{j=1}^{\infty} A_j\Big) = \mathbb{P}\Big(\bigcup_{j=1}^{\infty} B_j\Big) = \sum_{j=1}^{\infty} \mathbb{P}(B_j) \leq \sum_{j=1}^{\infty} \mathbb{P}(A_j).$$

Damit ist die Subadditivität gezeigt.

Als Nächstes beweisen wir die Stetigkeit von unten. Seien also $A_1, A_2, \ldots$ Mengen aus $\mathcal{A}$, die $A_1 \subseteq A_2 \subseteq \cdots$ erfüllen. Mit $A_0 := \emptyset$ definieren wir nun Mengen B_k durch

$$B_k := A_k \setminus A_{k-1}, \quad k = 1, 2, \ldots$$

Diese Mengen B_k sind disjunkt mit $\bigcup_{k=1}^{\infty} B_k = \bigcup_{j=1}^{\infty} A_j$. Außerdem ergibt sich aus Eigenschaft (2) die Identität $\mathbb{P}(B_k) = \mathbb{P}(A_k) - \mathbb{P}(A_{k-1})$. Deshalb können wir nun wie folgt schließen:

$$\begin{aligned}
\mathbb{P}\Big(\bigcup_{j=1}^{\infty} A_j\Big) &= \mathbb{P}\Big(\bigcup_{k=1}^{\infty} B_k\Big) = \sum_{k=1}^{\infty} \mathbb{P}(B_k) \\
&= \lim_{j \to \infty} \sum_{k=1}^{j} \mathbb{P}(B_k) = \lim_{j \to \infty} \sum_{k=1}^{j} [\mathbb{P}(A_k) - \mathbb{P}(A_{k-1})] \\
&= \lim_{j \to \infty} [\mathbb{P}(A_j) - \mathbb{P}(A_0)] = \lim_{j \to \infty} \mathbb{P}(A_j)
\end{aligned}$$

wegen $\mathbb{P}(A_0) = \mathbb{P}(\emptyset) = 0$. Damit ist die Stetigkeit von unten gezeigt.

1.2 Eigenschaften von Wahrscheinlichkeitsmaßen

Bleibt die Stetigkeit von oben nachzuweisen. Dazu wählen wir Ereignisse $A_j \in \mathcal{A}$ mit $A_1 \supseteq A_2 \supseteq \cdots$. Für die Komplemtärmengen erhält man dann $A_1^c \subseteq A_2^c \subseteq \cdots$, woraus unter Verwendung der bereits bewiesenen Stetigkeit von unten

$$\mathbb{P}\left(\bigcup_{j=1}^{\infty} A_j^c\right) = \lim_{j \to \infty} \mathbb{P}(A_j^c) = \lim_{j \to \infty} [1 - \mathbb{P}(A_j)] = 1 - \lim_{j \to \infty} \mathbb{P}(A_j) \qquad (1.5)$$

folgt. Auf der anderen Seite besteht die Identität

$$\mathbb{P}\left(\bigcup_{j=1}^{\infty} A_j^c\right) = 1 - \mathbb{P}\left(\left(\bigcup_{j=1}^{\infty} A_j^c\right)^c\right) = 1 - \mathbb{P}\left(\bigcap_{j=1}^{\infty} A_j\right),$$

und setzt man dies in (1.5) ein, so folgt unmittelbar die gewünschte Aussage

$$\mathbb{P}\left(\bigcap_{j=1}^{\infty} A_j\right) = \lim_{j \to \infty} \mathbb{P}(A_j).$$

Damit ist Satz 1.2.1 vollständig bewiesen. □

Erläutern wir nun einige der oberen Eigenschaften an einem einfachen Beispiel:

Beispiel 1.2.2

Man würfelt zweimal mit einem fairen Würfel. Als Grundraum wählt man

$$\Omega = \{1, \ldots, 6\}^2 = \{\omega = (\omega_1, \omega_2) : \omega_1, \omega_2 \in \{1, \ldots, 6\}\}.$$

Die σ-Algebra ist wieder die Potenzmenge von Ω und das Wahrscheinlichkeitsmaß $\mathbb{P}$ ist wie beim einmaligen Würfeln (alle Paare von Zahlen haben die gleiche Wahrscheinlichkeit, nämlich $1/36$) durch

$$\mathbb{P}(A) = \frac{\#(A)}{36} \qquad (1.6)$$

definiert.

Sind nun z.B. A_k, $k = 1, \ldots, 6$, die Ereignisse, dass man zweimal die Zahl k würfelt, d.h., es gilt $A_k := \{\omega = (\omega_1, \omega_2) \in \Omega : \omega_1 = \omega_2 = k\}$, so sind diese A_k disjunkt mit $\mathbb{P}(A_k) = 1/36$. Folglich gilt für das Ereignis A, dass man zweimal die selbe Zahl würfelt, also für

$$A := \bigcup_{k=1}^{6} A_k = \{(\omega_1, \omega_2) : \omega_1 = \omega_2\},$$

aufgrund der endlichen Additivität $\mathbb{P}(A) = 1/6$.

Natürlich hätte man das in diesem Fall auch unmittelbar aus (1.6) ablesen können. Fragt man nun nach der Wahrscheinlichkeit, dass sich die Augenzahl der beiden Würfe unterscheidet, so ist dies $\mathbb{P}(A^c) = 5/6$.

Eine weitere sehr nützliche Eigenschaft von Wahrscheinlichkeitsmaßen ist die Folgende:

Satz 1.2.3

Sei $(\Omega, \mathcal{A}, \mathbb{P})$ ein Wahrscheinlichkeitsraum. Dann gilt für $A_1, A_2 \in \mathcal{A}$ stets

$$\mathbb{P}(A_1 \cup A_2) = \mathbb{P}(A_1) + \mathbb{P}(A_2) - \mathbb{P}(A_1 \cap A_2).$$

Beweis: Man schreibe
$$A_1 \cup A_2 = A_1 \cup [A_2 \setminus (A_1 \cap A_2)]$$
und beachte, dass die beiden Mengen auf der rechten Seite disjunkt sind. Also folgt

$$\mathbb{P}(A_1 \cup A_2) = \mathbb{P}(A_1) + \mathbb{P}(A_2 \setminus (A_1 \cap A_2)) = \mathbb{P}(A_1) + [\mathbb{P}(A_2) - \mathbb{P}(A_1 \cap A_2)] \quad (1.7)$$

wegen $A_1 \cap A_2 \subseteq A_2$ unter Verwendung der zweiten Eigenschaft aus Satz 1.2.1. Damit ist aber der Satz bewiesen. □

Hat man nun drei Mengen $A_1, A_2, A_3 \in \mathcal{A}$, so liefert der vorangehende Satz, angewendet auf A_1 und $A_2 \cup A_3$, dass

$$\mathbb{P}(A_1 \cup A_2 \cup A_3) = \mathbb{P}(A_1) + \mathbb{P}(A_2 \cup A_3) - \mathbb{P}((A_1 \cap A_2) \cup (A_1 \cap A_3)).$$

Unter nochmaliger Anwendung von (1.7) auf den zweiten und dritten Term ergibt sich folgende Aussage:

Satz 1.2.4

Sei $(\Omega, \mathcal{A}, \mathbb{P})$ ein Wahrscheinlichkeitsraum. Dann folgt für drei Mengen A_1, A_2 und A_3 aus $\mathcal{A}$ die Gleichung

$$\begin{aligned}\mathbb{P}(A_1 \cup A_2 \cup A_3) &= \mathbb{P}(A_1) + \mathbb{P}(A_2) + \mathbb{P}(A_3) \\ &- [\mathbb{P}(A_1 \cap A_2) + \mathbb{P}(A_1 \cap A_3) + \mathbb{P}(A_2 \cap A_3)] + \mathbb{P}(A_1 \cap A_2 \cap A_3).\end{aligned}$$

Eine Verallgemeinerung der in den Sätzen 1.2.3 und 1.2.4 bewiesenen so genannten Einschluss-Ausschlussregel von 2 bzw. 3 auf beliebig viele Mengen $A_1, \ldots, A_n$ findet man in Aufgabe 1.5.

1.3 Diskrete Wahrscheinlichkeitsverteilungen

Nehmen wir zuerst einmal an, der Grundraum Ω sei **endlich**, d.h., bei unserem zu beschreibenden Zufallsexperiment sind nur endlich viele Versuchsausgänge möglich. In diesem Fall wählen wir als σ-Algebra $\mathcal{A}$ stets die Potenzmenge $\mathcal{P}(\Omega)$.

Nummerieren wir die Elemente von Ω durch, so können wir

$$\Omega = \{\omega_1, \ldots, \omega_N\}$$

schreiben, wobei $N = \#(\Omega)$.

1.3 Diskrete Wahrscheinlichkeitsverteilungen

Sei nun $\mathbb{P}$ ein beliebiges Wahrscheinlichkeitsmaß auf $\mathcal{P}(\Omega)$, d.h., $\mathbb{P}$ ist eine σ-additive Abbildung von $\mathcal{P}(\Omega)$ nach $[0, 1]$ mit $\mathbb{P}(\emptyset) = 0$ und $\mathbb{P}(\Omega) = 1$. Wir setzen dann

$$p_j := \mathbb{P}(\{\omega_j\}), \quad j = 1, \ldots, N, \tag{1.8}$$

erhalten somit eine Folge $(p_j)_{j=1}^N$ reeller Zahlen.

Welche Eigenschaften besitzen diese Zahlen? Antwort gibt der nächste Satz.

Satz 1.3.1

Für die mittels (1.8) gebildeten Zahlen gilt

$$0 \leq p_j \leq 1 \quad \text{und} \quad \sum_{j=1}^N p_j = 1. \tag{1.9}$$

Beweis: Die erste Aussage folgt unmittelbar aus (1.8) und $0 \leq \mathbb{P}(A) \leq 1$ für alle $A \subseteq \Omega$.

Die zweite Eigenschaft der p_j ergibt sich dagegen aus

$$1 = \mathbb{P}(\Omega) = \mathbb{P}\Big(\bigcup_{j=1}^N \{\omega_j\}\Big) = \sum_{j=1}^N \mathbb{P}(\{\omega_j\}) = \sum_{j=1}^N p_j.$$

$\square$

Fazit: Jedem Wahrscheinlichkeitsmaß $\mathbb{P}$ wird eindeutig eine Folge $(p_j)_{j=1}^N$ mit den in (1.9) formulierten Eigenschaften zugeordnet. Für ein beliebiges Ereignis $A \subseteq \Omega$ folgt dann

$$\mathbb{P}(A) = \sum_{\{j : \omega_j \in A\}} p_j. \tag{1.10}$$

Diese Aussage (1.10) ergibt sich einfach aus $A = \bigcup_{\{j : \omega_j \in A\}} \{\omega_j\}$.

Sei umgekehrt eine **beliebige** Folge $(p_j)_{j=1}^N$ von reellen Zahlen mit den Eigenschaften in (1.9) gegeben. Wir definieren nun eine Abbildung $\mathbb{P}$ von $\mathcal{P}(\Omega)$ nach $[0, 1]$ mittels Gleichung (1.10).

Satz 1.3.2

Die durch (1.10) definierte Abbildung $\mathbb{P}$ auf $\mathcal{P}(\Omega)$ ist ein Wahrscheinlichkeitsmaß mit $\mathbb{P}(\{\omega_j\}) = p_j$ für $1 \leq j \leq N$.

Beweis: Aus (1.9) ergibt sich unmittelbar, dass $\mathbb{P}$ von $\mathcal{P}(\Omega)$ nach $[0, 1]$ abbildet. Ebenso erhält man aus der zweiten Aussage in (1.9) und der Konstruktion von $\mathbb{P}$ die Identität $\mathbb{P}(\Omega) = 1$. Die Summe über die leere Menge ist per definitionem Null, somit hat man $\mathbb{P}(\emptyset) = 0$. Bleibt die σ-Additivität von $\mathbb{P}$ zu zeigen. Wählen wir also beliebige disjunkte Teilmengen $A_1, A_2, \ldots$ von

Ω. Wegen $\#(\Omega) < \infty$ sind aber höchstens endlich viele der A_j nicht leer. Sagen wir, dies seien die ersten n Mengen $A_1, \ldots, A_n$. Es folgt dann

$$\mathbb{P}\Big(\bigcup_{k=1}^{\infty} A_k\Big) = \mathbb{P}\Big(\bigcup_{k=1}^{n} A_k\Big) = \sum_{\{j : \omega_j \in \bigcup_{k=1}^n A_k\}} p_j$$

$$= \sum_{k=1}^{n} \sum_{\{j : \omega_j \in A_k\}} p_j = \sum_{k=1}^{\infty} \sum_{\{j : \omega_j \in A_k\}} p_j = \sum_{k=1}^{\infty} \mathbb{P}(A_k)$$

und somit ist $\mathbb{P}$, wie behauptet, σ-additiv.

Die Eigenschaft $\mathbb{P}(\{\omega_j\}) = p_j$ gilt trivialerweise nach Konstruktion von $\mathbb{P}$ entsprechend (1.10). □

Fassen wir zusammen: Im Fall von $\Omega = \{\omega_1, \ldots, \omega_N\}$ können Wahrscheinlichkeitsmaße $\mathbb{P}$ auf $\mathcal{P}(\Omega)$ mit Folgen $(p_j)_{j=1}^{N}$, die (1.9) erfüllen, identifiziert werden.

$$\Big\{\text{Wahrscheinlichkeitsmaße } \mathbb{P} \text{ auf } \mathcal{P}(\Omega)\Big\} \iff \Big\{\text{Folgen } (p_j)_{j=1}^{N} \text{ mit (1.9)}\Big\}$$

Dabei geht die Zuordnung von links nach rechts über $p_j = \mathbb{P}(\{\omega_j\})$ und die von rechts nach links entsprechend (1.10).

Beispiel 1.3.3

Sei $\Omega = \{1, 2, 3\}$, so werden Wahrscheinlichkeitsmaße $\mathbb{P}$ auf $\mathcal{P}(\Omega)$ durch drei Zahlen $p_1, p_2, p_3 \geq 0$ mit $p_1 + p_2 + p_3 = 1$ bestimmt. Umgekehrt erzeugen alle solche Zahlen stets ein Wahrscheinlichkeitsmaß.

Als Nächstes betrachten wir nun den Fall eines **abzählbar unendlichen** Grundraums Ω, d.h., es gilt $\Omega = \{\omega_1, \omega_2, \ldots\}$. Auch hier wählen wir als Ereignis-σ-Algebra die Potenzmenge von Ω. Ist nun $\mathbb{P}$ ein beliebiges Wahrscheinlichkeitsmaß auf $\mathcal{P}(\Omega)$, so setzen wir wie im endlichen Fall

$$p_j := \mathbb{P}(\{\omega_j\}), \quad j = 1, 2, \ldots$$

Diese Folge $(p_j)_{j=1}^{\infty}$ besitzt folgende Eigenschaften:

$$p_j \geq 0 \quad \text{und} \quad \sum_{j=1}^{\infty} p_j = 1. \tag{1.11}$$

Hierbei ergibt sich die zweite Eigenschaft wie im endlichen Fall, diesmal aber unter Verwendung der σ-Additivität, denn $\Omega = \bigcup_{j=1}^{\infty} \{\omega_j\}$. Mit dem gleichen Argument erhält man für ein beliebiges Ereignis $A \subseteq \Omega$ die Aussage

$$\mathbb{P}(A) = \sum_{\{j \geq 1 \,:\, \omega_j \in A\}} p_j. \tag{1.12}$$

Sei nun umgekehrt $(p_j)_{j=1}^{\infty}$ eine beliebige Folge reeller Zahlen mit den Eigenschaften in (1.11). Wir definieren eine Abbildung $\mathbb{P}$ von $\mathcal{P}(\Omega)$ nach $[0, 1]$ durch (1.12). Dann gilt:

Satz 1.3.4

Die so definierte Abbildung $\mathbb{P}$ auf $\mathcal{P}(\Omega)$ ist ein Wahrscheinlichkeitsmaß mit $\mathbb{P}(\{\omega_j\}) = p_j$ für $1 \leq j < \infty$.

Beweis: Der Beweis dieses Satzes ist mit einer Ausnahme vollkommen analog dem von Satz 1.3.2. Der einzige Unterschied tritt beim Nachweis der σ-Additivität auf. Für unendliches Ω existieren durchaus unendlich viele disjunkte, nicht leere Mengen $A_1, A_2, \ldots$ in Ω. Man verwendet nun hier, dass für disjunkte Mengen $I_1, I_2, \ldots$ in den natürlichen Zahlen $\mathbb{N}$ stets

$$\sum_{k=1}^{\infty} \sum_{j \in I_k} p_j = \sum_{j \in \bigcup_{k=1}^{\infty} I_k} p_j$$

gilt. Diese Identität gilt nach Bemerkung A.4.6 aufgrund von $p_j \geq 0$. Setzt man zu gegebenen disjunkten $A_k \subseteq \Omega$

$$I_k := \{j \in \mathbb{N} : \omega_j \in A_k\},$$

so folgt die σ-Additivität von $\mathbb{P}$ unmittelbar. $\square$

Fassen wir zusammen: Im Fall von $\Omega = \{\omega_1, \omega_2, \ldots\}$ können Wahrscheinlichkeitsmaße $\mathbb{P}$ auf $\mathcal{P}(\Omega)$ mit Folgen $(p_j)_{j=1}^{\infty}$, die (1.11) erfüllen, identifiziert werden.

$$\boxed{\left\{\text{Wahrscheinlichkeitsmaße } \mathbb{P} \text{ auf } \mathcal{P}(\Omega)\right\} \quad \Longleftrightarrow \quad \left\{\text{Folgen } (p_j)_{j=1}^{\infty} \text{ mit (1.11)}\right\}}$$

Dabei geht die Zuordnung von links nach rechts über $p_j = \mathbb{P}(\{\omega_j\})$ und die von rechts nach links entsprechend (1.12).

Beispiel 1.3.5

Seien $\Omega = \mathbb{N}$ und $p_j = 2^{-j}$ für $j \in \mathbb{N}$, so wird wegen $p_j > 0$ und $\sum_{j=1}^{\infty} p_j = 1$ (man überprüfe dies!) durch

$$\mathbb{P}(A) := \sum_{j \in A} \frac{1}{2^j}$$

ein Wahrscheinlichkeitsmaß auf $\mathcal{P}(\Omega)$ definiert. Zum Beispiel gilt für $A = \{2, 4, 6, \ldots\}$ die Gleichung

$$\mathbb{P}(A) = \sum_{j \in A} \frac{1}{2^j} = \sum_{k=1}^{\infty} \frac{1}{2^{2k}} = \frac{1}{1 - 1/4} - 1 = \frac{1}{3}.$$

Beispiel 1.3.6

Wir nehmen nun an, dass Ω aus den Zahlen $1, -1, 2, -2, \ldots$ besteht, d.h., es gelte $\Omega = \mathbb{Z} \setminus \{0\}$. Definieren wir

$$\mathbb{P}(\{k\}) := \frac{c}{k^2}, \quad k \in \Omega,$$

mit einer vorerst unbekannten Zahl $c > 0$. Damit die so definierte Abbildung $\mathbb{P}$ wirklich ein Wahrscheinlichkeitsmaß ist, muss

$$1 = c \sum_{k \in \mathbb{Z} \setminus \{0\}} \frac{1}{k^2} = 2c \sum_{k=1}^{\infty} \frac{1}{k^2}$$

gelten. Nun ist aber bekannt, dass

$$\sum_{k=1}^{\infty} \frac{1}{k^2} = \frac{\pi^2}{6}$$

gilt, somit folgt $c = \frac{3}{\pi^2}$ und das Wahrscheinlichkeitsmaß $\mathbb{P}$ wird dann durch

$$\mathbb{P}(\{k\}) = \frac{3}{\pi^2} \frac{1}{k^2}, \quad k \in \mathbb{Z} \setminus \{0\},$$

definiert. Beispielsweise haben wir für dieses Wahrscheinlichkeitsmaß die Aussage

$$\mathbb{P}(\mathbb{N}) = \frac{3}{\pi^2} \sum_{k=1}^{\infty} \frac{1}{k^2} = \frac{3}{\pi^2} \frac{\pi^2}{6} = \frac{1}{2}.$$

Oder sei $A = \{2, 4, 6, \ldots\}$, so folgt

$$\mathbb{P}(A) = \frac{3}{\pi^2} \sum_{k=1}^{\infty} \frac{1}{(2k)^2} = \frac{\mathbb{P}(\mathbb{N})}{4} = \frac{1}{8}.$$

Für spätere Zwecke wollen wir die beiden Fälle des endlichen und des abzählbaren Grundraums zusammenfassen und dabei leicht verallgemeinern.

Sei nunmehr Ω beliebig, versehen mit der σ-Algebra $\mathcal{P}(\Omega)$. Ein Wahrscheinlichkeitsmaß $\mathbb{P}$ auf $\mathcal{P}(\Omega)$ heißt **diskret**, wenn es eine höchstens abzählbar unendliche Teilmenge $D \subseteq \Omega$ (d.h. D ist endlich oder abzählbar unendlich) mit $\mathbb{P}(D) = 1$ gibt. Weil dies $\mathbb{P}(D^c) = 0$ impliziert, sagt man auch, $\mathbb{P}$ ist auf D **konzentriert**. In diesem Fall gilt dann

$$\mathbb{P}(A) = \mathbb{P}(A \cap D), \quad A \in \mathcal{P}(\Omega),$$

und somit lassen sich alle vorherigen Aussagen über Wahrscheinlichkeitsmaße auf endlichen oder abzählbar unendlichen Grundräumen leicht auf diesen etwas allgemeineren Fall übertragen. Gilt insbesondere $D = \{\omega_1, \omega_2, \ldots\}$, so folgt mit $p_j := \mathbb{P}(\{\omega_j\})$ für alle $A \subseteq \Omega$ die Gleichung

$$\mathbb{P}(A) = \sum_{\{j : \omega_j \in A\}} p_j.$$

Diskrete Wahrscheinlichkeitsmaße $\mathbb{P}$ sind auf höchstens abzählbar unendlichen Teilmengen D von Ω konzentriert und eindeutig durch die endlich oder abzählbar unendlich vielen Werte $\mathbb{P}(\{\omega\})$ mit $\omega \in D$ bestimmt.

Selbstverständlich sind für endliche oder abzählbar unendliche Grundräume Ω **alle** Wahrscheinlichkeitsmaße diskret. Nicht diskrete Wahrscheinlichkeitsmaße, z.B. im Fall $\Omega = \mathbb{R}$, werden wir später untersuchen.

Beispiel 1.3.7

Wir wollen das einmalige Würfeln modellieren, nehmen aber diesmal als Grundraum $\Omega = \mathbb{R}$. Dann besteht für die endliche Menge $D := \{1, \ldots, 6\}$ die Aussage $\mathbb{P}(D) = 1$, d.h. $\mathbb{P}$ ist auf $\{1, \ldots, 6\}$ konzentriert. Da in diesem Fall $p_1 = \cdots = p_6 = 1/6$ gilt, so folgt für $A \subseteq \mathbb{R}$

$$\mathbb{P}(A) = \frac{\#(A \cap \{1, \ldots 6\})}{6}.$$

Beispielsweise ergibt sich $\mathbb{P}([2, 4.5]) = 1/2$, $\mathbb{P}((-\infty, 2]) = 1/3$ oder $\mathbb{P}([1.2, 1.9]) = 0$.

1.4 Spezielle diskrete Verteilungen

1.4.1 Einpunktverteilung

Das einfachste diskrete Wahrscheinlichkeitsmaß ist in einem Punkt konzentriert, d.h., es existiert ein $\omega_0 \in \Omega$ mit $\mathbb{P}(\{\omega_0\}) = 1$. Man bezeichnet es mit δ_{ω_0}. Folglich gilt für $A \in \mathcal{P}(\Omega)$ die Aussage

$$\delta_{\omega_0}(A) = \begin{cases} 1 : \omega_0 \in A \\ 0 : \omega_0 \notin A \end{cases} \tag{1.13}$$

Definition 1.4.1

Das durch (1.13) definierte Wahrscheinlichkeitsmaß δ_{ω_0} heißt **Punktmaß** oder auch **Dirac-maß** im Punkt ω_0.

Welches Zufallsexperiment beschreibt $(\Omega, \mathcal{P}(\Omega), \delta_{\omega_0})$? Es ist dies das Experiment, bei dem nur ein Ergebnis möglich ist, und zwar ω_0. Damit ist es eigentlich kein Zufallsexperiment, sondern ein deterministisches, denn das Ergebnis ist im Voraus bestimmbar.

Einpunktverteilungen eignen sich gut zur Beschreibung beliebiger diskreter Wahrscheinlichkeitsmaße. Sei nämlich $\mathbb{P}$ ein beliebiges diskretes Maß, das auf $D = \{\omega_1, \omega_2, \ldots\}$ konzentriert ist, so folgt

$$\mathbb{P} = \sum_{j=1}^{\infty} p_j \, \delta_{\omega_j} \tag{1.14}$$

mit $p_j = \mathbb{P}(\{\omega_j\})$. Umgekehrt ist natürlich jedes in der Form (1.14) dargestellte Wahrscheinlichkeitsmaß diskret und auf $\{\omega_1, \omega_2, \ldots\}$ konzentriert.

1.4.2 Gleichverteilung auf endlichen Grundräumen

Es gelte $\Omega = \{\omega_1, \ldots, \omega_N\}$ und wir nehmen an, dass alle N Elementarereignisse gleich wahrscheinlich sind, d.h., man hat

$$\mathbb{P}(\{\omega_1\}) = \cdots = \mathbb{P}(\{\omega_N\}).$$

Typisches Beispiel dafür ist der Würfel mit $\Omega = \{1,\ldots,6\}$.

Wegen $1 = \mathbb{P}(\Omega) = \sum_{j=1}^{N} \mathbb{P}(\{\omega_j\})$ ergibt sich unmittelbar $\mathbb{P}(\{\omega_j\}) = 1/N$ für alle $j \leq N$. Aus (1.10) folgt somit für jedes $A \subseteq \Omega$ die Aussage

$$\mathbb{P}(A) = \frac{\#(A)}{N} = \frac{\#(A)}{\#(\Omega)}. \tag{1.15}$$

Definition 1.4.2

Das durch (1.15) auf $\mathcal{P}(\Omega)$ definierte Wahrscheinlichkeitsmaß $\mathbb{P}$ nennt man **Gleichverteilung** oder auch **Laplaceverteilung** auf dem endlichen Grundraum Ω.

Folgende **Merkformel** für die Gleichverteilung ist nützlich:

$$\mathbb{P}(A) = \frac{\text{Anzahl der für } A \text{ günstigen Fälle}}{\text{Anzahl der möglichen Fälle}}$$

Beispiel 1.4.3

Beim Lotto werden 6 Zahlen aus 49 gezogen. Ordnet man die Zahlen in der Reihenfolge ihrer Ziehung, so gibt es für die erste Zahl 49 Möglichkeiten, die zweite 48 usw. Insgesamt gibt es also $49 \cdot 48 \cdot 47 \cdot 46 \cdot 45 \cdot 44$ mögliche Fälle. Mit anderen Worten, den Grundraum Ω kann man als

$$\Omega := \{(\omega_1,\ldots,\omega_6) : \omega_i \in \{1,\ldots,49\},\ \omega_i \neq \omega_j \text{ für } i \neq j\}$$

wählen. Nehmen wir an, dass auf unserem Tippzettel die Zahlen $a_1,\ldots,a_6$ stehen. Sei A das Ereignis, dass genau diese Zahlen erscheinen. Dann ist für A günstig, wenn $(a_1,\ldots,a_6)$ in dieser Reihenfolge gezogen werden, aber natürlich auch, wenn die Ziehung dieser Zahlen in anderer Reihenfolge erfolgt. Somit existieren 6! für A günstige Fälle und

$$\mathbb{P}(A) = \frac{6!}{49\cdots 44} = \frac{1}{\binom{49}{6}}.$$

Zweiter möglicher Zugang: Wir nehmen nunmehr an, dass uns die im Lotto gezogenen Zahlen bereits der Größe nach geordnet (wie bei der Veröffentlichung der Zahlen) vorliegen. Dann ergibt sich als Grundraum

$$\Omega := \{(\omega_1,\ldots,\omega_6) : 1 \leq \omega_1 < \cdots < \omega_6 \leq 49\}$$

und $\#(\Omega) = \frac{49\cdots 44}{6!}$. Damit unser Ereignis A in Ω liegt, müssen auch die Zahlen auf dem Tippschein geordnet sein. In diesem Fall existiert genau eine für A günstige Möglichkeit, was wieder zu

$$\mathbb{P}(A) = \frac{1}{\binom{49}{6}}$$

führt.

1.4 Spezielle diskrete Verteilungen

Beispiel 1.4.4

Eine faire Münze sei mit den Zahlen „0" und „1" beschriftet. Man werfe diese Münze n-mal und registriere die Abfolge der Zahlen. Das Ergebnis ist ein Vektor der Länge n, dessen Einträge nur aus den Zahlen „0" und „1" bestehen. Somit kann man Ω in der Form

$$\Omega := \{0,1\}^n = \{(\omega_1, \ldots, \omega_n) : \omega_i \in \{0,1\}\}$$

wählen. Da die Münze fair sein soll, ist keine dieser Folgen besonders ausgezeichnet, also ist das beschreibende Wahrscheinlichkeitsmaß die Gleichverteilung auf $\mathcal{P}(\Omega)$. Wegen $\#(\Omega) = 2^n$ ergibt sich für $A \subseteq \Omega$ die Formel

$$\mathbb{P}(A) = \frac{\#(A)}{2^n}.$$

Betrachten wir zum Beispiel für ein $1 \leq i \leq n$ das Ereignis A, dass im i-ten Wurf eine „0" erscheint, d.h.,

$$A = \{(\omega_1, \ldots, \omega_n) : \omega_i = 0\},$$

so gilt $\#(A) = 2^{n-1}$, also wie erwartet $\mathbb{P}(A) = 1/2$.

Ist dagegen A das Ereignis, genau k-mal, $0 \leq k \leq n$, eine „1" zu beobachten, so hat man $\#(A) = \binom{n}{k}$, folglich

$$\mathbb{P}(A) = \binom{n}{k} \cdot \frac{1}{2^n}.$$

Beispiel 1.4.5

Wir haben k Teilchen, die wir „gleichmäßig" auf n Kästen verteilen, wobei dies bedeuten soll, dass alle Verteilungen von Teilchen auf Kästen dieselbe Wahrscheinlichkeit besitzen. Wie berechnet sich dann die Wahrscheinlichkeit eines Ereignisses?

In dieser Form ist die Frage nicht eindeutig beantwortbar, denn es ist nicht festgelegt, ob die Teilchen unterscheidbar sind oder aber anonym. Sei beispielsweise $k = n = 2$. Sind die zwei Teilchen unterscheidbar, so gibt es 4 mögliche Verteilungen der 2 Teilchen auf die 2 Kästen. Also hat beim Vorliegen einer Gleichverteilung jedes Elementarereignis die Wahrscheinlichkeit $1/4$. Sind dagegen die Teilchen anonym, also ununterscheidbar, so gibt es nur drei Konfigurationen. Somit beträgt in diesem Fall, bei Annahme der Gleichverteilung, die Wahrscheinlichkeit $1/3$ für jedes Elementarereignis. Insbesondere besitzt das Ereignis, beide Teilchen befinden sich in Kasten 1, je nach Annahme über die Natur der Teilchen entweder die Wahrscheinlichkeit $1/4$ oder $1/3$.

Kommen wir wieder zum allgemeinen Fall, also k Teilchen und n Kästen, zurück.
Unterscheidbare Teilchen: Sind die Teilchen unterscheidbar, so können wir sie von 1 bis k durchnummerieren, ebenso wie die Kästen von 1 bis n, und jede Konfiguration wird also durch eine Folge $(a_1, \ldots, a_k)$ mit $1 \leq a_i \leq n$ beschrieben, d.h., Teilchen 1 ist im Kasten a_1, Teilchen 2 im Kasten a_2 usw. Damit ist der Grundraum

$$\Omega = \{(a_1, \ldots, a_k) : 1 \leq a_i \leq n\}$$

und $\#(\Omega) = n^k$. Die Wahrscheinlichkeit eines Ereignisses ergibt sich somit aus

$$\mathbb{P}(A) = \frac{\#(A)}{n^k} \ .$$

Anonyme Teilchen: Wir registrieren wie viele Teilchen jeder der n Kästen enthält. Damit hat Ω die Gestalt

$$\Omega = \{(k_1, \ldots, k_n) : k_1 + \cdots + k_n = k\},$$

d.h., Kasten 1 enthält k_1 Teilchen, Kasten 2 enthält k_2 usw. Nach Fall 4 in Abschnitt A.3.2 gilt

$$\#(\Omega) = \binom{n+k-1}{k}.$$

Für ein Ereignis $A \subseteq \Omega$ ergibt sich damit

$$\mathbb{P}(A) = \frac{\#(A)}{\#(\Omega)} = \#(A) \cdot \frac{k!\,(n-1)!}{(n+k-1)!}$$

Wir wollen für ein spezielles Ereignis in beiden Fällen die Wahrscheinlichkeit des Eintretens berechnen. Dazu setzen wir $k \leq n$ voraus, wählen k feste Kästen $M_1, \ldots, M_k$ aus und betrachten das Ereignis

$$A := \{\text{In den Kästen } M_1, \ldots, M_k \text{ befindet sich genau ein Teilchen}\}. \quad (1.16)$$

Im ersten Fall (Teilchen unterscheidbar) tritt A genau dann ein, wenn $(M_1, \ldots, M_k)$ oder eine Permutation davon erscheint. Also gibt es $k!$ mögliche Fälle, und es folgt

$$\mathbb{P}(A) = \frac{k!}{n^k} \ . \qquad (1.17)$$

Im anonymen Fall ist genau ein Fall günstig für A (warum?), somit folgt hier

$$\mathbb{P}(A) = \frac{k!\,(n-1)!}{(n+k-1)!} \ . \qquad (1.18)$$

Zusatzfrage: Sei $k \leq n$ und das Ereignis B durch

$$B := \{\text{In keinem der } n \text{ Kästen ist mehr als ein Teilchen}\}$$

definiert. Es gelten die Aussagen

$$\mathbb{P}(B) = \binom{n}{k} \cdot \frac{k!}{n^k} = \frac{n!}{(n-k)!\,n^k} \quad \text{bzw.}$$

$$\mathbb{P}(B) = \binom{n}{k} \cdot \frac{k!\,(n-1)!}{(n+k-1)!} = \frac{n!\,(n-1)!}{(n-k)!\,(n+k-1)!} \ .$$

1.4 Spezielle diskrete Verteilungen

Begründung: Das in (1.16) betrachtete Ereignis A hängt von der Auswahl der k Kästen $M_1,\ldots,M_k$ ab. Deshalb bezeichne man A nun mit $A(M_1,\ldots,M_k)$. Für unterschiedlich ausgewählte Kästen $M_1,\ldots,M_k$ und $M'_1,\ldots,M'_k$ folgt

$$A(M_1,\ldots,M_k) \cap A(M'_1,\ldots,M'_k) = \emptyset \ .$$

Außerdem gilt $B = \bigcup A(M_1,\ldots,M_k)$, wobei die Vereinigung über alle Möglichkeiten, k Kästen $M_1,\ldots,M_k$ aus den gegebenen n zu wählen, genommen wird. Das ist auf $\binom{n}{k}$ Arten möglich. Weiterhin ist, wie wir in (1.17) bzw. (1.18) sahen, $\mathbb{P}(A(M_1,\ldots,M_k))$ unabhängig von der Wahl der speziellen Kästen $M_1,\ldots,M_k$. Damit berechnet sich die gesuchte Wahrscheinlichkeit von B wie behauptet durch

$$\mathbb{P}(B) = \binom{n}{k} \mathbb{P}(A) \ .$$

1.4.3 Binomialverteilung

Es sei nun $\Omega = \{0,1,\ldots,n\}$ für eine vorgegebene Zahl $n \geq 1$. Weiterhin sei p eine reelle Zahl mit $0 \leq p \leq 1$.

Satz 1.4.6

Durch

$$B_{n,p}(\{k\}) = \binom{n}{k} p^k (1-p)^{n-k}, \quad k = 0,\ldots,n, \tag{1.19}$$

wird ein eindeutig bestimmtes Wahrscheinlichkeitsmaß $B_{n,p}$ auf der Potenzmenge von $\{0,\ldots,n\}$ definiert.

Beweis: Wegen $0 \leq p \leq 1$, also auch $0 \leq 1-p \leq 1$, folgt $\binom{n}{k} p^k (1-p)^{n-k} \geq 0$. Um Satz 1.3.2 anwenden zu können, müssen wir noch

$$\sum_{k=0}^{n} B_{n,p}(\{k\}) = \sum_{k=0}^{n} \binom{n}{k} p^k (1-p)^{n-k} = 1$$

nachweisen. Wir verwenden dazu die binomische Formel (siehe Satz A.3.5) mit $a = p$ und $b = 1 - p$ und erhalten

$$\sum_{k=0}^{n} \binom{n}{k} p^k (1-p)^{n-k} = (p + (1-p))^n = 1$$

wie behauptet. □

Definition 1.4.7

Das durch (1.19) auf $\mathcal{P}(\{0,\ldots,n\})$ definierte Wahrscheinlichkeitsmaß $B_{n,p}$ heißt **Binomialverteilung** mit Parametern n und p.

Man beachte, dass sich unter Verwendung von (1.10) die Wahrscheinlichkeit für beliebige Ereignisse $A \subseteq \{0,\ldots,n\}$ durch

$$B_{n,p}(A) = \sum_{k \in A} \binom{n}{k} p^k (1-p)^{n-k}$$

berechnet.

Welches Zufallsexperiment beschreibt die Binomialverteilung $B_{n,p}$? Betrachten wir dazu zuerst den Fall $n = 1$. Hier hat man $\Omega = \{0,1\}$, und es gilt $B_{1,p}(\{0\}) = 1-p$ sowie $B_{1,p}(\{1\}) = p$. Identifiziert man das Erscheinen einer „1" mit Erfolg, dass einer „0" mit Misserfolg, so beschreibt $B_{1,p}$ einen Versuch, bei dem Erfolg mit Wahrscheinlichkeit p und Misserfolg mit Wahrscheinlichkeit $1-p$ auftritt. Nehmen wir nun an, wir führen n gleichartige Versuche dieses Typs aus. Wir beobachten eine Folge der Länge n, die nur „0" und „1" enthält. Eine spezielle Folge wird dabei mit Wahrscheinlichkeit $p^k(1-p)^{n-k}$ eintreten, wobei k die Zahl der in dieser Folge erscheinenden Einsen ist. Nun gibt es aber $\binom{n}{k}$ viele Möglichkeiten, wie die k Einsen in der Folge verteilt sind, d.h., die Zahl $\binom{n}{k} p^k(1-p)^{n-k}$ beschreibt die Wahrscheinlichkeit, irgendeine Folge mit k-mal „1" zu beobachten. Anders ausgedrückt, $B_{n,p}(\{k\})$ ist die Wahrscheinlichkeit, **in n Versuchen genau k-mal Erfolg** zu haben. Dabei ist p die Wahrscheinlichkeit in einem einzelnen Versuch Erfolg zu haben.

Beispiel 1.4.8

In einer Klausur mit 100 Fragen kreuzt man zufällig mit Wahrscheinlichkeit p die richtige Antwort an. Die Klausur ist bestanden, wenn wenigstens 60 der Fragen richtig beantwortet wurden. Wie groß muss p sein, damit man mit Wahrscheinlichkeit größer oder gleich 3/4 die Klausur besteht?

Antwort: Das p muss so gewählt werden, dass

$$\sum_{k=60}^{100} \binom{100}{k} p^k (1-p)^{100-k} \geq 0.75$$

gilt. Numerische Berechnungen zeigen, dass diese Bedingung genau dann erfüllt ist, wenn für die Erfolgswahrscheinlichkeit p die Abschätzung $p \geq 0.62739$ besteht.

Beispiel 1.4.9

Wie groß ist die Wahrscheinlichkeit, dass unter N Studenten mindestens zwei am 01.04. Geburtstag haben?

Antwort: Unter Vernachlässigung von Schaltjahren, der Voraussetzung, dass sich unter den Studenten keine Zwillinge befinden, und unter der (nicht ganz realistischen) Annahme, dass

1.4 Spezielle diskrete Verteilungen

alle Tage im Jahr als Geburtstage gleich wahrscheinlich sind, beträgt die Erfolgswahrscheinlichkeit $p = 1/365$. Damit ist die Anzahl der Studenten, die am besagten Tag geboren sind, gemäß $B_{N,1/365}$ verteilt, und die gesuchte Wahrscheinlichkeit berechnet sich als

$$\sum_{k=2}^{N} \binom{N}{k} \left(\frac{1}{365}\right)^k \left(\frac{364}{365}\right)^{N-k} = 1 - B_{N,1/365}(\{0\}) - B_{N,1/365}(\{1\})$$

$$= 1 - \left(\frac{364}{365}\right)^N - \frac{N}{365}\left(\frac{364}{365}\right)^{N-1}.$$

Für $N = 500$ erhält man beispielsweise, dass diese Wahrscheinlichkeit ungefähr 0.397895 beträgt.

1.4.4 Multinomialverteilung

Gegeben seien natürliche Zahlen n und m sowie Wahrscheinlichkeiten $p_1, \ldots, p_m$ mit der Eigenschaft $p_1 + \cdots + p_m = 1$. Wir betrachten den Grundraum[1]

$$\Omega := \{(k_1, \ldots, k_m) \in \mathbb{N}_0^m \; : \; k_1 + \cdots + k_m = n\}, \tag{1.20}$$

versehen ihn mit der Potenzmenge als σ-Algebra und definieren $\mathbb{P}$ durch

$$\mathbb{P}(\{(k_1, \ldots, k_m)\}) := \binom{n}{k_1, \ldots, k_m} p_1^{k_1} \cdots p_m^{k_m}. \tag{1.21}$$

Der hier auftretende Multinomialkoeffizient $\binom{n}{k_1, \ldots, k_m}$ wird in (A.14) eingeführt, und zwar durch

$$\binom{n}{k_1, \ldots, k_m} = \frac{n!}{k_1! \cdots k_m!}.$$

Wir zeigen nun, dass (1.21) ein Wahrscheinlichkeitsmaß auf $\mathcal{P}(\Omega)$ erzeugt.

Satz 1.4.10

Durch den Ansatz (1.21) wird ein Wahrscheinlichkeitsmaß auf $\mathcal{P}(\Omega)$ definiert, wobei Ω durch (1.20) gegeben ist.

Beweis: Wir verwenden das in Satz A.3.14 bewiesene Multinomialtheorem und erhalten

$$\sum_{(k_1,\ldots,k_m)\in\Omega} \mathbb{P}(\{(k_1,\ldots,k_m)\}) = \sum_{\substack{k_1+\cdots+k_m=n \\ k_i \geq 0}} \binom{n}{k_1,\ldots,k_m} p_1^{k_1} \cdots p_m^{k_m}$$

$$= (p_1 + \cdots + p_m)^n = 1^n = 1.$$

Wegen $\mathbb{P}(\{(k_1, \ldots, k_m)\}) \geq 0$ ist die Behauptung bewiesen. □

Damit ist folgende Definition sinnvoll.

---

[1] Man beachte, dass die Kardinalität von Ω aufgrund der im Fall 4 des Abschnitts A.3.2 ausgeführten Überlegungen durch $\binom{n+m-1}{m}$ gegeben ist.

Definition 1.4.11

Das auf $\mathcal{P}(\Omega)$ mit $\Omega = \{(k_1, \ldots, k_m) \in \mathbb{N}_0^m : k_1 + \cdots + k_m = n\}$ durch (1.21) definierte Wahrscheinlichkeitsmaß $\mathbb{P}$ nennt man **Multinomialverteilung** mit den Parametern n und $p_1, \ldots, p_m$.

Welches zufällige Experiment beschreibt die Multinomialverteilung? Um das zu beantworten, betrachten wir nochmals das Modell, welches zur Binomialverteilung führte, jetzt allerdings in einer etwas anderen Form. In einer Urne befinden sich weiße und schwarze Kugeln, wobei der Anteil der weißen Kugeln p sei, somit der der schwarzen $1-p$. Wir ziehen nun n Kugeln, wobei wir jedesmal die gezogene Kugel wieder zurücklegen. Dann beträgt die Wahrscheinlichkeit, genau k weiße Kugeln zu ziehen, $B_{n,p}(\{k\})$. Nunmehr nehmen wir an, dass sich in der Urne nicht nur weiße und schwarze Kugeln befinden, sondern Kugeln von m verschiedenen Farben. Der Anteil der Kugeln mit den Farben 1 bis m betrage p_1 bis p_m, wobei selbstverständlich $p_1 + \cdots + p_m = 1$ gelten soll.

Wie groß ist dann die Wahrscheinlichkeit beim n-maligen Ziehen von Kugeln (mit Zurücklegen) genau k_1 der ersten Farbe, k_2 der zweiten Farbe usw. zu beobachten? Es existieren, wie wir in Abschnitt A.3.3 festgestellt haben, genau $\binom{n}{k_1, \ldots, k_m}$ Möglichkeiten, die Farben in der gegebenen Anzahl zu ziehen. Da außerdem die Wahrscheinlichkeit des Ziehens einer Kugel der j-ten Farbe p_j beträgt, man k_j Kugeln dieser Farbe ziehen muss, so sehen wir, dass sich die Wahrscheinlichkeit für das Eintreten des Ereignisses $\{(k_1, \ldots, k_m)\}$ mittels

$$\mathbb{P}(\{(k_1, \ldots, k_m)\}) := \binom{n}{k_1, \ldots, k_m} p_1^{k_1} \cdots p_m^{k_m}$$

berechnet.

Fassen wir zusammen: Sind m verschiedene Ergebnisse möglich, und treten diese Ergebnisse mit den Wahrscheinlichkeiten p_1 bis p_m ein, so wird die Wahrscheinlichkeit, bei n unabhängigen Versuchen genau k_1-mal das erste Ereignis, k_2-mal das zweite usw. zu beobachten, durch die in (1.21) definierte Multinomialverteilung beschrieben.

Bemerkung 1.4.12

Im Fall $n = 2$ folgt $p_2 = 1 - p_1$ sowie $\binom{n}{k_1, k_2} = \binom{n}{k_1, n-k_1} = \binom{n}{k_1}$ und die Multinomialverteilung stimmt mit der Binomialverteilung mit den Parametern n und p_1 überein.

Alternatives Modell für die Multinomialverteilung: Gegeben seien m Kästen $K_1, \ldots, K_m$ und n Teilchen. Die Wahrscheinlichkeit, dass ein einzelnes Teilchen in den Kasten K_i fällt betrage p_i, $1 \leq i \leq m$. Man verteilt nun die n Teilchen nacheinander entsprechend den gegebenen Wahrscheinlichkeiten auf die m Kästen. Am Ende beobachtet man einen Vektor $(k_1, \ldots, k_m)$, der die Anzahl der Teilchen in den Kästen $K_1, \ldots, K_m$ beschreibt. Und es gilt dann

$$\mathbb{P}(\{(k_1, \ldots, k_m)\}) = \binom{n}{k_1, \ldots, k_m} p_1^{k_1} \cdots p_m^{k_m}.$$

1.4 Spezielle diskrete Verteilungen

Spezialfall: Im Fall $p_1 = \cdots = p_m = 1/m$, d.h. die Teilchen werden in jeden Kasten mit derselben Wahrscheinlichkeit platziert, folgt

$$\mathbb{P}(\{(k_1, \ldots, k_m)\}) = \binom{n}{k_1, \ldots, k_m} \frac{1}{m^n}.$$

Beispiel 1.4.13

Es gelte $n \leq m$. Wie groß ist die Wahrscheinlichkeit, dass sich in n vorgegebenen Kästen $K_{i_1}, \ldots, K_{i_n}$ jeweils genau ein Teilchen befindet?
Antwort: Wegen $\binom{n}{1,\ldots,1} = n!$ beträgt die gesuchte Wahrscheinlichkeit

$$n!\, p_{i_1} \cdots p_{i_n}.$$

Speziell, wenn $p_1 = \cdots = p_m = 1/m$, so ist die Wahrscheinlichkeit $\frac{n!}{n^m}$ wie wir bereits früher in Beispiel 1.4.5 auf andere Weise hergeleitet haben.

Frage: Warum erhält man in diesem Modell dieselbe Verteilung wie im Fall der Gleichverteilung, wobei die Teilchen unterscheidbar sind, obwohl hier die n Teilchen keine Namen tragen?
Antwort: Man beachte, dass wir die n Teilchen nacheinander auf die m Kästen aufteilen. Damit tragen sie implizit doch Namen, nämlich den, als wievieltes Teilchen sie verteilt wurden. Man mache sich dies am Fall von zwei Teilchen und zwei Kästen klar!

Beispiel 1.4.14

Sechs Personen steigen nacheinander in einen Zug, der drei Wagen hat. Die Auswahl des Waggons erfolgt zufällig und unabhängig voneinander. Wie groß ist die Wahrscheinlichkeit, dass in jedem Wagen genau zwei Personen sitzen?
Antwort: Es gilt $m = 3$, $n = 6$ und $p_1 = p_2 = p_3 = 1/3$. Gesucht ist die Wahrscheinlichkeit des Vektors $(2, 2, 2)$. Also berechnet sich diese Wahrscheinlichkeit aus

$$\binom{6}{2,2,2} \frac{1}{3^6} = \frac{6!}{2!\,2!\,2!} \frac{1}{3^6} = \frac{10}{81} = 0.12345679.$$

Beispiel 1.4.15

In einem Land sind 40% aller Autos grau, 20% schwarz und 10% rot. Der Rest hat eine andere Farbe. Man beobachtet zufällig 10 Autos. Wie groß ist die Wahrscheinlichkeit, dass man genau zwei graue, vier schwarze und ein rotes Auto sieht?
Antwort: Wir haben $m = 4$ (grau, schwarz, rot, Rest) sowie $p_1 = 2/5, p_2 = 1/5, p_3 = 1/10$ und $p_4 = 3/10$. Gesucht ist die Wahrscheinlichkeit des Vektors $(2, 4, 1, 3)$. Diese berechnet sich als

$$\binom{10}{2,4,1,3} \left(\frac{2}{5}\right)^2 \left(\frac{1}{5}\right)^4 \left(\frac{1}{10}\right)^1 \left(\frac{3}{10}\right)^3 = \frac{10!}{2!\,4!\,1!\,3!} \cdot \frac{2^2}{5^2} \cdot \frac{1}{5^4} \cdot \frac{1}{10} \cdot \frac{3^3}{10^3}$$
$$= 0.00870912.$$

1.4.5 Poissonverteilung

Sei nunmehr $\Omega = \mathbb{N}_0 = \{0, 1, 2, \ldots\}$. Weiterhin sei eine reelle Zahl $\lambda > 0$ gegeben.

Satz 1.4.16

Es existiert ein eindeutig bestimmtes Wahrscheinlichkeitsmaß Pois_λ, sodass

$$\text{Pois}_\lambda(\{k\}) = \frac{\lambda^k}{k!}\,e^{-\lambda}, \quad k \in \mathbb{N}_0. \tag{1.22}$$

Beweis: Wegen $e^{-\lambda} > 0$ sind die auftretende Terme stets positiv. Also reicht es aus,

$$\sum_{k=0}^{\infty} \frac{\lambda^k}{k!}\,e^{-\lambda} = 1$$

nachzuweisen. Das ergibt sich aber sofort aus

$$\sum_{k=0}^{\infty} \frac{\lambda^k}{k!}\,e^{-\lambda} = e^{-\lambda} \sum_{k=0}^{\infty} \frac{\lambda^k}{k!} = e^{-\lambda}\,e^{\lambda} = 1\,.$$

□

Definition 1.4.17

Das durch (1.22) auf $\mathcal{P}(\mathbb{N}_0)$ definierte Wahrscheinlichkeitsmaß Pois_λ heißt **Poissonverteilung** mit Parameter $\lambda > 0$.

Die Poissonverteilung wird immer dann verwendet, wenn wie beim Modell der Binomialverteilung die Anzahl n der Versuche sehr groß ist, die Erfolgswahrscheinlichkeit p dagegen sehr klein. Präziser wird dies im folgenden Grenzwertsatz formuliert.

Satz 1.4.18: *Poissonscher Grenzwertsatz*

Sei $(p_n)_{n=1}^{\infty}$ eine Folge von Zahlen mit $0 < p_n \leq 1$ und

$$\lim_{n \to \infty} n\,p_n = \lambda$$

für ein $\lambda > 0$. Dann folgt für alle $k \in \mathbb{N}_0$ die Aussage

$$\lim_{n \to \infty} B_{n,p_n}(\{k\}) = \text{Pois}_\lambda(\{k\})\,.$$

1.4 Spezielle diskrete Verteilungen

Beweis: Wir schreiben

$$B_{n,p_n}(\{k\}) = \binom{n}{k} p_n^k (1-p_n)^{n-k}$$

$$= \frac{1}{k!} \frac{n(n-1)\cdots(n-k+1)}{n^k} (np_n)^k (1-p_n)^n (1-p_n)^{-k}$$

$$= \frac{1}{k!} \left[\frac{n}{n} \cdot \frac{n-1}{n} \cdots \frac{n-k+1}{n}\right] (np_n)^k (1-p_n)^n (1-p_n)^{-k}$$

und betrachten das Verhalten der einzelnen Terme für $n \to \infty$. Jeder der Brüche in der Klammer konvergiert gegen 1, somit auch die ganze Klammer. Nach Voraussetzung gilt $np_n \to \lambda$, folglich $\lim_{n\to\infty}(np_n)^k = \lambda^k$. Schließlich impliziert $np_n \to \lambda$ mit $\lambda > 0$, dass $p_n \to 0$, also folgt $\lim_{n\to\infty}(1-p_n)^{-k} = 1$.

Bleibt noch die Bestimmung des Grenzverhaltens von $(1-p_n)^n$ für $n \to \infty$. Nach Satz A.16 gilt Folgendes: Hat man für eine Folge reeller Zahlen $(x_n)_{n\geq 1}$ die Aussage $x_n \to x$, dann folgt hieraus

$$\lim_{n\to\infty} \left(1 + \frac{x_n}{n}\right)^n = e^x .$$

Setzt man nun $x_n := -np_n$, so haben wir nach Voraussetzung $x_n \to -\lambda$, und folglich gilt

$$\lim_{n\to\infty}(1-p_n)^n = \lim_{n\to\infty}\left(1+\frac{x_n}{n}\right)^n = e^{-\lambda} .$$

Insgesamt ergibt sich also

$$\lim_{n\to\infty} B_{n,p_n}(\{k\}) = \frac{1}{k!} \lambda^k e^{-\lambda} = \text{Pois}_\lambda(\{k\})$$

wie behauptet. □

Aus dem vorhergehenden Satz können zwei Schlussfolgerungen gezogen werden:

(1) Für große n und kleine p kann die Binomialverteilung $B_{n,p}$ ohne Bedenken durch Pois_λ mit $\lambda := np$ ersetzt werden. Das ist wichtig, denn für große n lässt sich der in der Binomialverteilung auftretende Binomialkoeffizient schwer berechnen.

Beispiel 1.4.19

Im obigen Beispiel 1.4.9 über die Anzahl der Studenten, die am 01.04. Geburtstag haben, ist die gesuchte Wahrscheinlichkeit approximativ

$$1 - (1+\lambda)e^{-\lambda}$$

mit $\lambda = N/365$. Wählen wir wieder $N = 500$, so folgt $\lambda = 500/365$, und die gesuchte „approximative" Wahrscheinlichkeit beträgt 0.397719. Man vergleiche dies mit der „exakten" oben berechneten Wahrscheinlichkeit 0.397895.

(2) Der Poissonsche Grenzwertsatz erklärt, warum die Poissonverteilung immer dann auftaucht, wenn viele Versuche mit kleiner Erfolgswahrscheinlichkeit durchgeführt werden. Betrachtet

man z.B. die Zahl der Autounfälle in einer Stadt pro Jahr, so gibt es viele Autos, aber die Wahrscheinlichkeit, dass ein einzelnes Auto an einem Unfall beteiligt ist, ist relativ klein. Damit ist gerechtfertigt, die Unfallzahl pro Jahr mithilfe der Poissonverteilung zu beschreiben.

Wir werden später sehen, dass die Poissonverteilung in weiteren wichtigen Beispielen in natürlicher Weise auftritt.

1.4.6 Hypergeometrische Verteilung

In einer Lieferung von N Geräten, $N \geq 1$, seien M mit $0 \leq M \leq N$ defekt. Man entnehme der Lieferung nun zufällig n mit $0 \leq n \leq N$ Geräte und prüfe diese. Wie groß ist die Wahrscheinlichkeit, dass sich unter diesen n geprüften Geräten genau m defekte befinden?

Zuerst überlegt man sich, dass es $\binom{N}{n}$ Möglichkeiten gibt, aus den N Geräten n zur Überprüfung auszuwählen. Weiterhin, um bei der Überprüfung genau m defekte Geräte zu beobachten, muss man m aus den defekten M Geräten entnehmen und $n - m$ aus den $N - M$ nicht defekten. Folgender Ansatz ist somit plausibel für die gesuchte Wahrscheinlichkeit:

$$H_{N,M,n}(\{m\}) := \frac{\binom{M}{m}\binom{N-M}{n-m}}{\binom{N}{n}}, \quad 0 \leq m \leq n. \tag{1.23}$$

Wir erinnern an die im Abschnitt A.3.1 getroffene Vereinbarung, dass $\binom{n}{k} = 0$ sofern $k > n$ ist. Dies erweist sich in der Definition von $H_{N,M,n}$ auch als sinnvoll, denn z.B. für $m > M$ ist die Wahrscheinlichkeit m defekte Geräte in der Stichprobe zu beobachten natürlich Null.

Wir wollen nun nachweisen, dass durch (1.23) ein Wahrscheinlichkeitsmaß definiert wird.

Satz 1.4.20

Durch (1.23) wird auf $\mathcal{P}(\{0,\ldots,n\})$ ein Wahrscheinlichkeitsmaß erzeugt.

Beweis: Nach Satz A.3.4 folgt für k, m und n in $\mathbb{N}_0$, dass

$$\sum_{j=0}^{k} \binom{n}{j}\binom{m}{k-j} = \binom{n+m}{k} \tag{1.24}$$

gilt. Ersetzen wir in dieser Gleichung n durch M, m durch $N - M$, und anschließend k durch n sowie j durch m, so geht (1.24) in

$$\sum_{m=0}^{n} \binom{M}{m}\binom{N-M}{n-m} = \binom{N}{n}$$

über. Damit erhalten wir aber

$$\sum_{m=0}^{n} H_{N,M,n}(\{m\}) = \frac{1}{\binom{N}{n}} \cdot \sum_{m=0}^{n} \binom{M}{m}\binom{N-M}{n-m} = \frac{1}{\binom{N}{n}} \cdot \binom{N}{n} = 1.$$

Da man selbstverständlich $H_{N,M,n}(\{m\}) \geq 0$ hat, ist somit die Behauptung bewiesen. □

1.4 Spezielle diskrete Verteilungen

Definition 1.4.21

Das durch (1.23) auf $\mathcal{P}(\{0,\ldots,n\})$ definierte Wahrscheinlichkeitsmaß $H_{N,M,n}$ nennt man **hypergeometrische Verteilung** mit Parametern N, M und n.

Beispiel 1.4.22

In einer Lieferung von 100 Geräten seien 10 defekt. Man entnimmt 8 Geräte und prüft diese. Wie groß ist die Wahrscheinlichkeit, dass unter diesen geprüften Geräten 2 oder mehr Geräte defekt sind?
Antwort: Die gesuchte Wahrscheinlichkeit beträgt

$$\sum_{m=2}^{8} \frac{\binom{10}{m}\binom{90}{8-m}}{\binom{100}{8}} = 0.18195 \; .$$

Bemerkung 1.4.23

In der Anwendung der hypergeometrischen Verteilung ist die umgekehrte Fragestellung wesentlich wichtiger: Wir kennen N (Umfang der Lieferung) und n (Zahl der getesteten Geräte) und registrieren m defekte Geräte unter den n kontrollierten. Kann man daraus Aussagen über das unbekannte M treffen? Wir werden diese Frage im Satz 8.5.13 genauer untersuchen.

Beispiel 1.4.24

In einem Teich befinden sich N Fische. Man entnehme M Fische, markiere diese und setze sie in den Teich zurück. Nach einiger Zeit entnehme man nochmals n Fische. Die Wahrscheinlichkeit, dass sich unter diesen n Fischen genau m markierte befinden, wird durch $H_{N,M,n}(\{m\})$ beschrieben.

Bemerkung 1.4.25

In diesem Kontext ist eine andere Fragestellung von größerem Interesse: Die Anzahl N der Fische im Teich sei unbekannt. Man kennt aber M und n und beobachtet m markierte Fische bei der erneuten Entnahme. Kann man dann aus diesem beobachteten m Aussagen über das gesuchte N ableiten? Wir werden diese Frage im Satz 8.5.15 behandeln.

Beispiel 1.4.26

Bei der Ziehung der $N = 49$ Lottozahlen werden $n = 6$ zufällig entnommen. Unter den 49 Zahlen befinden sich $M = 6$ „defekte", und zwar genau die, die sich auf meinem Tippzettel befinden. Die Beobachtung von m „defekten" Zahlen bei der Auswahl der $n = 6$ Zahlen bedeutet in diesem Fall, genau m Richtige zu haben. Damit folgt: Die Wahrscheinlichkeit für genau m richtige Zahlen im Lotto ist

$$\frac{\binom{6}{m}\binom{43}{6-m}}{\binom{49}{6}}, \quad m = 0,\ldots 6\;.$$

Daraus ergeben sich die folgenden Wahrscheinlichkeiten für $m = 0, \ldots, 6$:

m	Wahrscheinlichkeit
0	0.435965
1	0.413019
2	0.132378
3	0.0176504
4	0.00096862
5	0.0000184499
6	$7.15112 \cdot 10^{-8}$

Als Modell für die hypergeometrische Verteilung kann man auch Folgendes betrachten: In einer Urne mit N Kugeln befinden sich M weiße und somit $N - M$ schwarze Kugeln. Man entnimmt nun der Urne n Kugeln ohne die jeweils gezogene Kugel wieder zurückzulegen. Dann ist $H_{N,M,n}(\{m\})$ die Wahrscheinlichkeit, dass sich unter diesen n gezogenen Kugeln genau m weiße befinden. Legt man dagegen nach jedem der n Züge die gezogene Kugel wieder zurück, so ist die Wahrscheinlichkeit, genau m weiße Kugeln zu ziehen, durch die Binomialverteilung $B_{n,p}(\{m\})$ mit $p = M/N$ gegeben. Diese Beobachtung präzisieren wir im folgenden Satz.

Satz 1.4.27

Für $0 \leq m \leq n$ und $0 \leq p \leq 1$ folgt

$$\lim_{\substack{N,M \to \infty \\ M/N \to p}} H_{N,M,n}(\{m\}) = B_{n,p}(\{m\}).$$

Beweis: Nach Definition der hypergeometrischen Verteilung ergibt sich

$$\lim_{\substack{N,M \to \infty \\ M/N \to p}} H_{N,M,n}(\{m\}) = \lim_{\substack{N,M \to \infty \\ M/N \to p}} \frac{\frac{M \cdots (M-m+1)}{m!} \cdot \frac{(N-M) \cdots (N-M-(n-m)+1)}{(n-m)!}}{\frac{N(N-1) \cdots (N-n+1)}{n!}}$$

$$= \lim_{\substack{N,M \to \infty \\ M/N \to p}} \binom{n}{m} \frac{\frac{M}{N} \cdots (\frac{M-m+1}{N}) \cdot (1 - \frac{M}{N}) \cdots (1 - \frac{M-(n-m)+1}{N})}{(1 - \frac{1}{N}) \cdots (1 - \frac{n+1}{N})} \quad (1.25)$$

$$= \binom{n}{m} p^m (1-p)^{n-m} = B_{n,p}(\{m\}).$$

Dabei sind die Fälle $p = 0$ und $p = 1$ gesondert zu betrachten. Gilt z.B. $p = 0$, so konvergiert der Bruch in (1.25) gegen Null sofern $m \geq 1$. Für $m = 0$ hat man aber

$$\lim_{\substack{N,M \to \infty \\ M/N \to 0}} \frac{(1 - \frac{M}{N}) \cdots (1 - \frac{M-n+1}{N})}{(1 - \frac{1}{N}) \cdots (1 - \frac{n+1}{N})} = 1 = B_{n,0}(\{0\}).$$

Den Fall $p = 1$ behandelt man analog. Damit gilt der Satz auch in den Grenzfällen. □

Beispiel 1.4.28

Betrachten wir den Fall, dass sich in einer Urne $N = 200$ Kugeln befinden, von denen $M = 80$ weiß sind. Dann ergeben sich bei der Entnahme von 10 Kugeln ohne bzw. mit Zurücklegen bei $p = M/N = 2/5$ folgende Wahrscheinlichkeiten für die Beobachtung von m weißen Kugeln:

m	$H_{N,M,n}(\{m\})$	$B_{n,p}(\{m\})$
1	0.0372601	0.0403108
2	0.118268	0.120932
3	0.217696	0.214991
4	0.257321	0.250823
5	0.204067	0.200658
6	0.10995	0.111477
7	0.0397376	0.0424673
8	0.00921879	0.0106168
9	0.0012395	0.00157286

1.4.7 Geometrische Verteilung

Das Modell zur Einführung dieses Wahrscheinlichkeitsmaßes ist auf den ersten Blick ähnlich der Binomialverteilung. Bei einem Versuch kann „0" oder „1" erscheinen, und zwar „0" mit Wahrscheinlichkeit $1 - p$ und „1" mit Wahrscheinlichkeit p. Im Gegensatz zur Binomialverteilung führt man aber nicht eine feste, vorgegebene Anzahl von Versuchen durch, sondern die Anzahl der Versuche ist zufällig. Genauer fragt man nach der Wahrscheinlichkeit, dass für eine vorgegebene Zahl $k \in \mathbb{N}_0$ genau im $(k+1)$-ten Versuch erstmals eine „1" erscheint, d.h., genau im $(k + 1)$-ten Versuch hat man erstmals Erfolg.

Betrachtet man das Ereignis „im $(k + 1)$-ten Versuch erstmals Erfolg", so tritt dies genau dann ein, wenn man zuvor k-mal Misserfolg hatte und dann Erfolg. Die beobachtete Folge hat also die Gestalt $(\underbrace{0, \ldots, 0}_{k}, 1)$. Unter Beachtung der Wahrscheinlichkeiten für Erfolg und Misserfolg ist der folgende Ansatz plausibel:

$$G_p(\{k\}) := p(1-p)^k, \quad k \in \mathbb{N}_0. \tag{1.26}$$

Satz 1.4.29

Für $0 < p < 1$ wird durch (1.26) ein Wahrscheinlichkeitsmaß auf $\mathcal{P}(\mathbb{N}_0)$ definiert.

Beweis: Da $p(1-p)^k > 0$, reicht es $\sum_{k=0}^{\infty} G_p(\{k\}) = 1$ nachzuweisen. Dies folgt aber wegen

$$\sum_{k=0}^{\infty} p(1-p)^k = p \sum_{k=0}^{\infty} (1-p)^k = p \frac{1}{1-(1-p)} = 1$$

unter Verwendung der Summenformel für die geometrische Reihe. Man beachte dabei $1-p < 1$ nach Voraussetzung. $\square$

Definition 1.4.30

Man nennt das durch (1.26) definierte Wahrscheinlichkeitsmaß G_p auf $\mathcal{P}(\mathbb{N}_0)$ **geometrische Verteilung** mit Parameter p.

Abschließend noch ein Wort zum Parameter p. Hier ist es sinnvoll, sich auf den Fall $0 < p < 1$ zu beschränken. Für $p = 0$ wird man niemals Erfolg haben, damit ist die Fragestellung sinnlos (G_p ist auch kein Wahrscheinlichkeitsmaß) und im Fall $p = 1$ folgt $G_p = \delta_0$.

Beispiel 1.4.31

Wie groß ist die Wahrscheinlichkeit, dass in den ersten n Versuchen kein Erfolg eintritt?
Antwort: Die Frage kann man auf zwei Wegen beantworten. Erst einmal tritt dieses Ereignis genau dann ein, wenn die ersten n Versuche alle zu Misserfolg führen. Diese Wahrscheinlichkeit beträgt $(1 - p)^n$. Andererseits bedeutet dies aber auch, der erste Erfolg erscheint erst im $(n + 1)$-ten oder $(n + 2)$-ten usw. Versuch. Diese Wahrscheinlichkeit berechnet sich aber über

$$\sum_{k=n}^{\infty} G_p(\{k\}) = p \sum_{k=n}^{\infty} (1-p)^k = p(1-p)^n \sum_{k=0}^{\infty} (1-p)^k$$
$$= p(1-p)^n \frac{1}{1-(1-p)} = (1-p)^n.$$

Beispiel 1.4.32

Man wirft einen Würfel so oft, bis erstmals die Zahl „6" erscheint. Wie groß ist die Wahrscheinlichkeit, dass dies genau im $(k+1)$-ten Versuch geschieht?
Antwort: Die Erfolgswahrscheinlichkeit beträgt $1/6$, also ist die gesuchte Wahrscheinlichkeit $(1/6)(5/6)^k$.

k	Wahrscheinlichkeit
0	0.166667
1	0.138889
2	0.115741
.	.
.	.
.	.
11	0.022431
12	0.018693

Beispiel 1.4.33

Mit welcher Wahrscheinlichkeit erscheint beim Würfeln die erste „6" bei einer geraden Anzahl von Würfen?
Antwort: Die erste „6" muss im Versuch $(1+1)$ oder $(3+1)$ usw. erscheinen. Die Wahrscheinlichkeit dafür beträgt

$$\sum_{k=0}^{\infty} G_{1/6}(\{2k+1\}) = (1/6)(5/6) \sum_{k=0}^{\infty} (5/6)^{2k} = \frac{5}{36} \frac{1}{1-(5/6)^2} = \frac{5}{11}.$$

Beispiel 1.4.34

Bei einem Spiel betrage die Gewinnchance p mit $0 < p < 1$. Setzt man vor dem Spiel M Euro ein, so erhält man bei Gewinn des Spiels vom Gegenspieler $2M$ Euro zurück. Bei verlorenem Spiel ist der Einsatz dagegen verloren. Folgende Strategie erscheint erfolgversprechend: Man spielt so lange, bis man erstmals gewinnt. Dabei verdoppelt man zuvor nach jedem Verlust den Einsatz.

Analysieren wir diese Strategie, wobei wir zur Vereinfachung $M = 1$ annehmen. Man setzt im ersten Spiel 1 Euro ein, verliert man dies, im zweiten 2 Euro, im dritten dann 4 Euro usw. bis im $(k+1)$-ten Spiel 2^k Euro. Der Gesamteinsatz $E(k)$ in Euro im $(k+1)$-ten Spiel beträgt somit

$$E(k) = \sum_{j=0}^{k} 2^j = 2^{k+1} - 1, \quad k = 0, 1, \ldots$$

Gewinnt man nun das $(k+1)$-te Spiel, so erhält man vom Gegenspieler den doppelten Einsatzes zurück, also 2^{k+1} Euro. Folglich gewinnt man bei Anwendung dieser Strategie, egal was passiert, stets 1 Euro[2].

Berechnen wir nun die Wahrscheinlichkeit, dass unser Gesamteinsatz $(2^{k+1} - 1)$ Euro beträgt (andere Werte können bei dieser Strategie nicht auftreten). Das passiert genau dann, wenn wir exakt im $(k+1)$-ten Versuch erstmals Erfolg haben, also ist diese Wahrscheinlichkeit $p(1-p)^k$. Speziell für $p = 1/2$ ergibt sich $2^{-(k+1)}$.

1.4.8 Negative Binomialverteilung

Bei der geometrischen Verteilung fragt man nach der Wahrscheinlichkeit, im $(k+1)$-ten Versuch erstmals Erfolg zu haben. Wir wollen dies jetzt verallgemeinern. Sei $n \in \mathbb{N}$ eine vorgegebene Zahl. Wir fragen nun nach der Wahrscheinlichkeit, im $(k+n)$-ten Versuch genau zum n-ten mal erfolgreich zu sein. Im Fall $n = 1$ führt dies wieder zu G_p. Aber was passiert für $n \geq 2$?

Dieses Ereignis tritt genau dann ein, wenn eine Folge von „0" und „1" der Länge $k+n$ erscheint, wo die letzte Zahl eine „1" ist und unter den vorangehenden $n+k-1$ Stellen befinden sich genau $n-1$ Einsen, oder äquivalent, genau k Nullen. Es gibt $\binom{n+k-1}{k}$ Möglichkeiten, diese k Nullen zu verteilen. Damit erscheint folgender Ansatz sinnvoll:

$$B_{n,p}^-(\{k\}) := \binom{n+k-1}{k} p^n (1-p)^k, \quad k \in \mathbb{N}_0. \tag{1.27}$$

Natürlich müssen wir noch nachweisen, dass $B_{n,p}^-$ wirklich ein Wahrscheinlichkeitsmaß ist, d.h., wir müssen zeigen, dass

$$\sum_{k=0}^{\infty} B_{n,p}^-(\{k\}) = 1 \tag{1.28}$$

---

[2]Beginnt man das Spiel nicht mit einem Euro, sondern mit M, dann gewinnt man sogar stets M Euro.

gilt. Den in (1.27) auftauchenden Binomialkoeffizient können wir nach Lemma A.3.6 wie folgt umformen:
$$\binom{n+k-1}{k} = (-1)^k \binom{-n}{k}.$$

Hierbei bezeichnet $\binom{-n}{k}$ den in (A.13) eingeführten verallgemeinerten Binomialkoeffizienten, d.h., es gilt
$$\binom{-n}{k} := \frac{-n(-n-1)\cdots(-n-k+1)}{k!}.$$

Damit ist nunmehr (1.27) als
$$B^-_{n,p}(\{k\}) = \binom{-n}{k} p^n (-1)^k (1-p)^k = \binom{-n}{k} p^n (p-1)^k$$

darstellbar. Folglich gilt (1.28) genau dann, wenn für $0 < p < 1$ die Gleichung
$$\sum_{k=0}^{\infty} \binom{-n}{k} (p-1)^k = \frac{1}{p^n} \qquad (1.29)$$

besteht. Um dies zu beweisen, verwenden wir, dass für $|x| < 1$ die Aussage
$$\sum_{k=0}^{\infty} \binom{-n}{k} x^k = \frac{1}{(1+x)^n} \qquad (1.30)$$

gilt. Zum Beweis von (1.30) verweisen wir auf Satz A.4.2 im Anhang.

Wendet man (1.30) mit $x = p-1$ an (man beachte $0 < p < 1$, folglich $-1 < x < 0$, also $|x| < 1$) erhält man (1.29), somit (1.28). Damit haben wir folgenden Satz bewiesen:

Satz 1.4.35

Durch
$$B^-_{n,p}(\{k\}) = \binom{n+k-1}{k} p^n (1-p)^k = \binom{-n}{k} p^n (p-1)^k, \quad k \in \mathbb{N}_0,$$

wird ein Wahrscheinlichkeitsmaß auf $\mathcal{P}(\mathbb{N}_0)$ definiert.

Definition 1.4.36

Das Wahrscheinlichkeitsmaß $B^-_{n,p}$ auf $\mathcal{P}(\mathbb{N}_0)$ heißt **negative Binomialverteilung** mit den Parametern $n \geq 1$ und $p \in (0,1)$. Man beachte dabei $B^-_{1,p} = G_p$.

1.4 Spezielle diskrete Verteilungen

Beispiel 1.4.37

Wie groß ist die Wahrscheinlichkeit, dass im 20. Wurf mit einem Würfel genau zum 4-ten mal die Zahl „6" erscheint?
Antwort: Es gilt $p = 1/6$, $n = 4$ und $k = 16$. Somit ist die gesuchte Wahrscheinlichkeit

$$\binom{19}{4}\left(\frac{1}{6}\right)^4\left(\frac{5}{6}\right)^{16} = 0.161763\,.$$

Beispiel 1.4.38

In zwei Urnen, sagen wir U_0 und U_1, befinden sich jeweils N Kugeln. Man wählt nun die Urne U_0 mit Wahrscheinlichkeit $1 - p$ und U_1 mit Wahrscheinlichkeit p zu vorgegebenem p mit $0 < p < 1$ und entnimmt der gewählten Urne eine Kugel. Diesen Vorgang wiederholt man so oft, bis eine der beiden Urnen leer ist. Wie groß ist dann die Wahrscheinlichkeit, dass sich zu diesem Zeitpunkt in der anderen Urne noch genau m Kugeln mit $1 \leq m \leq N$ befinden?
Antwort: Zuerst überlegt man sich, dass das Ereignis „m Kugeln in der verbleibenden Urne" in die disjunkten Ereignisse „U_0 leer und m Kugeln in U_1" bzw. „U_1 leer und m Kugeln in U_0" zerlegen lässt.

Betrachten wir zuerst den zweiten Fall. Dieser tritt genau dann ein, wenn man N-mal U_1 gewählt und $(N - m)$-mal U_0. Anders ausgedrückt, im $(2N - m)$-ten Versuch wählt man genau zum N-ten mal U_1. Damit ist die gesuchte Wahrscheinlichkeit

$$\binom{2N - m - 1}{N - m} p^N (1 - p)^{N-m}\,.$$

Verbleibt noch der andere Fall, d.h. dass U_0 vor U_1 leer ist. Hier muss man nur p und $1 - p$ vertauschen um dies auf den ersten Fall zurückzuführen, und man erhält als Wahrscheinlichkeit

$$\binom{2N - m - 1}{N - m} p^{N-m} (1 - p)^N\,.$$

Damit ist die gesuchte Wahrscheinlichkeit die Summe beider Wahrscheinlichkeiten, also

$$\binom{2N - m - 1}{N - m} \left[p^N (1 - p)^{N-m} + p^{N-m} (1 - p)^N\right]\,.$$

Speziell folgt für $p = 1/2$ als Wahrscheinlichkeit

$$\binom{2N - m - 1}{N - m} \frac{1}{2^{2N-m-1}}\,.$$

Diese Wahrscheinlichkeit ergibt sich auch in der folgenden von S. Banach formulierten Frage: Man hat zwei Streichholzschachteln mit jeweils N Streichhölzern. Jedesmal, wenn man ein Streichholz braucht, wählt man mit Wahrscheinlichkeit $1/2$ eine der Schachteln. Wie groß ist die Wahrscheinlichkeit, dass sich bei Entnahme des letzten Streichholzes aus einer der beiden Schachteln in der anderen Schachtel noch genau m Streichhölzer befinden?

Zusatzfrage: Es sei wieder $0 < p < 1$. Wie groß ist die Wahrscheinlichkeit, dass die Urne U_1 vor der Urne U_0 leer ist?

Antwort: Das ist genau dann der Fall, wenn beim N-ten Eintreten von U_1 in U_0 noch m Kugeln mit $1 \leq m \leq N$ sind. Also ist die gesuchte Wahrscheinlichkeit

$$p^N \sum_{m=1}^{N} \binom{2N-m-1}{N-m} (1-p)^{N-m} = p^N \sum_{k=0}^{N-1} \binom{N+k-1}{k} (1-p)^k \quad (1.31)$$

Für $p = 1/2$ beträgt die gesuchte Wahrscheinlichkeit aus Symmetriegründen $1/2$. Hieraus folgt unter Verwendung von (1.31) die bekannte Gleichung

$$\sum_{k=0}^{N-1} \binom{N+k-1}{k} \frac{1}{2^k} = 2^{N-1}$$

oder, allgemein, indem man $n = N - 1$ setzt, dass für $n \geq 0$ stets

$$\sum_{k=0}^{n} \binom{n+k}{k} \frac{1}{2^k} = 2^n$$

richtig ist.

1.5 Stetige Wahrscheinlichkeitsverteilungen

Diskrete Wahrscheinlichkeitsmaße sind ungeeignet zur Beschreibung von Zufallsexperimenten, bei denen überabzählbar unendlich viele Ergebnisse möglich sind. Typische Beispiele für solche Experimente sind die Lebenszeit eines Bauteils, die Dauer eines Telefongesprächs oder aber das Messen eines Werkstücks.

Diskrete Verteilungen sind auf höchstens abzählbar unendlich vielen Punkten konzentriert und diese Punkte haben positive Wahrscheinlichkeiten. Es gibt aber kein Wahrscheinlichkeitsmaß auf $\mathbb{R}$ oder $[0, 1]$, sodass alle Punkte eine positive Wahrscheinlichkeit besitzen. Dazu existieren einfach zu viele Punkte in $\mathbb{R}$ oder $[0, 1]$.[3]

Um die Herangehensweise im Fall dieser anderen Art von Maßen zu erläutern, erinnern wir nochmals an die Formeln (1.10) und (1.12) zur Berechnung von $\mathbb{P}(A)$ im diskreten Fall. Dort treten Summen über $p_j = \mathbb{P}(\{\omega_j\})$ auf, also über eine auf einer abzählbaren Menge definierten Funktion. Im Folgenden werden wir die Summen durch Integrale über „stetige" Funktionen ersetzen. Wir beginnen mit der Definition derjenigen Funktionen, die dabei in Betracht kommen.

Definition 1.5.1

Eine Riemannintegrable Funktion $p : \mathbb{R} \to \mathbb{R}$ heißt **Wahrscheinlichkeitsdichte** oder einfach **Dichte**, wenn

$$p(x) \geq 0 \quad \text{für} \quad x \in \mathbb{R} \quad \text{und} \quad \int_{-\infty}^{\infty} p(x) \, dx = 1 \quad \text{gilt}.$$

---

[3] Man vergleiche Aufgabe 1.19.

1.5 Stetige Wahrscheinlichkeitsverteilungen

Bemerkung 1.5.2

Präziser muss man die Bedingungen in der Definition der Dichte wie folgt fassen: Für alle endlichen Intervalle $[a, b]$ in $\mathbb{R}$ ist p als Funktion auf $[a, b]$ Riemannintegrabel, und es gilt

$$\lim_{\substack{a \to -\infty \\ b \to +\infty}} \int_a^b p(x)\,\mathrm{d}x = 1 \,. \tag{1.32}$$

Alle Wahrscheinlichkeitsdichten, die wir im Folgenden betrachten werden, sind entweder stetig oder wenigstens stückweise stetig, d.h. eine Zusammensetzung von endlich vielen stetigen Funktionen. In diesem Fall ist die Riemannintegrabilität automatisch gegeben. Damit haben wir nur noch $p(x) \geq 0$ für $x \in \mathbb{R}$ sowie Bedingung (1.32) nachzuweisen.

Beispiel 1.5.3

Betrachten wir die Funktion p mit $p(x) = 0$ für $x < 0$ und mit $p(x) = \mathrm{e}^{-x}$ für $x \geq 0$. Dann ist p stückweise stetig, und es gilt $p(x) \geq 0$ für $x \in \mathbb{R}$. Außerdem hat man

$$\int_{-\infty}^{\infty} p(x)\mathrm{d}x = \lim_{b \to \infty} \int_0^b \mathrm{e}^{-x}\,\mathrm{d}x = \lim_{b \to \infty} \left[-\mathrm{e}^{-x} \right]_0^b = 1 - \lim_{b \to \infty} \mathrm{e}^{-b} = 1,$$

d.h., p ist eine Wahrscheinlichkeitsdichte.

Definition 1.5.4

Sei p eine Wahrscheinlichkeitsdichte. Dann definiert man für Intervalle $[a, b]$ die Wahrscheinlichkeit ihres Eintretens durch

$$\mathbb{P}([a, b]) := \int_a^b p(x)\mathrm{d}x \,.$$

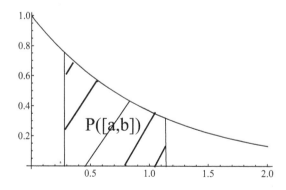

Abb. 1.1: Die Wahrscheinlichkeit des Intervalls $[a, b]$ als Fläche unter dem Graph der Dichte p

Betrachten wir die Dichte aus Beispiel 1.5.3. Für das erzeugte Wahrscheinlichkeitsmaß $\mathbb{P}$ gilt

$$\mathbb{P}([a,b]) = \int_a^b e^{-x} dx = \left[-e^{-x}\right]_a^b = e^{-a} - e^{-b}$$

falls $0 \leq a < b < \infty$. Hat man dagegen $a < b < 0$, so ergibt sich $\mathbb{P}([a,b]) = 0$ während sich für $a < 0 \leq b$ die Wahrscheinlichkeit unter Verwendung von

$$\mathbb{P}([a,b]) = \mathbb{P}([0,b]) = 1 - e^{-b}$$

berechnet.

Die oben gegebene Definition der Wahrscheinlichkeit von Intervallen passt in dieser Form nicht in das im Abschnitt 1.1.3 dargestellte allgemeine Schema. Warum? Wahrscheinlichkeitsmaße sind auf σ-Algebren definiert. Aber die Menge der endlichen Intervalle in $\mathbb{R}$ bildet keine σ-Algebra. Dieses Mengensystem ist weder abgeschlossen gegenüber Komplementbildung noch gegen abzählbare Vereinigung. Außerdem sollte die Abbildung σ-additiv sein. Aber ist das der Fall?

Die Rechtfertigung für unser Vorgehen liefert der folgende Satz, der leider im Rahmen dieses Buches nicht beweisbar ist. Dazu benötigt man tief liegende Aussagen aus der Maßtheorie.

Satz 1.5.5

Sei $\mathcal{B}(\mathbb{R})$ die in Definition 1.1.11 eingeführte σ-Algebra der Borelmengen in $\mathbb{R}$. Dann existiert zu jeder Wahrscheinlichkeitsdichte p ein eindeutig bestimmtes Wahrscheinlichkeitsmaß $\mathbb{P} : \mathcal{B}(\mathbb{R}) \to [0,1]$ mit

$$\mathbb{P}([a,b]) := \int_a^b p(x) dx \qquad \text{für alle } a < b. \tag{1.33}$$

Bemerkung 1.5.6

Wie gesagt, erzeugt jede Dichte p ein eindeutig bestimmtes Wahrscheinlichkeitsmaß $\mathbb{P}$ auf $(\mathbb{R}, \mathcal{B}(\mathbb{R}))$ mit $\mathbb{P}([a,b]) = \int_a^b p(x) dx$. Umgekehrt ist dies nicht der Fall; ändert man p zum Beispiel an endlich vielen Punkten, so erzeugt die so veränderte Dichte ebenfalls $\mathbb{P}$.

Definition 1.5.7

Ein Wahrscheinlichkeitsmaß $\mathbb{P}$ auf $\mathcal{P}(\mathbb{R})$ heißt **stetig**, sofern es eine Wahrscheinlichkeitsdichte p mit (1.33) gibt. Dieses p nennt man Dichte von $\mathbb{P}$.

Bemerkung 1.5.8

Die mathematisch übliche Bezeichnung für stetige Wahrscheinlichkeitsmaße ist eigentlich „absolut stetig". Zur Vereinfachung benennen wir aber solche Wahrscheinlichkeitsmaße in diesem Buch einfach als „stetig".

Satz 1.5.9

Sei $\mathbb{P}$ ein stetiges Wahrscheinlichkeitsmaß mit Dichte p. Dann gilt:

1. $\mathbb{P}(\mathbb{R}) = 1$.
2. Für jedes $t \in \mathbb{R}$ gilt $\mathbb{P}(\{t\}) = 0$. Allgemeiner, ist $A \subset \mathbb{R}$ endlich oder abzählbar unendlich, so hat man $\mathbb{P}(A) = 0$.
3. Wenn $a < b$, dann folgt
$$\mathbb{P}((a,b)) = \mathbb{P}((a,b]) = \mathbb{P}([a,b)) = \mathbb{P}([a,b]) = \int_a^b p(x)\,dx\,.$$

Beweis: Um $\mathbb{P}(\mathbb{R}) = 1$ zu beweisen, setzen wir $A_n := [-n,n]$ und bemerken, dass die Intervalle $A_1 \subseteq A_2 \subseteq \cdots$ sowie $\bigcup_{n=1}^{\infty} A_n = \mathbb{R}$ erfüllen. Die Stetigkeit von unten impliziert nun
$$\mathbb{P}(\mathbb{R}) = \lim_{n \to \infty} \mathbb{P}(A_n) = \lim_{n \to \infty} \int_{-n}^{n} p(x)\,dx = \int_{-\infty}^{\infty} p(x)\,dx = 1$$
aufgrund der Eigenschaften der Dichte p.

Ist $t \in \mathbb{R}$, so betrachten wir nunmehr für $n \geq 1$ die Intervalle $B_n := \left[t, t + \frac{1}{n}\right]$. Dann gilt $B_1 \supseteq B_2 \supseteq \cdots$ und $\bigcap_{n=1}^{\infty} B_n = \{t\}$. Die Stetigkeit von oben führt zu
$$\mathbb{P}(\{t\}) = \lim_{n \to \infty} \mathbb{P}(B_n) = \lim_{n \to \infty} \int_t^{t+\frac{1}{n}} p(x)\,dx = 0$$
wie behauptet. Gilt $A = \{t_1, t_2, \ldots\}$, so ergibt sich aufgrund der σ-Additivität von $\mathbb{P}$, dass
$$\mathbb{P}(A) = \sum_{j=1}^{\infty} \mathbb{P}(\{t_j\}) = 0$$
wegen $\mathbb{P}(\{t_j\}) = 0$ für all $j \geq 1$.

Die dritte Eigenschaft folgt unmittelbar aus der zweiten aufgrund von
$$[a,b] = (a,b) \cup \{a\} \cup \{b\}\,,$$
somit $\mathbb{P}([a,b]) = \mathbb{P}((a,b)) + \mathbb{P}(\{a\}) + \mathbb{P}(\{b\})$, woraus wegen $\mathbb{P}(\{a\}) = \mathbb{P}(\{b\}) = 0$ die Behauptung folgt. $\square$

Bemerkung 1.5.10

Gelte $C = \bigcup_{j=1}^{\infty} I_j$, wobei I_j beliebige disjunkte Intervalle (offen oder halboffen oder abgeschlossen) mit Endpunkten $a_j < b_j$ sind. Dann folgt
$$\mathbb{P}(C) = \sum_{j=1}^{\infty} \int_{a_j}^{b_j} p(x)\,dx := \int_C p(x)\,dx\,.$$

Man kann für noch allgemeinere Ereignisse in $\mathbb{R}$ die Wahrscheinlichkeit ihres Eintretens berechnen. Sei $\mathcal{C}$ die Gesamtheit aller Mengen $C \subseteq \mathbb{R}$, die sich wie im Vorangegangenen als disjunkte Vereinigung abzählbar vieler Intervalle schreiben lassen. Gilt dann für eine Menge $B \subseteq \mathbb{R}$, dass $B = \bigcap_{n=1}^{\infty} C_n$ mit $C_n \in \mathcal{C}$ und $C_1 \supseteq C_2 \supseteq \cdots$, so folgt

$$\mathbb{P}(B) = \lim_{n \to \infty} \mathbb{P}(C_n).$$

Auf diese Weise lässt sich $\mathbb{P}(B)$ für eine große Klasse von Mengen $B \subseteq \mathbb{R}$ berechnen.

1.6 Spezielle stetige Verteilungen

1.6.1 Gleichverteilung auf einem Intervall

Gegeben sei eine Intervall $I = [\alpha, \beta]$ in $\mathbb{R}$. Wir definieren dann eine Funktion $p : \mathbb{R} \to \mathbb{R}$ durch

$$p(x) := \begin{cases} \frac{1}{\beta - \alpha} & : x \in [\alpha, \beta] \\ 0 & : x \notin [\alpha, \beta] \end{cases} \tag{1.34}$$

Satz 1.6.1

Die so definierte Funktion p ist eine Wahrscheinlichkeitsdichte.

Beweis: Die Funktion p ist stückweise stetig, also Riemannintegrabel, und es gilt $p(x) \geq 0$ für $x \in \mathbb{R}$.

Außerdem folgt

$$\int_{-\infty}^{\infty} p(x)\,dx = \int_{\alpha}^{\beta} \frac{1}{\beta - \alpha}\,dx = \frac{1}{\beta - \alpha}(\beta - \alpha) = 1$$

und p ist wie behauptet eine Dichte. $\square$

Definition 1.6.2

Das von der Dichte (1.34) erzeugte Wahrscheinlichkeitsmaß heißt **Gleichverteilung** auf dem Intervall $I = [\alpha, \beta]$.

Wie berechnet sich $\mathbb{P}([a,b])$ für ein Intervall $[a,b]$? Betrachten wir dazu zuerst den Fall $[a,b] \subseteq I$. Dann gilt

$$\mathbb{P}([a,b]) = \int_a^b \frac{1}{\beta - \alpha}\,dx = \frac{b-a}{\beta - \alpha} = \frac{\text{Länge von } [a,b]}{\text{Länge von } [\alpha, \beta]}. \tag{1.35}$$

Damit erklärt sich die Bezeichnung „Gleichverteilung" für das erzeugte Wahrscheinlichkeitsmaß. Die Wahrscheinlichkeit eines Intervalls $[a,b]$ in I hängt nur von seiner Länge ab, nicht aber von der Lage innerhalb von I. Verschiebungen innerhalb I ändern die Wahrscheinlichkeit nicht (die Gleichverteilung ist translationsinvariant).

1.6 Spezielle stetige Verteilungen

Die Berechnung von $\mathbb{P}([a,b])$ für beliebige Intervalle führt man einfach auf den vorhergehenden Fall mithilfe von
$$\mathbb{P}([a,b]) = \mathbb{P}([a,b] \cap I)$$
zurück.

Beispiel 1.6.3

Welche Wahrscheinlichkeit hat die Menge $A := \bigcup_{n=1}^{\infty} \left[\frac{1}{n+1}, \frac{1}{n}\right]$ bezüglich der Gleichverteilung auf $[0,2]$?

Antwort 1: Diese Vereinigung ergibt das Intervall $(0,1]$. Folglich erhält man
$$\mathbb{P}(A) = \mathbb{P}((0,1]) = \mathbb{P}([0,1]) = \frac{1-0}{2-0} = \frac{1}{2}.$$

Antwort 2: Wegen $A := \bigcup_{n=1}^{\infty} \left(\frac{1}{n+1}, \frac{1}{n}\right]$ ergibt sich aufgrund der σ-Additivität von $\mathbb{P}$ ebenfalls
$$\mathbb{P}(A) = \sum_{n=1}^{\infty} \mathbb{P}\left(\left(\frac{1}{n+1}, \frac{1}{n}\right]\right) = \sum_{n=1}^{\infty} \frac{\frac{1}{n} - \frac{1}{n+1}}{2} = \frac{1}{2}.$$

Beispiel 1.6.4

Ein Stock der Länge L wird zufällig in zwei Teile zerbrochen. Wie groß ist die Wahrscheinlichkeit, dass eins der beiden Bruchstücke mindestens doppelt so groß ist wie das andere?
Antwort: Das angegebene Ereignis tritt genau dann ein, wenn die Bruchstelle entweder im Intervall $[0, L/3]$ oder im Intervall $[2L/3, L]$ liegt. Jedes dieser Intervalle hat die Wahrscheinlichkeit $1/3$, also beträgt die gesuchte Wahrscheinlichkeit $2/3$. Man beachte dabei, dass die beiden Intervalle disjunkt sind.
Alternative Antwort: Das gesuchte Ereignis tritt genau dann nicht ein, wenn die Bruchstelle in $(L/3, 2L/3)$ liegt. Damit hat das Komplementärereignis die Wahrscheinlichkeit $1/3$, woraus wieder $2/3$ für die gesuchte Wahrscheinlichkeit folgt.

Beispiel 1.6.5

Es sei $C_0 := [0,1]$. Aus C_0 nimmt man nun das Intervall $\left(\frac{1}{3}, \frac{2}{3}\right)$ heraus, erhält somit $C_1 = [0, \frac{1}{3}] \cup [\frac{2}{3}, 1]$. Zur Konstruktion von C_2 nimmt man aus C_1 die beiden mittleren Intervalle $\left(\frac{1}{9}, \frac{2}{9}\right)$ und $\left(\frac{7}{9}, \frac{8}{9}\right)$ heraus, erhält also $C_2 = [0, \frac{1}{9}] \cup [\frac{2}{9}, \frac{3}{9}] \cup [\frac{6}{9}, \frac{7}{9}] \cup [\frac{8}{9}, 1]$. Nehmen wir nun an, die Menge C_n sei bereits auf diese Weise konstruiert. Dann stellt sich C_n als Vereinigung von 2^n Intervallen der Länge $1/3^n$ dar. Im nächsten Schritt streicht man von diesen 2^n Intervallen wieder jeweils das mittlere Intervall der Länge $1/3^{n+1}$, nimmt also 2^n Intervalle der Länge 3^{-n} heraus, und erhält C_{n+1} als Vereinigung von 2^{n+1} Intervallen der Länge $1/3^{n+1}$. Schließlich setzt man
$$C := \bigcap_{n=0}^{\infty} C_n.$$
Man nennt C das **Cantorsche Diskontinuum**.

Es sei nun $\mathbb{P}$ die Gleichverteilung auf $[0, 1]$. Dann folgt, da C_n die Vereinigung von 2^n Intervallen der Länge 3^{-n} ist, die Aussage

$$\mathbb{P}(C_n) = \left(\frac{2}{3}\right)^n, \quad n = 0, 1, 2, \ldots$$

Wegen $C_0 \supset C_1 \supset C_2 \supset \cdots$ ergibt sich aus der Stetigkeit von oben, angewandt auf die Gleichverteilung $\mathbb{P}$, die Gleichung

$$\mathbb{P}(C) = \lim_{n \to \infty} \mathbb{P}(C_n) = \lim_{n \to \infty} \left(\frac{2}{3}\right)^n = 0.$$

Nun lässt dies $C = \emptyset$ vermuten. Dem ist aber nicht so; das Cantorsche Diskontinuum ist sogar überabzählbar unendlich.

Wir geben einen kurzen Hinweis, wie man das zeigen kann: Jede Zahl $x \in [0,1]$ lässt sich in der Form $x = 0, x_1 x_2 \cdots$ mit $x_j \in \{0, 1, 2\}$ darstellen. Die Menge C_1 erhält man dadurch, dass man alle diejenigen x entfernt, für die $x_1 = 1$ gilt, wobei man die Randpunkte extra betrachten muss. C_2 entsteht dadurch, dass man x mit $x_2 = 1$ entnimmt usw. Am Ende besteht C aus allen Zahlen x, in deren Darstellung die Zahl 1 nicht auftaucht. Damit bleiben aber die überabzählbar vielen x übrig, die sich mit $x_j \in \{0, 2\}$ darstellen lassen. Wie gesagt, bei den Randpunkten muss man etwas aufpassen, aber das sind ja nur abzählbar viele.

1.6.2 Normalverteilung

Wir kommen nunmehr zur wichtigsten Verteilung der Wahrscheinlichkeitstheorie, der Normalverteilung. Ehe wir sie aber einführen können, benötigen wir folgenden Satz:

Satz 1.6.6

Es gilt
$$\int_{-\infty}^{\infty} e^{-x^2/2} \, dx = \sqrt{2\pi}.$$

Beweis: Wir setzen
$$a := \int_{-\infty}^{\infty} e^{-x^2/2} \, dx$$

und bemerken, dass $a > 0$ gilt. Es folgt dann

$$a^2 = \left(\int_{-\infty}^{\infty} e^{-x^2/2} \, dx\right)\left(\int_{-\infty}^{\infty} e^{-y^2/2} \, dy\right) = \int_{-\infty}^{\infty}\int_{-\infty}^{\infty} e^{-(x^2+y^2)/2} \, dx \, dy.$$

Um das rechte Doppelintegral ausrechnen zu können, substituieren wir $x := r\cos\theta$ und $y := r\sin\theta$ mit $0 < r < \infty$ und $0 \le \theta < 2\pi$. Bei dieser zweidimensionalen Substitution gilt

$$dx \, dy = |D(r, \theta)| dr \, d\theta$$

mit
$$D(r,\theta) = \det\begin{pmatrix} \frac{\partial x}{\partial r} & \frac{\partial x}{\partial \theta} \\ \frac{\partial y}{\partial r} & \frac{\partial y}{\partial \theta} \end{pmatrix} = \det\begin{pmatrix} \cos\theta & -r\sin\theta \\ \sin\theta & r\cos\theta \end{pmatrix} = r\cos^2\theta + r\sin^2\theta = r.$$

Unter Verwendung von $x^2 + y^2 = r^2\cos^2\theta + r^2\sin^2\theta = r^2$ führt die angegebene Substitution zu

$$a^2 = \int_0^{2\pi}\int_0^\infty r\,e^{-r^2/2}\,dr\,d\theta = \int_0^{2\pi}\left[-e^{-r^2/2}\right]_0^\infty d\theta = 2\pi,$$

woraus sich wegen $a > 0$ die Aussage $a = \sqrt{2\pi}$ ergibt. Damit ist der Satz bewiesen. □

Für eine Zahl $\mu \in \mathbb{R}$ und ein $\sigma > 0$ sei

$$p_{\mu,\sigma}(x) := \frac{1}{\sqrt{2\pi}\sigma}\,e^{-(x-\mu)^2/2\sigma^2}, \quad x \in \mathbb{R}. \tag{1.36}$$

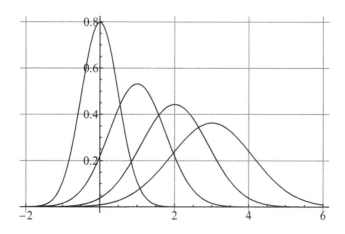

Abb. 1.2: Die Funktionen $p_{\mu,\sigma}$ für $\mu = 0, 1, 2, 3$ und $\sigma = 0.5, 0.75, 0.9, 1.1$

Satz 1.6.7

Für alle $\mu \in \mathbb{R}$ und $\sigma > 0$ ist $p_{\mu,\sigma}$ eine Wahrscheinlichkeitsdichte.

Beweis: Zu zeigen ist

$$\int_{-\infty}^\infty e^{(x-\mu)^2/2\sigma^2}\,dx = \sqrt{2\pi}\,\sigma.$$

Dazu setzen wir $u := (x-\mu)/\sigma$, erhalten $dx = \sigma du$ und das linke Integral geht unter der Verwendung von Satz 1.6.6 in

$$\sigma \int_{-\infty}^\infty e^{-u^2/2}\,du = \sigma\sqrt{2\pi}$$

über. Damit ist der Satz bewiesen. □

Definition 1.6.8

Das von $p_{\mu,\sigma}$ erzeugte Wahrscheinlichkeitsmaß nennt man **Normalverteilung** mit Erwartungswert μ und Varianz σ^2, und es wird mit $\mathcal{N}(\mu, \sigma^2)$ bezeichnet.

Bemerkung 1.6.9

Im Moment betrachte man $\mu \in \mathbb{R}$ und $\sigma > 0$ einfach als Parameter. Warum diese Erwartungswert bzw. Varianz genannt werden, wird erst später nach Einführung dieser Begriffe im Kapitel 5 klar.

Für reelle Zahlen $a < b$ berechnet sich somit die Wahrscheinlichkeit des Intervalls $[a, b]$ als

$$\mathcal{N}(\mu, \sigma^2)([a, b]) = \frac{1}{\sqrt{2\pi}\sigma} \int_a^b e^{-(x-\mu)^2/2\sigma^2}\, dx\ .$$

Definition 1.6.10

Das Wahrscheinlichkeitsmaß $\mathcal{N}(0, 1)$ nennt man **Standardnormalverteilung**. Die Wahrscheinlichkeit eines Intervalls $[a, b]$ berechnet sich als

$$\mathcal{N}(0, 1)([a, b]) = \frac{1}{\sqrt{2\pi}} \int_a^b e^{-x^2/2}\, dx\ .$$

Beispiel 1.6.11

Es gilt

$$\mathcal{N}(0, 1)([-1, 1]) = \frac{1}{\sqrt{2\pi}} \int_{-1}^{1} e^{-x^2/2}\, dx = 0.682689 \quad \text{oder}$$

$$\mathcal{N}(0, 1)([2, 4]) = \frac{1}{\sqrt{2\pi}} \int_{2}^{4} e^{-x^2/2}\, dx = 0.0227185\ .$$

1.6.3 Gammaverteilung

Die Eulersche **Gammafunktion** ist eine Abbildung Γ von $(0, \infty)$ nach $\mathbb{R}$, definiert durch

$$\Gamma(x) := \int_0^\infty s^{x-1} e^{-s}\, ds, \quad x > 0\ .$$

Wir wollen nun einige wesentliche Eigenschaften der Gammafunktion formulieren.

1.6 Spezielle stetige Verteilungen

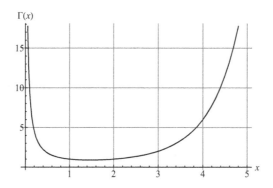

Abb. 1.3: Die Gammafunktion

Satz 1.6.12

1. Γ ist eine stetige Funktion von $(0, \infty)$ nach $(0, \infty)$ und besitzt stetige Ableitungen beliebiger Ordnung.
2. Für $x > 0$ gilt

$$\Gamma(x+1) = x\,\Gamma(x).\tag{1.37}$$

3. Wenn $n \in \mathbb{N}$, so folgt $\Gamma(n) = (n-1)!$. Insbesondere gilt $\Gamma(1) = \Gamma(2) = 1$ und $\Gamma(3) = 2$ usw.
4. Man hat $\Gamma(1/2) = \sqrt{\pi}$.

Beweis: Für den Beweis der Stetigkeit und Differenzierbarkeit der Gammafunktion verweisen wir auf [5], XIV, 531.

Der Nachweis von (1.37) folgt mithilfe partieller Integration aus

$$\Gamma(x+1) := \int_0^\infty s^x\,e^{-s}\,ds = \left[-s^x\,e^{-s}\right]_0^\infty + \int_0^\infty x\,s^{x-1}\,e^{-s}\,ds = x\,\Gamma(x)$$

da $s^x\,e^{-s} = 0$ für $s = 0$ bzw. $s \to \infty$.

Aus

$$\Gamma(1) = \int_0^\infty e^{-s}\,ds = 1$$

erhält man unter Verwendung von (1.37) die Aussage

$$\Gamma(n) = (n-1)\Gamma(n-1) = (n-1)(n-2)\Gamma(n-2) = \cdots = (n-1)\cdots 1 \cdot \Gamma(1) = (n-1)!$$

wie behauptet.

Zum Beweis der 4. Aussage verwenden wir Satz 1.6.6. Wegen

$$\sqrt{2\pi} = \int_{-\infty}^\infty e^{-t^2/2}\,dt = 2\int_0^\infty e^{-t^2/2}\,dt$$

ergibt sich
$$\int_0^\infty e^{-t^2/2} dt = \sqrt{\frac{\pi}{2}}. \tag{1.38}$$

Durch Substitution $s = t^2/2$, also $ds = t\, dt$, und unter Verwendung von (1.38) geht das Integral für $\Gamma(1/2)$ in

$$\Gamma(1/2) = \int_0^\infty s^{-1/2} e^{-s} ds = \int_0^\infty \frac{\sqrt{2}}{t} e^{-t^2/2} t\, dt = \sqrt{2} \int_0^\infty e^{-t^2/2} dt = \sqrt{\pi}$$

über. Damit folgt die Behauptung. □

Für $x \to \infty$ wächst $\Gamma(x)$ sehr schnell. Genauer gilt folgende Aussage (siehe [5], XIV, 540):

Satz 1.6.13: *Stirlingsche Formel für die Γ-Funktion*

Zu $x > 0$ existiert ein $\theta \in (0,1)$ mit

$$\Gamma(x) = \sqrt{\frac{2\pi}{x}} \left(\frac{x}{e}\right)^x e^{\theta/12x}. \tag{1.39}$$

Folgerung 1.6.14: *Stirlingsche Formel für n-Fakultät*

Wegen $n! = \Gamma(n+1) = n\Gamma(n)$ ergibt sich aus (1.39) die Formel

$$n! = \sqrt{2\pi n} \left(\frac{n}{e}\right)^n e^{\theta/12n} \tag{1.40}$$

mit einem von n abhängigen $\theta \in (0,1)$. Insbesondere folgt

$$\lim_{n \to \infty} \frac{e^n}{n^{n+1/2}} n! = \sqrt{2\pi}.$$

Unser nächstes Ziel ist die Einführung der sogenannten Gammaverteilung. Dazu definieren wir für zwei Zahlen $\alpha, \beta > 0$ eine Funktion $p_{\alpha,\beta}$ von $\mathbb{R}$ nach $\mathbb{R}$ durch

$$p_{\alpha,\beta}(x) := \begin{cases} 0 & : x \leq 0 \\ \frac{1}{\alpha^\beta \Gamma(\beta)} x^{\beta-1} e^{-x/\alpha} & : x > 0 \end{cases} \tag{1.41}$$

1.6 Spezielle stetige Verteilungen

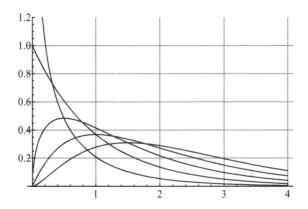

Abb. 1.4: *Die Funktionen $p_{1,\beta}$ für $\beta = 0.5$, 1, 1.5, 2 und 2.5*

Satz 1.6.15

Die durch (1.41) definierte Funktion $p_{\alpha,\beta}$ ist eine Wahrscheinlichkeitsdichte.

Beweis: Da selbstverständlich $p_{\alpha,\beta}(x) \geq 0$ gilt, müssen wir nur noch

$$\int_{-\infty}^{\infty} p_{\alpha,\beta}(x)\,dx = 1 \tag{1.42}$$

nachweisen. Nach Definition von $p_{\alpha,\beta}$ ergibt sich

$$\int_{-\infty}^{\infty} p_{\alpha,\beta}(x)\,dx = \frac{1}{\alpha^\beta \Gamma(\beta)} \int_0^\infty x^{\beta-1} e^{-x/\alpha}\,dx.$$

Substituiert man im rechten Integral $u := x/\alpha$, also $dx = \alpha\,du$, so geht dieses Integral nach Definition der Gammafunktion in

$$\frac{1}{\Gamma(\beta)} \int_0^\infty u^{\beta-1} e^{-u}\,du = \frac{1}{\Gamma(\beta)} \Gamma(\beta) = 1$$

über. Damit gilt (1.42) und $p_{\alpha,\beta}$ ist eine Dichte. □

Definition 1.6.16

Das von $p_{\alpha,\beta}$ erzeugte Wahrscheinlichkeitsmaß heißt **Gammaverteilung** mit den Parametern α und β. Es wird mit $\Gamma_{\alpha,\beta}$ bezeichnet. Also berechnet sich für Zahlen $0 \leq a < b < \infty$ die Wahrscheinlichkeit des Intervalls $[a,b]$ durch

$$\Gamma_{\alpha,\beta}([a,b]) = \frac{1}{\alpha^\beta \Gamma(\beta)} \int_a^b x^{\beta-1} e^{-x/\alpha}\,dx. \tag{1.43}$$

Bemerkung 1.6.17

Nach Definition von $p_{\alpha,\beta}$ gilt $\Gamma_{\alpha,\beta}((-\infty,0]) = 0$. Insbesondere folgt hieraus für beliebige $a < b$, dass
$$\Gamma_{\alpha,\beta}([a,b]) = \Gamma_{\alpha,\beta}([0,\infty) \cap [a,b]).$$

Bemerkung 1.6.18

Für $\beta \notin \mathbb{N}$ lässt sich das Integral in (1.43) nur numerisch bestimmen.

1.6.4 Betaverteilung

Eng verbunden mit der Gammafunktion ist eine andere Funktion, und zwar die Eulersche **Betafunktion** B. Sie bildet $(0,\infty) \times (0,\infty)$ nach $\mathbb{R}$ ab und wird durch

$$B(x,y) := \int_0^1 s^{x-1}(1-s)^{y-1}\,ds\,, \quad x,y > 0, \tag{1.44}$$

definiert. Den Zusammenhang zwischen Gamma- und Betafunktion stellt die folgende wichtige Identität her:

$$B(x,y) = \frac{\Gamma(x) \cdot \Gamma(y)}{\Gamma(x+y)}, \quad x,y > 0. \tag{1.45}$$

Einen Beweis von (1.45) findet man zum Beispiel in [5], 531, 4°. Weitere Eigenschaften der Betafunktion sind entweder einfach zu beweisen oder leiten sich mithilfe von (1.45) direkt aus denen der Gammafunktion ab.

1. B ist eine stetige Funktion auf $(0,\infty) \times (0,\infty)$ mit Werten in $(0,\infty)$.
2. Für $x, y > 0$ gilt $B(x,y) = B(y,x)$.
3. Wenn $x, y > 0$, dann folgt

$$B(x+1, y) = \frac{x}{x+y} B(x,y)\,. \tag{1.46}$$

4. Für $x > 0$ ergibt sich $B(x,1) = 1/x$.
5. Für natürliche Zahlen $n, m \geq 1$ folgt

$$B(n,m) = \frac{(n-1)!\,(m-1)!}{(n+m-1)!}\,.$$

6. Es gilt $B\left(\tfrac{1}{2}, \tfrac{1}{2}\right) = \pi$.

1.6 Spezielle stetige Verteilungen

Definition 1.6.19

Sei $\alpha, \beta > 0$. Das durch

$$\mathcal{B}_{\alpha,\beta}([a,b]) := \frac{1}{B(\alpha,\beta)} \int_a^b x^{\alpha-1}(1-x)^{\beta-1}\,\mathrm{d}x, \quad 0 \leq a < b \leq 1,$$

definierte Wahrscheinlichkeitsmaß heißt **Betaverteilung** mit Parametern α und β.

Die $\mathcal{B}_{\alpha,\beta}$ erzeugende Dichte $q_{\alpha,\beta}$ hat die Gestalt

$$q_{\alpha,\beta}(x) = \begin{cases} \frac{1}{B(\alpha,\beta)} x^{\alpha-1}(1-x)^{\beta-1} & : 0 < x < 1 \\ 0 & : \text{sonst} \end{cases}$$

Es folgt unmittelbar aus der Definition der Betafunktion, dass

$$\int_{-\infty}^{\infty} q_{\alpha,\beta}(x)\,\mathrm{d}x = \int_0^1 q_{\alpha,\beta}(x)\,\mathrm{d}x = \frac{1}{B(\alpha,\beta)} \int_0^1 x^{\alpha-1}(1-x)^{\beta-1}\,\mathrm{d}x$$
$$= \frac{B(\alpha,\beta)}{B(\alpha,\beta)} = 1.$$

Weiterhin sieht man anhand der Gestalt der Dichte $q_{\alpha,\beta}$, dass $\mathcal{B}_{\alpha,\beta}$ auf $[0,1]$ konzentriert ist, d.h., es gilt $\mathcal{B}_{\alpha,\beta}([0,1]) = 1$, oder äquivalent $\mathcal{B}_{\alpha,\beta}(\mathbb{R} \setminus [0,1]) = 0$.

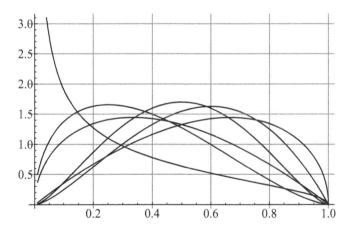

Abb. 1.5: Dichten der Betaverteilung für $(0.5, 1.5), (1.5, 2.5), (2.5, 2), (1.5, 2), (2, 1.5)$ und $(2.5, 2.5)$

Beispiel 1.6.20

Man ziehe nacheinander und unabhängig voneinander n Zahlen $x_1, \ldots, x_n$ aus $[0,1]$ gemäß der Gleichverteilung. Anschließend ordne man diese Zahlen der Größe nach. Im Ergebnis erhält man Zahlen $0 \leq x_1^* \leq \cdots \leq x_n^* \leq 1$. Beispielsweise ist x_1^* die kleinste der beobachteten Zahlen und x_n^* die größte. Wie wir in Beispiel 3.5.6 herleiten werden, ist x_k^*, d.h. die k-größte Zahl unter den $x_1, \ldots, x_n$, gemäß $\mathcal{B}_{k,n-k+1}$ verteilt. Mit anderen Worten, für $0 \leq a < b \leq 1$ gilt

$$\mathbb{P}\{a \leq x_k^* \leq b\} = \mathcal{B}_{k,n-k+1}([a,b]) = \frac{n!}{(k-1)!\,(n-k)!} \int_a^b x^{k-1}(1-x)^{n-k}\,dx\,.$$

1.6.5 Exponentialverteilung

Ein besonders wichtiger Spezialfall der Gammaverteilung ist die Exponentialverteilung. Sie ist wie folgt definiert:

Definition 1.6.21

Für eine Zahl $\lambda > 0$ nennt man $E_\lambda := \Gamma_{\lambda^{-1},1}$ **Exponentialverteilung** mit Parameter $\lambda > 0$.

Die entsprechende Dichte p_λ ist durch

$$p_\lambda(x) = \begin{cases} 0 & : x \leq 0 \\ \lambda\,e^{-\lambda x} & : x > 0 \end{cases}$$

gegeben. Damit berechnet sich für $0 \leq a < b < \infty$ die Wahrscheinlichkeit des Intervalls $[a,b]$ als

$$E_\lambda([a,b]) = e^{-\lambda a} - e^{-\lambda b},$$

und außerdem hat man

$$E_\lambda([t,\infty)) = e^{-\lambda t}, \quad t \geq 0\,.$$

Bemerkung 1.6.22

Die Exponentialverteilung spielt eine zentrale Rolle bei der Beschreibung von Lebenszeiten eines Bauteils oder eines Atoms. Sie wird aber auch für die Verteilung der Zeitdauer eines Telefongesprächs oder ähnlicher Vorgänge benutzt.

Beispiel 1.6.23

Die Zeitdauer eines Telefongesprächs sei exponentiell verteilt mit Parameter $\lambda = 0.1$. Wie groß ist die Wahrscheinlichkeit, dass das Gespräch weniger als zwei Zeiteinheiten dauert, oder zwischen ein und zwei Zeiteinheiten oder aber länger als fünf Einheiten?
Antwort: Die entsprechenden Wahrscheinlichkeiten sind

$$E_{0.1}([0,2]) = 1 - e^{-0.2} = 0.181269\,,\ E_{0.1}([1,2]) = e^{-0.1} - e^{-0.2} = 0.08611$$
$$\text{bzw.}\quad E_{0.1}([5,\infty)) = e^{-0.5} = 0.60653\,.$$

1.6 Spezielle stetige Verteilungen

1.6.6 Erlangverteilung

Definition 1.6.24

Für $\lambda > 0$ und $n \in \mathbb{N}$ ist die **Erlangverteilung** mit Parametern n und λ durch $E_{\lambda,n} := \Gamma_{\lambda^{-1},n}$ definiert.

Für die Dichte $p_{\lambda,n}$ der Erlangverteilung gilt dann

$$p_{\lambda,n}(x) = \begin{cases} \frac{\lambda^n}{(n-1)!} x^{n-1} e^{-\lambda x} & : x > 0 \\ 0 & : x \leq 0 \end{cases}$$

Man beachte, dass $E_{\lambda,1} = E_\lambda$ gilt. Die Erlangverteilung kann somit als Verallgemeinerung der Exponentialverteilung betrachtet werden. Eine wichtige Eigenschaft der Erlangverteilung ist die folgende:

Satz 1.6.25

Für $t > 0$ gilt

$$E_{\lambda,n}([t,\infty)) = \sum_{j=0}^{n-1} \frac{(\lambda t)^j}{j!} e^{-\lambda t}.$$

Beweis: Wir müssen für $t > 0$ die Identität

$$\int_t^\infty p_{\lambda,n}(x)\,\mathrm{d}x = \frac{\lambda^n}{(n-1)!} \int_t^\infty x^{n-1} e^{-\lambda x}\,\mathrm{d}x = \sum_{j=0}^{n-1} \frac{(\lambda t)^j}{j!} e^{-\lambda t} \qquad (1.47)$$

nachweisen. Für $n = 1$ ist (1.47) wegen

$$\int_t^\infty p_{\lambda,1}(x)\,\mathrm{d}x = \int_t^\infty \lambda e^{-\lambda x}\,\mathrm{d}x = e^{-\lambda t}$$

gültig. Wir führen nun den Induktionsschritt von n auf $n+1$ aus. Also nehmen wir an, (1.47) ist für n richtig, d.h., wir haben

$$\frac{\lambda^n}{(n-1)!} \int_t^\infty x^{n-1} e^{-\lambda x}\,\mathrm{d}x = \sum_{j=0}^{n-1} \frac{(\lambda t)^j}{j!} e^{-\lambda t}. \qquad (1.48)$$

Zu zeigen ist dann

$$\frac{\lambda^{n+1}}{n!} \int_t^\infty x^n e^{-\lambda x}\,\mathrm{d}x = \sum_{j=0}^n \frac{(\lambda t)^j}{j!} e^{-\lambda t}. \qquad (1.49)$$

Um dies nachzuweisen wenden wir auf das Integral in (1.49) eine partielle Integration an. Wir setzen $u := x^n$, somit $u' = n\,x^{n-1}$, und $v' = e^{-\lambda x}$, also $v = -\lambda^{-1}e^{-\lambda x}$. Dann geht dieses Integral unter Verwendung von (1.48) in

$$\frac{\lambda^{n+1}}{n!}\int_t^\infty x^n e^{-\lambda x}\,dx = \left[-\frac{\lambda^n}{n!}x^n e^{-\lambda x}\right]_t^\infty + \frac{\lambda^n}{(n-1)!}\int_t^\infty x^{n-1} e^{-\lambda x}\,dx$$

$$= \frac{(\lambda t)^n}{n!}e^{-\lambda t} + \sum_{j=0}^{n-1}\frac{(\lambda t)^j}{j!}e^{-\lambda t} = \sum_{j=0}^{n}\frac{(\lambda t)^j}{j!}e^{-\lambda t}$$

über. Damit haben wir (1.49) gezeigt, also den Schritt von n auf $n+1$ vollzogen, somit gilt (1.47) für alle n, und der Satz ist bewiesen. □

1.6.7 χ^2-Verteilung

Ein weiterer wichtiger Spezialfall der Gammaverteilung ist die χ^2-Verteilung. Sie spielt in der Anwendung, insbesondere in der Mathematischen Statistik, eine zentrale Rolle (siehe Kapitel 8).

Definition 1.6.26

Für $n \geq 1$ setzt man

$$\chi_n^2 := \Gamma_{2,n/2}\,.$$

Man nennt diese Verteilung **Chiquadratverteilung** mit n Freiheitsgraden

Bemerkung 1.6.27

Die auftretende Zahl n ist im Moment nur ein Parameter. Die Bezeichnung „Freiheitsgrad" für n wird erst später aus der Anwendung in der Mathematischen Statistik klar.

Die Dichte p der χ_n^2-Verteilung hat die Gestalt

$$p(x) = \begin{cases} 0 & : x \leq 0 \\ \frac{x^{n/2-1}e^{-x/2}}{2^{n/2}\Gamma(n/2)} & : x > 0, \end{cases}$$

d.h., für $0 \leq a < b$ gilt

$$\chi_n^2([a,b]) = \frac{1}{2^{n/2}\Gamma(n/2)}\int_a^b x^{n/2-1}e^{-x/2}\,dx\,.$$

1.6.8 Cauchyverteilung

Wir beginnen mit folgender Aussage.

Satz 1.6.28

Die Funktion p mit

$$p(x) = \frac{1}{\pi} \cdot \frac{1}{1+x^2}, \quad x \in \mathbb{R}, \tag{1.50}$$

ist eine Wahrscheinlichkeitsdichte.

Beweis: Selbstverständlich gilt $p(x) > 0$ für $x \in \mathbb{R}$. Untersuchen wir nun $\int_{-\infty}^{\infty} p(x)\,\mathrm{d}x$. Dann folgt

$$\int_{-\infty}^{\infty} p(x)\,\mathrm{d}x = \frac{1}{\pi} \lim_{a\to-\infty} \lim_{b\to\infty} \int_a^b \frac{1}{1+x^2}\,\mathrm{d}x = \frac{1}{\pi} \lim_{a\to-\infty} \lim_{b\to\infty} \Big[\arctan x\Big]_a^b = 1$$

wegen $\lim_{b\to\infty} \arctan(b) = \pi/2$ und $\lim_{a\to-\infty} \arctan(a) = -\pi/2$. $\square$

Definition 1.6.29

Das durch die in (1.50) definierte Dichte p erzeugte Wahrscheinlichkeitsmaß $\mathbb{P}$ nennt man **Cauchyverteilung**. Mit anderen Worten, die Cauchyverteilung $\mathbb{P}$ wird durch

$$\mathbb{P}([a,b]) = \frac{1}{\pi} \int_a^b \frac{1}{1+x^2}\,\mathrm{d}x = \frac{1}{\pi}\Big[\arctan(b) - \arctan(a)\Big]$$

für $a < b$ charakterisiert.

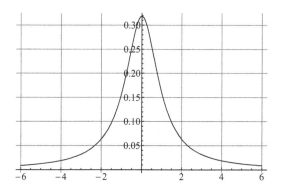

Abb. 1.6: Die Dichte der Cauchyverteilung

1.7 Verteilungsfunktion

Wir setzen in diesem Abschnitt $\Omega = \mathbb{R}$ voraus, auch wenn das Zufallsexperiment nur bestimmte Werte in $\mathbb{R}$ annimmt, wie z.B. beim einmaligen Würfeln. Sei $\mathbb{P}$ ein Wahrscheinlichkeitsmaß entweder auf $\mathcal{B}(\mathbb{R})$ oder auf $\mathcal{P}(\mathbb{R})$.

Definition 1.7.1

Die durch
$$F(t) := \mathbb{P}((-\infty, t]), \quad t \in \mathbb{R},$$
definierte Funktion $F : \mathbb{R} \to [0, 1]$ heißt die von $\mathbb{P}$ erzeugte **Verteilungsfunktion**.

Beispiel 1.7.2

Sei $\mathbb{P}$ die Gleichverteilung auf $\{1, \ldots, 6\}$. Dann gilt
$$F(t) = \begin{cases} 0 & : t < 1 \\ \frac{k}{6} & : k \leq t < k+1, \ k \in \{1, \ldots, 5\} \\ 1 & : t \geq 6. \end{cases}$$

Beispiel 1.7.3

Die Verteilungsfunktion F der Binomialverteilung $B_{n,p}$ berechnet sich wie folgt:
$$F(t) = \sum_{0 \leq k \leq t} \binom{n}{k} p^k (1-p)^{n-k}, \ 0 \leq t < \infty,$$

sowie $F(t) = 0$ für $t < 0$.

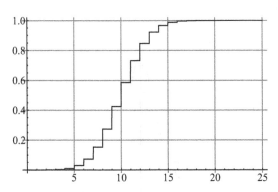

Abb. 1.7: *Verteilungsfunktion der Binomialverteilung $B_{25, 0.4}$*

1.7 Verteilungsfunktion

Beispiel 1.7.4

Die Verteilungsfunktion F der Exponentialverteilung E_λ hat die Gestalt

$$F(t) = \begin{cases} 0 & : t < 0 \\ 1 - e^{-\lambda t} & : t \geq 0 \end{cases}$$

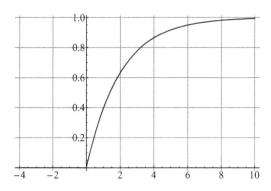

Abb. 1.8: *Verteilungsfunktion der Exponentialverteilung $E_{0,5}$*

Beispiel 1.7.5

Die Verteilungsfunktion der Standardnormalverteilung wird mit Φ bezeichnet und berechnet sich durch

$$\Phi(t) = \frac{1}{\sqrt{2\pi}} \int_{-\infty}^{t} e^{-x^2/2} \, dx, \quad t \in \mathbb{R}. \tag{1.51}$$

Die Funktion Φ heißt **Gaußsche Φ-Funktion** oder **Gaußsche Fehlerfunktion**.

Beispiel 1.7.6

Die Verteilungsfunktion der Gleichverteilung auf dem Intervall $[\alpha, \beta]$ hat die Gestalt

$$F(t) = \begin{cases} 0 & : t < \alpha \\ \frac{t-\alpha}{\beta-\alpha} & : \alpha \leq t \leq \beta \\ 1 & : t > \beta \end{cases}$$

Insbesondere erhält man als Verteilungsfunktion der Gleichverteilung auf dem Intervall $[0, 1]$ die Funktion

$$F(t) = \begin{cases} 0 & : t < 0 \\ t & : 0 \leq t \leq 1 \\ 1 & : t > 1 \end{cases}$$

Der folgende Satz fasst die wesentlichen Eigenschaften von Verteilungsfunktionen zusammen.

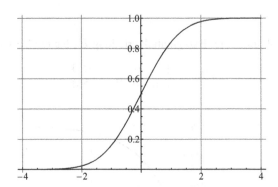

Abb. 1.9: *Verteilungsfunktion der Standardnormalverteilung oder Φ-Funktion*

Satz 1.7.7

Sei F die Verteilungsfunktion eines Wahrscheinlichkeitsmaßes $\mathbb{P}$. Dann besitzt F folgende Eigenschaften:

(1) Die Funktion ist nicht fallend.
(2) Es gilt $F(-\infty) := \lim_{t \to -\infty} F(t) = 0$ und $F(\infty) := \lim_{t \to \infty} F(t) = 1$.
(3) Die Funktion F ist in jedem Punkt von $\mathbb{R}$ rechtsseitig stetig.

Beweis: Sei $s < t$. Dann folgt $(-\infty, s] \subset (-\infty, t]$, somit aufgrund der Monotonie von Wahrscheinlichkeitsmaßen

$$F(s) = \mathbb{P}((-\infty, s]) \leq \mathbb{P}((-\infty, t]) = F(t).$$

Also ist F wie behauptet nicht fallend.

Nehmen wir eine beliebige Folge $(t_n)_{n \geq 1}$, die monoton fallend gegen $-\infty$ konvergiert. Sei $A_n := (-\infty, t_n]$. Dann folgt $A_1 \supseteq A_2 \supseteq \cdots$ sowie $\bigcap_{n=1}^{\infty} A_n = \emptyset$. Aufgrund der Stetigkeit von oben ergibt sich nun

$$\lim_{n \to \infty} F(t_n) = \lim_{n \to \infty} \mathbb{P}(A_n) = \mathbb{P}(\emptyset) = 0.$$

Dies gilt für beliebige solche Folgen $(t_n)_{n \geq 1}$, also folgt $F(-\infty) = 0$ wie behauptet.

Der Beweis von $F(\infty) = 1$ verläuft nach ähnlichem Schema. Sei nun $(t_n)_{n \geq 1}$ eine beliebige Folge reeller Zahlen die monoton gegen ∞ konvergiert. Setzt man $B_n := (-\infty, t_n]$, so gilt diesmal $B_1 \subseteq B_2 \subseteq \cdots$ sowie $\bigcup_{n=1}^{\infty} B_n = \mathbb{R}$. Also folgt aufgrund der Stetigkeit von unten

$$\lim_{n \to \infty} F(t_n) = \lim_{n \to \infty} \mathbb{P}(B_n) = \mathbb{P}(\mathbb{R}) = 1.$$

Wieder folgt, da die t_n beliebig gewählt waren, hieraus $F(\infty) = 1$.

Bleibt die rechtsseitige Stetigkeit von F in jedem Punkt $t \in \mathbb{R}$ nachzuweisen. Zur Erinnerung, das bedeutet, dass $F(t_n) \to F(t)$ für jede Folge $(t_n)_{n \geq 1}$ mit t_n monoton fallend und $t_n \to t$.

1.7 Verteilungsfunktion

Sei $(t_n)_{n \geq 1}$ eine solche Folge und sei wie oben $A_n := (-\infty, t_n]$. Wieder gilt $A_1 \supseteq A_2 \supseteq \cdots$, aber diesmal $\bigcap_{n=1}^{\infty} A_n = (-\infty, t]$. Also erhält man nun wieder unter Benutzung der Stetigkeit von oben

$$F(t) = \mathbb{P}((-\infty, t]) = \lim_{n \to \infty} \mathbb{P}(A_n) = \lim_{n \to \infty} F(t_n).$$

Damit ist die rechtsseitige Stetigkeit von F in einem beliebigen $t \in \mathbb{R}$ gezeigt und der Satz bewiesen. □

Die Eigenschaften (1), (2) und (3) aus Satz 1.7.7 charakterisieren Verteilungsfunktionen. Präziser, es gilt folgender Satz, dessen Beweis tiefere Aussagen aus der Maßtheorie erfordert.

Satz 1.7.8

Sei $F : \mathbb{R} \to \mathbb{R}$ eine Funktion mit Eigenschaften (1), (2) und (3) aus Satz 1.7.7. Dann existiert ein eindeutig bestimmtes Wahrscheinlichkeitsmaß $\mathbb{P}$ auf $\mathcal{B}(\mathbb{R})$ mit

$$F(t) = \mathbb{P}((-\infty, t]), \quad t \in \mathbb{R}.$$

Beweisidee: Man definiert zuerst für $a < b$

$$\mathbb{P}_0((a, b]) := F(b) - F(a).$$

Damit erhält man eine auf der Gesamtheit der halboffenen Intervalle $\{(a, b] : a < b\}$ definierte Abbildung $\mathbb{P}_0$. Es ist dann zu zeigen, dass man $\mathbb{P}_0$ eindeutig zu einem Wahrscheinlichkeitsmaß $\mathbb{P}$ auf $\mathcal{B}(\mathbb{R})$ fortsetzen kann. Dazu definiert man für eine beliebige Menge $B \subseteq \mathbb{R}$ ein so genanntes äußeres Maß $\mathbb{P}^*$ durch

$$\mathbb{P}^*(B) := \inf \left\{ \sum_{i=1}^{\infty} \mathbb{P}_0((a_i, b_i]) : B \subseteq \bigcup_{i=1}^{\infty} (a_i, b_i] \right\}$$

und schränkt danach $\mathbb{P}^*$ auf $\mathcal{B}(\mathbb{R})$ ein. Der komplizierteste Teil des Beweises ist der Nachweis, dass diese Einschränkung, die man mit $\mathbb{P}$ bezeichnet, σ-additiv ist. Auf diese Weise erhält man das gesuchte Wahrscheinlichkeitsmaß $\mathbb{P}$.

Fazit: Sind die Versuchsergebnisse des Zufallsexperiments reelle Zahlen, so kann man dieses Experiment anstatt durch eine Wahrscheinlichkeitsverteilung auch mithilfe einer Funktion F mit den Eigenschaften (1), (2) und (3) aus Satz 1.7.7 beschreiben.

Weitere Eigenschaften der Verteilungsfunktion:

(A) Aufgrund von Satz 1.7.8 bestimmt die Verteilungsfunktion das Wahrscheinlichkeitsmaß eindeutig. Mit anderen Worten, gilt für zwei Wahrscheinlichkeitsmaße $\mathbb{P}_1$ und $\mathbb{P}_2$ und alle $t \in \mathbb{R}$ stets

$$\mathbb{P}_1((-\infty, t]) = \mathbb{P}_2((-\infty, t]),$$

so impliziert dies $\mathbb{P}_1 = \mathbb{P}_2$.

(B) Ist F die Verteilungsfunktion eines Wahrscheinlichkeitsmaßes $\mathbb{P}$, so gilt

$$F(b) - F(a) = \mathbb{P}((a, b]) \quad \text{für alle } a < b.$$

Das folgt unmittelbar aus

$$F(b) - F(a) = \mathbb{P}((-\infty, b]) - \mathbb{P}((-\infty, a])$$
$$= \mathbb{P}((-\infty, b] \setminus (-\infty, a]) = P((a, b])$$

unter Verwendung von $(-\infty, a] \subseteq (-\infty, b]$.

(C) Da F nicht fallend und beschränkt ist, existiert in jedem Punkt $t \in \mathbb{R}$ der linksseitige Grenzwert

$$F(t - 0) := \lim_{\substack{s \to t \\ s < t}} F(s).$$

Dann folgt $F(t - 0) \leq F(t)$ und wegen der Rechtsstetigkeit von F gilt $F(t - 0) = F(t)$, dann und nur dann, wenn F im Punkt t stetig ist.

Hat man dagegen $h := F(t) - F(t - 0) > 0$, so heißt dies, dass F in t einen **Sprung** der Höhe h besitzt.

Satz 1.7.9

Die Verteilungsfunktion F eines Wahrscheinlichkeitsmaßes $\mathbb{P}$ hat genau dann in $t \in \mathbb{R}$ einen Sprung der Höhe h, wenn $\mathbb{P}(\{t\}) = h$ gilt.

Beweis: Sei $(t_n)_{n \geq 1}$ eine beliebige Folge reeller Zahlen, die monoton von links gegen t konvergiert. Dann folgt

$$h = F(t) - F(t - 0) = \lim_{n \to \infty} [F(t) - F(t_n)] = \lim_{n \to \infty} \mathbb{P}((t_n, t]) = \mathbb{P}(\{t\}),$$

weil $\mathbb{P}$ stetig von oben ist. Man beachte dabei $\bigcap_{n=1}^{\infty} (t_n, t] = \{t\}$. Daraus folgt die Behauptung.
□

Bemerkung 1.7.10

Insbesondere ist F in einem Punkt $t \in \mathbb{R}$ genau für $\mathbb{P}(\{t\}) = 0$ stetig.

Beispiel 1.7.11

Die Verteilungsfunktion F eines Wahrscheinlichkeitsmaßes habe die Gestalt

$$F(t) = \begin{cases} 0 & : \ t < -1 \\ 1/3 & : \ -1 \leq t < 0 \\ 1/2 & : \ 0 \leq t < 1 \\ 2/3 & : \ 1 \leq t < 2 \\ 1 & : \ t \geq 2. \end{cases}$$

Dann folgt für das zugehörige Wahrscheinlichkeitsmaß

$$\mathbb{P}(\{-1\}) = 1/3, \ \mathbb{P}(\{0\}) = 1/6, \ \mathbb{P}(\{1\}) = 1/6 \text{ sowie } \mathbb{P}(\{2\}) = 1/3.$$

1.7 Verteilungsfunktion

Für $A \cap \{-1, 0, 1, 2\} = \emptyset$ erhält man $\mathbb{P}(A) = 0$, d.h., $\mathbb{P}$ ist ein diskretes Maß, das auf $\{-1, 0, 1, 2\}$ konzentriert ist.

(D) Sei F nunmehr die Verteilungsfunktion eines stetigen Wahrscheinlichkeitsmaßes $\mathbb{P}$ mit Dichte p. Dann berechnet sich F als

$$F(t) = \mathbb{P}((-\infty, t]) = \int_{-\infty}^{t} p(x)\,\mathrm{d}x, \quad t \in \mathbb{R}.$$

Insbesondere ist F als Funktion der oberen Grenze eines Integrals stetig. Aber es gilt noch mehr, nämlich

Satz 1.7.12

Ist die Dichte p stetig in einem Punkt $t \in \mathbb{R}$, so ist F in t differenzierbar, und es folgt

$$F'(t) = \frac{\mathrm{d}}{\mathrm{d}t} F(t) = p(t).$$

Beweis: Dies ist eine unmittelbare Folgerung aus dem Hauptsatz der Differential- und Integralrechnung. □

Bemerkung 1.7.13

Folgende Umkehrung von Satz 1.7.12 ist richtig: Sei F eine Funktion mit Eigenschaften (1), (2) und (3) aus Satz 1.7.7, die mit Ausnahme von höchstens endlich vielen Punkten stetig differenzierbar ist. Dann ist das zugehörige Wahrscheinlichkeitsmaß stetig mit Dichte $p(t) = F'(t)$ (in den Punkten, in denen $F'(t)$ nicht existiert, setze man z.B. $p(t) = 0$).

Beispiel 1.7.14

Für gegebene $\alpha, \beta > 0$ sei die Funktion F durch

$$F(t) = \begin{cases} 0 & : t \leq 0 \\ 1 - \mathrm{e}^{-\alpha t^\beta} & : t > 0 \end{cases}$$

definiert. Diese Funktion besitzt, wie man sich leicht überzeugt, die Eigenschaften (1), (2) und (3) aus Satz 1.7.7. Außerdem ist sie auf jeden Fall auf $\mathbb{R} \setminus \{0\}$ stetig differenzierbar mit Ableitung

$$F'(t) = \begin{cases} 0 & : t < 0 \\ \alpha \beta t^{\beta-1} \mathrm{e}^{-\alpha t^\beta} & : t > 0. \end{cases}$$

Also ist das F erzeugende Wahrscheinlichkeitsmaß $\mathbb{P}$ stetig mit Dichte $p(t) = F'(t), t \neq 0$, und $p(0) = 0$.

Bemerkung 1.7.15

Wie wir oben sahen, ist F genau dann eine auf $\mathbb{R}$ stetige Funktion, wenn für das zugehörige Wahrscheinlichkeitsmaß $\mathbb{P}$ stets $\mathbb{P}(\{t\}) = 0$, $t \in \mathbb{R}$, gilt. Insbesondere, wenn $\mathbb{P}$ eine Dichte besitzt, so folgt die Stetigkeit von F. Es stellt sich nun die Frage, ob das bereits Maße $\mathbb{P}$ mit Dichte charakterisiert, d.h., ob $\mathbb{P}$ genau dann eine Dichte besitzt, wenn F stetig ist. Die Antwort ist negativ: Es existieren Wahrscheinlichkeitsmaße $\mathbb{P}$ mit $\mathbb{P}(\{t\}) = 0$ für alle $t \in \mathbb{R}$, zu denen es keine Dichte gibt. Solche Maße werden singulär stetig genannt.

1.8 Mehrdimensionale stetige Verteilungen

1.8.1 Mehrdimensionale Wahrscheinlichkeitsdichten

In diesem Abschnitt setzen wir $\Omega = \mathbb{R}^n$ voraus. Eine Teilmenge $Q \subset \mathbb{R}^n$ heißt (abgeschlossener) **Quader**, wenn sie für vorgegebene reelle Zahlen $a_i < b_i$, $1 \leq i \leq n$, die Darstellung

$$Q = \{(x_1, \ldots, x_n) \in \mathbb{R}^n : a_i \leq x_i \leq b_i, 1 \leq i \leq n\} \tag{1.52}$$

besitzt.

Definition 1.8.1

Eine Riemannintegrable Funktion $p : \mathbb{R}^n \to \mathbb{R}$ heißt (n-dimensionale) **Wahrscheinlichkeitsdichte**, wenn $p(x) \geq 0$ für $x \in \mathbb{R}^n$, und außerdem gilt

$$\int_{\mathbb{R}^n} p(x) \, dx := \int_{-\infty}^{\infty} \cdots \int_{-\infty}^{\infty} p(x_1, \ldots, x_n) \, dx_n \cdots dx_1 = 1.$$

Sei Q ein Quader, der in der Form (1.52) mit gewissen $a_i < b_i$ dargestellt sei. Dann definieren wir

$$\mathbb{P}(Q) = \int_Q p(x) \, dx = \int_{a_1}^{b_1} \cdots \int_{a_n}^{b_n} p(x_1, \ldots, x_n) \, dx_n \cdots dx_1. \tag{1.53}$$

Analog zu Definition 1.1.11 wollen wir nun die **Borelsche σ-Algebra** $\mathcal{B}(\mathbb{R}^n)$ einführen.

Definition 1.8.2

Sei

$$\mathcal{C} := \{Q \subseteq \mathbb{R}^n : Q \text{ Quader}\}.$$

Dann bezeichnet $\mathcal{B}(\mathbb{R}^n)$ die kleinste σ-Algebra, die $\mathcal{C}$ umfasst. Mit anderen Worten, es gilt $\mathcal{B}(\mathbb{R}^n) = \sigma(\mathcal{C})$. Mengen in $\mathcal{B}(\mathbb{R}^n)$ werden (n-dimensionale) **Borelmengen** genannt.

Wieder gilt folgender Fortsetzungssatz der Maßtheorie:

1.8 Mehrdimensionale stetige Verteilungen

Satz 1.8.3

Die durch (1.53) auf Quadern definierte Abbildung $\mathbb{P}$ lässt sich eindeutig zu einem Wahrscheinlichkeitsmaß auf $\mathcal{B}(\mathbb{R}^n)$ fortsetzen.

Definition 1.8.4

Ein Wahrscheinlichkeitsmaß $\mathbb{P}$ auf $\mathcal{B}(\mathbb{R}^n)$ heißt **stetig**, sofern eine Wahrscheinlichkeitsdichte $p : \mathbb{R}^n \to \mathbb{R}$ mit $\mathbb{P}(Q) = \int_Q p(x)\,\mathrm{d}x$ für alle Quader $Q \subseteq \mathbb{R}^n$ existiert. Die Funktion p nennt man dann Dichte von $\mathbb{P}$.

Wir beginnen mit einem ersten, einfachen Beispiel einer n-dimensionalen Wahrscheinlichkeitsdichte.

Beispiel 1.8.5

Betrachten wir die Funktion $p : \mathbb{R}^3 \to \mathbb{R}$ mit

$$p(x_1, x_2, x_3) = \begin{cases} 48\, x_1 x_2 x_3 & : \ 0 \leq x_1 \leq x_2 \leq x_3 \leq 1 \\ 0 & : \ \text{sonst} \end{cases}$$

Natürlich gilt $p(x) \geq 0$ für $x \in \mathbb{R}^3$. Außerdem folgt

$$\int_{\mathbb{R}^3} p(x)\,\mathrm{d}x = 48 \int_0^1 \int_0^{x_3} \int_0^{x_2} x_1 x_2 x_3 \,\mathrm{d}x_1 \mathrm{d}x_2 \mathrm{d}x_3$$
$$= 48 \int_0^1 \int_0^{x_3} \frac{x_3\, x_2^3}{2}\,\mathrm{d}x_2\,\mathrm{d}x_3 = 48 \int_0^1 \frac{x_3^5}{8}\,\mathrm{d}x_3 = 1\,.$$

Damit ist p eine Wahrscheinlichkeitsdichte auf $\mathbb{R}^3$. Für das erzeugte Wahrscheinlichkeitsmaß $\mathbb{P}$ erhält man dann z.B.

$$\mathbb{P}([0, 1/2]^3) = 48 \int_0^{1/2} \int_0^{x_3} \int_0^{x_2} x_1 x_2 x_3 \,\mathrm{d}x_1 \mathrm{d}x_2 \mathrm{d}x_3 = \frac{1}{2^6} = \frac{1}{64}\,.$$

1.8.2 Mehrdimensionale Gleichverteilung

Ziel dieses Abschnitts ist die Einführung und Untersuchung der Gleichverteilung auf einer Menge K des $\mathbb{R}^n$. Dazu erinnern wir nochmals an die Gleichverteilung auf einem Intervall $I \subset \mathbb{R}$. Die Gleichverteilung auf I wurde durch die Dichtefunktion p mit

$$p(s) = \begin{cases} \frac{1}{|I|} & : \ s \in I \\ 0 & : \ s \notin I \end{cases}$$

definiert, wobei wir mit $|I|$ die Länge von I bezeichnen. Sei nun $K \subset \mathbb{R}^n$ eine beschränkte Menge. Will man eine äquivalente Dichte für die Gleichverteilung auf K einführen, so muss die Länge durch das n-dimensionale Volumen ersetzt werden. Aber wie ist dieses Volumen definiert?

Beginnen wir mit dem Volumen von Quadern. Ist Q ein Quader der Form (1.52), so definieren wir sein n-dimensionales Volumen durch

$$\mathrm{vol}_n(Q) := \prod_{i=1}^n (b_i - a_i).$$

Man beachte, dass im Fall $n = 1$ ein Quader ein Intervall ist, und somit $\mathrm{vol}_1(Q)$ mit der Länge von Q übereinstimmt. Für $n = 2$ ist Q ein Rechteck $[a_1, b_1] \times [a_2, b_2]$ und

$$\mathrm{vol}_2(Q) = (b_1 - a_1)(b_2 - a_2)$$

ist genau der Flächeninhalt von Q. Im Fall $n = 3$ stimmt das Volumen von Q mit dem bekannten 3-dimensionalen Volumen überein.

Die Definition eines Volumens $\mathrm{vol}_n(K)$ für beliebige beschränkte Teilmengen K im $\mathbb{R}^n$ ist dagegen nicht so einfach und erfordert kompliziertere Untersuchungen, auf die wir nur ganz kurz eingehen können und wollen. Der Ansatz ist

$$\mathrm{vol}_n(K) := \inf \left\{ \sum_{j=1}^\infty \mathrm{vol}_n(Q_j) : K \subseteq \bigcup_{j=1}^\infty Q_j, \; Q_j \text{ Quader} \right\},$$

der wenigstens für Borelmengen $K \subseteq \mathbb{R}^n$ eine sinnvolle Definition des n-dimensionalen Volumens liefert. Im Fall von „einfachen" Mengen, wie Kugeln o.Ä., führt dieser Ansatz zu dem bekannten Volumen bzw. der bekannten Länge oder dem Flächeninhalt, wie z.B. $r^2\pi$ im Fall eines Kreises vom Radius $r > 0$ im $\mathbb{R}^2$ oder $\frac{4}{3}\pi r^3$ für eine Kugel mit Radius $r > 0$ im $\mathbb{R}^3$.

Folgender Zusammenhang zwischen Volumen und Integral ist noch wichtig: Für beschränkte Borelmengen $K \subset \mathbb{R}^n$ gilt

$$\mathrm{vol}_n(K) = \int \cdots \int_K 1 \, \mathrm{d}x_n \cdots \mathrm{d}x_1. \tag{1.54}$$

Beispiel 1.8.6

Es sei $K_n(r)$ die n-dimensionale Kugel vom Radius $r > 0$, also

$$K_n(r) = \{x \in \mathbb{R}^n : |x| \leq r\} = \{(x_1, \ldots, x_n) \in \mathbb{R}^n : x_1^2 + \cdots + x_n^2 \leq r^2\}.$$

Bezeichnen wir mit

$$V_n(r) := \mathrm{vol}_n(K_n(r)), \quad r > 0,$$

das n-dimensionale Volumen der Kugel, so zeigt eine einfache Substitution die Identität $V_n(r) = V_n \cdot r^n$ mit $V_n = V_n(1)$. Für $K_n = K_n(1)$ ergibt sich aus (1.54) die Aussage

$$V_n = \int \cdots \int_{K_n} 1 \, \mathrm{d}x_n \cdots \mathrm{d}x_1 = \int_{-1}^1 \left[\int \cdots \int_{\{x_2^2 + \cdots + x_n^2 \leq 1 - x_1^2\}} 1 \, \mathrm{d}x_n \cdots \mathrm{d}x_2 \right] \mathrm{d}x_1$$

$$= \int_{-1}^1 V_{n-1}\left(\sqrt{1 - x_1^2}\right) \mathrm{d}x_1 = \int_{-1}^1 V_{n-1}\left(\sqrt{1 - s^2}\right) \mathrm{d}s,$$

1.8 Mehrdimensionale stetige Verteilungen

folglich

$$V_n = V_{n-1} \cdot \int_{-1}^{1} (1-s^2)^{(n-1)/2} \, ds = 2\, V_{n-1} \cdot \int_0^1 (1-s^2)^{(n-1)/2} \, ds \,.$$

Durch die Substitution $s = y^{1/2}$, also $ds = \frac{1}{2} y^{-1/2} \, dy$, folgt

$$\begin{aligned} V_n &= V_{n-1} \cdot \int_0^1 y^{-1/2} (1-y)^{(n-1)/2} \, dy = V_{n-1} B\left(\frac{1}{2}, \frac{n+1}{2}\right) \\ &= \sqrt{\pi}\, V_{n-1} \frac{\Gamma\left(\frac{n+1}{2}\right)}{\Gamma\left(\frac{n}{2}+1\right)} \,. \end{aligned}$$

Dabei benutzten wir in der letzten Umformung (1.45) und $\Gamma(1/2) = \sqrt{\pi}$. Ausgehend von $V_1 = 2$ und induktiver Anwendung der obigen Rekursionsformel ergibt sich schließlich

$$\mathrm{vol}_n(K_n(r)) = V_n(r) = \frac{\pi^{n/2}}{\Gamma\left(\frac{n}{2}+1\right)} r^n = \frac{2\,\pi^{n/2}}{n\,\Gamma\left(\frac{n}{2}\right)} r^n \,, \quad r > 0 \,.$$

Nachdem die Frage nach dem n-dimensionalen Volumen einer Menge geklärt ist, können wir nunmehr die Gleichverteilung auf Borelmengen einführen. Sei $K \subseteq \mathbb{R}^n$ eine beschränkte Borelmenge mit n-dimensionalem Volumen $\mathrm{vol}_n(K)$. Wir definieren eine Funktion p auf $\mathbb{R}^n$ durch

$$p(x) := \begin{cases} \frac{1}{\mathrm{vol}_n(K)} & : x \in K \\ 0 & : x \notin K \,. \end{cases} \tag{1.55}$$

Satz 1.8.7

Die so definierte Funktion ist eine Wahrscheinlichkeitsdichte.

Beweis: Wegen (1.54) gilt

$$\begin{aligned} \int_{\mathbb{R}^n} p(x) \, dx &= \int_K \frac{1}{\mathrm{vol}_n(K)} \, dx = \frac{1}{\mathrm{vol}_n(K)} \int \cdots \int_K 1 \, dx_n \cdots dx_1 \\ &= \frac{\mathrm{vol}_n(K)}{\mathrm{vol}_n(K)} = 1 \,, \end{aligned}$$

somit ist aufgrund von $p(x) \geq 0$ für $x \in \mathbb{R}^n$ die Funktion p wie behauptet eine Dichte. □

Definition 1.8.8

Das von der Funktion (1.55) erzeugte Wahrscheinlichkeitsmaß nennt man (n-dimensionale) **Gleichverteilung auf** K.

Wie berechnet sich nun $\mathbb{P}(A)$ für diese Gleichverteilung auf K? Betrachten wir zuerst den Fall $A \subseteq K$. Dann gilt

$$\mathbb{P}(A) = \int_A p(x)\,dx = \frac{1}{\mathrm{vol}_n(K)} \int \cdots \int_A 1\,dx_n \cdots dx_1 = \frac{\mathrm{vol}_n(A)}{\mathrm{vol}_n(K)}.$$

Wenn nun $A \subseteq \mathbb{R}^n$ eine beliebige Borelmenge ist, d.h., A ist nicht notwendig eine Teilmenge von K, so erhält man aus $\mathbb{P}(A) = \mathbb{P}(A \cap K)$ die Formel[4]

$$\boxed{\mathbb{P}(A) = \frac{\mathrm{vol}_n(A \cap K)}{\mathrm{vol}_n(K)}.}$$

Für $n = 1$ und ein Intervall K geht diese Formel in (1.35) über.

Beispiel 1.8.9

Zwei Freunde verabreden, dass sie zufällig zwischen 12 und 13 Uhr in eine Gaststätte gehen und nach dem Eintreffen genau 20 Minuten in der Gaststätte aufeinander warten. Wie groß ist die Wahrscheinlichkeit, dass sich die beiden Freunde treffen?
Antwort: Sei t_1 der Zeitpunkt, an dem der erste Freund eintrifft, t_2 der des zweiten Freundes. Dann ist der Punkt $t := (t_1, t_2)$ im Quadrat $Q := [12, 13]^2$ gleichverteilt. Außerdem treffen sich die beiden Freunde genau dann, wenn $|t_1 - t_2| \leq 1/3$, wobei man beachte, dass 20 Minuten ein Drittel einer Stunde ist.

Sei $A := \{(t_1, t_2) \in \mathbb{R}^2 : |t_1 - t_2| \leq 1/3\}$, so erhält man leicht $\mathrm{vol}_2(A \cap Q) = 5/9$. Wegen $\mathrm{vol}_2(Q) = 1$ ergibt sich für die Gleichverteilung $\mathbb{P}$ auf Q, dass $\mathbb{P}(A) = 5/9$. Damit treffen sich die beiden Freunde mit Wahrscheinlichkeit $5/9$.

Beispiel 1.8.10

In einer Halbkugel vom Radius 1 Meter befinde sich eine Flüssigkeit, in der seien N Partikel gleichmäßig verteilt. Man entnehme nun der Flüssigkeit eine Probe von zehn Liter. Wie groß ist die Wahrscheinlichkeit, dass sich in dieser Probe genau k mit $k = 0, \ldots, N$ Partikel befinden?
Antwort: In einem ersten Schritt berechnen wir die Wahrscheinlichkeit, dass ein einzelnes Partikel in der Probe ist. Das Volumen der Halbkugel beträgt $\frac{2\pi}{3}$ Kubikmeter, also $\frac{2000\,\pi}{3}$

---

[4] Die n-dimensionalen Gleichverteilung führt man in der Schule am besten mittels dieser Formel ein. Außerdem sollte man sich im Wesentlichen auf die Fälle $n = 1$ und $n = 2$ beschränken, den Fall $n = 3$ nur kurz andeuten.

Kubikdezimeter, d.h. Liter. Damit berechnet sich die Wahrscheinlichkeit für ein einzelnes Partikel als
$$p := \frac{10}{\frac{2000\,\pi}{3}} = \frac{3}{200\,\pi}\,.$$
Nun ist die Wahrscheinlichkeit für k Partikel durch die Binomialverteilung mit Parametern N und p gegeben, also beträgt die gesuchte Wahrscheinlichkeit
$$B_{N,p}(\{k\}) = \binom{N}{k} p^k (1-p)^{N-k}$$
mit dem oben berechneten $p > 0$. Für große N ist diese Wahrscheinlichkeit approximativ durch
$$\frac{\lambda^k}{k!}\,\mathrm{e}^{-\lambda} \quad \text{mit} \quad \lambda = \frac{3N}{200\,\pi}$$
gegeben.

Beispiel 1.8.11: *Nadeltest von Buffon*

Man werfe zufällig eine Nadel der Länge $0 < a < 1$ auf ein liniertes Papier mit Linienabstand 1. Wie groß ist die Wahrscheinlichkeit, dass die Nadel eine Linie auf dem Papier schneidet?
Antwort: Der Mittelpunkt der Nadel liegt zwischen zwei Linien. Es sei $x \in [0,1]$ der Abstand des Mittelpunkts der Nadel zur unteren Linie. Weiterhin sei $\theta \in [-\pi/2, \pi/2]$ der Winkel zwischen Nadel und dem Lot vom Mittelpunkt der Nadel auf die untere Gerade. Z.B. bedeutet $\theta = 0$, die Nadel liegt senkrecht, während $\theta = \pi/2$ bedeutet, sie liegt parallel.

Fassen wir zusammen: Das zufällige Werfen der Nadel auf das Papier ist gleichbedeutend mit der Wahl eines Paares (θ, x) entsprechend der Gleichverteilung auf $K := [-\pi/2, \pi/2] \times [0,1]$. Damit ergibt sich die Wahrscheinlichkeit eines Ereignisses A als
$$\mathbb{P}(A) = \frac{\mathrm{vol}_2(A \cap K)}{\mathrm{vol}_2(K)} = \frac{\mathrm{vol}_2(A \cap K)}{\pi}\,.$$
Sei nun A das Ereignis „die Nadel schneidet entweder die untere oder die obere Linie". Dann folgt unmittelbar
$$A = \{(\theta, x) \in K : x \leq \frac{a}{2} \cos\theta\} \cup \{(\theta, x) \in K : 1 - x \leq \frac{a}{2} \cos\theta\}\,.$$
Hierbei beschreibt die erste Menge, dass die Nadel die untere Gerade schneidet, während die zweite Menge dem Schneiden der oberen Gerade entspricht. Da beide Mengen den gleichen Flächeninhalt besitzen, und wegen $a < 1$ auch disjunkt sind, ergibt sich
$$\mathrm{vol}_2(A) = 2 \int_{-\pi/2}^{\pi/2} \frac{a}{2} \cos\theta \, \mathrm{d}\theta = a \left[\sin\theta\right]_{-\pi/2}^{\pi/2} = 2a\,,$$
woraus man
$$\mathbb{P}(A) = \frac{2a}{\pi}$$
erhält.

Bemerkung 1.8.12

Man werfe n-mal die Nadel. Ist r_n die relative Häufigkeit des Eintretens des Ereignisses A, d.h., es gilt

$$r_n := \frac{\text{Anzahl der Fälle, wo die Nadel eine Gerade schneidet}}{n},$$

so approximiert r_n die Wahrscheinlichkeit $\mathbb{P}(A)$ für $n \to \infty$. Damit gilt für große n, dass $r_n \approx \frac{2a}{\pi}$, oder indem man nach π umstellt,

$$\pi \approx \frac{2a}{r_n}.$$

Dies kann man nutzen, um π durch ein Zufallsexperiment approximativ zu berechnen.

1.9 *Produkte von Wahrscheinlichkeitsräumen*

Beginnen wir mit der Formulierung der in diesem Abschnitt behandelten Fragestellung: Wir führen n (eventuell unterschiedliche) Zufallsexperimente unabhängig[5] voneinander aus. Jedes dieser Experimente wird durch einen Wahrscheinlichkeitsraum beschrieben, also z.B. das erste Experiment durch $(\Omega_1, \mathcal{A}_1, \mathbb{P}_1)$, das zweite durch $(\Omega_2, \mathcal{A}_2, \mathbb{P}_2)$, das letzte durch $(\Omega_n, \mathcal{A}_n, \mathbb{P}_n)$. Insgesamt haben wir also n Wahrscheinlichkeitsräume $(\Omega_1, \mathcal{A}_1, \mathbb{P}_1)$ bis $(\Omega_n, \mathcal{A}_n, \mathbb{P}_n)$. Nunmehr fassen wir die n Versuchsergebnisse zu einem Vektor zusammen, beobachten somit nicht mehr die einzelnen Versuchsergebnisse, sondern einen Vektor $\omega = (\omega_1, \ldots, \omega_n)$. Das neue auf diese Weise erhaltene Experiment hat also als Ergebnis einen Vektor der Länge n. Damit ist der Grundraum Ω für dieses (zusammengefasste) Experiment als kartesisches Produkt der Grundräume Ω_1 bis Ω_n gegeben, d.h. durch

$$\Omega := \Omega_1 \times \cdots \times \Omega_n = \{(\omega_1, \ldots, \omega_n) : \omega_j \in \Omega_j\}. \tag{1.56}$$

Beispiel 1.9.1

In einem ersten Experiment würfeln wir, im zweiten werfen wir eine mit „0" und „1" beschriftete Münze. Fasst man beide Experimente zusammen, so erhält man als Ergebnis einen zufälligen 2-dimensionalen Vektor (k_1, k_2) mit $k_1 \in \{1, \ldots, 6\}$ und k_2 gleich 0 oder 1.

Um das aus n verschiedenen zusammengefasste neue Experiment zu beschreiben, benötigen wir eine in natürlicher Weise aus den σ-Algebren $\mathcal{A}_1$ bis $\mathcal{A}_n$ gebildete σ-Algebra $\mathcal{A}$ von Teilmengen aus Ω sowie eine Wahrscheinlichkeitsverteilung auf $(\Omega, \mathcal{A})$, die die Wahrscheinlichkeit beschreibt, dass ein beobachteter Vektor in einem Ereignis $A \in \mathcal{A}$ liegt.

Erläutern wir das Problem an zwei Beispielen:

---

[5] Mathematisch exakt wird der Begriff der Unabhängigkeit erst in den Kapiteln 2.2 und 3.4 für Ereignisse bzw. für zufällige Größen eingeführt. An dieser Stelle nutzen wir eine intuitive Vorstellung dieser Eigenschaft.

1.9 Produkte von Wahrscheinlichkeitsräumen

Beispiel 1.9.2

Wir würfeln n-mal mit einem fairen Würfel. Das Ergebnis des j-ten Wurfs wird durch $(\Omega_j, \mathcal{P}(\Omega_j), \mathbb{P}_j)$ mit $\Omega_j = \{1, \ldots, 6\}$ und mit den Gleichverteilungen $\mathbb{P}_j$ beschrieben. Das neue Experiment besteht nun darin, die Gesamtheit der n Würfe zu registrieren, also einen Vektor der Länge n, dessen Einträge die Zahlen von 1 bis 6 sind. Der neue Grundraum Ω ergibt sich somit als

$$\Omega = \{1, \ldots, 6\}^n = \{(\omega_1, \ldots, \omega_n) : \omega_j \in \{1, \ldots, 6\}\}.$$

Da Ω endlich ist, nimmt man als σ-Algebra auf Ω die Potenzmenge. Das zusammengefasste Experiment wird ebenfalls durch die Gleichverteilung beschrieben, diesmal aber auf Ω. Für diese Gleichverteilung $\mathbb{P}$ gilt

$$\mathbb{P}(A) = \frac{\#(A)}{6^n}, \quad A \subseteq \Omega,$$

somit besteht für Mengen der Form $A = A_1 \times \cdots \times A_n$ mit $A_j \subseteq \{1, \ldots, 6\}$ die Gleichung

$$\mathbb{P}(A) = \frac{\#(A)}{6^n} = \frac{\#(A_1)}{6} \cdots \frac{\#(A_n)}{6} = \mathbb{P}_1(A_1) \cdots \mathbb{P}_n(A_n).$$

In diesem Sinn kann man die Gleichverteilung $\mathbb{P}$ auf $\{1, \ldots, 6\}^n$ als n-faches Produkt der Gleichverteilungen auf $\{1, \ldots, 6\}$ betrachten.

Beispiel 1.9.3

Wir wählen entsprechend der Gleichverteilung auf $[0, 1]$ unabhängig voneinander n Zahlen $x_1, \ldots, x_n$. Modelliert werden diese Experimente durch die Gleichverteilungen $\mathbb{P}_1, \ldots, \mathbb{P}_n$ auf $[0, 1]$. Fasst man die Experimente zusammen, so ist das Ergebnis ein Vektor $x \in \mathbb{R}^n$. Es ist plausibel, dass die Verteilung dieses Vektors durch die Gleichverteilung $\mathbb{P}$ auf $[0, 1]^n$ beschrieben wird. Für Intervalle $I_j \in [0, 1]$ und den Quader $Q = I_1 \times \cdots \times I_n$ folgt dann

$$\mathbb{P}(Q) = \mathrm{vol}_n(Q) = \mathrm{vol}_1(I_1) \ldots \mathrm{vol}_1(I_n) = \mathbb{P}_1(I_1) \cdots \mathbb{P}_n(I_n).$$

Auch hier sehen wir, dass sich $\mathbb{P}$ aus den $\mathbb{P}_j$ bestimmt, $\mathbb{P}$ in gewissem Sinn das Produkt der $\mathbb{P}_j$ ist.

Kommen wir jetzt zum allgemeinen Fall zurück: Gegeben seien n Wahrscheinlichkeitsräume $(\Omega_1, \mathcal{A}_1, \mathbb{P}_1)$ bis $(\Omega_n, \mathcal{A}_n, \mathbb{P}_n)$. Wir definieren Ω durch (1.56) und betrachten Teilmengen R von Ω, die sich in der Form

$$R = A_1 \times \cdots \times A_n \quad \text{mit } A_j \in \mathcal{A}_j \tag{1.57}$$

schreiben lassen. Mengen von Ω der Form (1.57) heißen (messbare) **Rechteckmengen**, denn im Fall von Intervallen A_j erhält man genau einen Quader (Rechteck für $n = 2$). Sei $\mathcal{R}$ die Gesamtheit aller Mengen der Form (1.57). Nach Satz 1.1.10 existiert dann eine kleinste $\mathcal{R}$ umfassende σ-Algebra $\sigma(\mathcal{R})$.

Definition 1.9.4

Man nennt $\sigma(\mathcal{R})$ die von $\mathcal{A}_1$ bis $\mathcal{A}_n$ erzeugte **Produkt-σ-Algebra** und bezeichnet sie mit

$$\mathcal{A}_1 \otimes \cdots \otimes \mathcal{A}_n \,.$$

Mit anderen Worten, $\mathcal{A}_1 \otimes \cdots \otimes \mathcal{A}_n$ ist die kleinste σ-Algebra von Ereignissen im Produktraum Ω, die Mengen der Form (1.57) enthält.

Der folgende Satz zeigt, dass man durch Produktbildung die σ-Algebra der Borelmengen auf $\mathbb{R}^n$ aus den entsprechenden σ-Algebren auf $\mathbb{R}$ gewinnen kann.

Satz 1.9.5

Es gelte $\Omega_1 = \cdots = \Omega_n = \mathbb{R}$, somit $\Omega = \mathbb{R}^n$. Dann folgt für die in Definition 1.8.2 eingeführte σ-Algebra der Borelmengen des $\mathbb{R}^n$ die Aussage

$$\mathcal{B}(\mathbb{R}^n) = \underbrace{\mathcal{B}(\mathbb{R}) \otimes \cdots \otimes \mathcal{B}(\mathbb{R})}_{n\text{-mal}} \,.$$

Beweis: Wir deuten den Beweis nur an: $\mathcal{B}(\mathbb{R}^n)$ ist die kleinste σ-Algebra, die die Quader des $\mathbb{R}^n$ enthält. Quader sind aber spezielle Rechteckmengen, somit muss die kleinste σ-Algebra, die die Quader enthält, kleiner als die sein, die Rechteckmengen umfasst, d.h., es folgt also $\mathcal{B}(\mathbb{R}^n) \subseteq \mathcal{B}(\mathbb{R}) \otimes \cdots \otimes \mathcal{B}(\mathbb{R})$. Die umgekehrte Inklusion ergibt sich aus der Tatsache, dass jede einzelne σ-Algebra $\mathcal{B}(\mathbb{R})$ durch Intervalle erzeugt wird, deren kartesisches Produkt Quader sind. □

In einem letzten Schritt konstruieren wir das aus den Wahrscheinlichkeitsverteilungen $\mathbb{P}_1$ bis $\mathbb{P}_n$ gebildete Produktmaß. Dazu benötigen wir folgenden Satz, der im Rahmen dieses Buchs allerdings nicht beweisbar ist.

Satz 1.9.6

Gegeben seien Wahrscheinlichkeitsräume $(\Omega_1, \mathcal{A}_1, \mathbb{P}_1)$ bis $(\Omega_n, \mathcal{A}_n, \mathbb{P}_n)$. Der Grundraum Ω sei durch (1.56) definiert. Mit $\mathcal{A}$ bezeichnen wir die Produkt-σ-Algebra der $\mathcal{A}_j$. Dann existiert ein eindeutig bestimmtes Wahrscheinlichkeitsmaß $\mathbb{P}$ auf $(\Omega, \mathcal{A})$ mit

$$\mathbb{P}(A_1 \times \cdots \times A_n) = \mathbb{P}_1(A_1) \cdots \mathbb{P}_n(A_n) \tag{1.58}$$

für alle $A_j \in \mathcal{A}_j$.

Bemerkung 1.9.7

Durch Gleichung (1.58) wird $\mathbb{P}(R)$ für alle Rechteckmengen $R \subseteq \Omega$ definiert. Das Problem ist wieder, $\mathbb{P}$ auf die ganze Produkt-σ-Algebra fortzusetzen.

1.9 Produkte von Wahrscheinlichkeitsräumen

Definition 1.9.8

Das durch (1.58) eindeutig bestimmte Wahrscheinlichkeitsmaß $\mathbb{P}$ nennt man das aus den $\mathbb{P}_j$ gebildete **Produktmaß**, und es wird mit

$$\mathbb{P} = \mathbb{P}_1 \otimes \cdots \otimes \mathbb{P}_n$$

bezeichnet. Im Fall $\mathbb{P}_1 = \cdots = \mathbb{P}_n = \mathbb{P}_0$ schreibt man

$$\mathbb{P}_0^n := \underbrace{\mathbb{P}_0 \otimes \cdots \otimes \mathbb{P}_0}_{n\text{-mal}}.$$

Man beachte, dass das Produktmaß $\mathbb{P}_0^n$ für einen gegebenen Raum $(\Omega, \mathcal{A}_0, \mathbb{P}_0)$ eindeutig durch

$$\mathbb{P}_0^n(A_1 \times \cdots \times A_n) = \mathbb{P}_0(A_1) \cdots \mathbb{P}_0(A_n), \quad A_j \in \mathcal{A}_0,$$

beschrieben wird.

Wie berechnen sich Produktmaße in konkreten Fällen? Zur Beantwortung dieser Frage müssen wir unterscheiden, ob die Wahrscheinlichkeitsmaße diskret oder stetig sind.

Beginnen wir mit dem **diskreten Fall:** Zur übersichtlicheren Präsentation der Aussagen beschränken wir uns im Wesentlichen auf $n = 2$. Man hat also zwei Wahrscheinlichkeitsräume $(\Omega_1, \mathcal{P}(\Omega_1), \mathbb{P}_1)$ und $(\Omega_2, \mathcal{P}(\Omega_2), \mathbb{P}_2)$. Nehmen wir an, dass wir

$$\Omega_1 = \{x_1, x_2, \ldots\} \quad \text{und} \quad \Omega_2 = \{y_1, y_2, \ldots\}$$

haben, dann sind $\mathbb{P}_1$ bzw. $\mathbb{P}_2$ eindeutig durch die Zahlen

$$q_i := \mathbb{P}_1(\{x_i\}) \quad \text{bzw.} \quad r_j := \mathbb{P}_2(\{y_j\}) \tag{1.59}$$

beschrieben. Der Produktraum $\Omega = \Omega_1 \times \Omega_2$ lässt sich dann in der Form

$$\Omega = \{(x_i, y_j) : 1 \leq i, j < \infty\}$$

darstellen. Als σ-Algebra auf Ω wählen wir wie immer im diskreten Fall die Potenzmenge. Dann gilt folgende Charakterisierung des Produktmaßes $\mathbb{P}_1 \otimes \mathbb{P}_2$:

Satz 1.9.9

Das Produktmaß von $\mathbb{P}_1$ und $\mathbb{P}_2$ auf $\mathcal{P}(\Omega)$ wird eindeutig durch

$$(\mathbb{P}_1 \otimes \mathbb{P}_2)(\{(x_i, y_j)\}) = q_i \cdot r_j, \quad 1 \leq i, j < \infty,$$

mit q_i und r_j aus (1.59) beschrieben. Mit anderen Worten, für $A \subseteq \Omega$ berechnet sich die Produktwahrscheinlichkeit eines Ereignisses A durch

$$(\mathbb{P}_1 \otimes \mathbb{P}_2)(A) = \sum_{(x_i, y_j) \in A} q_i \cdot r_j. \tag{1.60}$$

Beweis: Man wendet Gleichung (1.58) auf die Mengen $A_1 = \{x_i\}$ und $A_2 = \{y_j\}$ an und erhält mit $q_i := \mathbb{P}_1(\{x_i\})$ und $r_j := \mathbb{P}_2(\{y_j\})$ die Aussage

$$(\mathbb{P}_1 \otimes \mathbb{P}_2)(\{(x_i, y_j)\}) = \mathbb{P}_1(\{x_i\}) \cdot \mathbb{P}_2(\{y_j\}) = q_i \cdot r_j, \quad 1 \leq i, j < \infty.$$

Erfüllt umgekehrt ein Wahrscheinlichkeitsmaß $\mathbb{P}$ auf $\mathcal{P}(\Omega)$ die Gleichung (1.60), so ergibt sich für $A_1 \subseteq \Omega_1$ und $A_2 \subseteq \Omega_2$, dass

$$\mathbb{P}(A_1 \times A_2) = \sum_{(x_i, y_j) \in A_1 \times A_2} q_i \cdot r_j = \left(\sum_{x_i \in A_1} q_i \right) \left(\sum_{y_j \in A_2} r_j \right) = \mathbb{P}_1(A_1) \mathbb{P}_2(A_2).$$

Da das für beliebige Rechteckmengen richtig ist, muss nach Satz 1.9.6 das Wahrscheinlichkeitsmaß $\mathbb{P}$ das Produktmaß von $\mathbb{P}_1$ und $\mathbb{P}_2$ sein. Damit ist der Satz bewiesen. $\square$

Beispiel 1.9.10

Betrachten wir Beispiel 1.9.1, so gilt $\Omega_1 = \{1, \ldots, 6\}$ und $\Omega_2 = \{0, 1\}$. Die Wahrscheinlichkeitsmaße $\mathbb{P}_1$ und $\mathbb{P}_2$ sind die jeweiligen Gleichverteilungen, also hat man $q_1 = \cdots = q_6 = 1/6$ und $r_0 = r_1 = 1/2$. Dann folgt für $A \subseteq \{1, \ldots, 6\} \times \{0, 1\}$ die Gleichung

$$(\mathbb{P}_1 \otimes \mathbb{P}_2)(A) = \sum_{(i,j) \in A} q_i \cdot r_j = \frac{\#(A)}{12},$$

d.h., $\mathbb{P}_1 \otimes \mathbb{P}_2$ ist die Gleichverteilung auf $\{1, \ldots, 6\} \times \{0, 1\}$.

Ein weiteres interessantes Beispiel ist das Folgende:

Beispiel 1.9.11

Es gelte $\Omega_1 = \Omega_2 = \mathbb{N}_0$ und $\mathbb{P}_1 = \mathbb{P}_2 = G_p$ mit der geometrischen Verteilung G_p, $0 < p < 1$. Dann folgt für $A \subseteq \mathbb{N}_0 \times \mathbb{N}_0$ die Aussage

$$(\mathbb{P}_1 \otimes \mathbb{P}_2)(A) = G_p^2(A) = p^2 \sum_{(i,j) \in A} (1-p)^{i+j}.$$

Beispielsweise, wenn $D = \{(i, j) : i = j\}$, so erhalten wir

$$G_p^2(D) = p^2 \sum_{i=0}^{\infty} (1-p)^{2i} = \frac{p^2}{1 - (1-p)^2} = \frac{p}{2-p}.$$

Man beachte, dass $G_p^2(D)$ folgende Wahrscheinlichkeit beschreibt: Man führe unabhängig voneinander zweimal gleiche Versuche durch, und zwar so lange, bis man erstmals „Erfolg" hat. Dann tritt das Ereignis D genau dann ein, wenn in beiden Versuchen zum gleichen Zeitpunkt erstmals „Erfolg" erscheint. Würfelt man beispielsweise mit zwei Würfeln gleichzeitig, so ist die Wahrscheinlichkeit, dass auf beiden Würfeln gleichzeitig erstmals eine „6" erscheint, durch

$$G_{1/6}^2(D) = \frac{1/6}{2 - 1/6} = \frac{1}{11}$$

gegeben.

1.9 Produkte von Wahrscheinlichkeitsräumen

Bemerkung 1.9.12

Der Beschreibung des Produkts von n diskreten Wahrscheinlichkeitsmaßen ist für $n > 2$ technisch komplizierter; deshalb gehen wir nur kurz darauf ein. Lassen sich für $1 \leq j \leq n$ die Grundräume Ω_j in der Form $\Omega_j = \{x_1^j, x_2^j, \ldots\}$ darstellen, so enthält deren kartesisches Produkt Ω die Elemente

$$\Omega = \{(x_{i_1}^1, \ldots x_{i_n}^n) : 1 \leq i_1, \ldots, i_n < \infty\}.$$

Das Produktmaß $\mathbb{P} = \mathbb{P}_1 \otimes \cdots \otimes \mathbb{P}_n$ auf $\mathcal{P}(\Omega)$ ist dann eindeutig durch

$$\mathbb{P}(\{(x_{i_1}^1, \ldots, x_{i_n}^n)\}) = \mathbb{P}_1(\{x_{i_1}^1\}) \cdots \mathbb{P}_n(\{x_{i_n}^n\})$$

bestimmt.

Wir erläutern diese Konstruktion an einem einfachen Beispiel.

Beispiel 1.9.13

Man werfe n-mal eine verfälschte Münze, d.h. eine Münze, bei der die Zahl „0" mit Wahrscheinlichkeit $1 - p$ und die „1" mit Wahrscheinlichkeit p für ein gegebenes $p \in [0, 1]$ erscheint. Wir betrachten die Folge der Zahlen aus „0" und „1", die beim n-fachen Werfen entsteht. Welche Wahrscheinlichkeit hat so eine Folge?

Antwort: Es gilt $\Omega_1 = \cdots = \Omega_n = \{0, 1\}$ und die Wahrscheinlichkeitsmaße $\mathbb{P}_j$ sind durch

$$\mathbb{P}_j(\{0\}) = 1 - p \quad \text{und} \quad \mathbb{P}_j(\{1\}) = p$$

definiert. Dann folgt

$$\Omega = \{0, 1\}^n = \{\omega = (\omega_1, \ldots, \omega_n) : \omega_j = 0 \text{ oder } 1\}.$$

Schreiben wir $\{\omega\}$ mit $\omega = (\omega_1, \ldots, \omega_n)$ als

$$\{\omega\} = \{\omega_1\} \times \cdots \times \{\omega_n\},$$

so folgt für $\mathbb{P} = \mathbb{P}_1 \otimes \cdots \otimes \mathbb{P}_n$ die Identität

$$\mathbb{P}(\{\omega\}) = \mathbb{P}_1(\{\omega_1\}) \cdots \mathbb{P}_n(\{\omega_n\}) = p^k (1 - p)^{n-k}.$$

Hierbei ist k die Anzahl der ω_j mit $\omega_j = 1$, oder in andern Worten, $k = \omega_1 + \cdots + \omega_n$.

Wirft man zum Beispiel 5-mal die Münze, so erscheint die Folge $(0, 0, 1, 1, 0)$ mit Wahrscheinlichkeit $p^2 (1 - p)^3$.

Kommen wir nun zum **stetigen Fall:** Wir nehmen hier an, dass $\Omega_1 = \cdots = \Omega_n = \mathbb{R}$ gilt. Folglich ergibt sich $\Omega = \mathbb{R}^n$. Weiterhin seien die Funktionen $p_j : \mathbb{R} \to [0, \infty)$ die Dichten der Wahrscheinlichkeitsmaße $\mathbb{P}_j$. Definiert man die Funktion $p : \mathbb{R}^n \to [0, \infty)$ durch

$$p(x) = p(x_1, \ldots, x_n) := p_1(x_1) \cdots p_n(x_n), \quad x = (x_1, \ldots, x_n), \tag{1.61}$$

so folgt für Intervalle $[a_j, b_j]$ und den Quader $Q = [a_1, b_1] \times \cdots \times [a_n, b_n]$ die Gleichung

$$\int_Q p(x)\,dx = \int_{a_1}^{b_1} \cdots \int_{a_n}^{b_n} p_1(x_1) \cdots p_n(x_n)\,dx_n \cdots dx_1$$
$$= \left(\int_{a_1}^{b_1} p_1(x_1)\,dx_1 \right) \cdots \left(\int_{a_n}^{b_n} p_n(x_n)\,dx_n \right) = \mathbb{P}_1([a_1, b_1]) \cdots \mathbb{P}_n([a_n, b_n]).$$

Mit anderen Worten, wir haben Folgendes erhalten:

Satz 1.9.14

Sind $p_1, \ldots, p_n$ die Dichten der Wahrscheinlichkeitsmaße $\mathbb{P}_1$ bis $\mathbb{P}_n$, so hat das Produktmaß $\mathbb{P}_1 \otimes \cdots \otimes \mathbb{P}_n$ die (n-dimensionale) Dichte p gegeben durch (1.61), d.h., für Borelmengen $A \subseteq \mathbb{R}^n$ gilt

$$(\mathbb{P}_1 \otimes \cdots \otimes \mathbb{P}_n)(A) = \underbrace{\int \cdots \int}_{A} p_1(x_1) \cdots p_n(x_n)\,dx_n \cdots dx_1 = \int_A p(x)\,dx.$$

Erläutern wir Satz 1.9.14 an drei Beispielen. Weitere Anwendungen werden folgen, unter anderem bei der Charakterisierung der Unabhängigkeit zufälliger Größen oder in den Kapiteln 6 und 8.

Beispiel 1.9.15

Es gelte $\mathbb{P}_1 = \cdots = \mathbb{P}_n = E_\lambda$, d.h., wir wollen das Produkt von n Exponentialverteilungen bilden. Dann folgt $p_j(s) = \lambda e^{-\lambda s}$ für $s \geq 0$. Folglich erhält man für die Dichte p des Produktmaßes E_λ^n, dass

$$p(s_1, \ldots, s_n) = \lambda^n e^{-\lambda(s_1 + \cdots + s_n)}, \quad s_1, \ldots, s_n \geq 0.$$

Welches Zufallsexperiment beschreibt E_λ^n? Nehmen wir an, die Lebensdauer von Glühbirnen sei exponentiell verteilt mit Parameter $\lambda > 0$. Man nehme nun n Glühbirnen gleichzeitig in Betrieb und registriere die Ausfallzeiten $t_1, \ldots, t_n$. Sind die Ausfallzeiten unabhängig voneinander, so beschreibt E_λ^n die Verteilung des Vektors $(t_1, \ldots, t_n)$.

Wollen wir zum Beispiel die Wahrscheinlichkeit dafür ausrechnen, dass die erste Glühbirne vor der zweiten ausfällt, die wieder vor der dritten etc., so müssen wir $E_\lambda^n(A)$ für das Ereignis $A := \{(t_1, \ldots, t_n) : 0 \leq t_1 \leq \cdots \leq t_n\}$ bestimmen. Es gilt dann

$$E_\lambda^n(A) = \lambda^n \int_0^\infty e^{-\lambda s_n} \int_0^{s_n} e^{-\lambda s_{n-1}} \int_0^{s_{n-1}} \cdots \int_0^{s_3} e^{-\lambda s_2} \int_0^{s_2} e^{-\lambda s_1}\,ds_1 \ldots ds_n.$$

Führt man die Integrationen induktiv aus, erhält man als Ergebnis den Wert $1/n!$. Das kann man sich auch theoretisch überlegen, denn aus Symmetriegründen besitzen alle Reihenfolgen der Ausfallzeiten dieselbe Wahrscheinlichkeit. Und da es $n!$ mögliche Reihenfolgen gibt, muss die Wahrscheinlichkeit einer speziellen Anordnung der Zeiten die Wahrscheinlichkeit $1/n!$ betragen.

Noch ein Beispiel eines Produktmaßes, das in den Kapiteln 6 und 8 eine zentrale Rolle spielen wird.

Beispiel 1.9.16

Es gelte $\mathbb{P}_1 = \cdots = \mathbb{P}_n = \mathcal{N}(0,1)$. Die zugehörigen Dichten sind

$$p_j(x_j) = \frac{1}{\sqrt{2\pi}} e^{-x_j^2/2}, \quad 1 \leq j \leq n.$$

Für die durch (1.61) definierte Dichte p folgt dann

$$p(x) = \frac{1}{(2\pi)^{n/2}} e^{-\sum_{j=1}^n x_j^2/2} = \frac{1}{(2\pi)^{n/2}} e^{-|x|^2/2},$$

wobei $|x| = \left(\sum_{j=1}^n x_j^2\right)^{1/2}$ den Euklidischen Abstand von x zu 0 bezeichnet (siehe Abschnitt 6.1).

Definition 1.9.17

Das Wahrscheinlichkeitsmaß $\mathcal{N}(0,1)^n$ auf $\mathcal{B}(\mathbb{R}^n)$ heißt n-**dimensionale Standardnormalverteilung**. Es ist durch

$$\mathcal{N}(0,1)^n(B) = \frac{1}{(2\pi)^{n/2}} \int_B e^{-|x|^2/2} \, dx$$

charakterisiert.

Beispiel 1.9.18

Betrachten wir allgemeiner das n-fache Produkt der Normalverteilung $\mathcal{N}(\mu, \sigma^2)$ für $\mu \in \mathbb{R}$ und $\sigma^2 > 0$. Die einzelnen Dichten haben nunmehr die Gestalt

$$p_j(x_j) = \frac{1}{\sqrt{2\pi}\,\sigma} e^{-x_j^2/2}.$$

Wie in Beispiel 1.9.16 erhält man für $\mathcal{N}(\mu,\sigma^2)^n$ die Aussage

$$\mathcal{N}(\mu,\sigma^2)^n(B) = \frac{1}{(2\pi)^{n/2}\sigma^n} \int_B e^{-|x-\vec{\mu}|^2/2\sigma^2}, \quad B \in \mathcal{B}(\mathbb{R}^n). \tag{1.62}$$

Hierbei bezeichnet $\vec{\mu}$ den n-dimensionalen Vektor $(\mu, \ldots, \mu)$.

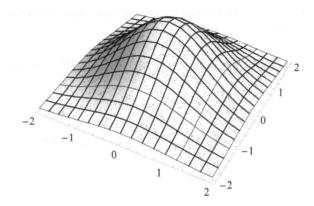

Abb. 1.10: *Die Dichte der 2-dimensionalen Standardnormalverteilung*

1.10 Aufgaben

Aufgabe 1.1

Es seien A, B, C drei Teilmengen eines Grundraums Ω. Wie lassen sich folgende Ereignisse mittels mengentheoretischer Operationen in Abhängigkeit von A, B und C ausdrücken?

„Nur A tritt ein", „A und C treten ein, nicht aber B","alle drei Ereignisse treten ein", „mindestens eines der Ereignisse tritt ein", „mindestens zwei der Ereignisse treten ein", „höchstens eines der Ereignisse tritt ein", „keines der Ereignisse tritt ein", „genau zwei der Ereignisse treten ein" und „nicht mehr als zwei der Ereignisse treten ein".

Aufgabe 1.2

Zwei Spieler spielen Schach. Das Ereignis A tritt ein, wenn der erste Spieler gewinnt und das Ereignis B, wenn der zweite Spieler siegt. Wie lassen sich die Ereignisse $A^c \cap B^c$, $A^c \setminus B$, $B^c \setminus A$ und $A^c \Delta B$ verbal ausdrücken? Dabei ist die symmetrische Differenz $A^c \Delta B$ durch Gleichung (A.1) definiert.

Aufgabe 1.3

Eine Urne enthält schwarze und weiße Kugeln. Es werden n Kugeln gezogen. Für $1 \leq i \leq n$ sei das Ereignis A_i durch „die i-te Kugel ist weiß" definiert. Wie kann man mithilfe der A_i die folgenden Ereignisse mengentheoretisch ausdrücken?

$B_1 := \{$alle Kugeln sind weiß$\}$ $\quad B_2 := \{$mindestens eine Kugel ist weiß$\}$

$B_3 := \{$genau eine Kugel ist weiß$\}$ $\quad B_4 := \{$alle n Kugeln haben dieselbe Farbe$\}$.

1.10 Aufgaben

Aufgabe 1.4

Die Ereignisse A und B haben die Wahrscheinlichkeiten $\mathbb{P}(A) = 1/3$, $\mathbb{P}(B) = 1/4$, und es gelte $\mathbb{P}(A \cap B) = 1/6$. Welche Wahrscheinlichkeiten besitzen dann $\mathbb{P}(A^c)$, $\mathbb{P}(A^c \cup B)$, $\mathbb{P}(A \cup B^c)$, $\mathbb{P}(A \cap B^c)$, $\mathbb{P}(A \Delta B)$ sowie $\mathbb{P}(A^c \cup B^c)$?

Aufgabe 1.5: *Einschluss-Ausschluss-Regel*

Es sei $(\Omega, \mathcal{A}, \mathbb{P})$ ein Wahrscheinlichkeitsraum. Für n Ereignisse $A_1, \ldots, A_n \in \mathcal{A}$ beweise man die folgende Gleichung:

$$\mathbb{P}\left(\bigcup_{j=1}^{n} A_j\right) = \sum_{k=1}^{n} (-1)^{k+1} \sum_{1 \leq j_1 < \cdots < j_k \leq n} \mathbb{P}(A_{j_1} \cap \cdots \cap A_{j_k}).$$

Hinweis: Man führe den Beweis durch vollständige Induktion nach n unter Verwendung von Satz 1.2.3.

Aufgabe 1.6

Unter Verwendung von Aufgabe 1.5 untersuche man folgendes Problem: Die Zahlen von 1 bis n werden zufällig angeordnet. Wie groß ist die Wahrscheinlichkeit, dass es mindestens eine Zahl $m \leq n$ gibt, sodass sich die m-te Zahl an der m-ten Stelle befindet? Welchen Grenzwert besitzt diese Wahrscheinlichkeit für $n \to \infty$?

Eine andere Version dieser Aufgabe lautet wie folgt: Zu einer Weihnachtsfeier sind n Gäste geladen. Jeder Gast bringt ein Geschenk mit. Die Geschenke werden eingesammelt, gemischt und dann wieder an die Anwesenden zufällig verteilt. Mit welcher Wahrscheinlichkeit erhält kein einziger Gast sein eigenes Geschenk?

Aufgabe 1.7

Gegeben seien zwei Ereignisse A und B aus einem Wahrscheinlichkeitsraum $(\Omega, \mathcal{A}, \mathbb{P})$ mit $\mathbb{P}(A) = \mathbb{P}(B) = 1/2$. Man zeige, dass dann folgende Gleichung richtig ist:

$$\mathbb{P}(A \cup B) = \mathbb{P}(A^c \cup B^c).$$

Aufgabe 1.8

Gegeben seien zwei Ereignisse A und B aus einem Wahrscheinlichkeitsraum $(\Omega, \mathcal{A}, \mathbb{P})$. Für die in (A.1) definierte symmetrische Differenz $A \Delta B$ beweise man

$$\mathbb{P}(A \Delta B) = \mathbb{P}(A) + \mathbb{P}(B) - 2\mathbb{P}(A \cap B).$$

Aufgabe 1.9

Drei Männer und drei Frauen setzen sich zufällig auf sechs nebeneinander stehende Stühle. Mit welcher Wahrscheinlichkeit sitzen die drei Männer und die drei Frauen nebeneinander? Wie groß ist die Wahrscheinlichkeit, dass neben jeder Frau mindestens ein Mann sitzt?

Aufgabe 1.10: *Paradoxon von Chevalier de Méré*

De Méré überlegte sich, dass es beim Wurf mit drei nicht unterscheidbaren fairen Würfeln jeweils genau sechs Möglichkeiten gibt, die Augensummen 11 bzw. 12 zu erzielen. Also schlussfolgerte er, die beiden Ereignisse (Summe 11 bzw. Summe 12) besitzen dieselbe Wahrscheinlichkeit. Bei Versuchen fand er dies aber nicht bestätigt. Worin bestand sein Trugschluss? Welcher Wahrscheinlichkeitsraum beschreibt das genannte Experiment? Wie berechnen sich die tatsächlichen Wahrscheinlichkeiten für die beiden Ereignisse?

Aufgabe 1.11

Man wähle willkürlich, d.h. entsprechend der Gleichverteilung, eine Zahl zwischen 1 und 999 aus. Wie groß ist die Wahrscheinlichkeit dafür, dass diese Zahl wenigstens einmal die Ziffer k für ein vorgegebenes $k \in \{0,\ldots,9\}$ enthält?
Hinweis: Man schreibt wie üblich die Zahlen zwischen 1 und 99 ohne zusätzliche Nullen, also 10 und nicht 010.

Aufgabe 1.12

In einer Urne befinden sich weiße und schwarze Kugeln. Der Anteil der weißen Kugeln sei p mit $0 \leq p \leq 1$, somit der der schwarzen Kugeln $1-p$. Man ziehe nun nacheinander alle Kugeln aus der Urne. Mit welcher Wahrscheinlichkeit ist die zuletzt gezogene Kugel schwarz?

Aufgabe 1.13

Ein Mann hat in seiner Tasche n Schlüssel zum Öffnen einer Tür. Nur einer der Schlüssel passt. Er probiert nun nacheinander die n zur Verfügung stehenden Schlüssel aus. Für eine vorgegebene Zahl $k \leq n$ bestimme man die Wahrscheinlichkeit, dass genau der k-te Schlüssel die Tür öffnet. Dabei nehme man entweder an, dass

- er nach jedem erfolglosen Versuch den verwendeten Schlüssel wieder in seine Tasche zurück legt
- oder aber den falschen Schlüssel nicht mehr weiter verwendet.

Aufgabe 1.14

In einem Fernsehquiz kann sich der Gewinner zum Schluss zwischen drei verschlossenen Türen, sagen wir zwischen den Türen A, B und C, entscheiden. Hinter einer der drei Türen winkt ein Auto als Gewinn, hinter den beiden anderen irgendein wertloser Gegenstand. Nachdem der Kandidat sich für eine der drei Türen entschieden hat, öffnet der Quizmaster (er weiß, wo sich das Auto befindet) eine der verbleibenden zwei Türen und zeigt, dass dahinter kein Auto ist. Nehmen wir beispielsweise an, der Sieger entscheidet sich für Tür A. Dann öffnet der Quizmaster eine der Türen B oder C, sagen wir C, und zeigt, dass sich dort kein Auto befindet. Nun fragt er den Kandidaten, ob er seine Entscheidung (in unserem Beispiel die Tür A) revidieren möchte und sich lieber für die andere noch geschlossene Tür (in unserem Beispiel Tür B) entscheiden will. Wie sollte man aus Sicht der Wahrscheinlichkeitstheorie auf dieses Angebot reagieren, d.h., mit welchen Wahrscheinlichkeiten gewinnt man das Auto beim Wechseln bzw. wenn man nicht wechselt?

1.10 Aufgaben

Aufgabe 1.15

In einem Hörsaal befinden sich N Studenten. Wie groß ist die Wahrscheinlichkeit, dass mindestens zwei Studenten am gleichen Tag Geburtstag haben? Wie groß muss N mindestens sein, damit diese Wahrscheinlichkeit größer oder gleich $1/2$ ist? Bei der Berechnung der Wahrscheinlichkeiten vernachlässige man Schaltjahre und gehe davon aus, dass alle Tage des Jahres als Geburtstage gleich wahrscheinlich sind.

Aufgabe 1.16

Spieler A und Spieler B würfeln abwechselnd mit einem Würfel. Spieler A beginnt. Gewinner des Spiels ist, wer zuerst eine „6" würfelt. Mit welcher Wahrscheinlichkeit gewinnt Spieler B?

Aufgabe 1.17

Es sei $0 < p < 1$ die Wahrscheinlichkeit, beim Elfmeterschießen ein Tor zu erzielen. Mannschaft A beginnt, danach schießt Mannschaft B zweimal, dann wieder einmal A, danach zweimal B usw. Gewinner ist, wer zuerst ein Tor erzielt. Mit welcher Wahrscheinlichkeit gewinnt Mannschaft A? Für welche Zahl p wird das Spiel fair, d.h., wann betragen die Gewinnchancen von A bzw. B jeweils $1/2$?

Aufgabe 1.18

In zwei Urnen befinden sich jeweils 10 Kugeln. Man wähle entsprechend der Gleichverteilung zufällig eine der Urnen und entnehme daraus eine Kugel. Diesen Vorgang wiederhole man unabhängig so oft, bis eine der Urnen leer ist. Wie groß ist die Wahrscheinlichkeit, dass sich in der anderen Urne dann noch genau 4 Kugeln befinden?

Aufgabe 1.19

Es sei $F : \mathbb{R} \to [0, 1]$ die Verteilungsfunktion eines auf $\mathcal{B}(\mathbb{R})$ definierten Wahrscheinlichkeitsmaßes. Man zeige, dass F höchstens abzählbar unendlich viele Unstetigkeitsstellen besitzen kann. Unter Verwendung von Satz 1.7.9 folgere man hieraus, dass für ein Wahrscheinlichkeitsmaß $\mathbb{P}$ auf $\mathcal{B}(\mathbb{R})$ höchstens abzählbar unendlich viele Zahlen $t \in \mathbb{R}$ mit $\mathbb{P}(\{t\}) > 0$ existieren.
Hinweis: Man überlege sich, dass aufgrund der Eigenschaften von F nur Sprünge als Unstetigkeitsstellen infrage kommen. Wie viele Sprünge kann es aber maximal geben, deren Höhe größer als eine vorgegebene Zahl $\varepsilon > 0$ ist?

Aufgabe 1.20: *Paradoxon von Bertrand*

In einen Kreis vom Radius 1 wird zufällig eine Sehne gelegt. Wie groß ist die Wahrscheinlichkeit, dass die Länge dieser zufälligen Sehne ebenfalls kleiner oder gleich 1 ist?
In der angegebenen Form besitzt das Problem verschiedene Lösungen, da die Art, wie die Sehne zufällig zu wählen ist, verschiedene Varianten zulässt:

1. Der Mittelpunkt der Sehne wird gemäß der Gleichverteilung innerhalb des Kreises bestimmt.
2. Gemäß der Gleichverteilung auf der Kreislinie werden zufällig und unabhängig voneinander zwei Punkte ausgewählt und miteinander verbunden.
3. Der Abstand der Sehne vom Mittelpunkt des Kreises wird zufällig und gleichverteilt aus dem Intervall $[0, 1]$ gewählt, davon unabhängig der Winkel des Lotes vom Mittelpunkt des Kreises auf die Sehne gleichverteilt aus $[0, 2\pi]$.

Welche Werte besitzt die gesuchte Wahrscheinlichkeit in den drei genannten Fällen.

Aufgabe 1.21

Man breche einen Stock der Länge L zufällig in drei Teile, so dass die beiden Bruchstellen gleichverteilt auf $[0, L] \times [0, L]$ sind. Wie groß ist die Wahrscheinlichkeit, dass man aus den drei Bruchstücken ein Dreieck legen kann?

2 Bedingte Verteilungen und Unabhängigkeit

2.1 Bedingte Verteilungen

Zur Motivation der Definition der bedingten Wahrscheinlichkeit beginnen wir mit folgendem einfachen Beispiel.

Beispiel 2.1.1

Man werfe Bälle, Pfeile oder Ähnliches an eine Wand W mit der Fläche $\mathrm{vol}_2(W)$. An dieser Wand hängt eine Zielscheibe Z der Fläche $\mathrm{vol}_2(Z)$. Weiterhin nehmen wir an, dass die Punkte an der Wand, in denen der Ball oder der Pfeil auftrifft, gleichverteilt auf W sind, somit die Wahrscheinlichkeit, dass der Ball in einer Menge $A \subseteq W$ auftrifft, sich als

$$\mathbb{P}(A) = \frac{\mathrm{vol}_2(A)}{\mathrm{vol}_2(W)}$$

berechnet. Registriert werden nur gültige Würfe, d.h. solche Würfe, die die Zielscheibe Z treffen. Wie berechnet sich nun für $A \subseteq W$ die Wahrscheinlichkeit, dass ein registrierter, also gültiger, Wurf in A auftrifft? Bezeichnen wir diese Wahrscheinlichkeit mit $\mathbb{P}(A|Z)$, so ist das doch einfach das Verhältnis zwischen den Flächen von $A \cap Z$ und von Z. In Formeln ausgedrückt heißt dass, es gilt

$$\mathbb{P}(A|Z) = \frac{\mathrm{vol}_2(A \cap Z)}{\mathrm{vol}_2(Z)} = \frac{\mathrm{vol}_2(A \cap Z)}{\mathrm{vol}_2(W)} \cdot \frac{\mathrm{vol}_2(W)}{\mathrm{vol}_2(Z)},$$

woraus sich unter Verwendung von

$$\mathbb{P}(A \cap Z) = \frac{\mathrm{vol}_2(A \cap Z)}{\mathrm{vol}_2(W)} \quad \text{und} \quad \mathbb{P}(Z) = \frac{\mathrm{vol}_2(Z)}{\mathrm{vol}_2(W)}$$

die Identität

$$\mathbb{P}(A|Z) = \frac{\mathbb{P}(A \cap Z)}{\mathbb{P}(Z)} \tag{2.1}$$

ergibt.

Gleichung (2.1) nehmen wir nun als Ansatz für die abstrakte Definition der bedingten Wahrscheinlichkeit:

Definition 2.1.2

Sei $(\Omega, \mathcal{A}, \mathbb{P})$ ein beliebiger Wahrscheinlichkeitsraum. Für $A, B \in \mathcal{A}$ mit $\mathbb{P}(B) > 0$ definiert man die **Wahrscheinlichkeit von A unter der Bedingung B** als

$$\mathbb{P}(A|B) = \frac{\mathbb{P}(A \cap B)}{\mathbb{P}(B)} \,. \tag{2.2}$$

Wichtiger Hinweis: Bei Kenntnis von $\mathbb{P}(A \cap B)$ und $\mathbb{P}(B)$ gibt uns Definition 2.1.2 eine Vorschrift zur Berechnung von $\mathbb{P}(A|B)$. Nicht selten aber sind uns $\mathbb{P}(B)$ und $\mathbb{P}(A|B)$ bekannt und man sucht $\mathbb{P}(A \cap B)$. Dies berechnet sich dann durch Umstellung der obigen Formel mithilfe der folgenden Gleichung:

$$\boxed{\mathbb{P}(A \cap B) = \mathbb{P}(B)\,\mathbb{P}(A|B)} \tag{2.3}$$

Beispiel 2.1.3

In einer Urne befinden sich zwei weiße und zwei schwarze Kugeln. Man zieht nun nacheinander zwei Kugeln, ohne die erste zurückzulegen. Wir suchen die Wahrscheinlichkeit, im ersten Zug eine schwarze und im zweiten Zug eine weiße Kugel zu beobachten. Um das näher zu untersuchen, benötigen wir das mathematische Modell für dieses Experiment.

Im Grundraum $\Omega = \{(s,s), (s,w), (w,s), (w,w)\}$ betrachten wir die Ereignisse

$$A := \{\text{Zweiter Zug weiß}\} = \{(s,w), (w,w)\} \quad \text{sowie}$$
$$B := \{\text{Erster Zug schwarz}\} = \{(s,s), (s,w)\} \,.$$

Dann ist das gesuchte Ereignis $A \cap B = \{(s,w)\}$.

Welche Wahrscheinlichkeiten kann man aus dem Modell sofort ablesen? Einmal die Wahrscheinlichkeit des Eintretens von B, die $1/2$ beträgt. Und zum Zweiten die Wahrscheinlichkeit $\mathbb{P}(A|B)$, d.h. des Eintretens von A unter der Bedingung, dass B bereits eintrat. Diese Wahrscheinlichkeit beträgt $2/3$, denn nach Eintritt von B sind nur noch eine schwarze und zwei weiße Kugeln in der Urne. Damit berechnet sich die Wahrscheinlichkeit $\mathbb{P}(A \cap B)$ nach (2.3) als

$$\mathbb{P}(\{(s,w)\}) = \mathbb{P}(A \cap B) = \mathbb{P}(B) \cdot \mathbb{P}(A|B) = \frac{1}{2} \cdot \frac{2}{3} = \frac{1}{3} \,.$$

Beispiel 2.1.4

Von drei äußerlich nicht unterscheidbaren Münzen seien zwei fair und eine verfälscht. Bei der verfälschten Münze erscheint „Kopf" mit Wahrscheinlichkeit $1/3$ und „Zahl" somit mit Wahrscheinlichkeit $2/3$. Man nehme nun zufällig gemäß der Gleichverteilung eine der drei Münzen und werfe sie. Wie groß ist dabei die Wahrscheinlichkeit „Kopf" auf der unfairen Münze zu beobachten?

2.1 Bedingte Verteilungen

Antwort: Zuerst bemerken wir, dass ein Grundraum $\Omega = \{Z, K\}$ zur Beschreibung des Experiments nicht geeignet ist. Man muss kennzeichnen, ob man z.B. „Kopf" auf einer fairen oder unfairen Münze nach dem Wurf sieht. Damit ist eine mögliche Wahl für den Grundraum
$$\Omega := \{(K, U), (Z, U), (K, F), (Z, F)\}$$
wobei U für „unfair" und F für „fair" steht. Das zu untersuchende Ereignis ist $\{(K, U)\}$, und setzt man
$$K := \{(K, U), (K, F)\} \quad \text{sowie} \quad U := \{(K, U), (Z, U)\}$$
(K tritt ein, wenn man Kopf sieht, egal von welcher Münze, und U tritt ein, falls man von den drei Münzen die unfaire wählt), so folgt $\{(K, U)\} = K \cap U$. Nun gilt nach Aufgabenstellung $\mathbb{P}(U) = 1/3$ sowie $\mathbb{P}(K|U) = 1/3$, also folgt nach (2.3), dass
$$\mathbb{P}(\{(K, U)\}) = \mathbb{P}(U)\mathbb{P}(K|U) = \frac{1}{3} \cdot \frac{1}{3} = \frac{1}{9}.$$

Als Nächstes nun zwei Beispiele, wo bedingte Wahrscheinlichkeiten gesucht werden, wir also die Formel (2.2) direkt anwenden.

Beispiel 2.1.5

Man werfe einen Würfel zweimal. Wir wissen bereits, die zuerst gewürfelte Zahl ist nicht die Zahl „6". Wie groß ist dann die Wahrscheinlichkeit, dass die Summe beider Würfe größer oder gleich 10 ist?
Antwort: Das Modell für dieses Experiment ist $\Omega = \{1, \ldots, 6\}^2$ versehen mit der Gleichverteilung auf $\mathcal{P}(\Omega)$. Das Ereignis $B := \{$„Erster Wurf keine 6"$\}$ besteht aus den 30 Elementen
$$\{(1, 1), \ldots, (5, 1), \ldots, (1, 6), \ldots, (5, 6)\}$$
und A enthält die Paare, deren Summe größer oder gleich 10 ist, d.h.
$$A = \{(4, 6), (5, 6), (6, 6), (5, 5), (6, 5), (6, 4)\}, \quad \text{somit } A \cap B = \{(4, 6), (5, 6), (5, 5)\}.$$
Damit ergibt sich
$$\mathbb{P}(A|B) = \frac{\mathbb{P}(A \cap B)}{\mathbb{P}(B)} = \frac{3/36}{30/36} = \frac{1}{10}.$$

Beispiel 2.1.6

Die Dauer eines Telefongesprächs sei exponentiell verteilt mit Parameter $\lambda > 0$. Wie groß ist die Wahrscheinlichkeit, dass ein Gespräch nicht länger als 5 Minuten dauert, vorausgesetzt es dauert bereits 2 Minuten?
Antwort: Das Ereignis A sei, dass das Gespräch nicht länger als 5 Minuten dauert, d.h., man hat $A = [0, 5]$. Die Bedingung B besagt, dass das Gespräch mindestens 2 Minuten dauert, also $B = [2, \infty)$. Somit ergibt sich
$$E_\lambda(A|B) = \frac{E_\lambda(A \cap B)}{E_\lambda(B)} = \frac{E_\lambda([2, 5])}{E_\lambda([2, \infty))} = \frac{e^{-2\lambda} - e^{-5\lambda}}{e^{-2\lambda}} = 1 - e^{-3\lambda}.$$

Interessanterweise gilt somit $E_\lambda([0,5]|[2,\infty)) = E_\lambda([0,3])$. Was bedeutet dies? Die Wahrscheinlichkeit, dass das Gespräch nicht länger als 3 Minuten dauert, hängt nicht davon ab, ob das Gespräch erst neu begann oder aber bereits 2 Minuten „alt" ist. Also „altert" das Gespräch nicht, die Wahrscheinlichkeit, in den nächsten 3 Minuten aufzuhören, ist unabhängig davon, wie lange das Gespräch bereits dauert.

Kommen wir jetzt wieder zum allgemeinen Fall zurück und fixieren $B \in \mathcal{A}$ mit $\mathbb{P}(B) > 0$. Dann ist die Abbildung
$$A \mapsto \mathbb{P}(A|B), \quad A \in \mathcal{A},$$
wohldefiniert.

Satz 2.1.7

Die Abbildung $A \mapsto \mathbb{P}(A|B)$ ist ein Wahrscheinlichkeitsmaß auf $\mathcal{A}$. Dieses Maß ist auf B konzentriert, d.h., es gilt
$$\mathbb{P}(B|B) = 1 \quad \text{oder äquivalent} \quad \mathbb{P}(B^c|B) = 0.$$

Beweis: Selbstverständlich hat man $\mathbb{P}(\emptyset|B) = \mathbb{P}(\emptyset \cap B)/\mathbb{P}(B) = 0$. In ähnlicher Weise ergibt sich $\mathbb{P}(\Omega|B) = \mathbb{P}(\Omega \cap B)/\mathbb{P}(B) = \mathbb{P}(B)/\mathbb{P}(B) = 1$.

Kommen wir nun zum Nachweis der σ-Additivität. Sind $A_1, A_2, \ldots$ disjunkte Mengen aus $\mathcal{A}$, dann sind auch $A_1 \cap B, A_2 \cap B, \ldots$ disjunkt. Unter Verwendung der σ-Additivität von $\mathbb{P}$ ergibt sich dann

$$\mathbb{P}\left(\bigcup_{j=1}^\infty A_j \Big| B\right) = \frac{\mathbb{P}\left([\bigcup_{j=1}^\infty A_j] \cap B\right)}{\mathbb{P}(B)} = \frac{\mathbb{P}\left(\bigcup_{j=1}^\infty (A_j \cap B)\right)}{\mathbb{P}(B)}$$
$$= \frac{\sum_{j=1}^\infty \mathbb{P}(A_j \cap B)}{\mathbb{P}(B)} = \sum_{j=1}^\infty \frac{\mathbb{P}(A_j \cap B)}{\mathbb{P}(B)} = \sum_{j=1}^\infty \mathbb{P}(A_j|B).$$

Also ist $\mathbb{P}(\,\cdot\,|B)$ wie behauptet ein Wahrscheinlichkeitsmaß. Weil $\mathbb{P}(B|B) = 1$ unmittelbar folgt, ist der Satz damit bewiesen. □

Definition 2.1.8

Das Wahrscheinlichkeitsmaß $\mathbb{P}(\,\cdot\,|B)$ nennt man **bedingtes Wahrscheinlichkeitsmaß** oder auch **bedingte Verteilung** unter der Bedingung B.

Wir kommen jetzt zu einer wichtigen Formel zur Berechnung von Wahrscheinlichkeiten unter Kenntnis gewisser bedingter Verteilungen.

2.1 Bedingte Verteilungen

Satz 2.1.9: *Formel über die totale Wahrscheinlichkeit*

Sei $(\Omega, \mathcal{A}, \mathbb{P})$ ein Wahrscheinlichkeitsraum. Für disjunkte Mengen $B_1, \ldots, B_n$ aus $\mathcal{A}$ mit $\mathbb{P}(B_j) > 0$ gelte $\bigcup_{j=1}^n B_j = \Omega$. Dann folgt für $A \in \mathcal{A}$ stets

$$\mathbb{P}(A) = \sum_{j=1}^n \mathbb{P}(B_j)\, \mathbb{P}(A|B_j)\,.$$

Beweis: Wir starten mit der rechten Seite der Formel. Unter Verwendung der Definition für die bedingte Verteilung rechnet sich diese wie folgt um:

$$\sum_{j=1}^n \mathbb{P}(B_j)\, \mathbb{P}(A|B_j) = \sum_{j=1}^n \mathbb{P}(B_j) \frac{\mathbb{P}(A \cap B_j)}{\mathbb{P}(B_j)} = \sum_{j=1}^n \mathbb{P}(A \cap B_j)\,. \tag{2.4}$$

Nun sind per Annahme $B_1, \ldots, B_n$ disjunkt, also auch $A \cap B_1, \ldots, A \cap B_n$, woraus unter Verwendung der endlichen Additivität von $\mathbb{P}$ folgt, dass die Gleichung

$$\sum_{j=1}^n \mathbb{P}(A \cap B_j) = \mathbb{P}\left(\bigcup_{j=1}^n (A \cap B_j)\right) = \mathbb{P}\left(\left(\bigcup_{j=1}^n B_j\right) \cap A\right) = \mathbb{P}(\Omega \cap A) = \mathbb{P}(A)$$

besteht. Setzt man diese Identität in (2.4) ein, so folgt die Behauptung. □

Beispiel 2.1.10

Eine faire Münze werde viermal geworfen. Beobachtet man k-mal „Kopf", so nehme man k Würfel und werfe diese. Wie groß ist die Wahrscheinlichkeit, dass bei diesem Experiment niemals die Zahl „6" erscheint? Man beachte, dass im Fall $k = 0$ kein Würfel geworfen wird, also die Zahl „6" auch nicht erscheinen kann.
Antwort: Als Grundraum nehme man $\Omega = \{(k,J),(k,N) : k = 0, \ldots, 4\}$ wobei „(k,J)" bedeutet, dass bei einem Wurf mit k Würfeln, eine „6" erscheint, „(k,N)" heißt, keine „6" ist erschienen. Man setzt $B_k := \{(k,J),(k,N)\}$, $k = 0, \ldots, 4$. Also tritt B_k genau dann ein, wenn beim Münzwurf k-mal „Kopf" erschien und es folgt $\mathbb{P}(B_k) = \binom{4}{k} 2^{-4}$. Außerdem berechnen sich für das Ereignis A, dass keine „6" erscheint, also für $A = \{(0,N), \ldots, (4,N)\}$, die bedingten Wahrscheinlichkeiten wie folgt:

$$\mathbb{P}(A|B_0) = 1\,,\ \mathbb{P}(A|B_1) = 5/6\,, \ldots, \mathbb{P}(A|B_4) = (5/6)^4\,.$$

Die Mengen $B_0, \ldots, B_4$ erfüllen die Voraussetzungen des Satzes über die totale Wahrscheinlichkeit und man schließt

$$\mathbb{P}(A) = \frac{1}{16} \sum_{k=0}^4 \binom{4}{k} (5/6)^k = \frac{1}{16}\left(\frac{5}{6}+1\right)^4 = 0.706066743\,.$$

Beispiel 2.1.11

Drei Maschinen, sagen wir M_1, M_2 und M_3, produzieren in einem Werk das gleiche Produkt, und zwar M_1 500 Stück pro Tag, M_2 200 und M_3 100 Stück. Bei M_1 sind 5% der produzierten Teile defekt, bei M_2 seien es 10 % und bei M_3 nur 2%. Man entnehme nun zufällig aus den produzierten Teilen eins heraus. Mit welcher Wahrscheinlichkeit ist dieses defekt?
Antwort: Die Wahrscheinlichkeit, dass das untersuchte Produkt von Maschine M_1, M_2 oder M_3 stammt, beträgt 5/8, 1/4 bzw. 1/8. Die bedingten Wahrscheinlichkeiten, ein defektes Produkt zu untersuchen, sind als 1/20, 1/10 bzw. 1/50 gegeben. Damit berechnet sich die totale Wahrscheinlichkeit als

$$\frac{5}{8} \cdot \frac{1}{20} + \frac{1}{4} \cdot \frac{1}{10} + \frac{1}{8} \cdot \frac{1}{50} = \frac{47}{800} = 0.05875$$

Sehen wir uns Beispiel 2.1.11 noch einmal etwas genauer an. Wenn man ein Produkt prüft, so stammt dieses Produkt mit gewissen, bekannten Wahrscheinlichkeiten von M_1, M_2 oder M_3, nämlich mit den Wahrscheinlichkeiten 5/8, 1/4 und 1/8. Das sind die Wahrscheinlichkeiten **vor** dem Versuch. Deshalb nennt man sie auch *a priori* Wahrscheinlichkeiten. Nachdem man nun ein Produkt geprüft hat, festgestellt hat, dass das geprüfte Produkt defekt ist, also zusätzliche Information besitzt, stellt sich die Frage neu: Von welcher Maschine stammte denn nun das geprüfte Produkt? Bezeichnet man mit D das Ereignis, das geprüfte Gerät ist defekt, so interessiert man sich jetzt für die Wahrscheinlichkeiten $\mathbb{P}(M_1|D)$, $\mathbb{P}(M_2|D)$ und $\mathbb{P}(M_3|D)$. Diese Wahrscheinlichkeiten nennt man, weil sie **nach** Kenntnis des Versuchsausgangs berechenbar sind, auch *a posteriori* Wahrscheinlichkeiten.

Eine exakte Definition der *a priori* und *a posteriori* Wahrscheinlichkeiten lautet wie folgt:

Definition 2.1.12

In einem Wahrscheinlichkeitsraum $(\Omega, \mathcal{A}, \mathbb{P})$ seien $B_1, \ldots, B_n \in \mathcal{A}$ disjunkte Ereignisse mit $\Omega = \bigcup_{j=1}^{n} B_j$. Dann nennt man $\mathbb{P}(B_1), \ldots, \mathbb{P}(B_n)$ die **a priori** Wahrscheinlichkeiten von $B_1, \ldots, B_n$. Sei nun $A \in \mathcal{A}$ mit $\mathbb{P}(A) > 0$ gegeben. Die Wahrscheinlichkeiten $\mathbb{P}(B_1|A), \ldots, \mathbb{P}(B_n|A)$ heißen **a posteriori** Wahrscheinlichkeiten nach dem Eintritt von A.

Zur Berechnung der *a posteriori* Wahrscheinlichkeiten ist der folgende Satz sehr hilfreich.

Satz 2.1.13: *Formel von Bayes*

Für disjunkte Ereignisse $B_1, \ldots, B_n$ mit $\bigcup_{j=1}^{n} B_j = \Omega$ und $\mathbb{P}(B_j) > 0$ sowie ein Ereignis A mit $\mathbb{P}(A) > 0$ besteht folgende Gleichung:

$$\mathbb{P}(B_j|A) = \frac{\mathbb{P}(B_j)\,\mathbb{P}(A|B_j)}{\sum_{i=1}^{n} \mathbb{P}(B_i)\mathbb{P}(A|B_i)}, \quad j = 1, \ldots, n. \tag{2.5}$$

2.1 Bedingte Verteilungen

Beweis: Unter Anwendung von Satz 2.1.9 folgt

$$\sum_{i=1}^{n} \mathbb{P}(B_i)\mathbb{P}(A|B_i) = \mathbb{P}(A).$$

Somit geht die rechte Seite von (2.5) in

$$\frac{\mathbb{P}(B_j)\mathbb{P}(A|B_j)}{\mathbb{P}(A)} = \frac{\mathbb{P}(B_j)\frac{\mathbb{P}(A\cap B_j)}{\mathbb{P}(B_j)}}{\mathbb{P}(A)} = \frac{\mathbb{P}(A \cap B_j)}{\mathbb{P}(A)} = \mathbb{P}(B_j|A)$$

über und der Satz ist bewiesen. □

Bemerkung 2.1.14

Kennt man bereits $\mathbb{P}(A)$, so vereinfacht sich die Formel zu

$$\mathbb{P}(B_j|A) = \frac{\mathbb{P}(B_j)\mathbb{P}(A|B_j)}{\mathbb{P}(A)}, \quad j=1,\ldots,n. \tag{2.6}$$

Bemerkung 2.1.15

Betrachten wir nun den Spezialfall, dass mit einer Menge $B \in \mathcal{A}$ die Zerlegung von Ω durch $\Omega = B \cup B^c$ gegeben ist. Dann schreibt sich (2.5) in der Form

$$\mathbb{P}(B|A) = \frac{\mathbb{P}(B)\mathbb{P}(A|B)}{\mathbb{P}(B)\mathbb{P}(A|B) + \mathbb{P}(B^c)\mathbb{P}(A|B^c)} \tag{2.7}$$

sowie

$$\mathbb{P}(B^c|A) = \frac{\mathbb{P}(B^c)\mathbb{P}(A|B^c)}{\mathbb{P}(B)\mathbb{P}(A|B) + \mathbb{P}(B^c)\mathbb{P}(A|B^c)}.$$

Hierbei kann man wieder, wenn bekannt, in beiden Fällen den Nenner durch $\mathbb{P}(A)$ ersetzen.

Beispiel 2.1.16

Berechnen wir nun die *a posteriori* Wahrscheinlichkeiten im Beispiel 2.1.11. Sei D das Ereignis, dass das untersuchte Produkt defekt sei. Wir wissen bereits $\mathbb{P}(D) = 47/800$, somit können wir (2.5) in der vereinfachten Form (2.6) anwenden. Also folgt

$$\mathbb{P}(M_1|D) = \frac{\mathbb{P}(M_1)\mathbb{P}(D|M_1)}{\mathbb{P}(D)} = \frac{5/8 \cdot 1/20}{47/800} = 25/47$$

$$\mathbb{P}(M_2|D) = \frac{\mathbb{P}(M_2)\mathbb{P}(D|M_2)}{\mathbb{P}(D)} = \frac{1/4 \cdot 1/10}{47/800} = 20/47$$

$$\mathbb{P}(M_3|D) = \frac{\mathbb{P}(M_3)\mathbb{P}(D|M_3)}{\mathbb{P}(D)} = \frac{1/8 \cdot 1/50}{47/800} = 2/47.$$

Nach Aufgabenstellung sind die *a priori* Wahrscheinlichkeiten als $\mathbb{P}(M_1) = 5/8$, $\mathbb{P}(M_2) = 1/4$ und $\mathbb{P}(M_3) = 1/8$ gegeben, während sich die *a posteriori* Wahrscheinlichkeiten als $25/47$, $20/47$ und $2/47$ berechnen. Damit verändern sich die Wahrscheinlichkeiten, dass das geprüfte Produkt von M_1, M_2 bzw. M_3 stammt, wie folgt: Die Wahrscheinlichkeiten von M_1 und M_3 verkleinern sich um 0.0930851 bzw. 0.0824468, während sich die Wahrscheinlichkeit von M_2 um 0.175532 vergrößert. Man beachte noch, dass aufgrund des Satzes 2.1.7 die Summe der *a posteriori* Wahrscheinlichkeiten „Eins" ergeben muss, was im Beispiel wegen $25/47 + 20/47 + 2/47 = 1$ erfüllt ist.

Beispiel 2.1.17

Um festzustellen, ob eine Person an der Krankheit X leidet, werde ein Test durchgeführt. Über diesen Test sei Folgendes bekannt: Ist die Person erkrankt, so ist der Test zu 96% positiv, während er bei einer gesunden Person zu 94% negativ ausfällt. Weiterhin sei bekannt, dass in der Bevölkerung 0.4% an Krankheit X leiden. Mit welcher Wahrscheinlichkeit ist eine zufällig untersuchte Person mit positivem Test wirklich an X erkrankt?
Antwort: Der beschreibende Grundraum sei $\Omega = \{(X,p), (X,n), (X^c,p), (X^c,n)\}$, wobei z.B. (X,n) bedeutet, die Person ist an X erkrankt, aber der Test erweist sich als negativ. Definieren wir das Ereignis $A := \{(X,p), (X^c,p)\}$, so tritt A ein, sofern der Test positiv ist. Weiterhin definieren wir das Ereignis B als $B := \{(X,p), (X,n)\}$, d.h., dieses Ereignis tritt genau dann ein, wenn die untersuchte Person wirklich an X erkrankt ist. Bekannt sind

$$\mathbb{P}(A|B) = 0.96, \quad \mathbb{P}(A|B^c) = 0.06 \quad \text{und} \quad \mathbb{P}(B) = 0.004, \quad \text{somit} \quad \mathbb{P}(B^c) = 0.996.$$

Also berechnet sich die gesuchte Wahrscheinlichkeit nach (2.7) aus

$$\mathbb{P}(B|A) = \frac{\mathbb{P}(B)\mathbb{P}(A|B)}{\mathbb{P}(B)\mathbb{P}(A|B) + \mathbb{P}(B^c)\mathbb{P}(A|B^c)}$$
$$= \frac{0.004 \cdot 0.96}{0.004 \cdot 0.96 + 0.996 \cdot 0.06} = \frac{0.00384}{0.0636} = 0.0603774.$$

Damit ist eine zufällig getestete Person mit positivem Test nur mit einer Wahrscheinlichkeit von etwa 6% wirklich an X erkrankt.

2.2 Unabhängigkeit von Ereignissen

2.2.1 Unabhängigkeit von zwei Ereignissen

Man würfele zweimal mit einem fairen Würfel. Das Ereignis A sei als „beim zweiten Wurf erscheint eine gerade Zahl" definiert, während B als „der erste Wurf ergebe eine Zahl aus $\{5,6\}$" gegeben sei. Intuitiv ist klar, dass diese beiden Ereignisse unabhängig voneinander eintreten. Aber wie soll diese Eigenschaft mathematisch beschrieben werden? Dazu überlegen wir uns, dass der Ausgang des ersten Experiments, d.h., ob B eintritt oder nicht eintritt, keinerlei Einfluss auf die Wahrscheinlichkeit des Eintretens von A besitzt. Mit anderen Worten, es sollte

2.2 Unabhängigkeit von Ereignissen

$\mathbb{P}(A|B) = \mathbb{P}(A)$ gelten. Und rechnet man die Wahrscheinlichkeiten im konkreten Fall aus, so folgt tatsächlich $\mathbb{P}(A) = 1/2, \mathbb{P}(B) = 1/3$ und

$$\mathbb{P}(A|B) = \frac{\mathbb{P}(A \cap B)}{\mathbb{P}(B)} = \frac{6/36}{1/3} = 1/2 = \mathbb{P}(A).$$

Unabhängigkeit könnte man also durch Bestehen der Gleichung

$$\mathbb{P}(A) = \mathbb{P}(A|B) = \frac{\mathbb{P}(A \cap B)}{\mathbb{P}(B)} \tag{2.8}$$

charakterisieren. Der Nachteil ist dabei, dass man noch $\mathbb{P}(B) > 0$ voraussetzen muss, denn ansonsten existiert die bedingte Wahrscheinlichkeit nicht. Deshalb stellt man (2.8) um und erhält $\mathbb{P}(A \cap B) = \mathbb{P}(A) \cdot \mathbb{P}(B)$. Diese Beobachtung führt zu folgender allgemeinen Definition.

Definition 2.2.1

Sei $(\Omega, \mathcal{A}, \mathbb{P})$ ein Wahrscheinlichkeitsraum. Zwei Ereignisse A und B in $\mathcal{A}$ heißen (stochastisch) **unabhängig**, wenn die Gleichung

$$\mathbb{P}(A \cap B) = \mathbb{P}(A) \cdot \mathbb{P}(B) \tag{2.9}$$

besteht. Ist (2.9) nicht erfüllt, so sagt man, dass A und B (stochastisch) **abhängig** sind.

Bemerkung 2.2.2

Im Folgenden verwenden wir nur die Bezeichnungen „unabhängig" oder „abhängig" (ohne den Zusatz „stochastisch"), da in diesem Buch keine anderen Arten von Unabhängigkeit oder Abhängigkeit auftauchen werden und somit keine Gefahr der Verwechslung besteht.

Beispiel 2.2.3

Wir würfeln zweimal mit einem fairen Würfel. Das Ereignis A trete ein, wenn im ersten Wurf eine gerade Zahl erscheint, und das Ereignis B, falls die Summe beider Würfe 7 beträgt. Sind A und B abhängig oder unabhängig voneinander?
Antwort: Es gilt $\mathbb{P}(A) = 1/2$, $\mathbb{P}(B) = 1/6$ sowie $\mathbb{P}(A \cap B) = 3/36 = 1/12$. Also folgt $\mathbb{P}(A \cap B) = \mathbb{P}(A) \cdot \mathbb{P}(B)$ und die Ereignisse A und B sind unabhängig.

Frage: Sind A und B auch dann unabhängig, wenn das Ereignis B dadurch definiert wird, dass die Summe z.B. gleich 4 oder auch eine andere Zahl ungleich 7 beträgt?

Beispiel 2.2.4

In einer Urne befinden sich n, $n \geq 2$, weiße Kugeln und n schwarze. Man ziehe nacheinander zwei Kugeln **ohne** die erste Kugel zurückzulegen. Das Ereignis B tritt ein, wenn die erste Kugel weiß ist, während A im Fall, dass die zweite Kugel schwarz ist, eintritt. Sind A und B abhängig oder unabhängig voneinander?

Antwort: Die Wahrscheinlichkeit des Eintretens von B beträgt $1/2$. Um die Wahrscheinlichkeit des Eintretens von A zu berechnen, verwenden wir Satz 2.1.9. Dann folgt

$$\mathbb{P}(A) = \mathbb{P}(B)\mathbb{P}(A|B) + \mathbb{P}(B^c)\mathbb{P}(A|B^c) = \frac{1}{2} \cdot \frac{n}{2n-1} + \frac{1}{2} \cdot \frac{n-1}{2n-1} = \frac{1}{2}.$$

Somit ergibt sich $\mathbb{P}(A) \cdot \mathbb{P}(B) = 1/4$. Auf der anderen Seite hat man aber

$$\mathbb{P}(A \cap B) = \mathbb{P}(B)\mathbb{P}(A|B) = \frac{1}{2} \cdot \frac{n}{2n-1} = \frac{n}{4n-2} \neq \frac{1}{4}.$$

Somit sind A und B abhängig. Man beachte aber $\frac{n}{4n-2} \to \frac{1}{4}$ für $n \to \infty$. Intuitiv besagt dies, dass für eine „große" Anzahl von Kugeln in der Urne die Abhängigkeit zwischen A und B sehr klein wird. Diese Frage werden wir später präziser behandeln können, wenn wir im Kapitel 5 ein Maß für die Abhängigkeit zwischen zwei Ereignissen eingeführt haben, den so genannten Korrelationskoeffizienten.

Wir wollen nun ein paar einfache Aussagen über die Unabhängigkeit von Ereignissen herleiten.

Satz 2.2.5

Es sei $(\Omega, \mathcal{A}, \mathbb{P})$ ein Wahrscheinlichkeitsraum.
1. Für jedes $A \in \mathcal{A}$ sind A und $\emptyset$ sowie A und Ω unabhängig.
2. Sind A und B unabhängig, so auch A und B^c sowie A^c und B^c.

Beweis: Es gilt

$$\mathbb{P}(A \cap \emptyset) = \mathbb{P}(\emptyset) = 0 = \mathbb{P}(A) \cdot 0 = \mathbb{P}(A) \cdot \mathbb{P}(\emptyset),$$

und A und $\emptyset$ sind unabhängig.

Analog folgt die Unabhängigkeit von A und Ω aus

$$\mathbb{P}(A \cap \Omega) = \mathbb{P}(A) = \mathbb{P}(A) \cdot 1 = \mathbb{P}(A) \cdot \mathbb{P}(\Omega).$$

Zum Beweis der zweiten Aussage setzen wir die Unabhängigkeit von A und B voraus, d.h., wir wissen, es gilt $\mathbb{P}(A \cap B) = \mathbb{P}(A) \cdot \mathbb{P}(B)$. Unser Ziel ist auch

$$\mathbb{P}(A \cap B^c) = \mathbb{P}(A) \cdot \mathbb{P}(B^c)$$

nachzuweisen. Dazu beginnen wir mit der Umformung der rechten Seite. Unter Verwendung der Unabhängigkeit von A und B ergibt sich

$$\begin{aligned}\mathbb{P}(A) \cdot \mathbb{P}(B^c) &= \mathbb{P}(A)\bigl(1 - \mathbb{P}(B)\bigr) = \mathbb{P}(A) - \mathbb{P}(A) \cdot \mathbb{P}(B) \\ &= \mathbb{P}(A) - \mathbb{P}(A \cap B) = \mathbb{P}\bigl(A \setminus (A \cap B)\bigr)\end{aligned} \quad (2.10)$$

wegen $A \cap B \subseteq A$. Nun gilt aber $A \setminus (A \cap B) = A \setminus B = A \cap B^c$. Setzt man diese Identität in (2.10) ein, folgt

$$\mathbb{P}(A) \cdot \mathbb{P}(B^c) = \mathbb{P}(A \cap B^c)$$

2.2 Unabhängigkeit von Ereignissen

wie behauptet. Also sind A und B^c ebenfalls unabhängig.

Sind A und B unabhängig, so gilt dies nach dem eben Bewiesenen auch für A^c und B. Man vertausche dazu einfach die Rollen von A und B. Damit können wir nach der vorherigen Rechnung, diesmal angewendet auf A^c und B, schließen, dass auch A^c und B^c unabhängig sind. Damit ist der Satz vollständig bewiesen. □

2.2.2 Unabhängigkeit mehrerer Ereignisse

Gegeben seien n Ereignisse $A_1, \ldots, A_n$ aus $\mathcal{A}$. Wann sind diese Ereignisse unabhängig? Ein erster möglicher Ansatz wäre wie folgt:

Definition 2.2.6

Ereignisse $A_1, \ldots, A_n$ heißen **paarweise unabhängig**, sofern für alle $i \neq j$ stets

$$\mathbb{P}(A_i \cap A_j) = \mathbb{P}(A_i) \cdot \mathbb{P}(A_j)$$

gilt. Mit anderen Worten, für alle $1 \leq i < j \leq 1$ sind die zwei Mengen A_i und A_j unabhängig.

Leider erweist sich aber dieser Ansatz als zu schwach für eine sinnvolle Definition der Unabhängigkeit von n Ereignissen. Um das zu sehen betrachten wir folgendes Beispiel:

Beispiel 2.2.7

Beim zweimaligen Würfeln seien die Ereignisse A_1, A_2 und A_3 wie folgt definiert:

$$A_1 := \{2, 4, 6\} \times \{1, \ldots, 6\}$$
$$A_2 := \{1, \ldots, 6\} \times \{1, 3, 5\}$$
$$A_3 := \{2, 4, 6\} \times \{1, 3, 5\} \cup \{1, 3, 5\} \times \{2, 4, 6\}.$$

In Worten ausgedrückt tritt A_1 genau dann ein, wenn der erste Wurf gerade ist, A_2 falls der zweite Wurf ungerade und A_3 im Fall, dass die beiden Würfe unterschiedliche Parität besitzen. Man sieht unmittelbar $\mathbb{P}(A_1) = \mathbb{P}(A_2) = \mathbb{P}(A_3) = 1/2$. Ebenfalls einfach berechnen sich

$$\mathbb{P}(A_1 \cap A_2) = \mathbb{P}(A_1 \cap A_3) = \mathbb{P}(A_2 \cap A_3) = \frac{1}{4}.$$

Damit sind A_1, A_2 und A_3 paarweise unabhängig.

Betrachten wir nun $A_1 \cap A_2 \cap A_3$. Dieses Ereignis stimmt mit $A_1 \cap A_2$ überein, also hat man

$$\mathbb{P}(A_1 \cap A_2 \cap A_3) = \mathbb{P}(A_1 \cap A_2) = \frac{1}{4} \neq \frac{1}{8} = \mathbb{P}(A_1) \cdot \mathbb{P}(A_2) \cdot \mathbb{P}(A_3). \quad (2.11)$$

Bei einer sinnvollen Definition der Unabhängigkeit der Ereignisse $A_1, \ldots, A_n$ sollte aber auf jeden Fall

$$\mathbb{P}(A_1 \cap \cdots \cap A_n) = \mathbb{P}(A_1) \cdots \mathbb{P}(A_n) \tag{2.12}$$

gelten. Wie wir aber in (2.11) sahen, folgt dies i.A. nicht aus der paarweisen Unabhängigkeit der Ereignisse.

Man könnte nun umgekehrt fragen, ob (2.12) die paarweise Unabhängigkeit der Ereignisse impliziert. Leider gilt dies auch nicht, wie wir an folgendem Beispiel sehen.

Beispiel 2.2.8

Es sei $\Omega = \{1, \ldots, 12\}$ versehen mit der Gleichverteilung $\mathbb{P}$, d.h., für Ereignisse $A \subseteq \Omega$ hat man $\mathbb{P}(A) = \#(A)/12$. Seien nun $A_1 := \{1, \ldots, 9\}$, $A_2 := \{6, 7, 8, 9\}$ und $A_3 := \{9, 10, 11, 12\}$, so folgt

$$\mathbb{P}(A_1) = \frac{9}{12} = \frac{3}{4}, \ \mathbb{P}(A_2) = \frac{4}{12} = \frac{1}{3} \ \text{ sowie } \ \mathbb{P}(A_3) = \frac{4}{12} = \frac{1}{3}.$$

Somit ergibt sich

$$\mathbb{P}(A_1 \cap A_2 \cap A_3) = \mathbb{P}(\{9\}) = \frac{1}{12} = \frac{3}{4} \cdot \frac{1}{3} \cdot \frac{1}{3} = \mathbb{P}(A_1) \cdot \mathbb{P}(A_2) \cdot \mathbb{P}(A_3),$$

also ist (2.12) erfüllt. Auf der anderen Seite gilt aber

$$\mathbb{P}(A_1 \cap A_2) = \mathbb{P}(A_2) = \frac{1}{3} \neq \frac{1}{4} = \mathbb{P}(A_1) \cdot \mathbb{P}(A_2),$$

d.h., A_1, A_2 und A_3 sind **nicht** paarweise unabhängig.

Beispiel 2.2.8 zeigt insbesondere, dass (2.12) ebenfalls ungeeignet für eine Definition der Unabhängigkeit von n Ereignissen ist. Denn die Unabhängigkeit von $A_1, \ldots, A_n$ sollte auf jeden Fall die eines Teilsystems der $A_1, \ldots, A_n$ implizieren, also z.B. für n ungerade die von $A_1, A_3, \ldots, A_{n-2}, A_n$.

Als sinnvolle Definition der Unabhängigkeit erweist sich die folgende:

Definition 2.2.9

Ereignisse $A_1, \ldots, A_n$ heißen **unabhängig**, wenn für jede Teilmenge $I \subseteq \{1, \ldots, n\}$ die folgende Gleichung richtig ist:

$$\mathbb{P}\Big(\bigcap_{i \in I} A_i\Big) = \prod_{i \in I} \mathbb{P}(A_i). \tag{2.13}$$

2.2 Unabhängigkeit von Ereignissen

Bemerkung 2.2.10

Selbstverständlich reicht es aus, wenn (2.13) für Teilmengen $I \subseteq \{1, \ldots, n\}$ mit $\#(I) \geq 2$ erfüllt ist. Denn im Fall $\#(I) = 1$ besteht diese Gleichung trivialerweise.

Bemerkung 2.2.11

Eine andere Möglichkeit, die Unabhängigkeit zu definieren, ist wie folgt: Für alle $m \geq 2$ und $1 \leq i_1 < \cdots < i_m \leq n$ gilt

$$\mathbb{P}(A_{i_1} \cap \cdots \cap A_{i_m}) = \mathbb{P}(A_{i_1}) \cdots \mathbb{P}(A_{i_m}).$$

Um zu sehen, dass dies eine äquivalente Definition ist, identifiziere man einfach I mit $\{i_1, \ldots, i_m\}$.

Zur Erläuterung der vielleicht etwas komplizierten Definition der Unabhängigkeit betrachten wir den Fall $n = 3$. Hier sind für I genau vier Mengen mit $\#(I) \geq 2$ möglich, nämlich $I = \{1, 2\}$, $I = \{1, 3\}$, $I = \{2, 3\}$ und $I = \{1, 2, 3\}$. Damit sind A_1, A_2 und A_3 genau dann unabhängig, wenn **gleichzeitig** die folgenden vier Bedingungen erfüllt sind:

$$\mathbb{P}(A_1 \cap A_2) = \mathbb{P}(A_1) \cdot \mathbb{P}(A_2)$$
$$\mathbb{P}(A_1 \cap A_3) = \mathbb{P}(A_1) \cdot \mathbb{P}(A_3)$$
$$\mathbb{P}(A_2 \cap A_3) = \mathbb{P}(A_2) \cdot \mathbb{P}(A_3) \quad \text{sowie}$$
$$\mathbb{P}(A_1 \cap A_2 \cap A_3) = \mathbb{P}(A_1) \cdot \mathbb{P}(A_2) \cdot \mathbb{P}(A_3).$$

Man beachte, dass im Allgemeinen, wie Beispiele 2.2.7 und 2.2.8 zeigen, keine dieser vier Gleichung aus den anderen drei hergeleitet werden kann.

Die Unabhängigkeit von n Ereignissen besitzt die folgenden Eigenschaften:

Satz 2.2.12

1. Sind $A_1, \ldots, A_n$ unabhängig, so auch $\{A_i : i \in I\}$ für eine beliebige Teilmenge $I \subseteq \{1, \ldots n\}$. Insbesondere sind $A_1, \ldots, A_n$ paarweise unabhängig.
2. Für jede Permutation π der Zahlen von 1 bis n folgt aus der Unabhängigkeit von $A_1, \ldots, A_n$ auch die von[1] $A_{\pi(1)}, \ldots, A_{\pi(n)}$.
3. Für $1 \leq j \leq n$ gelte entweder $B_j = A_j$ oder $B_j = A_j^c$. Dann sind mit $A_1, \ldots, A_n$ auch $B_1, \ldots, B_n$ unabhängig.

Beweis: Die ersten beiden Eigenschaften erhält man unmittelbar aus der Definition der Unabhängigkeit. Zum Nachweis der dritten Eigenschaft geht man ähnlich wie im Beweis des zweiten Teils von Satz 2.2.5 vor. Man zeigt also zuerst, dass mit $A_1, \ldots, A_n$ auch $A_1^c, A_2, \ldots, A_n$ unabhängig sind. Dazu setzen wir $B_1 = A_1^c$, $B_2 = A_2$ usw. Man wählt eine Menge $I \subseteq \{1, \ldots, n\}$ und muss

$$\mathbb{P}\Big(\bigcap_{i \in I} B_i\Big) = \prod_{i \in I} \mathbb{P}(B_i)$$

---
[1] Beispielsweise sind im Fall $n = 3$ mit A_1, A_2, A_3 auch A_3, A_2, A_1 oder aber A_2, A_3, A_1 usw. unabhängig.

nachweisen. Im Fall $1 \notin I$ gilt dies natürlich aufgrund der Unabhängigkeit der Ereignisse $A_1, \ldots, A_n$. Falls $1 \in I$ verfährt man exakt wie im Beweis von Satz 2.2.5, und zwar mit $B_1 = A_1^c$ und $\bigcap_{i \in I \setminus \{1\}} A_i$. Den allgemeinen Fall erhält man durch iterative Anwendung dieses Verfahrens nach geeigneter Permutation der Ereignisse. □

Zum Abschluss wollen wir die Unabhängigkeit von n Ereignissen an zwei Beispielen erläutern.

Beispiel 2.2.13

Man werfe n-mal eine faire Münze, die auf ihren Seiten mit „0" und „1" beschriftet sei. Das Ereignis A_j trete ein, wenn im j-ten Wurf a_j erscheint, wobei die $a_j \in \{0, 1\}$ vorgegeben sind. Wir behaupten nun, dass $A_1, \ldots, A_n$ unabhängig sind. Sei $I \subseteq \{1, \ldots, n\}$, so bedeutet das Eintreten des Ereignisses $\bigcap_{i \in I} A_i$, dass in allen i-ten Würfen mit $i \in I$ genau die Ergebnisse a_i erschienen sind. Damit folgt $\#\left(\bigcap_{i \in I} A_i\right) = 2^{n-k}$ mit $\#(I) = k$. Man beachte, dass nur die Werte an den Stellen in I festgelegt sind, alle anderen Stellen sind dagegen frei wählbar. Damit ergibt sich

$$\mathbb{P}\left(\bigcap_{i \in I} A_i\right) = \frac{2^{n-k}}{2^n} = 2^{-k}.$$

Auf der anderen Seite gilt aber, wie wir in Beispiel 1.4.4 bereits gezeigt haben, $\mathbb{P}(A_j) = 1/2$ für $1 \leq j \leq n$, somit $\prod_{i \in I} \mathbb{P}(A_i) = (1/2)^k = 2^{-k}$. Mit anderen Worten, für alle $I \subseteq \{1, \ldots, n\}$ hat man

$$\mathbb{P}\left(\bigcap_{i \in I} A_i\right) = \prod_{i \in I} \mathbb{P}(A_i),$$

also sind $A_1, \ldots, A_n$ (wie erwartet) unabhängig.

Bemerkung 2.2.14

Bereits das relativ einfache Beispiel 2.2.13 zeigt, dass der Nachweis der Unabhängigkeit von n Ereignissen nicht immer ganz einfach ist. Beispielsweise werden wir später sehen, dass die oben definierten Ereignisse $A_1, \ldots, A_n$ auch im Fall einer verfälschten Münze, also einer Münze, bei der „0" und „1" mit unterschiedlichen Wahrscheinlichkeiten eintreten, unabhängig sind. Der direkte Nachweis über die Definition der Unabhängigkeit ist in diesem Fall zwar nicht unmöglich, aber doch relativ aufwändig.

Beispiel 2.2.15

Eine Maschine M bestehe aus n Bauteilen B_1 bis B_n. Wir nehmen an, dass die Bauteile unabhängig voneinander ausfallen, und zwar mit Wahrscheinlichkeiten p_1 bis p_n, wobei natürlich $0 \leq p_i \leq 1$ gelten soll. Die Frage lautet, wie groß ist die Wahrscheinlichkeit, dass die Maschine ausfällt. Um dies zu beantworten, müssen wir festlegen, unter welcher Annahme die Maschine nicht mehr funktioniert.

Die Maschine fällt aus, wenn eins der n Bauteile ausfällt:

Hier gilt unter Verwendung der Unabhängigkeit des Ausfalls von B_1 bis B_n, damit nach Satz 2.2.12 auch der Unabhängigkeit der Ereignisse, dass B_1 bis B_n nicht ausfallen, folgende Aussage:

$$\begin{aligned} \mathbb{P}(M \text{ fällt nicht aus}) &= \mathbb{P}(B_1 \text{ fällt nicht aus}, \ldots, B_n \text{ fällt nicht aus}) \\ &= \mathbb{P}(B_1 \text{ fällt nicht aus}) \cdots \mathbb{P}(B_n \text{ fällt nicht aus}) \\ &= (1-p_1) \cdots (1-p_n) \, . \end{aligned}$$

Also erhält man

$$\mathbb{P}(M \text{ fällt aus}) = 1 - \prod_{j=1}^{n}(1-p_j) \, .$$

Inbesondere zeigt dies, wenn sich unter den Bauteilen mindestens eins mit hoher Ausfallwahrscheinlichkeit befindet, also ein p_j nahe bei 1 ist, dass dann das obige Produkt nahe bei Null ist, egal wie klein die anderen p_i, $i \neq j$, sind bzw. wie gut die Qualität der anderen Bauteile ist. Insgesamt erweist sich die Wahrscheinlichkeit des Ausfalls der Maschine auf jeden Fall als relativ groß.

Die Maschine fällt aus, wenn alle Bauteile ausfallen:

Dieser Fall ist einfacher, denn hier erhält man direkt

$$\begin{aligned} \mathbb{P}(M \text{ fällt aus}) &= \mathbb{P}(B_1 \text{ fällt aus}, \ldots, B_n \text{ fällt aus}) \\ &= \mathbb{P}(B_1 \text{ fällt aus}) \cdots \mathbb{P}(B_n \text{ fällt aus}) = \prod_{j=1}^{n} p_j \, . \end{aligned}$$

Man sieht nun hier, dass die Maschine bereits im Fall eines einzigen p_j nahe bei Null, d.h. eines einzigen „guten" Bauteils, mit sehr kleiner Wahrscheinlichkeit ausfällt.

2.3 Aufgaben

Aufgabe 2.1

Herr Müller kann zur Arbeit mit Bahn, Bus oder dem eigenen Auto fahren. In 50 % der Fälle benutzt er die Bahn, in 30 % den Bus und in 20 % der Fälle das eigene Auto. Mit der Bahn ist er mit Wahrscheinlichkeit 0.95 pünktlich, mit dem Bus mit Wahrscheinlichkeit 0.8 und mit dem Auto mit Wahrscheinlichkeit 0.7.

1. Wie groß ist die Wahrscheinlichkeit, dass Herr Müller pünktlich am Arbeitsplatz erscheint?
2. Wie groß ist diese Wahrscheinlichkeit unter der Bedingung, dass er das eigene Auto **nicht** verwendet?
3. Angenommen, Herr Müller erschien pünktlich zur Arbeit. Mit welcher Wahrscheinlichkeit hatte er dann die Bahn, den Bus oder das eigene Auto gewählt?

Aufgabe 2.2

Von drei äußerlich nicht unterscheidbaren Würfeln sind zwei fair und einer verfälscht. Bei letzterem erscheint die Zahl „6" mit Wahrscheinlichkeit 1/5, während die anderen Zahlen jeweils mit Wahrscheinlichkeit 4/25 auftreten. Man wähle nun zufällig einen der drei Würfel und werfe diesen.

1. Welcher Grundraum ist für die Beschreibung dieses Experiment geeignet?
2. Wie lassen sich die Ereignisse „ Man würfelt mit dem verfälschten Würfel" und „ Die gewürfelte Zahl ist eine ‚3'" als Teilmengen des Grundraums beschreiben?
3. Mit welchen Wahrscheinlichkeiten erscheinen bei diesem Experiment die Zahlen von „1" bis „6"?
4. Angenommen, man würfelt eine „2". Wie groß ist dann die Wahrscheinlichkeit, dass der ausgewählte Würfel verfälscht bzw. unverfälscht war?

Aufgabe 2.3

Bei einem Spiel betrage die Gewinnchance 50%. Man spiele 6 Spiele. Wie groß ist die Wahrscheinlichkeit, genau 4 Spiele zu gewinnen? Welchen Wert besitzt diese Wahrscheinlichkeit unter der Bedingung, mindestens zwei Spiele gewonnen zu haben?

Aufgabe 2.4

Eine elektrische Kette (siehe Abbildung) besteht aus fünf unabhängigen Schaltern A, B, C, D und E. Jeder Schalter lässt den Strom mit der Wahrscheinlichkeit $p \in [0,1]$ durch. Mit welcher Wahrscheinlichkeit fließt in der Kette der Strom von links nach rechts? Wie groß ist diese Wahrscheinlichkeit unter der Bedingung, dass Schalter E eingeschaltet ist?

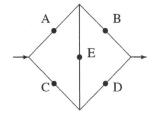

Aufgabe 2.5: *Kettenregel für bedingte Verteilungen*

Für einen Wahrscheinlichkeitsraum $(\Omega, \mathcal{A}, \mathbb{P})$ seien Mengen $A_1, \ldots, A_n$ und B aus $\mathcal{A}$ gegeben. Man beweise die Identitäten

$$\mathbb{P}(A_1 \cap \cdots \cap A_n) = \mathbb{P}(A_1)\mathbb{P}(A_2|A_1) \cdots \mathbb{P}(A_n|A_1 \cap A_2 \cap \cdots \cap A_{n-1}) \text{ und}$$
$$\mathbb{P}(A_1 \cap \cdots \cap A_n|B) = \mathbb{P}(A_1|B)\mathbb{P}(A_2|A_1 \cap B) \cdots \mathbb{P}(A_n|A_1 \cap \cdots \cap A_{n-1} \cap B),$$

wobei vorausgesetzt wird, dass alle bedingten Wahrscheinlichkeiten sinnvoll definiert sind.

Aufgabe 2.6

Man begründe, dass die Sätze 2.1.9 und 2.1.13 (Satz über die totale Wahrscheinlichkeit und Formel von Bayes) auch für **unendlich** viele disjunkte B_j mit $\mathbb{P}(B_j) > 0$ und $\bigcup_{j=1}^{\infty} B_j = \Omega$ gelten.

Weiterhin zeige man, dass Satz 2.1.9 auch dann richtig bleibt, wenn man auf die Bedingung $\bigcup_{j=1}^{n} B_j = \Omega$ verzichtet, dafür aber die Inklusion $A \subseteq \bigcup_{j=1}^{n} B_j$ fordert.

2.3 Aufgaben

Aufgabe 2.7

Drei Personen X, Y und Z werden zufällig nebeneinander aufgestellt. Man betrachte die Ereignisse $A := \{Y \text{ steht rechts von } X\}$ und $B := \{Z \text{ befindet sich rechts von } X\}$, wobei nicht vorausgesetzt wird, dass Y und X bzw. Z und X direkt nebeneinander stehen. Sind die Ereignisse A und B unabhängig, wenn man auf der Grundmenge die Gleichverteilung annimmt?

Aufgabe 2.8

Es sei $(\Omega, \mathcal{A}, \mathbb{P})$ ein Wahrscheinlichkeitsraum und A, B und C sind Teilmengen aus $\mathcal{A}$ mit folgenden Eigenschaften: Die Mengen A und B sind disjunkt und sowohl A und C als auch B und C sind unabhängig. Man weise nach, dass dann auch $A \cup B$ und C unabhängig sind.

Aufgabe 2.9

Gegeben seien ein Wahrscheinlichkeitsraum $(\Omega, \mathcal{A}, \mathbb{P})$ und ein $B \in \mathcal{A}$ mit $0 < \mathbb{P}(B) < 1$. Folgt aus $\mathbb{P}(A|B) = \mathbb{P}(A|B^c)$ für ein $A \in \mathcal{A}$, dass A und B unabhängig sind?

Aufgabe 2.10

Gegeben seien ein Wahrscheinlichkeitsraum $(\Omega, \mathcal{A}, \mathbb{P})$ und unabhängige Ereignisse A_1 bis A_n. Man zeige die Identität

$$\mathbb{P}\left(\bigcup_{j=1}^{n} A_j\right) = 1 - \prod_{j=1}^{n} (1 - \mathbb{P}(A_j))$$

und folgere hieraus

$$\mathbb{P}\left(\bigcup_{j=1}^{n} A_j\right) \geq 1 - \exp\left(\sum_{j=1}^{n} \mathbb{P}(A_j)\right).$$

Aufgabe 2.11

Die Anzahl der täglichen Kunden in einem Shoppingcenter sei Poissonverteilt mit Parameter $\lambda > 0$. Ein Kunde, der das Center besucht, kauft mit Wahrscheinlichkeit $p \in [0, 1]$ etwas, mit Wahrscheinlichkeit $1-p$ verlässt er das Center, ohne etwas erworben zu haben. Dabei ist die Tatsache, ob ein einzelner Kunde etwas kauft, unabhängig von der Anzahl der täglichen Kunden. Mit welcher Wahrscheinlichkeit besuchen pro Tag genau k Kunden das Center, die etwas erwerben?

3 Zufällige Größen

3.1 Transformation zufälliger Ergebnisse

Ausgangspunkt ist ein Zufallsexperiment, beschrieben durch einen Wahrscheinlichkeitsraum $(\Omega, \mathcal{A}, \mathbb{P})$. Bei Ausführung dieses Experiments beobachte man ein $\omega \in \Omega$. Dieses zufällige ω wird nun mithilfe einer Abbildung $X : \Omega \to \mathbb{R}$ transformiert, und im Ergebnis ergibt sich eine reelle Zahl $X(\omega)$. Dabei ist die Zuordnung X fest vorgegeben, also nicht zufällig, nur der in X eingegebene Wert ist vom Zufall bestimmt. Dadurch ist dann natürlich auch die reelle Zahl $X(\omega)$ zufällig.

Beispiel 3.1.1

Bei der n-fachen Messung eines Werkstücks registriere man die zufälligen Messwerte x_1 bis x_n. Die Abbildung $X : \mathbb{R}^n \to \mathbb{R}$ sei durch

$$X(x) = X(x_1, \ldots, x_n) := \frac{1}{n} \sum_{j=1}^{n} x_j, \quad x = (x_1, \ldots, x_n) \in \mathbb{R}^n,$$

definiert. Diese Transformation der Messwerte führt nun dazu, dass man an Stelle des zufälligen Vektors $(x_1, \ldots, x_n)$ die reelle Zahl $\bar{x} := \frac{1}{n} \sum_{j=1}^{n} x_j$, also den Mittelwert der Messwerte, erhält. Selbstverständlich ist auch der Wert $\bar{x}$ zufällig, d.h., bei einer nochmaligen n-fachen Messung des Werkstücks wird man sehr wahrscheinlich einen anderen Wert für $\bar{x}$ beobachten.

Beispiel 3.1.2

Man würfelt zweimal mit einem fairen Würfel. Der Grundraum Ω besteht in diesem Fall aus allen Paaren $\omega = (\omega_1, \omega_2)$ mit $\omega_1, \omega_2 \in \{1, \ldots, 6\}$. Wir definieren nun eine Abbildung $X : \Omega \to \mathbb{R}$ durch $X(\omega) := \max\{\omega_1, \omega_2\}$. Im Ergebnis beobachtet man nicht mehr den Wert beider Würfe, sondern nur noch den größeren. Andere wichtige Transformationen sind z.B. $X_1(\omega) := \min\{\omega_1, \omega_2\}$ oder $X_2(\omega_1, \omega_2) := \omega_1 + \omega_2$.

Das Ergebnis eines Zufallsexperiments sei ein $\omega \in \Omega$. Dieses ω liegt mit Wahrscheinlichkeit $\mathbb{P}(A)$ in der Menge $A \in \mathcal{A}$. Damit beobachtet man aber auch mit einer gewissen Wahrscheinlichkeit, ob für ein gegebenes Ereignis $B \subseteq \mathbb{R}$ die Aussage $X(\omega) \in B$ oder aber $X(\omega) \notin B$ gilt. Wann aber erscheint beim Versuch ein $\omega \in \Omega$ mit $X(\omega) \in B$? Das ist doch genau dann der Fall, wenn $\omega \in X^{-1}(B)$ erfüllt ist. Dabei bezeichnet

$$X^{-1}(B) := \{\omega \in \Omega : X(\omega) \in B\}$$

das in (A.2) betrachtete vollständige Urbild von B bezüglich X.

Somit können wir nun Folgendes feststellen: Das Ereignis „$X(\omega) \in B$" tritt genau dann ein, wenn dies für $X^{-1}(B)$ der Fall ist. Damit müssen diese beiden Ereignisse auch identische Wahrscheinlichkeiten für ihr Eintreten besitzen. Erinnern wir uns, dass wir aber nur Mengen aus der Ereignis-σ-Algebra $\mathcal{A}$ die Wahrscheinlichkeit ihres Eintretens zuordnen. Aus diesem Grund ist es sinnvoll, nur solche Abbildungen X zu betrachten, für die $X^{-1}(B) \in \mathcal{A}$ gilt, jedenfalls für gewisse Teilmengen $B \subseteq \mathbb{R}$. Eine präzise mathematische Formulierung dieser Bedingung lautet wie folgt:

Definition 3.1.3

Sei $(\Omega, \mathcal{A}, \mathbb{P})$ ein Wahrscheinlichkeitsraum. Eine Abbildung $X : \Omega \to \mathbb{R}$ heißt **zufällige Größe** oder **reellwertige Zufallsvariable** oder auch **zufällige reelle Zahl**, wenn folgende Bedingung erfüllt ist:

$$X^{-1}(B) \in \mathcal{A} \quad \text{für alle} \quad B \in \mathcal{B}(\mathbb{R}). \tag{3.1}$$

In Worten, heißt dies: Für jede Borelmenge $B \subseteq \mathbb{R}$ ist das vollständige Urbild $X^{-1}(B)$ Element der gegebenen σ-Algebra $\mathcal{A}$ auf Ω.

Bemerkung 3.1.4

Bedingung (3.1) ist rein technischer Natur und wird bei den weiteren Betrachtungen nur am Rand eine Rolle spielen. Sie ist aber im allgemeinen Fall unvermeidbar, jedenfalls wenn $\mathcal{A} \neq \mathcal{P}(\Omega)$ gilt. Hat man dagegen $\mathcal{A} = \mathcal{P}(\Omega)$, also ist z.B. Ω endlich oder abzählbar unendlich, so ist **jede** Abbildung $X : \Omega \to \mathbb{R}$ eine zufällige Größe. Denn in diesem Fall ist die Bedingung $X^{-1}(B) \in \mathcal{A}$ trivialerweise stets erfüllt.

Bemerkung 3.1.5

Um nachzuweisen, dass eine Abbildung X eine zufällige Größe ist, muss man nicht unbedingt $X^{-1}(B) \in \mathcal{A}$ für alle Borelmengen B zeigen. Es reicht, wenn dies nur für „gewisse" Borelmengen erfüllt ist. Zum Beispiel gilt folgender Satz.

Satz 3.1.6

Eine Abbildung $X : \Omega \to \mathbb{R}$ ist dann und nur dann eine zufällige Größe, wenn für alle $t \in \mathbb{R}$ die Aussage

$$X^{-1}\big((-\infty, t]\big) = \{\omega \in \Omega : X(\omega) \leq t\} \in \mathcal{A} \tag{3.2}$$

erfüllt ist. Die Aussage bleibt richtig, wenn die Intervalle $(-\infty, t]$ durch die Intervalle $(-\infty, t)$, durch $[t, \infty)$ oder aber durch (t, ∞) ersetzt werden.

Beweisidee: Da für alle $t \in \mathbb{R}$ das Intervall $(-\infty, t]$ eine Borelmenge ist, erfüllt jede zufällige Größe X die Bedingung (3.2).

Um zu zeigen, dass umgekehrt jede Abbildung X mit (3.2) eine zufällige Größe ist, definiert man
$$\mathcal{C} := \{C \in \mathcal{B}(\mathbb{R}) : X^{-1}(C) \in \mathcal{A}\}.$$

Man zeigt nun (das ist gar nicht so schwer), dass $\mathcal{C}$ eine σ-Algebra bildet. Wegen (3.2) folgt $(-\infty, t] \in \mathcal{C}$ für alle $t \in \mathbb{R}$. Nun ist aber $\mathcal{B}(\mathbb{R})$ die kleinste σ-Algebra, die alle diese Intervalle enthält. Damit muss $\mathcal{C} = \mathcal{B}(\mathbb{R})$ gelten, d.h., jede Borelmenge liegt in $\mathcal{C}$, oder, äquivalent, es gilt $X^{-1}(B) \in \mathcal{A}$ für alle $B \in \mathcal{B}(\mathbb{R})$. Also ist X eine zufällige Größe wie behauptet.

3.2 Verteilungsgesetz einer zufälligen Größe

Gegeben sei eine zufällige Größe $X : \Omega \to \mathbb{R}$. Wir definieren nunmehr eine Abbildung $\mathbb{P}_X$ von $\mathcal{B}(\mathbb{R})$ nach $[0, 1]$ durch folgenden Ansatz:

$$\mathbb{P}_X(B) := \mathbb{P}(X^{-1}(B)) = \mathbb{P}\{\omega \in \Omega : X(\omega) \in B\}, \quad B \in \mathcal{B}(\mathbb{R}).$$

Man beachte, dass $\mathbb{P}_X$ sinnvoll definiert ist, denn aufgrund der Voraussetzung, dass X eine zufällige Größe ist, gilt $X^{-1}(B) \in \mathcal{A}$ für alle Borelmengen $B \subseteq \mathbb{R}$.

Schreibweise: Wir vereinbaren eine vereinfachte Notation für $\mathbb{P}\{\omega \in \Omega : X(\omega) \in B\}$, indem wir in Zukunft die Schreibweise

$$\mathbb{P}\{\omega \in \Omega : X(\omega) \in B\} = \mathbb{P}\{X \in B\}$$

verwenden. Das ist üblich und führt i.A. zu keinen Verwechslungen. In diesem Sinn gilt

$$\mathbb{P}_X(B) = \mathbb{P}\{X \in B\}.$$

Ein erstes einfaches Beispiel soll zeigen, wie sich $\mathbb{P}_X$ berechnet. Weitere, interessantere, Beispiele werden nach einigen Vorbetrachtungen folgen.

Beispiel 3.2.1

Man werfe dreimal eine faire Münze, die mit „0" und „1" beschriftet sei. Als Grundraum wählen wir $\Omega = \{0, 1\}^3$, und da die Münze fair sein soll, ist das beschreibende Wahrscheinlichkeitsmaß $\mathbb{P}$ auf $\mathcal{P}(\Omega)$ die Gleichverteilung. Wir definieren nun eine zufällige Größe X auf Ω durch die Vorschrift

$$X(\omega) := \omega_1 + \omega_2 + \omega_3 \quad \text{sofern} \quad \omega = (\omega_1, \omega_2, \omega_3) \in \Omega.$$

Dann folgt

$$\mathbb{P}_X(\{0\}) = \mathbb{P}\{X = 0\} = \mathbb{P}(\{(0,0,0)\}) = \frac{1}{8}$$

$$\mathbb{P}_X(\{1\}) = \mathbb{P}\{X = 1\} = \mathbb{P}(\{(1,0,0),(0,1,0),(0,0,1)\}) = \frac{3}{8}$$

$$\mathbb{P}_X(\{2\}) = \mathbb{P}\{X = 2\} = \mathbb{P}(\{(1,1,0),(0,1,1),(1,0,1)\}) = \frac{3}{8}$$

$$\mathbb{P}_X(\{3\}) = \mathbb{P}\{X = 3\} = \mathbb{P}(\{(1,1,1)\}) = \frac{1}{8} \ .$$

Durch diese Werte ist das Verteilungsgesetz von X vollständig bestimmt.

Für den Beweis des folgenden Satzes benötigen wir einige Eigenschaften des vollständigen Urbilds, die wir in Satz A.2.1 zusammengefasst haben.

Satz 3.2.2

Sei $(\Omega, \mathcal{A}, \mathbb{P})$ ein Wahrscheinlichkeitsraum. Für jede auf Ω definierte zufällige Größe X ist $\mathbb{P}_X$ ein Wahrscheinlichkeitsmaß auf $\mathcal{B}(\mathbb{R})$.

Beweis: Unter Verwendung von Eigenschaft (1) aus Satz A.2.1 folgen

$$\mathbb{P}_X(\emptyset) = \mathbb{P}(X^{-1}(\emptyset)) = \mathbb{P}(\emptyset) = 0$$

und

$$\mathbb{P}_X(\mathbb{R}) = \mathbb{P}(X^{-1}(\mathbb{R})) = \mathbb{P}(\Omega) = 1 \ .$$

Damit bleibt noch der Nachweis der σ-Additivität von $\mathbb{P}_X$. Dazu wählen wir beliebige disjunkte Borelmengen $B_1, B_2, \ldots$ in $\mathbb{R}$. Zuerst bemerken wir, dass auch $X^{-1}(B_1), X^{-1}(B_2), \ldots$ disjunkte Teilmengen von Ω sind. Dies folgt nach Satz A.2.1 einfach aus

$$X^{-1}(B_i) \cap X^{-1}(B_j) = X^{-1}(B_i \cap B_j) = X^{-1}(\emptyset) = \emptyset$$

im Fall von $i \neq j$. Unter nochmaliger Anwendung von Satz A.2.1 erhält man schließlich aufgrund der σ-Additivität von $\mathbb{P}$ die Aussage

$$\mathbb{P}_X\Big(\bigcup_{j=1}^{\infty} B_j\Big) = \mathbb{P}\Big(X^{-1}\Big(\bigcup_{j=1}^{\infty} B_j\Big)\Big) = \mathbb{P}\Big(\bigcup_{j=1}^{\infty} X^{-1}(B_j)\Big)$$

$$= \sum_{j=1}^{\infty} \mathbb{P}(X^{-1}(B_j)) = \sum_{j=1}^{\infty} \mathbb{P}_X(B_j) \ .$$

Damit ist, wie behauptet, $\mathbb{P}_X$ ein Wahrscheinlichkeitsmaß. □

3.2 Verteilungsgesetz einer zufälligen Größe

Definition 3.2.3

Das durch

$$\mathbb{P}_X(B) := \mathbb{P}(X^{-1}(B)) = \mathbb{P}\{\omega \in \Omega : X(\omega) \in B\} = \mathbb{P}\{X \in B\}, \quad B \in \mathcal{B}(\mathbb{R}),$$

definierte Wahrscheinlichkeitsmaß $\mathbb{P}_X$ nennt man **Verteilungsgesetz** von X (bezüglich $\mathbb{P}$).

Bevor wir an einigen Beispielen zeigen, wie man für konkrete zufällige Größen das Verteilungsgesetz bestimmt, wollen wir noch allgemeine Regeln zur Berechnung von $\mathbb{P}_X$ angeben. Dabei unterscheiden wir zwei wichtige Fälle. Zuerst definieren wir, wann eine zufällige Größe diskret genannt wird.

Definition 3.2.4

Eine zufällige Größe X heißt **diskret**, wenn ihr Verteilungsgesetz diskret ist, d.h., es existiert eine höchstens abzählbar unendliche Menge $D \subset \mathbb{R}$ mit

$$\mathbb{P}_X(D) = \mathbb{P}\{\omega \in \Omega : X(\omega) \in D\} = 1.$$

Bemerkung 3.2.5

Bildet eine zufällige Größe X von Ω in eine höchstens abzählbar unendliche Menge $D \subset \mathbb{R}$ ab, so ist sie wegen

$$\mathbb{P}_X(D) = \mathbb{P}(X^{-1}(D)) = \mathbb{P}(\Omega) = 1$$

diskret. Insbesondere ist das stets der Fall, wenn bereits Ω endlich oder abzählbar unendlich ist.

Die Umkehrung ist ein wenig komplizierter, wie das folgende Beispiel zeigt.

Beispiel 3.2.6

Wir modellieren das einmalige Würfeln auf $\Omega = \mathbb{R}$ und mithilfe des Wahrscheinlichkeitsmaßes $\mathbb{P}(\{1\}) = \cdots = \mathbb{P}(\{6\}) = 1/6$. Für die Abbildung $X : \mathbb{R} \to \mathbb{R}$ mit $X(s) = s^2$ ist $\mathbb{P}_X$ diskret, denn es gilt $\mathbb{P}_X(D) = 1$ mit $D := \{1, 4, 9, 16, 25, 36\}$. Aber X hat nicht nur Werte in D, sondern in $[0, \infty)$.

Betrachten wir Beispiel 3.2.6 genauer, so sehen wir, dass die Werte von X außerhalb der Menge $\{1, \ldots, 6\} = X^{-1}(D)$ überhaupt keine Rolle spielen, sondern dass wir X dort irgendwie definieren können, z.B. als $X(s) := 1$ sofern $s \notin \{1, \ldots, 6\}$.

Dieses Vorgehen ist allgemein möglich, d.h., ist X diskret mit $\mathbb{P}_X(D) = 1$ für die höchstens abzählbar unendliche Menge $D \subset \mathbb{R}$, so können wir durch eine unbedeutende Abänderung von X stets erreichen, dass $X : \Omega \to D$ gilt. Man wählt dazu irgendein festes $d \in D$ und setzt einfach $X(\omega) := d$ falls $\omega \notin X^{-1}(D)$. Damit können wir folgende Vereinbarung treffen:

Vereinbarung 3.2.1 *(Wertebereich diskreter zufälliger Größen)*

Ist X diskret mit $\mathbb{P}_X(D) = 1$, so nehmen wir stets ohne Beschränkung der Allgemeinheit an, dass X von Ω nach D abbildet.

Der zweite Fall ist, das Verteilungsgesetz von X ist nicht diskret, sondern stetig. Präziser haben wir folgende Definition:

Definition 3.2.7

Man nennt eine zufällige Größe X **stetig**, wenn ihr Verteilungsgesetz $\mathbb{P}_X$ stetig ist, also eine Dichte p besitzt. Diese Funktion p heißt dann **Verteilungsdichte** von X.

Bemerkung 3.2.8

Man verwechsele den Begriff der Stetigkeit einer zufälligen Größe nicht mit dem analytischen Begriff der Stetigkeit einer Funktion. Letzteres ist eine Eigenschaft der Funktion, ersteres eine Eigenschaft des Verteilungsgesetzes einer Abbildung, das insbesondere vom zugrunde liegenden Wahrscheinlichkeitsraum abhängt.

Bemerkung 3.2.9

Die Tatsache, dass eine zufällige Größe X stetig ist, kann man auch wie folgt charakterisieren: Es existiert eine Wahrscheinlichkeitsdichte p (die Verteilungsdichte), sodass

$$\mathbb{P}\{\omega \in \Omega : X(\omega) \leq t\} = \mathbb{P}\{X \leq t\} = \int_{-\infty}^{t} p(x)\,dx, \quad t \in \mathbb{R},$$

gilt oder, äquivalent, für alle reellen Zahlen $a < b$ hat man

$$\mathbb{P}\{\omega \in \Omega : a \leq X(\omega) \leq b\} = \mathbb{P}\{a \leq X \leq b\} = \int_{a}^{b} p(x)\,dx.$$

Wie bestimmt man nun das Verteilungsgesetz einer gegebenen zufälligen Größe? Für die Beantwortung dieser Frage betrachten wir zuerst den **diskreten** Fall:

Sei X diskret und seien $x_1, x_2, \ldots \in \mathbb{R}$ die höchstens abzählbar unendlich vielen Werte, auf denen $\mathbb{P}_X$ konzentriert ist. Dann wird das diskrete Wahrscheinlichkeitsmaß $\mathbb{P}_X$ eindeutig durch die Zahlen

$$p_j := \mathbb{P}_X(\{x_j\}) = \mathbb{P}\{X = x_j\} = \mathbb{P}\{\omega \in \Omega : X(\omega) = x_j\}, \quad j = 1, 2, \ldots$$

(3.3)

bestimmt. Für $B \subseteq \mathbb{R}$ besteht dann die Gleichung

$$\mathbb{P}\{\omega \in \Omega : X(\omega) \in B\} = \mathbb{P}_X(B) = \sum_{x_j \in B} p_j \, .$$

Damit reicht es für diskrete X die durch (3.3) definierten Zahlen p_j zu berechnen. Kennt man diese p_j, dann kennt man auch $\mathbb{P}_X$.

Beispiel 3.2.10

Man würfelt zweimal mit einem fairen Würfel und definiert $X(\omega_1, \omega_2) := \omega_1 + \omega_2$, wobei ω_1 und ω_2 die Werte des ersten bzw. zweiten Wurfs sein sollen. Welches Verteilungsgesetz hat X?
Antwort: Zuerst überlegt man sich, dass X nur Werte in der Menge $\{2, \ldots, 12\}$ annimmt. Also reicht es aus, die Wahrscheinlichkeiten

$$\mathbb{P}_X(\{k\}) = \mathbb{P}\{X = k\} = \mathbb{P}\{(\omega_1, \omega_2) \in \Omega : X(\omega_1, \omega_2) = k\}, \ k = 2, \ldots, 12,$$

zu bestimmen. Diese Zahlen erhält man wie folgt:

$$\mathbb{P}_X(\{2\}) = \mathbb{P}\{(\omega_1, \omega_2) : \omega_1 + \omega_2 = 2\} = \frac{\#(\{(1,1)\})}{36} = \frac{1}{36}$$

$$\mathbb{P}_X(\{3\}) = \mathbb{P}\{(\omega_1, \omega_2) : \omega_1 + \omega_2 = 3\} = \frac{\#(\{(1,2),(2,1)\})}{36} = \frac{2}{36}$$

.
.
.

$$\mathbb{P}_X(\{7\}) = \mathbb{P}\{(\omega_1, \omega_2) : \omega_1 + \omega_2 = 7\} = \frac{\#(\{(1,6),\ldots,(6,1)\})}{36} = \frac{6}{36}$$

.
.
.

$$\mathbb{P}_X(\{12\}) = \mathbb{P}\{(\omega_1, \omega_2) : \omega_1 + \omega_2 = 12\} = \frac{\#(\{(6,6)\})}{36} = \frac{1}{36} \, .$$

Damit ist $\mathbb{P}_X$ vollständig bestimmt. Beispielsweise ergibt sich

$$\mathbb{P}\{X \le 4\} = \mathbb{P}_X(\{2,3,4\}) = \frac{1}{36} + \frac{2}{36} + \frac{3}{36} = \frac{1}{6} \, .$$

Beispiel 3.2.11

Eine Münze sei mit den Zahlen „0" und „1" beschriftet. Dabei erscheine die Zahl „1" mit der Wahrscheinlichkeit p, somit die Zahl „0" mit Wahrscheinlichkeit $1 - p$. Man werfe diese Münze n-mal. Als Ergebnis erhält man einen Vektor $\omega = (\omega_1, \ldots, \omega_n)$ mit $\omega_i \in \{0, 1\}$. Damit ist der Grundraum zur Beschreibung dieses Experiments durch

$$\Omega = \{0,1\}^n = \{\omega = (\omega_1, \ldots, \omega_n) : \omega_i \in \{0, 1\}\}$$

bestimmt. Wir definieren nun zufällige Größen $X_i : \Omega \to \mathbb{R}$ durch $X_i(\omega) := \omega_i, 1 \le i \le n$. In anderen Worten, $X_i(\omega)$ ist beim n-fachen Werfen der Münze das Ergebnis des i-ten

Wurfs. Welche Verteilungsgesetze haben die X_i?

Antwort: Wir haben im Beispiel 1.9.13 untersucht, welches Wahrscheinlichkeitsmaß auf $\mathcal{P}(\Omega)$ das n-fache Werfen einer verfälschten Münze beschreibt, nämlich $\mathbb{P}$ definiert durch

$$\mathbb{P}(\{\omega\}) = p^k (1-p)^{n-k}, \quad k = \sum_{j=1}^{n} \omega_j \quad \text{für} \quad \omega = (\omega_1, \ldots, \omega_n). \tag{3.4}$$

Zuerst überlegen wir uns, dass X_i nur die Werte „0" und „1" annimmt. Deshalb reicht es aus, zur Bestimmung von $\mathbb{P}_{X_i}$ z.B. $\mathbb{P}_{X_i}(\{0\}) = \mathbb{P}\{\omega \in \Omega : \omega_i = 0\}$ zu berechnen. Folgen ω, für die $\omega_i = 0$ gilt, können höchstens noch $n-1$ mal den Wert „1" enthalten. Außerdem gibt es $\binom{n-1}{k}$ Möglichkeiten, k Einsen auf die Stellen $j \neq i$ zu verteilen. Damit erhält man

$$\mathbb{P}\{\omega \in \Omega : \omega_i = 0\} = \sum_{k=0}^{n-1} \binom{n-1}{k} p^k (1-p)^{n-k}$$

$$= (1-p) \sum_{k=0}^{n-1} \binom{n-1}{k} p^k (1-p)^{n-1-k} = (1-p)(p + (1-p))^{n-1} = 1-p.$$

Natürlich folgt hieraus sofort $\mathbb{P}_{X_i}(\{1\}) = p$.

Bemerkung 3.2.12

Eine interessante Beobachtung ist, dass im Beispiel 3.2.11 für die Verteilungsgesetze der X_i die Aussage $\mathbb{P}_{X_1} = \cdots = \mathbb{P}_{X_n}$ gilt, obwohl die Abbildungen X_i nicht übereinstimmen. Mit anderen Worten, unterschiedliche zufällige Größen können durchaus identische Verteilungsgesetze besitzen.

Bemerkung 3.2.12 veranlasst uns zu folgender Definition:

Definition 3.2.13

Zwei zufällige Größen X_1 und X_2 heißen **identisch verteilt**, sofern $\mathbb{P}_{X_1} = \mathbb{P}_{X_2}$ gilt. Dabei müssen X_1 und X_2 nicht notwendig auf demselben Wahrscheinlichkeitsraum definiert sein, nur ihre Verteilungsgesetze müssen übereinstimmen. Man schreibt für identisch verteilte zufällige Größen X_1 und X_2 auch $X_1 \stackrel{d}{=} X_2$.

Mit dieser Bezeichnung gilt für die im Beispiel 3.2.11 betrachteten zufälligen Größen X_i die Aussage

$$X_1 \stackrel{d}{=} \cdots \stackrel{d}{=} X_n.$$

Andererseits, wirft man die Münze nur m-mal mit $m < n$, und definiert man Y_j, $1 \leq j \leq m$, als Wert des j-ten Wurfs, so gilt ebenfalls

$$\mathbb{P}_{Y_j}(\{0\}) = 1 - p \quad \text{und} \quad \mathbb{P}_{Y_j}(\{1\}) = p, \quad 1 \leq j \leq m,$$

3.2 Verteilungsgesetz einer zufälligen Größe

also sind die Y_j und X_i identisch verteilt. Man beachte, dass die X_i und Y_j auf verschiedenen Wahrscheinlichkeitsräumen definiert sind.

Kommen wir nun zur Bestimmung des Verteilungsgesetzes im Fall **stetiger** zufälliger Größen: Will man das Verteilungsgesetz einer stetigen zufälligen Größe X berechnen, so spielt die Verteilungsfunktion von $\mathbb{P}_X$ eine zentrale Rolle, denn diese Funktion charakterisiert $\mathbb{P}_X$ eindeutig. Präziser gesagt, es gilt die folgende Abbildung F_X zu bestimmen:

Definition 3.2.14

Sei X eine zufällige Größe, diskret oder stetig. Dann wird die **Verteilungsfunktion** von X durch
$$F_X(t) := \mathbb{P}_X((-\infty, t]) = \mathbb{P}\{X \leq t\}, \quad t \in \mathbb{R}$$
eingeführt.

Bemerkung 3.2.15

Da F_X die Verteilungsfunktion des Wahrscheinlichkeitsmaßes $\mathbb{P}_X$ ist, besitzt F_X die drei in Satz 1.7.7 formulierten Eigenschaften, d.h., es gilt Folgendes:
1. Die Funktion F_X ist nicht fallend.
2. Es gilt $F_X(-\infty) = 0$ und $F_X(\infty) = 1$.
3. Die Funktion F_X ist in jedem Punkt von $\mathbb{R}$ rechtsseitig stetig.

Satz 3.2.16

Ist F_X mit Ausnahme von höchstens endlich vielen Punkten stetig differenzierbar, so ist X eine stetige zufällige Größe mit Verteilungsdichte p, die durch $p(t) = \frac{d}{dt} F_X(t)$ gegeben ist. In den Punkten, wo diese Ableitung nicht existiert, setze man z.B. p gleich Null.

Beweis: Der Beweis folgt aus der entsprechenden Aussage für Verteilungsfunktionen unter Verwendung der Tatsache, dass F_X die Verteilungsfunktion von $\mathbb{P}_X$ ist. $\square$

Der vorangegangene Satz liefert uns ein wichtiges Verfahren zur Bestimmung von $\mathbb{P}_X$ im stetigen Fall: Man berechne F_X, differenziere diese Funktion und erhält die Verteilungsdichte von X. Wir wollen dieses Vorgehen nun in drei Beispielen darstellen.

Beispiel 3.2.17

Es sei $\mathbb{P}$ die Gleichverteilung auf dem Kreis K vom Radius 1 im $\mathbb{R}^2$, d.h., für eine Borelmenge $B \subseteq \mathbb{R}^2$ gilt
$$\mathbb{P}(B) = \frac{\text{vol}_2(B \cap K)}{\pi}.$$

Wir betrachten nun die zufällige Größe $X : \mathbb{R}^2 \to \mathbb{R}$ mit $X(x_1, x_2) := x_1$. Wie man sich leicht überlegt, gilt dann $F_X(t) = 0$ für $t < -1$ und $F_X(t) = 1$ sofern $t > 1$. Also reicht es aus, $F_X(t)$ für $-1 \le t \le 1$ zu bestimmen. In diesem Fall folgt

$$F_X(t) = \frac{\mathrm{vol}_2(S_t \cap K)}{\pi}$$

wobei S_t den Halbraum $\{(x_1, x_2) \in \mathbb{R}^2 : x_1 \le t\}$ bezeichnet. Nun gilt aber für $|t| \le 1$, dass

$$\mathrm{vol}_2(S_t \cap K) = 2 \int_{-1}^{t} \sqrt{1 - x^2}\,\mathrm{d}x\,.$$

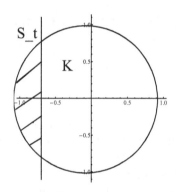

Abb. 3.1: *Schnittmenge zwischen Kreis K und Halbraum S_t*

Damit ergibt sich

$$F_X(t) = \frac{2}{\pi} \int_{-1}^{t} \sqrt{1 - x^2}\,\mathrm{d}x\,,$$

woraus nach dem Hauptsatz der Differential- und Integralrechnung die Gleichung

$$p(t) = \frac{\mathrm{d}}{\mathrm{d}t} F_X(t) = \frac{2}{\pi} \sqrt{1 - t^2}, \quad |t| \le 1,$$

folgt. Insgesamt erhalten wir als Verteilungsdichte p von X die Funktion

$$p(t) = \begin{cases} \frac{2}{\pi}\sqrt{1 - t^2} & : |t| \le 1 \\ 0 & : |t| > 1 \end{cases}.$$

Beispiel 3.2.18

Der Wahrscheinlichkeitsraum sei wie im Beispiel 3.2.17. Diesmal ist aber X als

$$X(x_1, x_2) := \sqrt{x_1^2 + x_2^2}, \quad (x_1, x_2) \in \mathbb{R}^2,$$

definiert. Dann ergibt sich sofort $F_X(t) = 0$ für $t < 0$ sowie $F_X(t) = 1$ im Fall $t > 1$. Sei nun $0 \leq t \leq 1$. Dann folgt

$$F_X(t) = \frac{\mathrm{vol}_2(K(t))}{\mathrm{vol}_2(K(1))} = \frac{t^2 \pi}{\pi} = t^2,$$

wobei $K(t)$ einen Kreis vom Radius $t \geq 0$ bezeichnet. Somit erhält man als Verteilungsdichte von X die Funktion p mit

$$p(t) = \begin{cases} 2t & : 0 \leq t \leq 1 \\ 0 & : \text{sonst} \end{cases}$$

Beispiel 3.2.19

Wir wählen entsprechend der Gleichverteilung eine Zahl $u \in [0, 1]$. Mit welcher Wahrscheinlichkeit gilt $a \leq \sqrt{u} \leq b$ für vorgegebene Zahlen $0 \leq a < b \leq 1$?
Antwort: Der betrachtete Wahrscheinlichkeitsraum ist $(\mathbb{R}, \mathcal{B}(\mathbb{R}), \mathbb{P})$ mit der Gleichverteilung $\mathbb{P}$ auf $[0, 1]$. Wir fragen also nach dem Verteilungsgesetz der auf $\mathbb{R}$ definierten zufälligen Größe X mit $X(s) = \sqrt{s}$ für $s \geq 0$. Die Werte von $X(s)$ für $s < 0$ spielen keine Rolle und wir können z.B. $X(s) = 0$ für $s < 0$ annehmen. Für die Verteilungsfunktion F_X gilt dann $F_X(t) = 0$ wenn $t < 0$ und $F_X(t) = 1$ falls $t > 1$. Im Fall $0 \leq t \leq 1$ erhält man

$$F_X(t) = \mathbb{P}\{X \leq t\} = \mathbb{P}\{s \in \mathbb{R} : \sqrt{s} \leq t\} = P\{s \in \mathbb{R} : s \leq t^2\} = t^2.$$

Differentiation nach t ergibt für die Verteilungsdichte p von X die Gleichung

$$p(t) = \begin{cases} 2t & : 0 \leq t \leq 1 \\ 0 & : \text{sonst} \end{cases}$$

Also hat man

$$\mathbb{P}\{a \leq \sqrt{u} \leq b\} = \int_a^b p(s)\,\mathrm{d}s = b^2 - a^2,$$

was sich in diesem Fall aber auch direkt aus

$$\mathbb{P}\{s \in \mathbb{R} : a \leq \sqrt{s} \leq b\} = \mathbb{P}\{s \in \mathbb{R} : a^2 \leq s \leq b^2\} = b^2 - a^2$$

berechnen lässt.

Sprechweisen: Wir vereinbaren jetzt folgende Sprechweisen, wobei nicht alle möglichen Fälle aufgeführt werden.
1. Eine zufällige Größe X heißt **gleichverteilt** auf der endlichen Menge $\{x_1, \ldots, x_N\}$ mit $x_j \in \mathbb{R}$, wenn $\mathbb{P}_X$ die Gleichverteilung auf dieser Menge ist. Das bedeutet, für alle $j \leq N$ gilt

$$\mathbb{P}_X(\{x_j\}) = \mathbb{P}\{X = x_j\} = \mathbb{P}\{\omega \in \Omega : X(\omega) = x_j\} = \frac{1}{N}.$$

Wie in Vereinbarung 3.2.1 postuliert, können wir für eine auf $\{x_1, \ldots, x_N\}$ gleichverteilte zufällige Größe X stets voraussetzen, dass X nur Werte in dieser endlichen Menge besitzt.

2. Die zufällige Größe X nennt man **binomialverteilt** mit Parametern n und p, falls für ihr Verteilungsgesetz $\mathbb{P}_X = B_{n,p}$ gilt. Mit anderen Worten, für $0 \leq k \leq n$ folgt

$$\mathbb{P}_X(\{k\}) = \mathbb{P}\{X = k\} = \mathbb{P}\{\omega \in \Omega : X(\omega) = k\} = \binom{n}{k} p^k (1-p)^{n-k} \, .$$

Wie im Fall von gleichverteilten X nehmen wir auch hier an, dass eine binomialverteilte Größe X Werte in $\{0, \ldots, n\}$ besitzt.

3. Die zufällige Größe X ist **gammaverteilt** mit Parametern $\alpha, \beta > 0$, sofern für ihr Verteilungsgesetz $\mathbb{P}_X = \Gamma_{\alpha,\beta}$ gilt, d.h., für $0 \leq a < b < \infty$ hat man

$$\mathbb{P}\{a \leq X \leq b\} = \frac{1}{\alpha^\beta \, \Gamma(\beta)} \int_a^b x^{\beta-1} \, e^{-x/\alpha} \, dx \, .$$

Selbstverständlich sind gammaverteilte zufällige Größen stetig.

4. Eine zufällige Größe X heißt **normalverteilt** mit Mittelwert μ und Varianz σ^2, sofern $\mathbb{P}_X = \mathcal{N}(\mu, \sigma^2)$, also für $a < b$ stets

$$\mathbb{P}\{a \leq X \leq b\} = \mathbb{P}\{\omega \in \Omega : a \leq X(\omega) \leq b\} = \frac{1}{\sqrt{2\pi}\sigma} \int_a^b e^{-(x-\mu)^2/2\sigma^2} \, dx$$

gilt. Auch solche zufälligen Größen sind nach Definition stetig.

Bemerkung 3.2.20

Eine häufig gestellte Frage lautet, wie man denn zufällige Größen konstruiert, die z.B. binomialverteilt oder normalverteilt etc. sind. Die Antwort ist eigentlich ganz einfach. Nehmen wir an, wir wollen mithilfe einer zufälligen Größe das einmalige Würfeln modellieren, d.h., wir suchen eine auf $\{1, \ldots, 6\}$ gleichverteilte zufällige Größe X. Die einfachste Möglichkeit ist wie folgt: Man betrachte den Grundraum $\Omega := \{1, \ldots, 6\}$ versehen mit der Gleichverteilung und definiere $X(\omega) := \omega$. Aber das ist nicht die einzige Möglichkeit. Man kann auch $\Omega = \{1, \ldots, 6\}^n$ nehmen, ebenfalls versehen mit der Gleichverteilung, und definiert nun $X(\omega) := \omega_i$ für ein $i \in \{1, \ldots, n\}$. Anders ausgedrückt, man würfelt n-mal und nimmt als zufällige Größe das Ergebnis des i-ten Wurfs. In gleicher Weise lassen sich normalverteilte oder anders verteilte zufällige Größen bilden. Weitere Möglichkeiten, zufällige Größen mit vorgegebenen Verteilungsgesetzen zu konstruieren, werden wir im Abschnitt 4.4 über die Simulation zufälliger Größen darstellen.

Zusammenfassung: Für die Modellierung eines Zufallsexperiments existieren zwei Möglichkeiten: Der klassische Zugang durch Konstruktion eines Wahrscheinlichkeitsraums $(\Omega, \mathcal{A}, \mathbb{P})$ oder aber man wählt eine zufällige Größe X mit einem das Experiment beschreibenden Verteilungsgesetz. Der zweite Zugang hat einen wesentlichen Vorteil: Man kann mit zufälligen Größen rechnen, z.B. verschiedene zufällige Größen addieren, sie mit Skalaren multiplizieren oder aber sie transformieren, z.B. an Stelle von X die zufällige Größe X^2 betrachten usw. Wir werden im Folgenden ausgiebig davon Gebrauch machen.

3.3 Zufällige Vektoren

Nehmen wir an, uns sind n zufällige Größen $X_1, \ldots, X_n$ gegeben, die vom Grundraum Ω eines Wahrscheinlichkeitsraums nach $\mathbb{R}$ abbilden. Aus diesen zufälligen Größen bilden wir dann einen **zufälligen n-dimensionalen Vektor** $\vec{X}$ durch den Ansatz

$$\vec{X}(\omega) := (X_1(\omega), \ldots, X_n(\omega)), \quad \omega \in \Omega.$$

Man sagt auch, $\vec{X}$ ist eine $\mathbb{R}^n$-**wertige Zufallsvariable** An Stelle von $\vec{X}$ werden wir auch oft die Bezeichnung $(X_1, \ldots, X_n)$ verwenden. Die $\vec{X}$ bildenden zufälligen Größen X_1 bis X_n nennt man die **Koordinatenabbildungen** des zufälligen Vektors.

Der zufällige Vektor $\vec{X}$ bildet von Ω in den $\mathbb{R}^n$ ab. Anders ausgedrückt, wir beobachten ein $\omega \in \Omega$ und transformieren dann dieses ω in den Vektor $\vec{X}(\omega)$. Wieder ist die Abbildung $\vec{X}$ fest vorgegeben, nicht zufällig. Nur der Wert, auf den $\vec{X}$ angewendet wird, ist zufällig, und damit natürlich auch der Vektor $\vec{X}(\omega)$ im $\mathbb{R}^n$.

Beispiel 3.3.1

Wir würfeln zweimal. Das Ergebnis sei $\omega = (\omega_1, \omega_2)$ mit $\omega_i \in \{1, \ldots, 6\}$. Sind die Abbildungen X_1 und X_2 durch $X_1(\omega) := \min\{\omega_1, \omega_2\}$ und $X_2(\omega) := \omega_1 + \omega_2$ definiert, so erzeugen diese beiden zufälligen Größen den 2-dimensionalen zufälligen Vektor $\vec{X} = (X_1, X_2)$ mittels $\vec{X}(\omega) = (X_1(\omega), X_2(\omega))$. Würfelt man z.B. die Zahlen „4" und „2", so ist der Wert des Vektors das Paar $(2, 6) \in \mathbb{R}^2$ usw.

Beispiel 3.3.2

In einem Auditorium befinden sich N Personen, die wir von 1 bis N durchnummerieren. Wir wählen nun entsprechend der Gleichverteilung auf $\{1, \ldots, N\}$ zufällig eine Person heraus. Nehmen wir an, die Wahl fällt auf die Person mit der Zahl k, $k \in \{1, \ldots, N\}$. Bei dieser Person k messen wir dann die Körpergröße in Zentimeter. Diesen Wert bezeichnen wir mit $X_1(k)$. Weiterhin messen wir das Gewicht in Kilogramm. Dies wird mit $X_2(k)$ bezeichnet. Auf diese Weise erhalten wir zufällig ein Paar (X_1, X_2) reeller Zahlen in Abhängigkeit von der Auswahl der Person.

Bemerkung 3.3.3

Bei den Beispielen 3.3.1 und 3.3.2 liegt die Vermutung nahe, dass die Werte von X_1 und X_2 irgendwie voneinander abhängen, sie sich gegenseitig beeinflussen. Eines der wichtigsten Anliegen der kommenden Abschnitte ist, diese Vermutung präziser zu fassen und mathematisch auszudrücken.

Wie bei der Betrachtung zufälliger Größen liegen die Werte von $\vec{X}$ mit gewissen Wahrscheinlichkeiten in gegebenen Ereignissen. Im Gegensatz zum Fall von zufälligen Größen stellt sich aber hier diese Frage für Ereignisse im $\mathbb{R}^n$, nicht in $\mathbb{R}$, d.h. für ein gegebenes Ereignis $B \subseteq \mathbb{R}^n$ interessiert uns

$$\mathbb{P}\{\omega \in \Omega : \vec{X}(\omega) \in B\} = \mathbb{P}\{\omega \in \Omega : (X_1(\omega), \ldots, X_n(\omega)) \in B\}.$$

Folgende Definition präzisiert diese Fragestellung.

Definition 3.3.4

Sei $\vec{X} : \Omega \to \mathbb{R}^n$ ein zufälliger Vektor mit Koordinatenabbildungen $X_1, \ldots, X_n$. Für eine Borelmenge $B \in \mathcal{B}(\mathbb{R}^n)$ definieren wir nun

$$\mathbb{P}_{\vec{X}}(B) = \mathbb{P}_{(X_1,\ldots,X_n)}(B) := \mathbb{P}\{\vec{X} \in B\}. \tag{3.5}$$

Man nennt $\mathbb{P}_{\vec{X}}$ das **Verteilungsgesetz** von $\vec{X}$ oder auch $\mathbb{P}_{(X_1,\ldots,X_n)}$ die **gemeinsame Verteilung** der n zufälligen Größen $X_1, \ldots, X_n$.

Hierbei haben wir in (3.5) wieder die abkürzende Schreibweise

$$\mathbb{P}\{\vec{X} \in B\} = \mathbb{P}\{\omega \in \Omega : \vec{X}(\omega) \in B\}$$

verwendet.

Ähnlich wie im Fall von zufälligen Größen gilt auch für n-dimensionale Vektoren folgende Aussage.

Satz 3.3.5

Die Abbildung $\mathbb{P}_{\vec{X}}$ ist ein Wahrscheinlichkeitsmaß auf $\mathcal{B}(\mathbb{R}^n)$.

Beweis: Der Beweis ist völlig analog zu dem von Satz 3.2.2, weswegen wir darauf verzichten, ihn hier näher darzustellen. □

Wir wollen $\mathbb{P}_{\vec{X}}(B)$ für spezielle Borelmengen B in anderer Form schreiben. Nehmen wir dazu zuerst einmal an, Q sei ein Quader im $\mathbb{R}^n$ der Gestalt (1.52), d.h., es gilt

$$Q = [a_1, b_1] \times \cdots \times [a_n, b_n] \tag{3.6}$$

für reelle Zahlen $a_i < b_i$. Dann folgt

$$\mathbb{P}_{\vec{X}}(Q) = \mathbb{P}\{\vec{X} \in Q\} = \mathbb{P}\{\omega \in \Omega : a_1 \leq X_1(\omega) \leq b_1, \ldots, a_n \leq X_n(\omega) \leq b_n\}.$$

Für diesen letzten Ausdruck schreibt man kürzer

$$\mathbb{P}\{a_1 \leq X_1 \leq b_1, \ldots, a_n \leq X_n \leq b_n\},$$

und man erhält

$$\mathbb{P}_{\vec{X}}(Q) = \mathbb{P}\{a_1 \leq X_1 \leq b_1, \ldots, a_n \leq X_n \leq b_n\}$$

für einen Quader Q der Gestalt (3.6). Damit beschreibt $\mathbb{P}_{\vec{X}}(Q)$ die Wahrscheinlichkeit, dass **gleichzeitig** X_1 einen Wert in $[a_1, b_1]$, X_2 einen Wert in $[a_2, b_2]$ usw. annimmt.

Beispiel 3.3.6

Wir würfeln dreimal mit einem fairen Würfel. Seien X_1, X_2 und X_3 die beobachteten Werte im ersten, zweiten bzw. dritten Wurf. Für $Q = \{1,2\} \times \{1\} \times \{3,4\}$ folgt dann

$$\mathbb{P}_{\vec{X}}(Q) = \mathbb{P}\{X_1 \in \{1,2\}, X_2 = 1, X_3 \in \{3,4\}\} = \frac{1}{54}.$$

Eine Verallgemeinerung der vorhergehenden Untersuchungen auf eine Menge B der Gestalt $B = B_1 \times \cdots \times B_n$ mit Borelmengen $B_j \subseteq \mathbb{R}$ ist offensichtlich. Es gilt in diesem Fall

$$\mathbb{P}_{\vec{X}}(B) = \mathbb{P}\{X_1 \in B_1, \ldots, X_n \in B_n\}. \tag{3.7}$$

Wir kommen jetzt zu einer für die weiteren Betrachtungen wichtigen Definition.

Definition 3.3.7

Für einen zufälligen Vektor $\vec{X} = (X_1, \ldots, X_n)$ nennt man die n Verteilungsgesetze $\mathbb{P}_{X_1}$ bis $\mathbb{P}_{X_n}$ die **Randverteilungen** des Vektors.

Die Randverteilungen sind Wahrscheinlichkeitsmaße auf $\mathcal{B}(\mathbb{R})$, wogegen die gemeinsame Verteilung $\mathbb{P}_{(X_1,\ldots,X_n)}$ ein Wahrscheinlichkeitsmaß auf $\mathcal{B}(\mathbb{R}^n)$ erzeugt. Es stellt sich nun folgende wichtige Frage:

Bestimmt die gemeinsame Verteilung die Randverteilungen oder ist es umgekehrt, d.h., kann man aus den Randverteilungen die gemeinsame Verteilung berechnen?

Eine erste Antwort hierauf gibt der folgende Satz:

Satz 3.3.8

Gegeben sei ein zufälliger Vektor $\vec{X} = (X_1, \ldots, X_n)$. Dann gilt für $1 \leq j \leq n$ und $B \in \mathcal{B}(\mathbb{R})$ die Aussage

$$\mathbb{P}_{X_j}(B) = \mathbb{P}_{(X_1,\ldots,X_n)}(\mathbb{R} \times \cdots \times \underbrace{B}_{j} \times \cdots \times \mathbb{R}).$$

Insbesondere bestimmt die gemeinsame Verteilung die Randverteilungen.

Beweis: Der Beweis folgt unmittelbar aus Formel (3.7). Wendet man sie auf $B_i = \mathbb{R}$, $i \neq j$, und $B_j = B$ an, so folgt

$$\mathbb{P}_{(X_1,\ldots,X_n)}(\mathbb{R} \times \cdots \times \underbrace{B}_{j} \times \cdots \times \mathbb{R})$$
$$= \mathbb{P}(X_1 \in \mathbb{R}, \ldots, X_j \in B, \ldots, X_n \in \mathbb{R}) = \mathbb{P}(X_j \in B) = \mathbb{P}_{X_j}(B)$$

wie behauptet. □

Das Problem, ob man auch aus den Randverteilungen die gemeinsame Verteilung berechnen kann, werden wir im Beispiel 3.3.10 und im Abschnitt 3.4 näher untersuchen. Zuvor wollen wir aber Vorschriften angeben, wie sich die Randverteilungen in konkreten Fällen bestimmen lassen. Dazu betrachten wir wieder zwei unterschiedliche Fälle, nämlich einmal den, dass die X_j diskret sind, sowie den stetigen Fall. Beginnen wir mit diskreten zufälligen Größen.

Diskreter Fall: Zum Zweck der besseren Darstellbarkeit der Ergebnisse beschränken wir uns auf die Untersuchung **zweidimensionaler** Vektoren, deuten aber später an, wie die Ergebnisse auf Vektoren höherer Dimension ausgedehnt werden können. Folglich betrachten wir nur zwei zufällige Größen, die wir jetzt nicht mit X_1 und X_2, sondern, zur besseren Unterscheidung, mit X und Y bezeichnen. Der erzeugte Vektor ist dann als Abbildung von Ω nach $\mathbb{R}^2$ durch

$$(X, Y) : \omega \mapsto (X(\omega), Y(\omega))$$

gegeben. Wir setzen nunmehr X und Y als diskret voraus. Dann können wir ohne Beschränkung der Allgemeinheit annehmen (siehe Vereinbarung 3.2.1), dass für Mengen $D = \{x_1, x_2, \ldots\}$ und $E = \{y_1, y_2, \ldots\}$ sowohl $X : \Omega \to D$ als auch $Y : \Omega \to E$ gilt. Damit bildet der zufällige Vektor (X, Y) in die (ebenfalls höchstens abzählbar unendliche) Menge $D \times E \subset \mathbb{R}^2$ ab. Man beachte

$$D \times E = \{(x_i, y_j) : i, j = 1, 2, \ldots\},$$

also ist auch $\mathbb{P}_{(X,Y)}$ diskret und eindeutig durch die Zahlen

$$p_{ij} := \mathbb{P}_{(X,Y)}(\{(x_i, y_j)\}) = \mathbb{P}(X = x_i, Y = y_j\}, \quad i, j = 1, 2, \ldots, \qquad (3.8)$$

bestimmt. Genauer, für eine Menge $B \subseteq \mathbb{R}^2$ berechnet sich die Wahrscheinlichkeit bzgl. $\mathbb{P}_{(X,Y)}$ als

$$\mathbb{P}_{(X,Y)}(B) = \mathbb{P}\{(X,Y) \in B\} = \sum_{\{(i,j):(x_i,y_j)\in B\}} p_{ij}.$$

Betrachten wir nun die Randverteilungen $\mathbb{P}_X$ und $\mathbb{P}_Y$. Diese werden eindeutig durch die Zahlen

$$q_i := \mathbb{P}_X(\{x_i\}) = \mathbb{P}\{X = x_i\} \quad \text{sowie} \quad r_j := \mathbb{P}_Y(\{y_j\}) = \mathbb{P}\{Y = y_j\} \qquad (3.9)$$

bestimmt.

Mit anderen Worten, für $B, C \subseteq \mathbb{R}$ gilt

$$\mathbb{P}_X(B) = \mathbb{P}\{X \in B\} = \sum_{\{i:x_i \in B\}} q_i \quad \text{und} \quad \mathbb{P}_Y(C) = \mathbb{P}\{Y \in C\} = \sum_{\{j:y_j \in C\}} r_j.$$

Der folgende Satz ist eine spezielle Version von Satz 3.3.8 im Fall von zwei diskreten zufälligen Größen.

Satz 3.3.9

Seien die Wahrscheinlichkeiten p_{ij}, q_i und r_j wie in (3.8) und in (3.9) definiert. Dann folgt

$$q_i = \sum_{j=1}^{\infty} p_{ij} \quad \text{für } i = 1, 2, \ldots \quad \text{und} \quad r_j = \sum_{i=1}^{\infty} p_{ij} \quad \text{für } j = 1, 2, \ldots.$$

Beweis: Man kann Satz 3.3.9 direkt aus Satz 3.3.8 ableiten. Wir bevorzugen allerdings einen direkten Beweis. Unter Verwendung der σ-Additivität von $\mathbb{P}$ gilt

$$q_i = \mathbb{P}\{X = x_i\} = \mathbb{P}\{X = x_i, Y \in E\} = \mathbb{P}\left\{X = x_i, Y \in \bigcup_{j=1}^{\infty}\{y_j\}\right\}$$

$$= \sum_{j=1}^{\infty} \mathbb{P}\left\{X = x_i, Y \in \{y_j\}\right\} = \sum_{j=1}^{\infty} \mathbb{P}\left\{X = x_i, Y = y_j\right\} = \sum_{j=1}^{\infty} p_{ij}$$

wie behauptet. Der Beweis für die r_j verläuft analog. Man verwendet diesmal

$$r_j = \mathbb{P}\{Y = y_j\} = \mathbb{P}\{X \in D, Y = y_j\} = \sum_{i=1}^{\infty} \mathbb{P}\{X = x_i, Y = y_j\} = \sum_{i=1}^{\infty} p_{ij}.$$

Damit ist der Satz bewiesen. □

Die Aussagen von Satz 3.3.9 kann man tabellarisch wie folgt darstellen:

$Y\backslash X$	x_1	x_2	x_3	$\cdots$	
y_1	p_{11}	p_{21}	p_{31}	$\cdots$	r_1
y_2	p_{12}	p_{22}	p_{32}	$\cdots$	r_2
y_3	p_{13}	p_{23}	p_{33}	$\cdots$	r_3
$\cdot$	$\cdot$	$\cdot$	$\cdot$	$\cdots$	$\cdot$
$\cdot$	$\cdot$	$\cdot$	$\cdot$	$\cdots$	$\cdot$
	q_1	q_2	q_3	$\cdots$	1

In der Matrix stehen die entsprechenden Wahrscheinlichkeiten, z.B. der Eintrag p_{32} steht in der Spalte, die mit x_3 gekennzeichnet ist und in der Zeile, wo man links y_2 findet. Das bedeutet, p_{32} bezeichnet die Wahrscheinlichkeit, dass X den Wert x_3 annimmt und **gleichzeitig** Y den Wert y_2. Am rechten bzw. unteren Rand findet man die Summen der Zeilen bzw. Spalten, also nach Satz 3.3.9 die entsprechenden Wahrscheinlichkeiten, die die Randverteilungen beschreiben. Schließlich besagt die Zahl „1" in der rechten unteren Ecke, dass sich sowohl die zugehörige Spalte als auch die Zeile zu 1 aufsummieren. Die angegebene Darstellung macht auch plausibel, warum $\mathbb{P}_X$ und $\mathbb{P}_Y$ als *Randverteilungen* bezeichnet werden, denn sie werden durch die an den Rändern stehenden Wahrscheinlichkeiten beschrieben.

Beispiel 3.3.10

In einer Urne befinden sich zwei Kugeln, die mit „0" beschriftet sind, und auf zwei Kugeln steht die Zahl „1". Man zieht nun nacheinander zwei Kugeln, einmal ohne die erste Kugel wieder zurückzulegen, dann, in einem zweiten Versuch, mit Zurücklegen der ersten Kugel. Mit X bezeichnen wir im ersten Fall den Wert der ersten Kugel, mit Y den der zweiten. Analog seien X' und Y' die Werte der Kugeln, wenn man die erste Kugel zurücklegt.

Berechnen wir nun die gemeinsame Verteilung von (X, Y) bzw. (X', Y'). Dann folgt

$$\mathbb{P}\{X = 0, Y = 0\} = \frac{1}{6}, \quad \mathbb{P}\{X = 0, Y = 1\} = \frac{1}{3}$$
$$\mathbb{P}\{X = 1, Y = 0\} = \frac{1}{3}, \quad \mathbb{P}\{X = 1, Y = 1\} = \frac{1}{6}$$

bzw.

$$\mathbb{P}\{X' = 0, Y' = 0\} = \mathbb{P}\{X' = 0, Y' = 1\} = \mathbb{P}\{X' = 1, Y' = 0\}$$
$$= \mathbb{P}\{X' = 1, Y' = 1\} = \frac{1}{4}.$$

Stellt man die Ergebnisse tabellarisch dar, so ergibt sich

$Y\backslash X$	0	1	
0	$\frac{1}{6}$	$\frac{1}{3}$	$\frac{1}{2}$
1	$\frac{1}{3}$	$\frac{1}{6}$	$\frac{1}{2}$
	$\frac{1}{2}$	$\frac{1}{2}$	1

bzw.

$Y'\backslash X'$	0	1	
0	$\frac{1}{4}$	$\frac{1}{4}$	$\frac{1}{2}$
1	$\frac{1}{4}$	$\frac{1}{4}$	$\frac{1}{2}$
	$\frac{1}{2}$	$\frac{1}{2}$	1

Betrachtet man Beispiel 3.3.10 genauer, so stellt man fest, dass für die Randverteilungen die Aussagen $\mathbb{P}_X = \mathbb{P}_{X'}$ und $\mathbb{P}_Y = \mathbb{P}_{Y'}$ gelten, sich die gemeinsamen Verteilungen aber unterscheiden, d.h., es gilt $\mathbb{P}_{(X,Y)} \neq \mathbb{P}_{(X',Y')}$.

Fazit: Die Randverteilungen bestimmen i.A. **nicht** die gemeinsame Verteilung. Wir erinnern uns, dass sich nach Satz 3.3.8 aber umgekehrt stets die Randverteilungen aus der gemeinsamen Verteilung ableiten lassen.

Beispiel 3.3.11

Wir würfeln zweimal mit einem fairen Würfel und bezeichnen mit X das Minimum der beiden Würfe und mit Y deren Maximum. Dann ergibt sich die gemeinsame Verteilung aus

$$\mathbb{P}\{X = k, Y = l\} = \begin{cases} 0 & : k > l \\ \frac{1}{36} & : k = l \\ \frac{1}{18} & : k < l \end{cases}$$

für $1 \le k, l \le 6$. Die tabellarische Darstellung dieses Ergebnisses sieht wie folgt aus:

$Y\backslash X$	1	2	3	4	5	6	
1	$\frac{1}{36}$	0	0	0	0	0	$\frac{1}{36}$
2	$\frac{1}{18}$	$\frac{1}{36}$	0	0	0	0	$\frac{3}{36}$
3	$\frac{1}{18}$	$\frac{1}{18}$	$\frac{1}{36}$	0	0	0	$\frac{5}{36}$
4	$\frac{1}{18}$	$\frac{1}{18}$	$\frac{1}{18}$	$\frac{1}{36}$	0	0	$\frac{7}{36}$
5	$\frac{1}{18}$	$\frac{1}{18}$	$\frac{1}{18}$	$\frac{1}{18}$	$\frac{1}{36}$	0	$\frac{9}{36}$
6	$\frac{1}{18}$	$\frac{1}{18}$	$\frac{1}{18}$	$\frac{1}{18}$	$\frac{1}{18}$	$\frac{1}{36}$	$\frac{11}{36}$
	$\frac{11}{36}$	$\frac{9}{36}$	$\frac{7}{36}$	$\frac{5}{36}$	$\frac{3}{36}$	$\frac{1}{36}$	1

Betrachten wir zum Beispiel die Menge $B = \{(4,5),(5,4),(6,5),(5,6)\}$, so liest man aus der Tabelle $\mathbb{P}_{(X,Y)}(B) = 1/9$ ab. Oder, es folgt $\mathbb{P}\{2 \leq X \leq 4\} = (9+7+5)/36 = 7/12$.

Bemerkung 3.3.12

Wir wollen noch kurz auf die Berechnung der Randverteilungen für mehr als zwei diskrete zufällige Größen eingehen. Dazu nehmen wir an, $X_1, \ldots, X_n$ seien diskrete zufällige Größen mit $X_j : \Omega \to D_j$ und $D_j = \{x_1^{(j)}, x_2^{(j)}, \ldots\}$ für $1 \leq j \leq n$. Der zufällige Vektor $\vec{X} = (X_1, \ldots, X_n)$ bildet Ω in die höchstens abzählbar unendliche Menge $D_1 \times \cdots \times D_n \subseteq \mathbb{R}^n$ ab. Damit ist die gemeinsame Verteilung $\mathbb{P}_{\vec{X}}$ ebenfalls diskret und durch die Werte

$$p_{i_1,\ldots,i_n} := \mathbb{P}\{X_1 = x_{i_1}^{(1)}, \ldots, X_n = x_{i_n}^{(n)}\}, \quad 1 \leq i_1, \ldots, i_n < \infty,$$

eindeutig bestimmt. Die Randverteilungen berechnen sich in diesem Fall durch

$$p_k^{(j)} = \mathbb{P}\{X_j = x_k^{(j)}\} = \sum_{i_1=1}^{\infty} \cdots \sum_{i_{j-1}=1}^{\infty} \sum_{i_{j+1}=1}^{\infty} \cdots \sum_{i_n=1}^{\infty} p_{i_1,\ldots,i_{j-1},k,i_{j+1},\ldots,i_n}.$$

Beispiel 3.3.13

Bei einer Münze erscheine die Zahl „0" mit Wahrscheinlichkeit $1-p$ und die Zahl „1" mit Wahrscheinlichkeit p. Das Ergebnis sei $\omega = (\omega_1, \ldots, \omega_n)$ mit $\omega_j \in \{0,1\}$. Das beschreibende Wahrscheinlichkeitsmaß $\mathbb{P}$ ist durch (3.4) gegeben. Wir definieren nun für $1 \leq j \leq n$ Abbildungen X_j durch $X_j(\omega) := \omega_j$. Wir haben $D_1 = \cdots = D_n = \{0,1\}$, d.h. $D_j = \{x_0^{(j)}, x_1^{(j)}\}$ mit $x_0^{(j)} = 0$ und $x_1^{(j)} = 1$. Dann folgt

$$p_{i_1,\ldots,i_n} = \mathbb{P}\{X_1 = x_{i_1}^{(1)}, \ldots, X_n = x_{i_n}^{(n)}\} = \mathbb{P}\{\omega : \omega_1 = x_{i_1}^{(1)}, \ldots, \omega_n = x_{i_n}^{(n)}\}$$
$$= p^k (1-p)^{n-k}$$

mit $k = x_{i_1}^{(1)} + \ldots + x_{i_n}^{(n)}$. Die Randverteilungen erhalten wir dann nach Bemerkung 3.3.12 als (siehe die Rechnung im Beispiel 3.2.11)

$$\mathbb{P}\{X_j = x_k^{(j)}\} = p_k^{(j)} = 1-p \quad \text{für} \quad k=0 \quad \text{und} \quad p_k^{(j)} = p \quad \text{für} \quad k=1.$$

Wir kommen jetzt zum *stetigen Fall*. In Analogie zu Definition 3.2.4 führen wir folgende Eigenschaft zufälliger Vektoren ein[1] :

Definition 3.3.14

Ein zufälliger Vektor $\vec{X} = (X_1, \ldots, X_n)$ heißt **stetig**, sofern eine Wahrscheinlichkeitsdichte $p : \mathbb{R}^n \to \mathbb{R}$ mit

$$\mathbb{P}_{\vec{X}}(Q) = \int_{a_1}^{b_1} \cdots \int_{a_n}^{b_n} p(x_1, \ldots, x_n) \, dx_n \ldots dx_1$$

für alle Quader $Q \subseteq \mathbb{R}^n$ der Gestalt (1.52) existiert. Anders ausgedrückt, für alle $a_j < b_j$ gilt

$$\mathbb{P}\{a_1 \leq X_1 \leq b_1, \ldots, a_n \leq X_n \leq b_n\} = \int_{a_1}^{b_1} \cdots \int_{a_n}^{b_n} p(x_1, \ldots, x_n) \, dx_n \ldots dx_1 \, .$$

Die Funktion p nennt man die **Verteilungsdichte** des Vektors $\vec{X}$.

Für stetige zufällige Vektoren berechnen sich die Randverteilungen wie folgt:

Satz 3.3.15

Besitzt der zufällige Vektor $\vec{X}$ die Dichte $p : \mathbb{R}^n \to \mathbb{R}$, so sind die Koordinatenabbildungen ebenfalls stetig mit Dichten

$$p_j(x) = \int_{-\infty}^{\infty} \cdots \Big| \cdots \int_{-\infty}^{\infty} p(x_1, \ldots, x_{j-1}, x, x_{j+1}, \ldots, x_n) \quad (3.10)$$

$$dx_n \ldots dx_{j+1} \, dx_{j-1} \ldots dx_1 \, .$$

Dabei bedeutet „ |" im Integral, dass über die j-te Variable nicht integriert wird. Für $n = 2$ ergibt sich speziell

$$p_1(x_1) = \int_{-\infty}^{\infty} p(x_1, x_2) \, dx_2 \quad \text{und} \quad p_2(x_2) = \int_{-\infty}^{\infty} p(x_1, x_2) \, dx_1 \, .$$

---

[1] Es gilt folgende Aussage: Sind die X_1 bis X_n alle stetig, dann auch $\vec{X}$. Der Beweis geht aber weit über die Möglichkeiten dieses Buches hinaus. Er ist für unsere weiteren Betrachtungen auch nicht unbedingt notwendig, da wir $\vec{X}$ als stetig annehmen, nicht die X_j.

3.3 Zufällige Vektoren

Beweis: Nach Satz 3.3.8 gilt

$$\mathbb{P}_{X_j}([a,b]) = \mathbb{P}_{\vec{X}}(\mathbb{R} \times \cdots \times \underbrace{[a,b]}_{j} \times \cdots \times \mathbb{R})$$

$$= \int_{-\infty}^{\infty} \cdots \underbrace{\int_{a}^{b}}_{j} \cdots \int_{-\infty}^{\infty} p(x_1, \ldots x_n) \, dx_n \ldots dx_1$$

$$= \int_{a}^{b} \left[\int_{-\infty}^{\infty} \cdots \Big| \cdots \int_{-\infty}^{\infty} p(x_1, \ldots, x_{j-1}, x, x_{j+1}, \ldots, x_n) \right.$$

$$\left. dx_n \ldots dx_{j+1} \, dx_{j-1} \ldots dx_1 \right] dx$$

$$= \int_{a}^{b} p_j(x) \, dx$$

mit den Funktionen p_j definiert in (3.10). Man beachte, dass die im Beweis verwendete Vertauschung der Integrale nach Satz A.4.5 wegen $p(x_1, \ldots, x_n) \geq 0$ gerechtfertigt ist.

Die obige Gleichung gilt für alle $a < b$, somit ist p_j Verteilungsdichte von $\mathbb{P}_{X_j}$ und der Satz ist bewiesen. □

Beispiel 3.3.16

Der zweidimensionale zufällige Vektor (X_1, X_2) sei gleichverteilt auf dem Einheitskreis K. Dann gilt

$$p(x_1, x_2) = \begin{cases} \frac{1}{\pi} & : (x_1, x_2) \in K \\ 0 & : (x_1, x_2) \notin K. \end{cases}$$

Sei p_1 die Verteilungsdichte von X_1, so folgt nach Satz 3.3.15 für $|x_1| \leq 1$

$$p_1(x_1) = \int_{-\infty}^{\infty} p(x_1, x_2) \, dx_2 = \frac{1}{\pi} \int_{-\sqrt{1-x_1^2}}^{\sqrt{1-x_1^2}} 1 \, dx_2 = \frac{2}{\pi} \sqrt{1 - x_1^2}. \quad (3.11)$$

Im Fall $|x_1| > 1$ ergibt sich einfach $p_1(x_1) = 0$.

Analog folgt

$$p_2(x_2) = \int_{-\infty}^{\infty} p(x_1, x_2) \, dx_1 = \frac{2}{\pi} \sqrt{1 - x_2^2}, \quad |x_2| \leq 1, \quad (3.12)$$

und $p_2(x_2) = 0$, $|x_2| > 1$.

Beispiel 3.3.17

Der zweidimensionale zufällige Vektor (X_1, X_2) besitze die Verteilungsdichte p mit

$$p(x_1, x_2) := \begin{cases} 8 x_1 x_2 & : 0 \leq x_1 \leq x_2 \leq 1 \\ 0 & : \text{sonst} \end{cases}$$

(Man überprüfe, dass p wirklich eine Wahrscheinlichkeitsdichte ist !) Dann folgt für die Verteilungsdichte p_1 von X_1, dass

$$p_1(x_1) = \int_{-\infty}^{\infty} p(x_1, x_2) \, \mathrm{d}x_2 = 8 x_1 \int_{x_1}^{1} x_2 \, \mathrm{d}x_2 = 4(x_1 - x_1^3), \quad 0 \leq x_1 \leq 1,$$

und $p_1(x_1) = 0$, $x_1 \notin [0,1]$.

Für die Dichte p_2 von X_2 erhält man

$$p_2(x_2) = \int_{-\infty}^{\infty} p(x_1, x_2) \, \mathrm{d}x_1 = 8 x_2 \int_{0}^{x_2} x_1 \, \mathrm{d}x_1 = 4 x_2^3, \quad 0 \leq x_2 \leq 1,$$

und $p_2(x_2) = 0$ für $x_2 \notin [0,1]$.

3.4 Unabhängigkeit zufälliger Größen

Die zentrale Frage, die wir in diesem Abschnitt behandeln, ist die folgende:

Wann sind n gegebene zufällige Größen $X_1, \ldots, X_n$ voneinander (stochastisch) **unabhängig**? Wie formuliert man diese Eigenschaft, von der wahrscheinlich jeder eine intuitive Vorstellung hat, mathematisch?

Versuchen wir uns der Antwort durch ein Beispiel zu nähern. Wir würfeln zweimal mit einem fairen Würfel und definieren als X_1 das Ergebnis des ersten Wurfs und als X_2 das des zweiten. Diese zwei zufälligen Größen sind intuitiv unabhängig voneinander, d.h., das Ergebnis des ersten Wurfs beeinflusst nicht die Wahrscheinlichkeiten, mit denen der zweite Wurf gewisse Werte annimmt. Anders ausgedrückt, die Wahrscheinlichkeit, im zweiten Wurf eine gerade Zahl zu würfeln, ist völlig unabhängig davon, ob man im ersten Wurf eine „6" gewürfelt hat. Mathematisch bedeutet dies, dass die Ereignisse $X_1^{-1}(B_1)$ und $X_2^{-1}(B_2)$ mit $B_1 = \{6\}$ und $B_2 = \{2, 4, 6\}$ stochastisch unabhängig im Sinn von Definition 2.2.1 sind. Und natürlich gilt dies nicht nur für diese beiden speziellen Ereignisse $B_1, B_2 \subseteq \{1, \ldots, 6\}$, sondern für beliebige B_1 und B_2. Das bedeutet aber in Formeln

$$\mathbb{P}\{X_1 \in B_1, X_2 \in B_2\} = \mathbb{P}\Big(X_1^{-1}(B_1) \cap X_2^{-1}(B_2)\Big)$$
$$= \mathbb{P}\Big(X_1^{-1}(B_1)\Big) \cdot \mathbb{P}\Big(X_2^{-1}(B_2)\Big) = \mathbb{P}\{X_1 \in B_1\} \cdot \mathbb{P}\{X_2 \in B_2\}.$$

Diese Beobachtung führt uns zu folgender Definition.

3.4 Unabhängigkeit zufälliger Größen

Definition 3.4.1

Gegeben seien n zufällige Größen $X_1, \ldots, X_n$ auf Ω. Diese nennt man (stochastisch) **unabhängig**, wenn für alle Borelmengen $B_1, \ldots, B_n$ in $\mathbb{R}$ stets

$$\mathbb{P}\{X_1 \in B_1, \ldots, X_n \in B_n\} = \mathbb{P}\{X_1 \in B_1\} \cdots \mathbb{P}\{X_n \in B_n\} \qquad (3.13)$$

gilt.

Bemerkung 3.4.2

Gleichung (3.13) kann auch in der Form

$$\mathbb{P}_{(X_1, \ldots, X_n)}(B_1 \times \cdots B_n) = \mathbb{P}_{X_1}(B_1) \cdots \mathbb{P}_{X_n}(B_n) \qquad (3.14)$$

für alle $B_1, \ldots, B_n$ geschrieben werden. Unter Verwendung der in Definition 1.9.8 eingeführten Produktmaße bedeutet dies das Folgende:

Satz 3.4.3

Die zufälligen Größen $X_1, \ldots, X_n$ sind dann und nur dann unabhängig, wenn ihr gemeinsames Verteilungsgesetz $\mathbb{P}_{(X_1, \ldots, X_n)}$ mit dem Produktmaß der $\mathbb{P}_{X_j}$ übereinstimmt, also wenn

$$\mathbb{P}_{(X_1, \ldots, X_n)} = \mathbb{P}_{X_1} \otimes \cdots \otimes \mathbb{P}_{X_n}$$

gilt. Insbesondere bestimmen für unabhängige X_j die Randverteilungen die gemeinsame Verteilung.

Beweis: Nach Satz 1.9.6 ist ein Maß $\mathbb{P}$ dann und nur dann das Produktmaß der $\mathbb{P}_{X_j}$, wenn für alle Rechteckmengen $B_1 \times \cdots B_n$ mit $B_j \in \mathcal{B}(\mathbb{R})$ die Gleichung

$$\mathbb{P}(B_1 \times \cdots B_n) = \mathbb{P}_{X_1}(B_1) \cdots \mathbb{P}_{X_n}(B_n)$$

besteht. Man beachte dabei, dass die Wahrscheinlichkeitsräume $(\mathbb{R}, \mathcal{B}(\mathbb{R}), \mathbb{P}_{X_j})$ zugrunde liegen. Damit gilt aber (3.14) genau dann für alle $B_j \in \mathcal{B}(\mathbb{R})$, wenn das Produktmaß $\mathbb{P}$ mit $\mathbb{P}_{(X_1, \ldots, X_n)}$ übereinstimmt. $\square$

Der folgende Satz erscheint auf den ersten Blick trivial oder selbstverständlich; dies ist er aber nicht. Der Grund liegt darin, dass die Unabhängigkeit von n Ereignissen entsprechend Definition 2.2.9 für $n > 2$ Ereignisse wesentlich komplizierter ist als im Fall von zwei Ereignissen.

Satz 3.4.4

Die zufälligen Größen $X_1, \ldots, X_n$ sind dann und nur dann unabhängig, wenn für alle Borelmengen $B_1, \ldots, B_n$ in $\mathbb{R}$ die Ereignisse

$$X_1^{-1}(B_1), \ldots, X_n^{-1}(B_n)$$

in $(\Omega, \mathcal{A}, \mathbb{P})$ stochastisch unabhängig im Sinn von Definition 2.2.9 sind.

Beweis: [2] Erinnern wir uns zuerst daran, was die Unabhängigkeit der Ereignisse $X_1^{-1}(B_1)$ bis $X_n^{-1}(B_n)$ bedeutet: Nach Definition 2.2.9 heißt das, dass für eine beliebige Teilmenge $I \subseteq \{1,\ldots,n\}$ die Identität

$$\mathbb{P}\Big(\bigcap_{i \in I} X_i^{-1}(B_i)\Big) = \prod_{i \in I} \mathbb{P}(X_i^{-1}(B_i)) \qquad (3.15)$$

besteht. Auf der anderen Seite besagt die Unabhängigkeit von $X_1, \ldots, X_n$ entsprechend Definition 3.4.1, dass für beliebige Borelmengen $B_j \subseteq \mathbb{R}$ stets

$$\mathbb{P}\Big(\bigcap_{i=1}^n X_i^{-1}(B_i)\Big) = \mathbb{P}\{X_1 \in B_1, \ldots, X_n \in B_n\}$$

$$= \prod_{i=1}^n \mathbb{P}\{X_i \in B_i\} = \prod_{i=1}^n \mathbb{P}(X_i^{-1}(B_i)) \qquad (3.16)$$

gilt.

Natürlich impliziert (3.15) die Gleichung (3.16); man wende einfach Formel (3.15) mit $I = \{1,\ldots,n\}$ an. Aber es ist keinesfalls offensichtlich, warum umgekehrt (3.16) Aussage (3.15) für alle möglichen Teilmengen I nach sich zieht. Der Schlüssel zur Lösung ist, dass (3.16) für beliebige B_j gelten soll, man hier eine gewisse Wahl hat.

Nehmen wir nun an, (3.16) gilt für beliebige Borelmengen. Gegeben seien Borelmengen $B_j \subset \mathbb{R}$ und eine beliebige Teilmenge I von $\{1,\ldots,n\}$. Dann definieren wir $B_1', \ldots, B_n'$ wie folgt: $B_i' = B_i$ für $i \in I$ und $B_i' = \mathbb{R}$ für $i \notin I$. Dann gilt $X_i^{-1}(B_i') = \Omega$ sofern $i \notin I$. Somit ergibt sich unter Verwendung von (3.16) für $B_1', \ldots, B_n'$ die Aussage

$$\mathbb{P}\Big(\bigcap_{i \in I} X_i^{-1}(B_i)\Big) = \mathbb{P}\Big(\bigcap_{i=1}^n X_i^{-1}(B_i')\Big) = \prod_{i=1}^n \mathbb{P}(X_i^{-1}(B_i')) = \prod_{i \in I} \mathbb{P}(X_i^{-1}(B_i))$$

wegen $\mathbb{P}(X_i^{-1}(B_i')) = 1$ für $i \notin I$. Damit haben wir die Richtigkeit von (3.15) für beliebige Borelmengen $B_1, \ldots, B_n$ und beliebige I gezeigt, und der Satz ist bewiesen. □

Bemerkung 3.4.5

Um die Unabhängigkeit von $X_1, \ldots, X_n$ entsprechend Definition 3.4.1 nachzuweisen, muss man diese Bedingung nicht für alle Borelmengen B_j überprüfen. Es reicht, wenn dies für Intervalle $[a_j, b_j]$ mit $a_j, b_j \in \mathbb{R}$ gilt. Anders ausgedrückt, die zufälligen Größen $X_1, \ldots, X_n$ sind genau dann unabhängig, wenn für alle $a_j < b_j$ stets

$$\mathbb{P}\{a_1 \leq X_1 \leq b_1, \ldots, a_n \leq X_n \leq b_n\}$$
$$= \mathbb{P}\{a_1 \leq X_1 \leq b_1\} \cdots \mathbb{P}\{a_n \leq X_n \leq b_n\} \qquad (3.17)$$

---

[2] Satz und Beweis sind für die weiteren Untersuchungen nicht unbedingt erforderlich. Sie dienen nur dem tieferen Verständnis der Unabhängigkeit von zufälligen Größen.

gilt. Es reicht sogar, Mengen B_j der Form $B_j = (-\infty, t_j]$ mit $t_j \in \mathbb{R}$ zu betrachten, d.h. $X_1, \ldots, X_n$ sind genau dann unabhängig, wenn man für alle $t_j \in \mathbb{R}$ stets

$$\mathbb{P}\{X_1 \leq t_1, \ldots, X_n \leq t_n\} = \mathbb{P}\{X_1 \leq t_1\} \cdots \mathbb{P}\{X_n \leq t_n\}$$

hat.

3.4.1 Unabhängigkeit diskreter zufälliger Größen

Wir beginnen wieder mit der Untersuchung *diskreter* zufälliger Größen und beschränken uns auch hier im Wesentlichen auf den Fall von zwei Abbildungen. Gegeben seien also $X : \Omega \to D$ und $Y : \Omega \to E$ mit $D = \{x_1, x_2, \ldots\}$ und $E = \{y_1, y_2, \ldots\}$. Die gemeinsame Verteilung von (X, Y) sowie die Randverteilungen seien wie in (3.8) und (3.9) durch

$$p_{ij} = \mathbb{P}\{X = x_i, Y = y_j\}, \quad q_i = \mathbb{P}\{X = x_i\} \quad \text{und} \quad r_j = \mathbb{P}\{Y = y_j\}$$

beschrieben. Dann gilt folgender Satz.

Satz 3.4.6

Die zufälligen Größen X und Y sind dann und nur dann unabhängig, wenn für alle Paare (i, j) mit $1 \leq i, j < \infty$ folgende Identität besteht:

$$\boxed{p_{ij} = q_i \cdot r_j}$$

Beweis: Der Beweis folgt unmittelbar aus den Sätzen 1.9.9 und 3.4.3. Wegen der Wichtigkeit der Aussage geben wir aber einen alternativen Beweis, der den Begriff der Produktmaße nicht verwendet, allerdings deren Technik.

Zeigen wir zuerst, dass die angegebene Bedingung notwendig ist. Zu gegebenen i und j setzen wir $B_1 := \{x_i\}$ und $B_2 := \{y_j\}$ und bemerken, dass genau dann „$X \in B_1$" gilt, wenn „$X = x_i$", und analog „$Y \in B_2$" falls „$Y = y_j$". Damit ergibt sich aus der Unabhängigkeit von X und Y

$$p_{ij} = \mathbb{P}\{X = x_i, Y = y_j\} = \mathbb{P}\{X \in B_1, Y \in B_2\} = \mathbb{P}\{X \in B_1\} \cdot \mathbb{P}\{Y \in B_2\}$$
$$= \mathbb{P}\{X = x_i\} \cdot \mathbb{P}\{Y = y_j\} = q_i \cdot r_j$$

wie behauptet.

Zum Beweis der Umkehrung nehmen wir nun an, dass $p_{ij} = q_i \cdot r_j$ für alle i und j richtig ist. Seien B_1, B_2 beliebige Teilmengen von $\mathbb{R}$. Dann folgt

$$\mathbb{P}\{X \in B_1, Y \in B_2\} = \mathbb{P}_{(X,Y)}(B_1 \times B_2) = \sum_{\{(i,j):(x_i,y_j)\in B_1 \times B_2\}} p_{ij}$$

$$= \sum_{\{(i,j):x_i\in B_1, y_j\in B_2\}} q_i \cdot r_j = \sum_{\{i:x_i\in B_1\}} \sum_{\{j:y_j\in B_2\}} q_i \cdot r_j$$

$$= \left(\sum_{\{i:x_i\in B_1\}} q_i\right) \cdot \left(\sum_{\{j:y_j\in B_2\}} r_j\right) = \mathbb{P}_X(B_1) \cdot \mathbb{P}_Y(B_2)$$

$$= \mathbb{P}(X \in B_1) \cdot \mathbb{P}(Y \in B_2).$$

Da die Mengen B_1 und B_2 beliebig gewählt waren, folgt hieraus die Unabhängigkeit von X und Y. Damit ist der Satz bewiesen. □

Bemerkung 3.4.7

Der vorhergehende Satz zeigt nochmals, dass die Randverteilungen im Fall unabhängiger diskreter zufälliger Größen die gemeinsame Verteilung eindeutig bestimmen. Denn aus Kenntnis der Randverteilungen, d.h. aus Kenntnis der q_i und r_j, folgt im unabhängigen Fall die der p_{ij}, damit die der gemeinsamen Verteilung.

Wir wollen die Aussage des Satzes 3.4.6 graphisch darstellen. Der Satz besagt, dass X und Y genau dann unabhängig sind, wenn die Tabelle, die die gemeinsame Verteilung von (X, Y) beschreibt, die folgende Gestalt besitzt:

$Y\backslash X$	x_1	x_2	x_3	$\cdots$	
y_1	$q_1 r_1$	$q_2 r_1$	$q_3 r_1$	$\cdots$	r_1
y_2	$q_1 r_2$	$q_2 r_2$	$q_3 r_2$	$\cdots$	r_2
y_3	$q_1 r_3$	$q_2 r_3$	$q_3 r_3$	$\cdots$	r_3
$\cdot$	$\cdot$	$\cdot$	$\cdot$	$\cdot\cdot$	$\cdot$
$\cdot$	$\cdot$	$\cdot$	$\cdot$	$\cdot\cdot$	$\cdot$
	q_1	q_2	q_3	$\cdots$	1

Beispiel 3.4.8

Wir folgern aus Satz 3.4.6, dass die zufälligen Größen X und Y aus Beispiel 3.3.10 (ohne Zurücklegen) abhängig, währen X' und Y' (mit Zurücklegen) unabhängig sind. Weiterhin zeigt Beispiel 3.3.11, dass der minimale und der maximale Wert beim zweimaligen Würfeln ebenfalls abhängige zufällige Größen sind.

Beispiel 3.4.9

Die zufälligen Größen X und Y seien unabhängig und beide Pois_λ-verteilt mit Parameter $\lambda > 0$. Dann wird die Verteilung des Vektors (X,Y) durch

$$\mathbb{P}\{X=k, Y=l\} = \frac{\lambda^{k+l}}{k!\,l!}\,e^{-2\lambda}, \quad (k,l) \in \mathbb{N}_0 \times \mathbb{N}_0,$$

beschrieben. Beispielsweise ergibt sich dann

$$\mathbb{P}\{X=Y\} = \sum_{k=0}^{\infty} \mathbb{P}\{X=k, Y=k\} = \sum_{k=0}^{\infty} \frac{\lambda^{2k}}{(k!)^2}\,e^{-2\lambda}.$$

Beispiel 3.4.10

Gegeben seien zwei unbhängige zufällige Größen X und Y, die geometrisch mit Parametern p bzw. q verteilt sind. Man berechne $\mathbb{P}(X \leq Y)$.

Lösung: Unter Ausnutzung der Unabhängigkeit von X und Y erhalten wir

$$\mathbb{P}(X \leq Y) = \sum_{k=0}^{\infty} \mathbb{P}(X=k, Y \geq k) = \sum_{k=0}^{\infty} \mathbb{P}(X=k) \cdot \mathbb{P}(Y \geq k)$$

$$= \sum_{k=0}^{\infty} p(1-p)^k \sum_{l=k}^{\infty} q(1-q)^l$$

$$= pq \left(\sum_{k=0}^{\infty} (1-p)^k (1-q)^k \right) \left(\sum_{l=0}^{\infty} (1-q)^l \right)$$

$$= \frac{p}{1-(1-p)(1-q)} = \frac{p}{p+q-pq}.$$

Anwendungsbeispiel: Spieler A wirft einen Würfel und Spieler B gleichzeitig zwei mit „0" und „1" beschriftete faire Münzen. Mit welcher Wahrscheinlichkeit wirft Spieler A erstmals die Zahl „6" bevor bei Spieler B zwei Einsen auf den Münzen erscheinen?

Antwort: Sei „$Y=k$" das Ereignis, Spieler A wirft erstmals die Zahl „6" im Versuch $k+1$, und „$X=k$" dass bei Spieler B erstmals zwei Einsen im $(k+1)$-ten Versuch erscheinen. Wir fragen nach der Wahrscheinlichkeit von „$Y < X$". Dann folgt mit $p=1/4$ und $q=1/6$, dass

$$\mathbb{P}\{Y<X\} = 1 - \mathbb{P}\{X \leq Y\} = 1 - \frac{1/4}{1/4 + 1/6 - 1/24} = \frac{1}{3}.$$

Als Nächstes wollen wir zwei ganz spezielle wichtige zufällige Größen auf Unabhängigkeit überprüfen. Dazu benötigen wir folgende Notation.

Definition 3.4.11

Für eine Menge Ω und $A \subseteq \Omega$ ist die Funktion $\mathbb{1}_A : \Omega \to \mathbb{R}$ durch

$$\mathbb{1}_A(\omega) := \begin{cases} 1 : \omega \in A \\ 0 : \omega \notin A \end{cases} \tag{3.18}$$

definiert. Diese Funktion heißt **Indikatorfunktion** von A.

Folgende Eigenschaften der Indikatorfunktion sind wichtig.

Satz 3.4.12

Sei $(\Omega, \mathcal{A}, \mathbb{P})$ ein Wahrscheinlichkeitsraum.
1. Die Indikatorfunktion einer Menge $A \subseteq \Omega$ ist dann und nur dann eine zufällige Größe, wenn $A \in \mathcal{A}$ gilt.
2. Für $A \in \mathcal{A}$ ist $\mathbb{1}_A$ gemäß der Binomialverteilung $B_{1,p}$ mit $p = \mathbb{P}(A)$ verteilt.
3. Für $A, B \in \mathcal{A}$ sind $\mathbb{1}_A$ und $\mathbb{1}_B$ dann und nur dann unabhängig, wenn die Ereignisse A und B unabhängig sind.

Beweis: Für ein $t \in \mathbb{R}$ ist das Ereignis $\{\omega \in \Omega : \mathbb{1}_A(\omega) \leq t\}$ entweder leer oder A^c oder Ω, je nachdem ob man $t < 0$, $0 \leq t < 1$ oder $t \geq 1$ hat. Damit sehen wir, dass dann und nur dann für $t \in \mathbb{R}$ stets $\{\omega \in \Omega : \mathbb{1}_A(\omega) \leq t\} \in \mathcal{A}$ gilt, wenn A^c zu $\mathcal{A}$ gehört, oder, äquivalent, wenn $A \in \mathcal{A}$. Damit ist der erste Teil bewiesen.

Die zufällige Größe nimmt nur die Werte „0" und „1" an, und es gilt

$$\mathbb{P}\{\mathbb{1}_A = 1\} = \mathbb{P}\{\omega \in \Omega : \mathbb{1}_A(\omega) = 1\} = \mathbb{P}(A) = p\,.$$

Folglich ist, wie behauptet, $\mathbb{1}_A$ gemäß $B_{1,p}$ verteilt.

Kommen wir zum Nachweis der dritten Aussage. Dazu schreiben wir die gemeinsame Verteilung von $(\mathbb{1}_A, \mathbb{1}_B)$ in Tabellenform:

$\mathbb{1}_B \backslash \mathbb{1}_A$	0	1	
0	$\mathbb{P}(A^c \cap B^c)$	$\mathbb{P}(A \cap B^c)$	$\mathbb{P}(B^c)$
1	$\mathbb{P}(A^c \cap B)$	$\mathbb{P}(A \cap B)$	$\mathbb{P}(B)$
	$\mathbb{P}(A^c)$	$\mathbb{P}(A)$	

Wir sehen, dass $\mathbb{1}_A$ und $\mathbb{1}_B$ genau dann unabhängig sind, wenn die vier Gleichungen

$$\mathbb{P}(A^c \cap B^c) = \mathbb{P}(A^c) \cdot \mathbb{P}(B^c), \quad \mathbb{P}(A^c \cap B) = \mathbb{P}(A^c) \cdot \mathbb{P}(B)$$
$$\mathbb{P}(A \cap B^c) = \mathbb{P}(A) \cdot \mathbb{P}(B^c), \quad \mathbb{P}(A \cap B) = \mathbb{P}(A) \cdot \mathbb{P}(B)$$

erfüllt sind. Nach Satz 2.2.5 gelten diese vier Gleichungen aber dann und nur dann, wenn A und B unabhängig sind. Damit ist auch die dritte Aussage bewiesen. $\square$

3.4 Unabhängigkeit zufälliger Größen 125

Abschließend gehen wir noch kurz auf den Fall von n diskreten zufälligen Größen mit $n > 2$ ein. Dabei verwenden wir die Bezeichnung aus Bemerkung 3.3.12. Für die zufälligen Größen gelte $X_j : \Omega \to D_j$ mit $D_j = \{x_1^{(j)}, x_2^{(j)}, \ldots\}$, $1 \leq j \leq n$. Weiterhin werde die gemeinsame Verteilung durch die Zahlen

$$p_{i_1,\ldots,i_n} = \mathbb{P}\{X_1 = x_{i_1}^{(1)}, \ldots, X_n = x_{i_n}^{(n)}\}$$

für $1 \leq i_1, \ldots, i_n < \infty$ charakterisiert und die der Randverteilungen durch

$$p_k^{(j)} = \mathbb{P}\{X_j = x_k^{(j)}\}, \quad k = 1, 2, \ldots,$$

Dann gilt folgende Verallgemeinerung von Satz 3.4.6 :

Satz 3.4.13

Die diskreten zufälligen Größen $X_1, \ldots, X_n$ sind dann und nur dann unabhängig, wenn für alle $1 \leq i_1, \ldots, i_n < \infty$ stets

$$p_{i_1,\ldots,i_n} = p_{i_1}^{(1)} \cdots p_{i_n}^{(n)}$$

gilt, d.h.

$$\mathbb{P}\{X_1 = x_{i_1}^{(1)}, \ldots, X_n = x_{i_n}^{(n)}\} = \mathbb{P}\{X_1 = x_{i_1}^{(1)}\} \cdots \mathbb{P}\{X_n = x_{i_n}^{(n)}\}.$$

Beispiel 3.4.14

Betrachten wir auf $\Omega = \{0,1\}^n$ das durch (3.4) definierte Wahrscheinlichkeitsmaß $\mathbb{P}$, das den Münzwurf mit einer verfälschten Münze beschreibt. Wie zuvor sei X_j das Ergebnis des j-ten Wurfs. Dann folgt mit $x_0^{(j)} = 0$ und $x_1^{(j)} = 1$ die Gleichung

$$\mathbb{P}\{X_1 = x_{i_1}^{(1)}, \ldots, X_n = x_{i_n}^{(n)}\} = p^k (1-p)^{n-k} \quad \text{mit} \quad k = x_{i_1}^{(1)} + \cdots + x_{i_n}^{(n)}.$$

Auf der anderen Seite haben wir in Beispiel 3.3.13 gezeigt, dass $\mathbb{P}\{X_j = x_{i_j}^{(j)}\} = 1 - p$ bzw. $= p$ gilt, im Fall $i_j = 0$ bzw. $i_j = 1$. Damit erhält man ebenfalls

$$\mathbb{P}\{X_1 = x_{i_1}^{(1)}\} \cdots \mathbb{P}\{X_n = x_{i_n}^{(n)}\} = p^k (1-p)^{n-k}$$

und $X_1, \ldots, X_n$ sind unabhängig.

3.4.2 Unabhängigkeit stetiger zufälliger Größen

Untersuchen wir nun die Frage, wann *stetige* zufällige Größen unabhängig sind. Seien also $X_1, \ldots, X_n$ stetige zufällige Größen mit Verteilungsdichten p_j, d.h., für $1 \leq j \leq n$ und alle $a < b$ gilt

$$\mathbb{P}_{X_j}([a,b]) = \mathbb{P}\{a \leq X_j \leq b\} = \int_a^b p_j(x)\,\mathrm{d}x\,.$$

Dann lässt sich die Unabhängigkeit der X_j wie folgt charakterisieren.

Satz 3.4.15

Die zufälligen Größen $X_1, \ldots, X_n$ sind dann und nur dann unabhängig, wenn die durch

$$p(x_1, \ldots, x_n) := p_1(x_1) \cdots p_n(x_n), \quad (x_1, \ldots, x_n) \in \mathbb{R}^n, \tag{3.19}$$

definierte Funktion p Verteilungsdichte des zufälligen Vektors $\vec{X}$ ist.

Beweis: Wieder folgt der Beweis unmittelbar aus den Sätzen 1.9.14 und 3.4.3. Ohne direkte Verwendung von Produktmaßen kann man wie folgt argumentieren:

Wir überlegen uns zuerst, was es bedeutet, dass die durch (3.19) definierte Funktion Verteilungsdichte von $\vec{X}$ ist. Nach Definition 3.3.14 der Verteilungsdichte ist dies dann und nur dann der Fall, wenn für alle $a_j < b_j$ stets

$$\mathbb{P}\{a_1 \leq X_1 \leq b_1, \ldots, a_n \leq X_n \leq b_n\}$$
$$= \int_{a_1}^{b_1} \cdots \int_{a_n}^{b_n} p_1(x_1) \cdots p_n(x_n)\, \mathrm{d}x_n \ldots \mathrm{d}x_1 \tag{3.20}$$

gilt. Die rechte Seite von (3.20) stimmt aber mit

$$\left(\int_{a_1}^{b_1} p_1(x_1)\, \mathrm{d}x_1 \right) \cdots \left(\int_{a_n}^{b_n} p_n(x_n)\, \mathrm{d}x_n \right)$$
$$= \mathbb{P}\{a_1 \leq X_1 \leq b_1\} \cdots \mathbb{P}\{a_n \leq X_n \leq b_n\}$$

überein. Damit sehen wir, dass (3.20) dann und nur dann gilt, wenn für alle $a_j < b_j$ stets

$$\mathbb{P}\{a_1 \leq X_1 \leq b_1, \ldots, a_n \leq X_n \leq b_n\} = \mathbb{P}\{a_1 \leq X_1 \leq b_1\} \cdots \mathbb{P}\{a_n \leq X_n \leq b_n\}$$

erfüllt ist. Nach (3.17) ist dies aber äquivalent zur Unabhängigkeit der X_j. Damit ist der Satz bewiesen. □

Beispiel 3.4.16

Man werfe zufällig einen Wurfpfeil auf einen Kreis K vom Radius Eins. Der Punkt im Kreis, in dem der Pfeil auftrifft, sei entsprechend der Gleichverteilung auf K verteilt. Wir nehmen an, dass der Mittelpunkt des Kreises im Koordinatenursprung liegt und der Pfeil im Punkt $(x_1, x_2) \in K$ auftrifft. Sind die x_1- und die x_2-Koordinate des Auftreffpunktes voneinander unabhängig?
Antwort: Sei $\mathbb{P}$ die Gleichverteilung auf K, so wird das Experiment durch den Wahrscheinlichkeitsraum $(\mathbb{R}^2, \mathcal{B}(\mathbb{R}^2), \mathbb{P})$ beschrieben. Wir betrachten die zufälligen Größen X_1 und X_2 definiert durch $X_1(x_1, x_2) := x_1$ und $X_2(x_1, x_2) := x_2$. Damit ist die gestellte Frage äquivalent zu folgender: Sind X_1 und X_2 unabhängige zufällige Größen? Nach (3.11) und (3.12) berechnen sich die Verteilungsdichten p_1 und p_2 von X_1 und X_2 als

$$p_1(x_1) = \begin{cases} \frac{2}{\pi}\sqrt{1-x_1^2} & : |x_1| \leq 1 \\ 0 & : |x_1| > 1 \end{cases} \quad \text{und} \quad p_2(x_2) = \begin{cases} \frac{2}{\pi}\sqrt{1-x_2^2} & : |x_2| \leq 1 \\ 0 & : |x_2| > 1. \end{cases}$$

3.5 Ordnungsstatistiken

Die Funktion $p_1(x_1) \cdot p_2(x_2)$ kann aber nicht die Verteilungsdichte von $\mathbb{P}_{(X_1, X_2)}$ sein, denn (X_1, X_2) ist auf K gleichverteilt und hat damit in Wirklichkeit die Verteilungsdichte p mit

$$p(x_1, x_2) = \begin{cases} \frac{1}{\pi} & : x_1^2 + x_2^2 \leq 1 \\ 0 & : \text{sonst} \end{cases}$$

Damit stellen wir fest, dass X_1 und X_2 abhängig sind, damit ebenso die x_1- und die x_2-Koordinate des Auftreffpunktes.

Beispiel 3.4.17

Wir setzen jetzt voraus, dass wir den Pfeil nicht auf einen Kreis, sondern auf ein senkrecht hängendes Bild oder Rechteck $R := [\alpha_1, \beta_1] \times [\alpha_2, \beta_2]$, werfen. Wie zuvor sei $(x_1, x_2) \in R$ der Auftreffpunkt des Pfeils und dieser Punkt sei auf R gleichverteilt. Die Frage ist wie in Beispiel 3.4.16, ob x_1 und x_2 voneinander unabhängig sind.
Antwort: Wir definieren X_1 und X_2 wie zuvor. Dann ist (X_1, X_2) gleichverteilt auf R, hat damit die Verteilungsdichte p mit

$$p(x_1, x_2) = \begin{cases} \frac{1}{\text{vol}_2(R)} & : (x_1, x_2) \in R \\ 0 & : (x_1, x_2) \notin R. \end{cases}$$

Daraus folgt für die Verteilungsdichte p_1 von X_1, dass

$$p_1(x_1) = \int_{-\infty}^{\infty} p(x_1, x_2) \, dx_2 = \frac{\beta_2 - \alpha_2}{\text{vol}_2(R)} = \frac{1}{\beta_1 - \alpha_1},$$

vorausgesetzt, es gilt $\alpha_1 \leq x_1 \leq \beta_1$. Damit ist X_1 gleichverteilt auf dem Intervall $[\alpha_1, \beta_1]$. Analog folgt

$$p_2(x_2) = \frac{1}{\beta_2 - \alpha_2}$$

sofern $x_2 \in [\alpha_2, \beta_2]$, d.h. X_2 ist gleichverteilt auf $[\alpha_2, \beta_2]$. Aus den Gleichungen für p_1 und p_2 folgt nun direkt

$$p(x_1, x_2) = p_1(x_1) \cdot p(x_2), \quad (x_1, x_2) \in \mathbb{R}^2,$$

also sind X_1 und X_2 unabhängig, damit in diesem Fall auch die x_1- und die x_2-Koordinate des Auftreffpunktes.

3.5 *Ordnungsstatistiken*

In diesem Abschnitt untersuchen wir folgendes praktische Problem: Wir beobachten n Versuchsausgänge $x_1, \ldots, x_n$ mit $x_j \in \mathbb{R}$, die wir unabhängig voneinander und unter identischen Versuchsbedingungen erhielten, z.B. indem wir n-mal ein Werkstück vermessen haben. Nunmehr ordnen wir die Werte der Größe nach, erhalten $x_1^* \leq \cdots \leq x_n^*$. Die wichtige Frage lautet nun, wie sind die x_k^* verteilt.

Kommen wir zur sauberen mathematischen Formulierung der Fragestellung: Gegeben seien n unabhängige und identisch verteilte zufällige Größen $X_1, \ldots, X_n$. Wir nehmen an, die beobachteten $x_1, \ldots, x_n$ seien Realisierungen der zufälligen Größen, also man hat $x_j = X_j(\omega)$ für ein zufälliges $\omega \in \Omega$.

Für $\omega \in \Omega$ setzen wir
$$X_1^*(\omega) := \min_{1 \leq j \leq n} X_j(\omega) = X_{j_1}(\omega),$$

wobei zu beachten ist, dass der Index j_1, für den die Werte $X_1(\omega), \ldots, X_n(\omega)$ minimal werden, vom Zufall, also von ω, abhängt. Gibt es mehrere Indizes, in denen der minimale Wert angenommen wird, so wählen wir davon ein beliebiges j_1 aus.

Nun definiert man den zweitkleinsten Wert als
$$X_2^*(\omega) := \min_{j \neq j_1} X_j(\omega) = X_{j_2}(\omega)$$

mit einem $j_2(\omega) \neq j_1(\omega)$. Als nächstes setzt man
$$X_3^*(\omega) := \min_{j \neq j_1, j_2} X_j(\omega) = X_{j_3}(\omega)$$

u.s.w., bis man schließlich
$$X_n^*(\omega) := \max_{1 \leq j \leq n} X_j(\omega)$$

erhält. Am Ende ergibt sich also eine Folge von zufällige Größen mit $X_1^* \leq \cdots \leq X_n^*$.

Definition 3.5.1

Man nennt $X_1^*, \ldots, X_n^*$ die Ordnungsstatistik der zufälligen Größen $X_1, \ldots, X_n$.

Bemerkung 3.5.2

Ordnungsstatistiken spielen, wie der Name schon sagt, in der Mathematischen Statistik eine wichtige Rolle; sie entstehen, wenn man n beobachtete oder gemessene Werte der Größe nach ordnet.

Ehe wir den wichtigsten Satz dieses Abschnitts formulieren, erinnern wir daran, dass die X_j identisch verteilt sind, somit eine identische Verteilungsfunktion F mit
$$F(t) = \mathbb{P}\{X_j \leq t\}, \quad t \in \mathbb{R},$$

besitzen.

3.5 Ordnungsstatistiken

Satz 3.5.3

Unter den Voraussetzungen an $X_1, \ldots, X_n$ folgt für $1 \leq k \leq n$, dass

$$\mathbb{P}\{X_k^* \leq t\} = \sum_{i=k}^{n} \binom{n}{i} F(t)^i (1 - F(t))^{n-i}, \ t \in \mathbb{R}. \tag{3.21}$$

Beweis: Zuerst überlegen wir uns, wann das Ereignis $\{X_k^* \leq t\}$ eintritt. Das ist doch genau dann der Fall, wenn mindestens k der $X_1, \ldots, X_n$ einen Wert kleiner oder gleich t annehmen. Somit folgt

$$\mathbb{P}\{X_k^* \leq t\} = \sum_{i=k}^{n} \mathbb{P}\{\text{Genau } i \text{ der } X_j \text{ erfüllen } X_j \leq t\}. \tag{3.22}$$

Wir führen nun zufällige Größen Y_j durch den Ansatz $Y_j(\omega) = 1$, wenn $X_j(\omega) \leq t$ und $Y_j = 0$ im anderen Fall, ein. Dann gilt

$$\mathbb{P}\{Y_j = 1\} = \mathbb{P}\{X_j \leq t\} = F(t),$$

d.h., die Y_j sind unabhängig $B_{1,p}$ mit $p = F(t)$ verteilt, folglich $Y_1 + \cdots + Y_n$ gemäß $B_{n,p}$, und wir erhalten

$$P\{\text{Genau } i \text{ der } X_j \text{ erfüllen } X_j \leq t\}$$
$$= \mathbb{P}\{Y_1 + \cdots + Y_n = i\} = B_{n,p}(\{i\}) = \binom{n}{i} p^i (1-p)^{n-i}. \tag{3.23}$$

Setzen wir (3.23) in (3.22), so erhalten wir wegen $p = F(t)$ Gleichung (3.21) wie behauptet. □

Beispiel 3.5.4

Man wähle entsprechend der Gleichverteilung und unabhängig voneinander n Zahlen x_1 bis x_n aus $\{1, 2, \ldots, N\}$. Danach ordne man diese Zahlen entsprechend ihrer Größe. Mit welcher Wahrscheinlichkeit gilt $x_k^* = m$ für die k-größte Zahl x_k^*?

Antwort: Die Verteilungsfunktion F der Gleichverteilung auf $\{1, \ldots, N\}$ berechnet sich durch
$$F(t) = \frac{m}{N}, \quad m \leq t < m+1$$

für $m = 1, \ldots, N$, sowie $F(t) = 0$ falls $t < 1$ und $F(t) = 1$ falls $t > N$. Nach Satz 3.5.3 folgt die Gleichung[3]

$$\mathbb{P}\{x_k^* \leq m\} = \sum_{i=k}^{n} \binom{n}{i} \left(\frac{m}{N}\right)^i \left(1 - \frac{m}{N}\right)^{n-i}.$$

---

[3]Das kann man auch direkt herleiten, indem man die wesentliche Idee im Beweis von Satz 3.5.3 verwendet.

Nun gilt aber $\{x_k^* = m\} = \{x_k^* \leq m\} \setminus \{x_k^* \leq m-1\}$, weswegen sich

$$\mathbb{P}\{x_k^* = m\} = \mathbb{P}\{x_k^* \leq m\} - \mathbb{P}\{x_k^* \leq m-1\}$$
$$= \sum_{i=k}^{n} \binom{n}{i} \left[\left(\frac{m}{N}\right)^i \left(1 - \frac{m}{N}\right)^{n-i} - \left(\frac{m-1}{N}\right)^i \left(1 - \frac{m-1}{N}\right)^{n-i} \right]$$

ergibt.

Würfelt man z.B. viermal und fragt nach der Wahrscheinlichkeit, dass die drittgrößte Zahl x_3^* den Wert 5 annimmt, so folgt mit $N = 6$, $k = 3$, $n = 4$ und $m = 5$ die Aussage

$$\mathbb{P}\{x_3^* = 5\} = \sum_{i=3}^{4} \binom{4}{i} \left[\left(\frac{5}{6}\right)^i \left(\frac{1}{6}\right)^{4-i} - \left(\frac{4}{6}\right)^i \left(\frac{2}{6}\right)^{4-i} \right] = 0.275463 \, .$$

Betrachten wir nun den *stetigen* Fall, d.h., wir nehmen an, dass die zufälligen Größen X_j eine Verteilungsdichte p mit

$$\mathbb{P}\{X_j \leq t\} = \int_{-\infty}^{t} p(x)\,\mathrm{d}x, \quad t \in \mathbb{R},$$

besitzen. Wir bemerken wieder, dass diese Gleichung für all $j \leq n$ richtig ist, da die X_j identisch verteilt sind. Es stellt sich nun die natürliche Frage, welche Verteilungsdichten dann die geordneten X_k^* haben. Antwort gibt der folgende Satz:

Satz 3.5.5

Die Verteilungsdichten p_k der geordneten X_k^* berechnen sich durch

$$p_k(t) = \frac{n!}{(k-1)!(n-k)!}\, p(t)\, F(t)^{k-1} (1 - F(t))^{n-k} \, .$$

Beweis: Es gilt

$$p_k(t) = \frac{\mathrm{d}}{\mathrm{d}t}\mathbb{P}\{X_k^* \leq t\} = \frac{\mathrm{d}}{\mathrm{d}t} \sum_{i=k}^{n} \binom{n}{i} F(t)^i (1 - F(t))^{n-i}$$
$$= \sum_{i=k}^{n} i \binom{n}{i} p(t)\, F(t)^{i-1}(1 - F(t))^{n-i} \qquad (3.24)$$
$$- \sum_{i=k}^{n} (n-i) \binom{n}{i} p(t)\, F(t)^i (1 - F(t))^{n-i-1} \, .$$

Die letzte Summe in (3.24) verschwindet für $i = n$. Verschieben wir noch den Index, so stimmt diese Summe mit

$$\sum_{i=k+1}^{n} (n-i+1) \binom{n}{i-1} p(t)\, F(t)^{i-1} (1 - F(t))^{n-i}$$

überein. Wegen
$$i\binom{n}{i} = \frac{n!}{(i-1)!(n-i)!} = (n-i+1)\binom{n}{i-1}$$
heben sich die Summanden in (3.24) für $i = k+1, \ldots, n$ weg; es bleibt nur der Term für $i = k$ in der ersten Summe übrig. Somit folgt
$$p_k(t) = k\binom{n}{k} p(t)\, F(t)^{k-1}(1-F(t))^{n-k} = \frac{n!}{(k-1)!(n-k)!}\, p(t)\, F(t)^{k-1}(1-F(t))^{n-k}$$
wie behauptet. □

Beispiel 3.5.6

Man ziehe unabhängig voneinander und entsprechend der Gleichverteilung n Zahlen x_1 bis x_n aus $[0,1]$. Welches Verteilungsgesetz besitzt dann x_k^*?

Antwort: Für die Dichte p der Gleichverteilung auf $[0,1]$ gilt $p(t) = 1$ für $t \in [0,1]$ und $p(t) = 0$ sonst, und die Verteilungsfunktion F berechnet sich als $F(t) = t$, $0 \leq t \leq 1$. Nach Satz 3.5.5 ergibt sich für die Verteilungsdichte p_k die Aussage
$$p_k(t) = \frac{n!}{(k-1)!(n-k)!}\, t^{k-1}(1-t)^{n-k}, \quad 0 \leq t \leq 1.$$
Das ist aber, wie bereits in Beispiel 1.6.20 vermerkt, die Dichte einer Betaverteilung mit Parametern k und $n-k+1$, d.h., für $0 \leq a < b \leq 1$ gilt
$$\mathbb{P}\{a \leq x_k^* \leq b\} = \mathcal{B}_{k,n-k+1}([a,b]) = \frac{n!}{(k-1)!(n-k)!}\int_a^b x^{k-1}(1-x)^{n-k}\,dx\,.$$

Beispiel 3.5.7

Man nehme n gleichartige Glühbirnen zum Zeitpunkt $t = 0$ in Betrieb und registriere die Zeiten $t_1^* \leq \cdots \leq t_n^*$, an denen irgendwelche der n Glühbirnen ausfallen. Welche Verteilungsdichte besitzt t_k^*, also der Zeitpunkt, an dem genau zum k-ten Mal eine Glühbirne erlischt?

Antwort: Nehmen wir an, die Lebensdauer der Glühbirnen sei E_λ-verteilt für ein $\lambda > 0$, und setzen wir weiter voraus, dass die Glühbirnen unabhängig voneinander ausfallen. Seien $t_1, \ldots, t_n$ die Ausfallzeiten der ersten, zweiten bis zur n-ten Glühbirne, so sind die Zeiten $t_1^* \leq \cdots \leq t_n^*$ die t_i geordnet nach ihrer Größe. Mit anderen Worten, $t_1^* \leq \cdots \leq t_n^*$ ist die Ordnungsstatistik der t_i. Folglich ist Satz 3.5.5 anwendbar. Für $t \geq 0$ gilt $p(t) = \lambda e^{-\lambda t}$, $F(t) = 1 - e^{-\lambda t}$ und $1 - F(t) = e^{-\lambda t}$. Damit folgt für die Verteilungsdichte p_k von t_k^* die Gleichung
$$p_k(t) = \lambda\,\frac{n!}{(k-1)!(n-k)!}\,(1-e^{-\lambda t})^{k-1}\,e^{-\lambda t(n-k+1)}, \quad t \geq 0.$$
So ergibt sich zum Beispiel für den Zeitpunkt t_1^* des ersten Ausfalls irgendeiner Glühbirne die Aussage
$$p_1(t) = \lambda\,n\,e^{-\lambda t n}, \quad t \geq 0,$$
d.h., t_1^* ist $E_{\lambda n}$-verteilt.

3.6 Aufgaben

Aufgabe 3.1

Das gemeinsame Verteilungsgesetz eines zufälligen Vektors $\vec{X} = (X_1, X_2)$ sei durch

$X_2 \backslash X_1$	0	1
0	$\frac{1}{10}$	$\frac{2}{5}$
1	$\frac{2}{5}$	$\frac{1}{10}$

gegeben. Man bilde nun einen zufälligen Vektor $\vec{Y} = (Y_1, Y_2)$ mit $Y_1 := \min\{X_1, X_2\}$ und $Y_2 := \max\{X_1, X_2\}$. Welches Verteilungsgesetz besitzt $\vec{Y} = (Y_1, Y_2)$? Sind Y_1 und Y_2 unabhängig?

Aufgabe 3.2

Ein zufälliger Vektor $\vec{X} = (X_1, X_2)$ sei gleichverteilt auf dem Quadrat im $\mathbb{R}^2$ mit den Eckpunkten $(0, 1), (1, 0), (0, -1)$ und $(-1, 0)$. Man bestimme $\mathbb{P}\{X_1 \leq t\}$ zu einer vorgegebenen Zahl $t \in \mathbb{R}$ sowie $\mathbb{P}\{X_1^2 + X_2^2 \leq 1\}$.

Aufgabe 3.3

Bei einer Lotterie werden 6 Zahlen zufällig aus $\{1, \ldots, 49\}$ gezogen. Man beachte, dass, wie bei einer Lotterie üblich, die entnommenen Zahlen nicht zurückgelegt werden. X_1 sei die als erste gezogene Zahl, X_2 die als zweite gezogene usw. und X_6 die als letzte gezogene Zahl.

1. Welche Verteilungsgesetze besitzen die X_i, $1 \leq i \leq 6$ und wie berechnet sich das gemeinsame Verteilungsgesetz von $X_1, \ldots, X_6$?
2. Man zeige, dass $X_1, \ldots, X_6$ nicht unabhängig sind.
3. Wie berechnet sich $\mathbb{P}\{X_3 = 1 \text{ oder } X_3 = 2 \,|\, X_1 = 16, X_2 = 9\}$?
4. Man ordne die sechs gezogenen Zahlen entsprechend ihrer Größe und erhält die zufälligen Größen $X_1^* < \cdots < X_6^*$, d.h., man bildet die Ordnungsstatistik der X_1 bis X_6. Welches Verteilungsgesetz besitzt der Vektor $(X_1^*, \ldots, X_6^*)$ und welche Randverteilungen hat er?

Aufgabe 3.4

Man werfe n-mal eine faire mit „0" und „1" beschriftete Münze. Es sei X der bei den n Würfen beobachtete maximale Wert und Y die Summe der Werte. Man bestimme das gemeinsame Verteilungsgesetz von X und Y und begründe, warum X und Y nicht unabhängig sind.

Aufgabe 3.5

Für ein gegebenes $n \in \mathbb{N}$ werden die Koeffizienten b und c der quadratischen Gleichung $x^2 + bx + c = 0$ entsprechend der Gleichverteilung und unabhängig voneinander aus dem Intervall $[-n, n]$ ausgewählt. Wie groß ist die Wahrscheinlichkeit p_n, dass die Gleichung keine reellen Lösungen besitzt? Man bestimme den Grenzwert von p_n für $n \to \infty$.

3.6 Aufgaben

Aufgabe 3.6

Die zufällige Größe X sei geometrisch verteilt mit Parameter $p \in (0,1)$. Man zeige, dass dann für alle $k, n \in \mathbb{N}_0$ die Gleichung

$$\mathbb{P}\{X = k+n | X \geq n\} = \mathbb{P}\{X = k\}$$

besteht. Welche inhaltliche Deutung erlaubt diese Identität?

Aufgabe 3.7

Die zufällige Größe X sei exponentiell mit Parameter $\lambda > 0$ verteilt. Man weise nach, dass für alle $t, s \geq 0$ stets

$$\mathbb{P}(X > s+t | X > s) = \mathbb{P}(X > t)$$

richtig ist.

Aufgabe 3.8

Zwei zufällige Größen X und Y seien unabhängig und geometrisch verteilt mit Parametern p bzw. q für gewisse $0 < p, q < 1$. Man berechne $\mathbb{P}\{X \leq Y \leq 2X\}$.

Aufgabe 3.9

Gegeben seien zwei unabhängige zufällige Größen X und Y mit

$$\mathbb{P}\{X = k\} = \mathbb{P}\{Y = k\} = \frac{1}{2^k}, \quad k = 1, 2, \ldots.$$

Welche Wahrscheinlichkeit haben die Ereignisse $\mathbb{P}\{X \leq Y\}$ und $\mathbb{P}\{X = Y\}$?

4 Rechnen mit zufälligen Größen

4.1 Transformation zufälliger Größen

In diesem Abschnitt behandeln wir das folgende Problem: Gegeben seien eine zufällige Größe $X : \Omega \to \mathbb{R}$ sowie eine Funktion $f : \mathbb{R} \to \mathbb{R}$. Wir bilden $Y := f(X)$, d.h., für $\omega \in \Omega$ gilt $Y(\omega) = f(X(\omega))$. Die Frage lautet nun:

> Wie berechnet sich das Verteilungsgesetz von $Y = f(X)$ aus dem von X?

Beispielsweise stellt sich im Fall $f(t) = t^2$ die Frage, wie man das Verteilungsgesetz von X^2 aus dem von X bestimmt.

Allerdings ist im Moment noch überhaupt nicht klar, ob die Abbildung $Y = f(X)$ eine zufällige Größe ist; denn nur dann nur ist $\mathbb{P}_Y$ sinnvoll definiert.

Definition 4.1.1

Eine Funktion $f : \mathbb{R} \to \mathbb{R}$ heißt **messbar**, wenn für jede Borelmenge $B \subseteq \mathbb{R}$ auch $f^{-1}(B)$ eine Borelmenge ist.

Bemerkung 4.1.2

Das ist eine rein technische Forderung an f, die im Weiteren keine Rolle spielen wird, denn alle wichtigen Funktionen besitzen diese Eigenschaft, z.B. stetige Funktionen, stückweise stetige, monotone, punktweise Grenzwerte von stetigen Funktionen etc.

Die Messbarkeit von f wird für folgende Aussage benötigt:

Satz 4.1.3

Sei $X : \Omega \to \mathbb{R}$ eine zufällige Größe. Dann ist für jede messbare Abbildung $f : \mathbb{R} \to \mathbb{R}$ auch $Y := f(X)$ eine zufällige Größe.

Beweis: Sei $B \in \mathcal{B}(\mathbb{R})$ gegeben. Dann erhalten wir

$$Y^{-1}(B) = X^{-1}(f^{-1}(B)) = X^{-1}(B')$$

mit $B' := f^{-1}(B)$. Nun impliziert aber die Messbarkeit von f, dass $B' \in \mathcal{B}(\mathbb{R})$, und weil X eine zufällige Größe ist, folgern wir $Y^{-1}(B) = X^{-1}(B') \in \mathcal{A}$. Da B beliebig gewählt war, ist, wie behauptet, Y eine zufällige Größe. □

Im Allgemeinen gibt es kein Verfahren, wie man für messbare Funktionen f das Verteilungsgesetz von $Y = f(X)$ aus dem von X herleiten kann. Nur für spezielle Funktionen (z.B. lineare Funktionen, siehe Abschnitt 4.2) existieren allgemein gültige Regeln für die Transformation der Verteilungsgesetze. Trotzdem ist es in vielen Fällen möglich, das Verteilungsgesetz von $f(X)$ zu bestimmen. Häufig zum Ziel führen dabei die folgenden beide Ansätze:

Ist X **diskret** mit Werten in $D := \{x_1, x_2, \ldots\}$, so besitzt $Y = f(X)$ Werte in der Menge $f(D) = \{f(x_1), f(x_2), \ldots\}$. Ist f nicht eineindeutig, so ist die Bestimmung des Verteilungsgesetzes von Y schwieriger, da in $f(D)$ Werte mehrfach auftreten können. In diesem Fall muss man solche Elemente zusammenfassen, die von f auf dasselbe Element abgebildet werden. Ist beispielsweise X gleichverteilt auf $D = \{-2, -1, 0, 1, 2\}$ und $f(x) = x^2$, so folgt $f(D) = \{0, 1, 4\}$. Für $Y = X^2$ gilt dann

$$\mathbb{P}\{Y = 0\} = \mathbb{P}\{X = 0\} = \frac{1}{5}, \quad P\{Y = 1\} = \mathbb{P}\{X = -1 \text{ oder } X = 1\} = \frac{2}{5},$$

$$\mathbb{P}\{Y = 4\} = \mathbb{P}\{X = -2 \text{ oder } X = 2\} = \frac{2}{5}.$$

Der Fall, dass f eineindeutig ist, erweist sich als einfacher, weil hier

$$\mathbb{P}\{Y = f(x_j)\} = \mathbb{P}\{X = x_j\}, \quad j = 1, 2, \ldots,$$

gilt, sich damit das Verteilungsgesetz von Y direkt aus dem von X ergibt.

Ist X **stetig**, so muss man versuchen, die Verteilungsfunktion F_Y von Y zu bestimmen. Die berechnet sich bekanntlich als

$$F_Y(t) = \mathbb{P}\{Y \leq t\} = \mathbb{P}\{f(X) \leq t\}.$$

Ist beispielsweise f streng monoton, z.B. streng wachsend, so folgt

$$F_Y(t) = \mathbb{P}\{X \leq f^{-1}(t)\} = F_X(f^{-1}(t))$$

mit inverser Funktion f^{-1}. Ist man in der Lage, F_Y zu berechnen, so erhält man die Verteilungsdichte q von Y schließlich als Ableitung von F_Y.

Die folgenden Beispiele dienen der Demonstration der genannten Verfahren:

Beispiel 4.1.4

Sei X gemäß $\mathcal{N}(0,1)$ verteilt. Welche Verteilung besitzt dann $Y := X^2$?
Antwort: Für $t > 0$ gilt

$$F_Y(t) = \mathbb{P}\{X^2 \leq t\} = \mathbb{P}\{-\sqrt{t} \leq X \leq \sqrt{t}\} = \frac{1}{\sqrt{2\pi}} \int_{-\sqrt{t}}^{\sqrt{t}} e^{-s^2/2} \, ds$$

$$= \frac{2}{\sqrt{2\pi}} \int_0^{\sqrt{t}} e^{-s^2/2} \, ds = h(\sqrt{t})$$

mit
$$h(u) := \frac{\sqrt{2}}{\sqrt{\pi}} \int_0^u e^{-s^2/2}\, ds, \quad u \geq 0.$$

Differenziert man nun F_Y nach t, so folgt unter Verwendung der Kettenregel und des Hauptsatzes der Differential- und Integralrechnung

$$q(t) = F_Y'(t) = \frac{d}{dt}\left(\sqrt{t}\right) h'\left(\sqrt{t}\right) = \frac{t^{-1/2}}{2} \cdot \frac{\sqrt{2}}{\sqrt{\pi}} e^{-t/2}$$
$$= \frac{1}{2^{1/2}\Gamma(1/2)} t^{\frac{1}{2}-1} e^{-t/2}, \quad t \geq 0.$$

In der letzten Umformung nutzten wir $\Gamma(1/2) = \sqrt{\pi}$. Natürlich gilt $F_Y(t) = 0$ falls $t \leq 0$. Damit besitzt Y die Verteilungsdichte

$$q(t) = \begin{cases} 0 & : t \leq 0 \\ \frac{1}{2^{1/2}\Gamma(1/2)} t^{-1/2} e^{-t/2} & : t > 0. \end{cases}$$

Das ist aber die Dichte einer $\Gamma_{2,\frac{1}{2}}$-Verteilung, und es ergibt sich folgende Aussage, die wir wegen ihrer Wichtigkeit als Satz formulieren:

Satz 4.1.5

Ist X gemäß $\mathcal{N}(0,1)$ verteilt, so besitzt X^2 eine $\Gamma_{2,\frac{1}{2}}$-Verteilung.

Beispiel 4.1.6

Es sei U eine auf $[0,1]$ gleichverteilte zufällige Größe. Wi berechnet sich das Verteilungsgesetz von $Y := 1/U$?
Antwort: Wir betrachten wieder die Verteilungsfunktion F_Y. Aus $\mathbb{P}\{X \in (0,1]\} = 1$ folgt $\mathbb{P}(Y \geq 1) = 1$, damit ergibt sich $F_Y(t) = 0$ für $t < 1$. Somit reicht es aus, den Fall $t \geq 1$ zu betrachten. Hier gilt

$$F_Y(t) = \mathbb{P}\left\{\frac{1}{U} \leq t\right\} = \mathbb{P}\left\{U \geq \frac{1}{t}\right\} = 1 - \frac{1}{t}.$$

Also hat Y die Verteilungsdichte

$$q(t) = F_Y'(t) = \frac{1}{t^2}, \quad t \geq 1,$$

und $q(t) = 0$ für $t < 1$.

Beispiel 4.1.7: *Zufällige Irrfahrt auf den ganzen Zahlen*

Ein Teilchen befindet sich zum Zeitpunkt 0 im Nullpunkt der ganzen Zahlen. In einem ersten Takt springt es mit Wahrscheinlichkeit p nach rechts, also in den Punkt $+1$, und mit Wahrscheinlichkeit $1 - p$ nach links, also nach -1. Im nächsten Takt springt das Teilchen wieder nach rechts oder links, mit Wahrscheinlichkeit p bzw. $1 - p$. Man nennt den beschriebenen Vorgang eine (einfache) **zufällige Irrfahrt** auf $\mathbb{Z}$.

Wir bezeichnen mit S_n den zufälligen Ort des Teilchens nach n Takten, also n Sprüngen. Sei D_n die Menge der möglichen ganzen Zahlen, in denen sich das Teilchen nach n Schritten befinden kann, so gilt

$$D_n = \{-n, -n+2, \ldots, n-2, n\}.$$

Damit ist S_n eine zufällige Größe mit Werten in D_n. Betrachten wir nunmehr

$$Y_n := \frac{1}{2}(S_n + n).$$

Welches Verteilungsgesetz besitzt Y_n? Zuerst überlegen wir uns, Y_n hat Werte in $\{0, \ldots, n\}$. Außerdem gilt genau dann $Y_n = m$ für ein $m \leq n$, wenn $S_n = 2m - n$, und das ist gleichbedeutend damit, dass das Teilchen in den ersten n Sprüngen genau m-mal nach rechts und $(n - m)$-mal nach links sprang. Auf andere Weise kann es sich nicht nach n Sprüngen im Punkt $2m - n$ befinden. Also ist Y_n gemäß $B_{n,p}$ verteilt, d.h., es gilt

$$\mathbb{P}\{Y_n = m\} = \binom{n}{m} p^m (1-p)^{n-m}, \quad m = 0, \ldots, n.$$

Wegen $S_n = 2Y_n - n$ ergibt sich hieraus sofort

$$\mathbb{P}\{S_n = k\} = \binom{n}{\frac{n+k}{2}} p^{(n+k)/2} (1-p)^{(n-k)/2}, \quad k \in D_n. \tag{4.1}$$

Nehmen wir nun an, die Zahl n sei gerade. Dann folgt $0 \in D_n$, und man kann fragen, mit welcher Wahrscheinlichkeit sich das Teilchen nach n Schritten wieder im Startpunkt „0" befindet. Gleichung (4.1) für $k = 0$ ergibt

$$\mathbb{P}\{S_n = 0\} = \binom{n}{\frac{n}{2}} p^{n/2} (1-p)^{n/2}.$$

Insbesondere erhält man für $p = 1/2$ die Wahrscheinlichkeit

$$\mathbb{P}\{S_n = 0\} = \binom{n}{\frac{n}{2}} 2^{-n} = \frac{n!}{((n/2)!)^2} 2^{-n}.$$

Eine Anwendung der Stirlingschen Formel, siehe (1.40), zeigt, dass sich dieser Ausdruck für $n \to \infty$ wie $(2\pi n)^{-1/2}$ verhält, d.h., es gilt

$$\lim_{n \to \infty} n^{1/2} \mathbb{P}\{S_n = 0\} = (2\pi)^{-1/2}.$$

4.1 Transformation zufälliger Größen

Beispiel 4.1.8

Ein zufällige Größe X sei gemäß $B_{n,p}^-$ verteilt. Welches Verteilungsgesetz besitzt dann $Y := X + n$?

Antwort: Zuerst überlegt man sich, dass Y nur die Werte $n, n+1, \ldots$ annehmen kann. Deshalb folgt für $k \geq n$ die Aussage

$$\mathbb{P}\{Y=k\} = \mathbb{P}\{X=k-n\} = \binom{k-1}{k-n} p^n (1-p)^{k-n} = \binom{-n}{k-n} p^n (p-1)^{k-n}.$$

Zusatzfrage: Welchen Vorgang beschreibt Y?

Antwort: Bei der mehrfachen unabhängigen Ausführung eines Versuchs mit Erfolgswahrscheinlichkeit p nimmt X genau dann den Wert $m \in \mathbb{N}_0$ an, wenn im $(n+m)$-ten Versuch zum n-ten Mal Erfolg eintritt. Nun gilt aber $Y = X - n$, d.h., man hat $Y = k$ für ein $k \geq n$ genau dann, wenn man im $[(k-n)+n]$-ten Versuch genau zum n-ten Mal Erfolg hat. Also beschreibt Y den Vorgang, bei dieser Versuchsanordnung genau im k-ten Versuch zum n-ten Mal Erfolg zu haben.

Abschließend in diesem Abschnitt soll noch folgendes Problem behandelt werden: Gegeben seien n unabhängige zufällige Größen $X_1, \ldots, X_n$ sowie n messbare Funktionen $f_1, \ldots, f_n$ von $\mathbb{R}$ nach $\mathbb{R}$. Wir bilden nun neue zufällige Größen $Y_1, \ldots, Y_n$ durch den Ansatz

$$Y_i := f_i(X_i), \quad 1 \leq i \leq n.$$

Sind dann auch $Y_1, \ldots, Y_n$ unabhängig? Folgt beispielsweise aus der Unabhängigkeit von X_1 und X_2 auch die von X_1^2 und e^{X_2+1}? Die Antwort ist nicht überraschend.

Satz 4.1.9

Gegeben seien n unabhängige unabhängige zufällige Größen $X_1, \ldots, X_n$ und messbare Funktionen $f_i : \mathbb{R} \to \mathbb{R}$. Dann sind auch die zufälligen Größen $f_1(X_1), \ldots, f_n(X_n)$ unabhängig.

Beweis: Für beliebige Borelmengen $B_1, \ldots, B_n$ aus $\mathbb{R}$ setze man $A_i := f_i^{-1}(B_i), 1 \leq i \leq n$. Weil für ein $\omega \in \Omega$ die Aussage $f_i(X_i(\omega)) \in B_i$ äquivalent zu $X_i(\omega) \in A_i$ ist, folgt aufgrund der Unabhängigkeit der X_i (man wende Definition 3.4.1 auf X_i und die Ereignisse A_i an) die Aussage

$$\mathbb{P}\{f_1(X_1) \in B_1, \ldots, f_n(X_n) \in B_n\} = \mathbb{P}\{X_1 \in A_1, \ldots, X_n \in A_n\}$$
$$= \mathbb{P}\{X_1 \in A_1\} \cdots \mathbb{P}\{X_n \in A_n\} = \mathbb{P}\{f_1(X_1) \in B_1\} \cdots \mathbb{P}\{f_n(X_n) \in B_n\}.$$

Da die B_i beliebig gewählt waren, so sind $f_1(X_1), \ldots, f_n(X_n)$ ebenfalls unabhängig. □

Bemerkung 4.1.10

Ohne Beweis vermerken wir noch, dass die Unabhängigkeit zufälliger Größen erhalten bleibt, wenn man sie in disjunkte Gruppen zusammenfasst. Beispielsweise folgt aus der Unabhängigkeit von $X_1, \ldots, X_n$ auch die von $f(X_1, \ldots, X_k)$ und $g(X_{k+1}, \ldots, X_n)$.

Würfelt man z.B. viermal, so sind nicht nur die Ergebnisse der vier Würfe unabhängig voneinander, sondern auch die Summe der ersten beiden Würfe von der Summe des dritten und vierten Wurfs oder das Ergebnis des ersten Wurfs vom Maximum der letzten drei Würfe.

4.2 Lineare Transformationen

Gegeben seien reelle Zahlen a und b mit $a \neq 0$. Für eine zufällige Größe X betrachten wir nunmehr die linear transformierte Abbildung $Y := aX + b$ und fragen nach dem Verteilungsgesetz von Y.

Satz 4.2.1

Es sei $Y = aX + b$ mit $a, b \in \mathbb{R}$ und $a \neq 0$.

(a) Es folgt

$$F_Y(t) = F_X\left(\frac{t-b}{a}\right), \ a > 0, \text{ und } F_Y(t) = 1 - \mathbb{P}\left\{X < \frac{t-b}{a}\right\}, \ a < 0.$$

Ist F_X stetig im Punkt $\frac{t-b}{a}$, so gilt $F_Y(t) = 1 - F_X\left(\frac{t-b}{a}\right)$ im Fall $a < 0$.

(b) Ist X stetig mit Dichte p, so besitzt Y eine Verteilungsdichte q, die sich durch

$$q(t) = \frac{1}{|a|} p\left(\frac{t-b}{a}\right), \quad t \in \mathbb{R}, \tag{4.2}$$

berechnet.

Beweis: Betrachten wir zuerst den Fall $a > 0$. Dann folgt

$$F_Y(t) = \mathbb{P}\{aX + b \leq t\} = \mathbb{P}\left\{X \leq \frac{t-b}{a}\right\} = F_X\left(\frac{t-b}{a}\right)$$

wie behauptet.

Im Fall $a < 0$ schließen wir wie folgt:

$$F_Y(t) = \mathbb{P}\{aX + b \leq t\} = \mathbb{P}\left\{X \geq \frac{t-b}{a}\right\} = 1 - \mathbb{P}\left\{X < \frac{t-b}{a}\right\}.$$

Ist nun F_X stetig im Punkt $\frac{t-b}{a}$, so gilt $\mathbb{P}\left\{X = \frac{t-b}{a}\right\} = 0$, also

$$\mathbb{P}\left\{X < \frac{t-b}{a}\right\} = \mathbb{P}\left\{X \leq \frac{t-b}{a}\right\} = F_X\left(\frac{t-b}{a}\right),$$

4.2 Lineare Transformationen

woraus sich sofort die Behauptung ergibt.

Wir nehmen nun an, X besitze eine Verteilungsdichte p. Dann ist F_X und nach Teil (a) auch F_Y mit Ausnahme von höchstens endlich vielen Punkten differenzierbar und $q(t) = F'_Y(t)$. Im Fall $a > 0$ folgt dann aber

$$q(t) = \frac{d}{dt} F_X\left(\frac{t-b}{a}\right) = \frac{1}{a} F'_X\left(\frac{t-b}{a}\right) = \frac{1}{a} p\left(\frac{t-b}{a}\right) = \frac{1}{|a|} p\left(\frac{t-b}{a}\right)$$

wie gewünscht.

Weil X eine Verteilungsdichte besitzt, ist F_X stetig. Damit ergibt sich im Fall $a < 0$ stets $F_Y(t) = 1 - F_X\left(\frac{t-b}{a}\right)$ für alle reellen Zahlen t, somit

$$q(t) = \frac{d}{dt}\left[1 - F_X\left(\frac{t-b}{a}\right)\right] = -\frac{1}{a} p\left(\frac{t-b}{a}\right)$$
$$= \frac{1}{-a} p\left(\frac{t-b}{a}\right) = \frac{1}{|a|} p\left(\frac{t-b}{a}\right).$$

Damit ist der Satz bewiesen. □

Beispiel 4.2.2

Eine zufällige Größe X sei $\mathcal{N}(0,1)$-verteilt. Gegeben seien ein $a \neq 0$ und ein $\mu \in \mathbb{R}$. Welches Verteilungsgesetz besitzt $Y := aX + \mu$?
Antwort: Die zufällige Größe X ist stetig mit Verteilungsdichte

$$p(t) = \frac{1}{\sqrt{2\pi}} e^{-t^2/2}.$$

Folglich gilt nach (4.2) mit $b = \mu$ für die Dichte q von Y, dass

$$q(t) = \frac{1}{|a|} p\left(\frac{t-\mu}{|a|}\right) = \frac{1}{\sqrt{2\pi}\,|a|} e^{-(t-\mu)^2/2a^2}.$$

Dies heißt aber, die zufällige Größe Y ist $\mathcal{N}(\mu, |a|^2)$-verteilt. Insbesondere folgt für $\sigma > 0$ und $\mu \in \mathbb{R}$, dass $\sigma X + \mu$ gemäß $\mathcal{N}(\mu, \sigma^2)$ verteilt ist.

Zusatzfrage: Sei Y für ein $\sigma > 0$ gemäß $\mathcal{N}(\mu, \sigma^2)$ verteilt. Welches Verteilungsgesetz besitzt dann die zufällige Größe $X := \frac{Y-\mu}{\sigma}$?
Antwort: Unter Verwendung von (4.2) sieht man sofort, dass X standardnormalverteilt ist.

Wegen der Wichtigkeit der gewonnenen Aussagen fassen wir diese in einem Satz zusammen. Dabei gelte $\mu \in \mathbb{R}$ und $\sigma > 0$.

Satz 4.2.3

X ist $\mathcal{N}(0,1)$-verteilt $\iff$ $\sigma X + \mu$ ist gemäß $\mathcal{N}(\mu, \sigma^2)$ verteilt.

Folgerung 4.2.4

Für ein Intervall $[a, b]$ gilt

$$\mathcal{N}(\mu, \sigma^2)([a, b]) = \Phi\left(\frac{b-\mu}{\sigma}\right) - \Phi\left(\frac{a-\mu}{\sigma}\right)$$

mit der in (1.51) eingeführten Gaußschen Fehlerfunktion Φ.

Beweis: Wir wenden Satz 4.2.3 mit X gemäß $\mathcal{N}(0, 1)$ verteilt an und erhalten

$$\mathcal{N}(\mu, \sigma^2)([a, b]) = \mathbb{P}\{a \leq \sigma X + \mu \leq b\} = \mathbb{P}\left\{\frac{a-\mu}{\sigma} \leq X \leq \frac{b-\mu}{\sigma}\right\}$$
$$= \Phi\left(\frac{b-\mu}{\sigma}\right) - \Phi\left(\frac{a-\mu}{\sigma}\right)$$

wie behauptet. □

Das nächste Ergebnis zeigt, dass eine $\mathcal{N}(\mu, \sigma^2)$ verteilte zufällige Größe mit über 99%-iger Wahrscheinlichkeit Werte im Intervall $[\mu - 3\sigma, \mu + 3\sigma]$ annimmt. Damit kann man sich bei der Untersuchung von solchen zufälligen Größen auf deren Werte in diesesm Intervall beschränken. Man nennt dies die 3σ-**Regel**.

Folgerung 4.2.5: 3σ-Regel

Für Y gemäß $\mathcal{N}(\mu, \sigma^2)$ verteilt gilt

$$\mathbb{P}\{|Y - \mu| \leq 2\sigma\} \geq 0.954 \quad \text{und} \quad \mathbb{P}\{|Y - \mu| \leq 3\sigma\} \geq 0.995\,.$$

Beweis: Für $c > 0$ erhält man

$$\mathbb{P}\{|Y - \mu| \leq c\sigma\} = \Phi(c) - \Phi(-c) = \frac{\sqrt{2}}{\sqrt{\pi}} \int_0^c e^{-x^2/2}\,dx,$$

woraus sich die Behauptung wegen

$$\Phi(2) - \Phi(-2) = 0.9545 \quad \text{und} \quad \Phi(3) - \Phi(-3) = 0.9973$$

ergibt. □

4.2 Lineare Transformationen

Beispiel 4.2.6

Die zufällige Größe U sei gleichverteilt auf $[0,1]$. Welches Verteilungsgesetz besitzt dann $aU + b$ für $a \neq 0$ und $b \in \mathbb{R}$?

Antwort: Für die Verteilungsdichte p von U gilt $p(t) = 1$ falls $0 \leq t \leq 1$ und $p(t) = 0$ sonst. Damit folgt

$$q(t) = \begin{cases} \frac{1}{|a|} & : 0 \leq \frac{t-b}{a} \leq 1 \\ 0 & : \text{sonst}. \end{cases}$$

Betrachten wir zuerst den Fall $a > 0$. Dann gilt genau dann $q(t) = 1/a$, wenn $b \leq t \leq a+b$. Damit ist $aU + b$ gleichverteilt auf dem Intervall $[b, a+b]$.

Ist dagegen $a < 0$, so ergibt sich $q(t) = 1/|a|$ dann und nur dann, wenn $a + b \leq t \leq b$, womit diesmal $aU + b$ gleichverteilt auf $[a + b, b]$ ist.

Wie man sich leicht überlegt, ist auch die Umkehrung der Aussagen über die Verteilung von $aU + b$ richtig. Mit anderen Worten, es gilt Folgendes:

$$U \text{ ist gleichverteilt auf } [0,1] \Leftrightarrow aU + b \text{ ist gleichverteilt auf } \begin{cases} [b, a+b] & : a > 0 \\ [a+b, b] & : a < 0 \end{cases}$$

Folgerung 4.2.7

Ist U gleichverteilt auf $[0,1]$, so gilt dies auch für $1 - U$, d.h., es gilt $U \stackrel{d}{=} 1 - U$.

Beispiel 4.2.8

Die zufällige Größe X sei $\Gamma_{\alpha,\beta}$- verteilt für gewisse $\alpha, \beta > 0$. Welche Verteilung hat dann aX für ein $a > 0$?

Antwort: Die Verteilungsdichte p von X besitzt die Gestalt $p(t) = 0$ für $t \leq 0$ und im Fall $t > 0$ gilt

$$p(t) = \frac{1}{\alpha^\beta \Gamma(\beta)} t^{\beta-1} e^{-t/\alpha}.$$

Damit erhält man unter Verwendung von (4.2), dass für die Verteilungsdichte q von aX ebenfalls $q(t) = 0$ für $t \leq 0$ gilt, während sich für $t > 0$

$$q(t) = \frac{1}{a} p\left(\frac{t}{a}\right) = \frac{1}{a \alpha^\beta \Gamma(\beta)} \left(\frac{t}{a}\right)^{\beta-1} e^{-t/a\alpha} = \frac{1}{(a\alpha)^\beta \Gamma(\beta)} t^{\beta-1} e^{-t/a\alpha}$$

ergibt. Also ist aX gemäß $\Gamma_{a\alpha,\beta}$ verteilt.

Für die Exponentialverteilung E_λ galt $E_\lambda = \Gamma_{1/\lambda,1}$. Damit erhält man in diesem Spezialfall für $a > 0$ die Aussage, dass X genau dann E_λ-verteilt ist, wenn aX eine $E_{\lambda/a}$-Verteilung besitzt.

4.3 Münzwurf und Gleichverteilung auf $[0,1]$

4.3.1 Darstellung reeller Zahlen als Dualbruch

Wir beginnen mit folgender Aussage: Jede Zahl $x \in [0,1)$ lässt sich als Dualbruch der Form $x = 0.x_1 x_2 \cdots$ mit $x_k \in \{0,1\}$ schreiben. Dies ist eine abkürzende Schreibweise für

$$x = \sum_{k=1}^{\infty} \frac{x_k}{2^k}.$$

Die Darstellung einer Zahl als Dualbruch ist nicht immer eindeutig. Beispielsweise hat man

$$\frac{1}{2} = 0.10000\cdots, \quad \text{aber auch} \quad \frac{1}{2} = 0.01111\cdots.$$

Man überzeuge sich davon, indem man für die zweite Darstellung einfach die entsprechende unendliche Summe ausrechnet.

Es ist einfach zu sehen, dass sich genau Zahlen $x \in [0,1)$ der Form $x = k/2^n$ für $n \in \mathbb{N}$ und k mit $k = 1, 3, 5, \ldots, 2^n - 1$ auf unterschiedliche Art schreiben lassen.

Um die Darstellung als Dualbruch für alle Zahlen $x \in [0,1)$ eindeutig zu machen, vereinbaren wir Folgendes:

Vereinbarung 4.3.1

Lässt sich eine Zahl $x \in [0,1)$ sowohl als $x = 0.x_1 \cdots x_{n-1} 1000 \cdots$ als auch in der Form $x = 0.x_1 \cdots x_{n-1} 0111 \cdots$ darstellen, dann wählen wir stets die erstere Darstellung. Insbesondere gibt es dann keine Zahlen, bei denen in der Darstellung ab einer gewissen Stelle nur noch die Zahl „1" erscheint.

Wie konstruiert man für eine gegebene Zahl $x \in [0,1)$ ihre Darstellung als Dualbruch? Das Verfahren ist recht einfach: Gilt $x < \frac{1}{2}$, so setzen wir $x_1 = 0$, falls $\frac{1}{2} \leq x < 1$, so ist $x_1 = 1$. Betrachten wir nun $x - \frac{x_1}{2}$, so folgt $0 \leq x - \frac{x_1}{2} < \frac{1}{2}$. Hat man $x - \frac{x_1}{2} < \frac{1}{4}$, so setzt man $x_2 = 0$, anderenfalls $x_2 = 1$. Es folgt $0 \leq x - \frac{x_1}{2} - \frac{x_2}{2^2} < \frac{1}{4}$, und je nachdem ob dieser Ausdruck in $[0, \frac{1}{8})$ oder $[\frac{1}{8}, \frac{1}{4})$ liegt, wählt man nun $x_3 = 0$ oder $x_3 = 1$. Eine Fortführung dieses Verfahrens liefert die gesuchte Dualbruchdarstellung.

Wir wollen nun diese etwas heuristische Konstruktionmethode in mathematisch exakterer Form präsentieren. Zu diesem Zweck teilen wir für jedes $n \in \mathbb{N}$ das Intervall $[0,1)$ in 2^n disjunkte Intervalle der Länge $1/2^n$ ein. Wir beginnen mit der Einteilung des Intervalls $[0,1)$ in zwei Intervalle:

$$I_0 := \left[0, \frac{1}{2}\right) \quad \text{und} \quad I_1 := \left[\frac{1}{2}, 1\right).$$

Im zweiten Schritt teilen wir I_0 und I_1 wieder in zwei gleich große Intervalle und erhalten insgesamt die vier Intervalle

$$I_{00} := \left[0, \frac{1}{4}\right), \quad I_{01} := \left[\frac{1}{4}, \frac{1}{2}\right), \quad I_{10} := \left[\frac{1}{2}, \frac{3}{4}\right) \quad \text{und} \quad I_{11} := \left[\frac{3}{4}, 1\right).$$

4.3 Münzwurf und Gleichverteilung auf [0, 1]

Man beachte, dass der linke Eckpunkt des Intervalls $I_{a_1 a_2}$ genau die Zahl $a_1/2 + a_2/4$ ist, d.h., es gilt

$$I_{a_1 a_2} = \left[\sum_{j=1}^{2} \frac{a_j}{2^j}, \sum_{j=1}^{2} \frac{a_j}{2^j} + \frac{1}{2^2} \right), \quad a_1, a_2 \in \{0, 1\}.$$

Für $n \geq 1$ und $a_1, \ldots, a_n \in \{0, 1\}$ sei nun

$$I_{a_1 \cdots a_n} = \left[\sum_{j=1}^{n} \frac{a_j}{2^j}, \sum_{j=1}^{n} \frac{a_j}{2^j} + \frac{1}{2^n} \right), \quad (4.3)$$

wobei der linke Eckpunkt des Intervalls die Darstellung $0.a_1 a_2 \cdots a_n$ besitzt.

Das folgende Lemma präzisiert nun die oben beschriebene Konstruktion von Dualbrüchen:

Lemma 4.3.1

Für alle $a_1, \ldots, a_n \in \{0, 1\}$ gilt

$$I_{a_1 \cdots a_n} = \{ x \in [0, 1) : x = 0.a_1 a_2 \cdots a_n \cdots \}.$$

In anderen Worten, $I_{a_1 \cdots a_n}$ enthält genau diejenigen $x \in [0, 1)$, deren erste n Zahlen in der Dualdarstellung $a_1, \ldots, a_n$ sind.

Beweis: Sei zuerst $x \in I_{a_1 \cdots a_n}$. Mit dem linken Endpunkt $a := 0.a_1 \cdots a_n$ des Intervalls $I_{a_1, \ldots, a_n}$ folgt dann $a \leq x < a + 1/2^n$, somit $x - a < 1/2^n$. Deshalb besitzt $x - a$ notwendigerweise die Darstellung $x - a = 0.00 \cdots 0 b_{n+1} \cdots$ mit gewissen $b_{n+1}, b_{n+2}, \ldots \in \{0, 1\}$. Hieraus ergibt sich sofort die Aussage

$$x = a + (x - a) = 0.a_1 \cdots a_n b_{n+1} \cdots$$

Umgekehrt, wenn für x in der Dualdarstellung $x_1 = a_1, \ldots, x_n = a_n$ gilt, so folgt $a \leq x$ und $x - a = \sum_{k=n+1}^{\infty} \frac{x_k}{2^k} < \frac{1}{2^n}$, da mindestens eins der x_k für $k > n$ Null sein muss. Damit gilt $a \leq x < a + \frac{1}{2^n}$, also $x \in I_{a_1 \cdots a_n}$ wie behauptet und das Lemma ist bewiesen. □

Lemma 4.3.1 liefert die gewünschte Zerlegung des Intervalls $[0, 1)$.

Folgerung 4.3.2

Für jedes $n \geq 1$ bilden die 2^n Mengen $I_{a_1 \cdots a_n}$ mit $a_j \in \{0, 1\}$ eine disjunkte Zerlegung des Intervalls $[0, 1)$, d.h., es gilt

$$\bigcup_{a_1, \ldots, a_n \in \{0,1\}} I_{a_1 \cdots a_n} = [0, 1) \quad \text{und} \quad I_{a_1 \cdots a_n} \cap I_{a'_1 \cdots a'_n} = \emptyset$$

für $(a_1, \ldots, a_n) \neq (a'_1, \ldots, a'_n)$. Außerdem hat man

$$\{ x \in [0, 1) : x_k = 0 \} = \bigcup_{a_1, \ldots, a_{k-1} \in \{0,1\}} I_{a_1 \cdots a_{k-1} 0}.$$

4.3.2 Dualbrüche zufälliger Zahlen

Im vergangenen Abschnitt haben wir eine Zahl $x \in [0,1)$ in der Form $x = 0.x_1 x_2 \cdots$ mit $x_k \in \{0,1\}$ dargestellt. Was passiert nun, wenn man die Zahl x zufällig aus $[0,1)$ wählt, z.B. entsprechend der Gleichverteilung auf $[0,1]$? Dann sind auch die x_k zufällig und wir fragen danach, welche Verteilung sie besitzen. Mathematisch bedeutet dies, wir haben eine auf $[0,1]$ gleichverteilte zufällige Größe $U : \Omega \to \mathbb{R}$ und schreiben[1]

$$U(\omega) = 0.X_1(\omega) X_2(\omega) \cdots \quad \text{mit} \quad X_k : \Omega \to \{0,1\}. \tag{4.4}$$

Welche Verteilung besitzen die zufälligen Größen X_k? Antwort gibt der folgende Satz.

Satz 4.3.3

Für jedes $k \in \mathbb{N}$ gilt

$$\mathbb{P}\{X_k = 0\} = \mathbb{P}\{X_k = 1\} = \frac{1}{2}. \tag{4.5}$$

Außerdem sind für jedes $n \geq 1$ die zufälligen Größen $X_1, \ldots, X_n$ unabhängig.

Beweis: Zuerst bemerken wir, dass nach Voraussetzung das Verteilungsgesetz $\mathbb{P}_U$ die Gleichverteilung auf $[0,1]$ ist. Damit erhält man unter Verwendung der σ-Additivität von $\mathbb{P}_U$ aus Folgerung 4.3.2 die Aussage

$$\mathbb{P}\{X_k = 0\} = \mathbb{P}_U \left(\bigcup_{a_1,\ldots,a_{k-1} \in \{0,1\}} I_{a_1 \cdots a_{k-1} 0} \right)$$

$$= \sum_{a_1,\ldots,a_{k-1} \in \{0,1\}} \mathbb{P}_U (I_{a_1 \cdots a_{k-1} 0}) = \sum_{a_1,\ldots,a_{k-1} \in \{0,1\}} \frac{1}{2^k} = \frac{2^{k-1}}{2^k} = \frac{1}{2}.$$

Da X_k nur Werte in $\{0,1\}$ annimmt, impliziert dies natürlich auch $\mathbb{P}\{X_k = 1\} = 1/2$.

Zeigen wir nun, dass für ein beliebiges $n \in \mathbb{N}$ die Folge $X_1, \ldots, X_n$ unabhängig ist. Dazu verwenden wir Satz 3.4.13. Es ist also zu zeigen, dass für alle $a_1, \ldots, a_n \in \{0,1\}$ stets

$$\mathbb{P}\{X_1 = a_1, \ldots, X_n = a_n\} = \mathbb{P}\{X_1 = a_1\} \cdots \mathbb{P}\{X_n = a_n\} \tag{4.6}$$

gilt. Aufgrund von (4.5) berechnet sich die rechte Seite von (4.6) als

$$\mathbb{P}\{X_1 = a_1\} \cdots \mathbb{P}\{X_n = a_n\} = \underbrace{\frac{1}{2} \cdots \frac{1}{2}}_{n} = \frac{1}{2^n},$$

Auf der linken Seite von (4.6) erhält man

$$\mathbb{P}\{X_1 = a_1, \ldots, X_n = a_n\} = \mathbb{P}_U (I_{a_1 \cdots a_n}) = \frac{1}{2^n},$$

---

[1] Man beachte, dass $\mathbb{P}\{U \in [0,1)\} = 1$ gilt. Deshalb können wir ohne Beschränkung der Allgemeinheit annehmen, dass U nur Werte in $[0,1)$ besitzt.

4.3 Münzwurf und Gleichverteilung auf $[0, 1]$

denn $\mathbb{P}_U$ ist die Gleichverteilung auf $[0, 1)$, somit ergibt sich $\mathbb{P}_U(I_{a_1\cdots a_n})$ als Länge von $I_{a_1\cdots a_n}$, welche nach Definition (4.3) genau $1/2^n$ beträgt. Folglich gilt (4.6) für beliebige $a_1, \ldots, a_n \in \{0, 1\}$ und $X_1, \ldots, X_n$ sind unabhängig. □

Die Folge der durch 4.4 definierten zufälligen Größen $X_1, X_2, \ldots$ kann als Modell für das **unendlich** häufige Werfen einer fairen, mit „0" und „1" beschrifteten, Münze verwendet werden:

Definition 4.3.4

Ein **Modell für den unendlichen Münzwurf** ist eine Folge $X_1, X_2, \ldots$ von zufälligen Größen mit folgenden Eigenschaften:

(1) Für jedes $k \in \mathbb{N}$ hat man $\mathbb{P}\{X_k = 0\} = \mathbb{P}\{X_k = 1\} = 1/2$.

(2) Die unendliche Folge $(X_k)_{k \geq 1}$ ist unabhängig, d.h., für jede Zahl $n \geq 1$ sind die zufälligen Größen $X_1, \ldots, X_n$ unabhängig.

Eine Realisierung des unendlichen Münzwurfs ist die unendliche Folge $(X_1(\omega), X_2(\omega), \ldots)$, die in Abhängigkeit von $\omega \in \Omega$ aus Nullen und Einsen besteht. Das ist eine, vielleicht auf den ersten Blick, ungewohnte Herangehensweise: Man wählt zufällig die gesamte Folge des Münzwurfs aus, nicht nacheinander jeden einzelnen Eintrag durch sukzessives Werfen der Münze. Man mag sich vorstellen, es gäbe einen solchen Würfel, auf dem alle Folgen aus Nullen und Einsen geschrieben stehen. Dann werfe man diesen Würfel und erhält eine zufällige Folge. Die Ergebnisse im ersten, zweiten etc. Wurf sind dann einfach der erste, zweite, etc. Eintrag in der Folge.

4.3.3 Konstruktion zufälliger Zahlen durch unendlichen Münzwurf

Wie wir in Satz 4.3.3 sahen, kann man mithilfe der Gleichverteilung auf $[0, 1)$ ein Modell des unendlichen Münzwurfs konstruieren. Wir wollen jetzt zeigen, dass auch umgekehrt gleichverteilte zufällige Größen mittels eines unendlichen Münzwurfs gebildet werden können. Dazu wählen wir im Sinn von Definition 4.3.4 ein Modell $(X_k)_{k \geq 1}$ des unendlichen Münzwurfs. Die Existenz solcher X_k sichert Satz 4.3.3. Mit anderen Worten, wir betrachten zufällige Größen X_k auf einem Wahrscheinlichkeitsraum $(\Omega, \mathcal{A}, \mathbb{P})$ (der kann ganz beliebig sein), sodass Folgendes erfüllt ist.

1. Für jedes $k \in \mathbb{N}$ hat man $\mathbb{P}\{X_k = 0\} = \mathbb{P}\{X_k = 1\} = 1/2$.
2. Für jede natürliche Zahl n sind $X_1, \ldots, X_n$ unabhängig.

Mit diesen X_k definieren wir nun eine neue zufällige Größe U durch

$$U(\omega) := \sum_{k=1}^{\infty} \frac{X_k(\omega)}{2^k}, \quad \omega \in \Omega. \tag{4.7}$$

Dann gilt folgender Satz:

Satz 4.3.5

Die durch (4.7) gegebene zufällige Größe U ist auf $[0, 1]$ gleichverteilt.

Beweis: Es ist nachzuweisen, dass für alle $t \in [0, 1)$ die Aussage

$$\mathbb{P}\{U \leq t\} = t \tag{4.8}$$

richtig ist. Dann ist U auf $[0, 1]$ gleichverteilt.

Wir beginnen mit folgender Feststellung: Sei $t \in [0, 1)$ in der Form $0.t_1 t_2 \cdots$ mit gewissen $t_i \in \{0, 1\}$ dargestellt, dann gilt für $s = 0.s_1 s_2 \cdots$ genau dann $s < t$, wenn es eine Zahl $n \in \mathbb{N}$ mit folgender Eigenschaft gibt[2]:

$$s_1 = t_1, \ldots, s_{n-1} = t_{n-1}, \quad s_n = 0 \text{ und } t_n = 1.$$

In der Sprache der in (4.3) eingeführten Intervalle $I_{a_1 \cdots a_n}$ bedeutet dies, man wähle das minimale n mit $t \in I_{a_1 \cdots a_n}$ und $s \notin I_{a_1 \cdots a_n}$. Da $s < t$ muss dann $t_n = a_n = 1$, folglich $s_n = 0$, gelten. Für ein $t \in [0, 1)$ setzen wir nun

$$A_n(t) := \{s \in [0, 1) : s_1 = t_1, \ldots, s_{n-1} = t_{n-1}, \ s_n = 0, \ t_n = 1\}.$$

Diese Mengen $A_n(t)$ sind disjunkt, es gilt $A_n(t) \neq \emptyset$ genau dann, wenn $t_n = 1$, und nach der vorherigen Überlegung folgt

$$[0, t) = \bigcup_{n=1}^{\infty} A_n(t) = \bigcup_{\{n : t_n = 1\}} A_n(t).$$

Schließlich bemerken wir noch, dass im Fall $A_n(t) \neq \emptyset$, also für $t_n = 1$, Folgendes gilt:

$$\mathbb{P}\{U \in A_n(t)\} = \mathbb{P}\{X_1 = t_1, \ldots, X_{n-1} = t_{n-1}, X_n = 0\}$$
$$= \mathbb{P}\{X_1 = t_1\} \cdots \mathbb{P}\{X_{n-1} = t_{n-1}\} \cdot \mathbb{P}\{X_n = 0\} = \frac{1}{2^n}.$$

Dabei haben wir in den beiden letzten Umformungen sowohl die Unabhängigkeit der X_k als auch $\mathbb{P}\{X_k = 0\} = \mathbb{P}\{X = 1\} = 1/2$ verwendet.

Als Ergebnis der vorangegangenen Überlegungen erhalten wir

$$\mathbb{P}\{U < t\} = \mathbb{P}\left\{U \in \bigcup_{\{n : t_n = 1\}} A_n(t)\right\} = \sum_{\{n : t_n = 1\}} \mathbb{P}\{U \in A_n(t)\}$$
$$= \sum_{\{n : t_n = 1\}} \frac{1}{2^n} = \sum_{n=1}^{\infty} \frac{t_n}{2^n} = t.$$

---

[2] Im Fall $n = 1$ heißt das einfach, man hat $s_1 = 0$ und $t_1 = 1$

4.4 Simulation zufälliger Größen   149

Damit ist (4.8) „fast" bewiesen. Wir müssen nur noch $\mathbb{P}\{U < t\} = \mathbb{P}\{U \leq t\}$, oder, äquivalent, $\mathbb{P}\{U = t\} = 0$ zeigen. Unter der Verwendung der Tatsache, dass Wahrscheinlichkeitsmaße stetig von oben sind, erhält man dies aus

$$\mathbb{P}\{U = t\} = \mathbb{P}\{X_1 = t_1, X_2 = t_2, \ldots\}$$
$$= \lim_{n \to \infty} \mathbb{P}\{X_1 = t_1, \ldots, X_n = t_n\} = \lim_{n \to \infty} \frac{1}{2^n} = 0$$

wie behauptet. Damit gilt (4.8) für alle $t \in [0,1)$ und U ist gleichverteilt. □

Eine äquivalente Möglichkeit, die gleichverteilte zufällige Größe U zu schreiben, ist als Dualbruch in der Form

$$U(\omega) := 0.X_1(\omega)X_2(\omega)\cdots, \quad \omega \in \Omega\,. \tag{4.9}$$

Mit anderen Worten, wirft man „unendlich" oft eine faire Münze mit den Zahlen „0" und „1" und bildet dann aus den beobachteten Ergebnissen eine Zahl aus $[0,1)$ in Dualschreibweise, so ist diese so erhaltene Zahl auf $[0,1]$ gleichverteilt.

Bemerkung 4.3.6

Wie konstruiert man n unabhängige zufällige auf $[0,1]$ gleichverteilte Größen mithilfe des unendlichen Münzwurfs? Ganz einfach; man werfe nicht nur einmal eine faire Münze „unendlich" oft, sondern n-mal. Im Ergebnis erhält man $X_1^1, X_2^1, \ldots$ als Ergebnisse des ersten Wurfs, bildet daraus nach (4.9) den Wert von U_1, wirft ein zweites Mal die Münze, erhält den Wert von U_2 bis zur Konstruktion von U_n aus $X_1^n, X_2^n, \ldots$

4.4 Simulation zufälliger Größen

Satz 4.3.5 liefert ein Verfahren zur Konstruktion einer auf $[0,1]$ gleichverteilte zufällige Größe U mithilfe eines „unendlichen" Münzwurfs. In diesem Abschnitt wollen wir das so erhaltene U durch eine Abbildung $f : [0,1] \to \mathbb{R}$ derart transformieren, dass das erzeugte $X := f(U)$ ein vorgegebenes Verteilungsgesetz besitzt.

Beispiel 4.4.1

Man gebe eine Funktion f an, für die $f(U)$ standardnormalverteilt ist. Oder für welche Funktion $g : [0,1] \to \mathbb{R}$ ist $g(U)$ gemäß $B_{n,p}$ verteilt?

Nehmen wir für einen Moment an, wir haben bereits die in Beispiel 4.4.1 gesuchten Funktionen f und g gefunden. Entsprechend Bemerkung 4.3.6 können nun mithilfe des Wurfs einer fairen Münze n unabhängige, auf $[0,1]$ gleichverteilte, Zahlen $u_1, \ldots, u_n$ gewinnen. Dann sind aber die n Zahlen $f(u_i)$ bzw. $g(u_i)$ auf der einen Seite unabhängig[3] gewählt und andererseits

---
[3]Die Unabhängigkeit der Zahlen $f(u_i)$ bzw. $g(u_i)$ folgt nach Satz 4.1.9.

$\mathcal{N}(0,1)$- bzw. $B_{n,p}$-verteilt. Mit anderen Worten, auf diese Weise lassen sich unabhängige Zahlen mit vorgegebenem Verteilungsgesetz simulieren.

Fall 1: Wir wollen zuerst **diskrete** X simulieren. Nehmen wir also an, gegeben seien reelle Zahlen $x_1, x_2, \ldots$ und $p_k \geq 0$ mit $\sum_{k=1}^{\infty} p_k = 1$. Wir suchen nun eine Funktion f, sodass $X = f(U)$ die Gleichungen $\mathbb{P}\{X = x_k\} = p_k$ für $k = 1, 2, \ldots$ erfüllt.

Wegen $\sum_{k=1}^{\infty} p_k = 1$ können wir das Intervall $[0,1]$ so in disjunkte Intervalle $I_1, I_2, \ldots$ einteilen, dass die Länge $|I_k|$ des Intervalls I_k gerade p_k beträgt. Beispielsweise kann man $I_1 = [0, p_1)$ wählen, $I_2 = [p_1, p_1 + p_2)$ usw. Wir definieren nun $f : [0,1] \to \mathbb{R}$ durch

$$f(x) := x_k \quad \text{für} \quad x \in I_k. \tag{4.10}$$

Mit dieser so definierten Funktion f gilt folgender Satz.

Satz 4.4.2

Sei U auf $[0,1]$ gleichverteilt und sei f durch (4.10) definiert. Für $X := f(U)$ folgt dann

$$\mathbb{P}\{X = x_k\} = p_k, \quad k = 1, 2, \ldots$$

Beweis: Dies ergibt sich einfach aus

$$\mathbb{P}\{X = x_k\} = \mathbb{P}\{f(U) = x_k\} = \mathbb{P}\{U \in I_k\} = |I_k| = p_k.$$

□

Bemerkung 4.4.3

Mithilfe der in Definition 3.4.11 eingeführten Indikatorfunktion lässt sich die Funktion f auch in der Form

$$f(x) = \sum_{k=1}^{\infty} x_k \mathbb{1}_{I_k}(x), \quad x \in [0,1],$$

schreiben.

Außerdem spielt bei der Konstruktion der Intervalle I_k, und damit der Abbildung f, die spezielle Anordnung der Intervalle keine Rolle; nur ihre Länge ist wichtig. Man kann ebenfalls die Intervalle abgeschlossen wählen, denn wegen $\mathbb{P}\{U = x\} = 0$ für jedes $x \in [0,1]$ treten die Randpunkte abgeschlossener Intervalle nur mit Wahrscheinlichkeit Null ein.

Beispiel 4.4.4

Man möchte zufällig und entsprechend der Gleichverteilung eine Zahl aus $\{x_1, \ldots, x_N\}$ auswählen. Wie geht man vor? Man teile das Intervall $[0,1]$ in Intervalle I_k der Länge $1/N$ ein, also z.B. nehme man $I_k := \left[\frac{k-1}{N}, \frac{k}{N}\right)$, $k = 1, \ldots, N-1$, und $I_N := \left[\frac{N-1}{N}, 1\right]$. Danach konstruiere man mithilfe des Werfens einer Münze eine zufällige, auf $[0,1]$ gleichverteilte, Zahl u. Man registriere, für welches k die Aussage $u \in I_k$ richtig ist. In Abhängigkeit vom beobachteten k ist dann x_k die gesuchte Zahl.

4.4 Simulation zufälliger Größen

Beispiel 4.4.5

Eine Zahl $m \in \mathbb{N}_0$ soll entsprechend der Poissonverteilung Pois_λ ausgewählt werden. Dazu bildet man für $k = 0, 1, \ldots$ die Intervalle

$$I_k := \left[\sum_{j=0}^{k-1} \frac{\lambda^j}{j!} e^{-\lambda}, \sum_{j=0}^{k} \frac{\lambda^j}{j!} e^{-\lambda} \right),$$

wobei für $k = 0$ die linke Summe Null sei. Gilt dann für das nach Satz 4.3.5 konstruierte u die Aussage $u \in I_m$, dann ist dieses m genau die gesuchte Zahl.

Fall 2: Wir wollen nunmehr eine **stetige** zufällige Größe X als $f(U)$ mit geeigneter Funktion f und einem auf $[0, 1]$ gleichverteiltem U darstellen. Genauer, für eine vorgegebene Wahrscheinlichkeitsdichte $p : \mathbb{R} \to [0, \infty)$ soll die gesuchte zufällige Größe X die Bedingung

$$\mathbb{P}\{X \leq t\} = \int_{-\infty}^{t} p(x)\, dx, \quad t \in \mathbb{R},$$

erfüllen.

Annahme (A): Wir setzen voraus, es existiert ein endliches oder unendliches Intervall (a, b), sodass für die vorgegebene Dichte p sowohl $p(x) > 0$ für $a < x < b$ als auch $p(x) = 0$ für $x \notin [a, b]$ gilt. Alle von uns bisher betrachteten Dichten erfüllen diese Bedingung.

Wir definieren nun $F : \mathbb{R} \to [0, 1]$ durch

$$F(t) := \int_{-\infty}^{t} p(x)\, dx, \quad t \in \mathbb{R}. \tag{4.11}$$

Man beachte, dass die Funktion F die Verteilungsfunktion des gesuchten X ist.

Unter Annahme (A) ist F auf (a, b) streng wachsend mit $F(a) = 0$ und $F(b) = 1$. Da F auch stetig ist, existiert die inverse Funktion F^{-1}, die das Intervall $(0, 1)$ auf (a, b) abbildet.

Satz 4.4.6

Gegeben sei eine Wahrscheinlichkeitsdichte p die Annahme (A) erfüllt. F^{-1} sei die inverse zu der durch (4.11) gebildeten Funktion F. Setzt man $X := F^{-1}(U)$ für eine auf $[0, 1]$ gleichverteilte Größe U, so folgt

$$\mathbb{P}\{X \leq t\} = \int_{-\infty}^{t} p(x)\, dx, \quad t \in \mathbb{R}.$$

Beweis: Für $t \in \mathbb{R}$ folgt aufgrund der Monotonie von F die Identität

$$\mathbb{P}\{X \leq t\} = \mathbb{P}\{F^{-1}(U) \leq t\} = \mathbb{P}\{U \leq F(t)\} = F(t) = \int_{-\infty}^{t} p(x)\, dx.$$

Dabei haben wir $0 \leq F(t) \leq 1$ und $\mathbb{P}\{U \leq s\} = s$ für $0 \leq s \leq 1$ verwendet. Damit ist der Satz bewiesen. □

Bemerkung 4.4.7

Mit anderen Worten, die gesuchte Funktion f, für die $X = f(U)$ die Verteilungsdichte p besitzen soll, erhält man durch $f = F^{-1}$ mit F definiert durch (4.11).

Beispiel 4.4.8

Um eine gemäß $\mathcal{N}(0,1)$ verteilte zufällige Größe zu simulieren, betrachten wir die in Beispiel 1.7.5 eingeführte Gaußsche Fehlerfunktion Φ definiert durch

$$\Phi(t) = \frac{1}{\sqrt{2\pi}} \int_{-\infty}^{t} e^{-x^2/2}\, dx, \quad t \in \mathbb{R}.$$

Die Dichte der Normalverteilung erfüllt die für Satz 4.4.6 notwendige Annahme (A) mit $a = -\infty$ und $b = \infty$. Deshalb ist $X := \Phi^{-1}(U)$ für eine gleichverteilte Größe U standardnormalverteilt.

Wie erhält man eine $\mathcal{N}(\mu, \sigma^2)$ verteilte Größe Y? Die Antwort folgt unmittelbar aus Satz 4.2.3. Man setze $Y := \sigma \cdot X + \mu = \sigma \cdot \Phi^{-1}(U) + \mu$. Dann besitzt Y die gesuchte Verteilung.

Will man also n unabhängige gemäß $\mathcal{N}(\mu, \sigma^2)$ verteilte Zahlen $x_1, \ldots, x_n$ gewinnen, so setze man mit n unabhängig gewählten, auf $[0,1]$ gleichverteilten, Zahlen $u_1, \ldots, u_n$ einfach $x_i := \sigma \Phi^{-1}(u_i) + \mu$.

Beispiel 4.4.9

Wir wollen eine gemäß E_λ (Exponentialverteilung) zufällige Größe simulieren. In diesem Fall ist Annahme (A) mit $a = 0$ und $b = \infty$ erfüllt, und wir können Satz 4.4.6 anwenden. Die Verteilungsfunktion F der Exponentialverteilung berechnet sich durch

$$F(t) = \begin{cases} 0 & : t \leq 0 \\ 1 - e^{-\lambda t} & : t > 0 \end{cases}$$

und F^{-1} bildet $(0,1)$ nach $(0, \infty)$ ab. Weiterhin gilt

$$F^{-1}(s) = -\frac{\ln(1-s)}{\lambda}, \quad 0 < s < 1,$$

und damit ist für eine auf $[0,1]$ gleichverteilte zufällige Größe U die Größe $-\frac{\ln(1-U)}{\lambda}$ gemäß E_λ verteilt. Nach Folgerung 4.2.7 ist $1 - U$ ebenfalls auf $[0,1]$ gleichverteilt. Folglich ist die durch

$$X := -\frac{\ln V}{\lambda}$$

mit auf $[0,1]$ gleichverteiltem V gebildete zufällige Größe X gemäß E_λ verteilt.

Beispiel 4.4.10

Wir wollen eine entsprechend der Cauchyverteilung zufällige Größe simulieren. Nach Definition 1.6.29 hat die Verteilungsfunktion F der Cauchyverteilung die Gestalt

$$F(t) = \frac{1}{\pi} \int_{-\infty}^{t} \frac{1}{1+x^2}\,dx = \frac{1}{\pi}\arctan(t) + \frac{1}{2}, \quad t \in \mathbb{R}.$$

Damit ist $X := \tan(\pi U - \frac{\pi}{2})$ Cauchyverteilt.

4.5 Addition zufälliger Größen

Gegeben seien zwei zufällige Größen X und Y. Wir untersuchen nun die Frage, ob es möglich ist, aus den Verteilungsgesetzen von X und Y das der Summe $X + Y$ zu berechnen? Zur Beantwortung dieser Frage sind ein paar Vorbetrachtungen notwendig. Sind X und Y auf einem Wahrscheinlichkeitsraum $(\Omega, \mathcal{A}, \mathbb{P})$ definiert, dann ist $X+Y$ als Abbildung von Ω nach $\mathbb{R}$ durch

$$(X+Y)(\omega) := X(\omega) + Y(\omega), \quad \omega \in \Omega,$$

gegeben. Ehe wir die Frage nach dem Verteilungsgesetz von $X + Y$ untersuchen können, müssen wir zuerst zeigen, dass mit X und Y auch $X + Y$ eine zufällige Größe ist. Ansonsten ist es gar nicht sinnvoll, nach dem Verteilungsgesetz der Summe zu fragen.

Satz 4.5.1

Sind X und Y zufällige Größen, so auch $X + Y$.

Beweis: Wir beginnen mit folgender Beobachtung: Für zwei reelle Zahlen a und b gilt genau dann $a < b$, wenn es eine rationale Zahl $q \in \mathbb{Q}$ mit $a < q < b$ gibt. Somit folgt für jedes $t \in \mathbb{R}$ die Aussage

$$\begin{aligned}\{\omega \in \Omega : X(\omega) + Y(\omega) < t\} &= \{\omega \in \Omega : X(\omega) < t - Y(\omega)\} \\ &= \bigcup_{q \in \mathbb{Q}} \left[\{\omega : X(\omega) < q\} \cap \{\omega : q < t - Y(\omega)\}\right]. \end{aligned} \quad (4.12)$$

Nun sind X und Y zufällige Größen, folglich ergibt sich

$$A_q := \{\omega : X(\omega) < q\} \in \mathcal{A} \quad \text{und} \quad B_q := \{\omega : Y(\omega) < t - q\} \in \mathcal{A},$$

und nach den Eigenschaften von σ-Algebren auch $C_q := A_q \cap B_q \in \mathcal{A}$. In dieser Notation schreibt sich (4.12) als

$$\{\omega \in \Omega : X(\omega) + Y(\omega) < t\} = \bigcup_{q \in \mathbb{Q}} C_q.$$

Die Menge der rationalen Zahlen ist abzählbar, also impliziert $C_q \in \mathcal{A}$ auch $\bigcup_{q \in \mathbb{Q}} C_q \in \mathcal{A}$. Wir haben also gezeigt, dass für alle $t \in \mathbb{R}$ stets

$$\{\omega \in \Omega : X(\omega) + Y(\omega) < t\} \in \mathcal{A},$$

und nach Satz 3.1.6 ist $X + Y$ eine zufällige Größe wie behauptet. □

Damit ist folgende *Frage* sinnvoll gestellt: Existiert eine allgemeine Vorschrift zur Berechnung von $\mathbb{P}_{X+Y}$ aus $\mathbb{P}_X$ und $\mathbb{P}_Y$?

Antwort: Im Allgemeinen nicht. Um das Verteilungsgesetz der Summe zu berechnen, reicht die Kenntnisse der Randverteilungen des zufälligen Vektors (X, Y) nicht aus; man benötigt hierzu die gemeinsame Verteilung.

Beispiel 4.5.2

Betrachten wir die zufälligen Größen X, Y, X' und Y' aus Beispiel 3.3.10, d.h., man hat

$$\mathbb{P}\{X = 0, Y = 0\} = \frac{1}{6}, \quad \mathbb{P}\{X = 0, Y = 1\} = \frac{1}{3}$$
$$\mathbb{P}\{X = 1, Y = 0\} = \frac{1}{3}, \quad \mathbb{P}\{X = 1, Y = 1\} = \frac{1}{6} \quad \text{bzw.}$$
$$\mathbb{P}\{X' = 0, Y' = 0\} = \mathbb{P}\{X' = 0, Y' = 1\} = \mathbb{P}\{X' = 1, Y' = 0\}$$
$$= \mathbb{P}\{X' = 1, Y' = 1\} = \frac{1}{4}.$$

Dann gilt sowohl $\mathbb{P}_X = \mathbb{P}_{X'}$ als auch $\mathbb{P}_Y = \mathbb{P}_{Y'}$, während man aber

$$\mathbb{P}\{X + Y = 0\} = \frac{1}{6}, \mathbb{P}\{X + Y = 1\} = \frac{2}{3} \quad \text{und} \quad \mathbb{P}\{X + Y = 2\} = \frac{1}{6},$$
$$\mathbb{P}\{X' + Y' = 0\} = \frac{1}{4}, \mathbb{P}\{X' + Y' = 1\} = \frac{1}{2} \quad \text{und} \quad \mathbb{P}\{X' + Y' = 2\} = \frac{1}{4}$$

hat. Damit sehen wir, dass es für die Bestimmung von $\mathbb{P}_{X+Y}$ i.A. nicht ausreicht, nur $\mathbb{P}_X$ und $\mathbb{P}_Y$ zu kennen.

Wie wir nach Satz 3.4.3 wissen, bestimmen im Fall unabhängiger zufälliger Größen die Randverteilungen die gemeinsame Verteilung. Damit ist in diesem Fall auch das Verteilungsgesetz der Summe durch die Randverteilungen determiniert. Wir wollen nunmehr untersuchen, wie man die Verteilung der Summe konkret berechnet. Beginnen wir mit dem Fall diskreter zufälliger Größen.

4.5.1 Addition diskreter zufälliger Größen

Wir untersuchen zuerst einen wichtigen Spezialfall, nämlich, dass X und Y Werte in den ganzen Zahlen $\mathbb{Z}$ annehmen.

4.5 Addition zufälliger Größen

Satz 4.5.3: *Faltungsformel für $\mathbb{Z}$-wertige zufällige Größen*

Die zufälligen Größen X und Y seien unabhängig mit Werten in $\mathbb{Z}$. Für $k \in \mathbb{Z}$ folgt dann

$$\mathbb{P}\{X+Y = k\} = \sum_{i=-\infty}^{\infty} \mathbb{P}\{X = i\} \cdot \mathbb{P}\{Y = k-i\}.$$

Beweis: Wir fixieren $k \in \mathbb{Z}$ und definieren eine Teilmenge $B_k \subseteq \mathbb{Z} \times \mathbb{Z}$ durch

$$B_k := \{(i,j) \in \mathbb{Z} \times \mathbb{Z} : i+j = k\}.$$

Dann folgt

$$\mathbb{P}\{X+Y = k\} = \mathbb{P}\{(X,Y) \in B_k\} = \mathbb{P}_{(X,Y)}(B_k) \tag{4.13}$$

mit der gemeinsamen Verteilung $\mathbb{P}_{(X,Y)}$. Nach Satz 3.4.6 besteht aufgrund der Unabhängigkeit von X und Y für jede Menge $B \subseteq \mathbb{Z} \times \mathbb{Z}$ die Gleichung

$$\mathbb{P}_{(X,Y)}(B) = \sum_{(i,j) \in B} \mathbb{P}_X(\{i\}) \cdot \mathbb{P}_Y(\{j\}) = \sum_{(i,j) \in B} \mathbb{P}\{X = i\} \cdot \mathbb{P}\{Y = j\}.$$

Wenden wir dies auf $B = B_k$ an, so ergibt sich aus (4.13), dass

$$\mathbb{P}\{X+Y = k\} = \sum_{(i,j) \in B_k} \mathbb{P}\{X = i\} \cdot \mathbb{P}\{Y = j\}$$

$$= \sum_{\{(i,j) : i+j=k\}} \mathbb{P}\{X = i\} \cdot \mathbb{P}\{Y = j\} = \sum_{i=-\infty}^{\infty} \mathbb{P}\{X = i\} \cdot \mathbb{P}\{Y = k-i\}$$

wie behauptet. □

Beispiel 4.5.4

Für zwei unabhängige zufällige Größen X, Y und $j = 1, 2, \ldots$ gelte $\mathbb{P}\{X = j\} = 1/2^j$ als auch $\mathbb{P}\{Y = j\} = 1/2^j$. Welches Verteilungsgesetz besitzt dann $X - Y$?
Antwort: Nach Satz 4.5.3 gilt für $k \in \mathbb{Z}$ unter Verwendung von $\mathbb{P}\{X = i\} = 0$ für $i \leq 0$ die Aussage

$$\mathbb{P}\{X - Y = k\} = \sum_{i=-\infty}^{\infty} \mathbb{P}\{X = i\} \cdot \mathbb{P}\{-Y = k-i\} = \sum_{i=1}^{\infty} \mathbb{P}\{X = i\} \cdot \mathbb{P}\{Y = i-k\}.$$

Im Fall $k \geq 0$ führt dies wegen $\mathbb{P}\{Y = i - k\} = 0$ für $i \leq k$ zu

$$\mathbb{P}\{X - Y = k\} = \sum_{i=k+1}^{\infty} \mathbb{P}\{X = i\} \cdot \mathbb{P}\{Y = i-k\} = \sum_{i=k+1}^{\infty} \frac{1}{2^i} \cdot \frac{1}{2^{i-k}}$$

$$= 2^k \sum_{i=k+1}^{\infty} \frac{1}{2^{2i}} = 2^k \cdot 2^{-2k-2} \cdot \sum_{i=0}^{\infty} \frac{1}{2^{2i}} = 2^{-k-2} \cdot \frac{4}{3} = \frac{2^{-k}}{3}.$$

Gilt dagegen $k < 0$, so folgt

$$\mathbb{P}\{X - Y = k\} = \sum_{i=1}^{\infty} \frac{1}{2^i} \cdot \frac{1}{2^{i-k}} = 2^k \sum_{i=1}^{\infty} \frac{1}{2^{2i}} = 2^k \sum_{i=1}^{\infty} \frac{1}{4^i} = \frac{2^k}{3},$$

und fasst man beide Fälle zusammen, so kann man dies als

$$\mathbb{P}\{X - Y = k\} = \frac{2^{-|k|}}{3}, \quad k \in \mathbb{Z},$$

schreiben.

Als Spezialfall von Satz 4.5.3 erhalten wir folgenden wichtigen Satz.

Satz 4.5.5: *Faltungsformel für $\mathbb{N}_0$-wertige zufällige Größen*

Sind X und Y unabhängige zufällige Größen mit Werten in $\mathbb{N}_0$. Dann folgt für $k \in \mathbb{N}_0$ die Aussage

$$\mathbb{P}\{X + Y = k\} = \sum_{i=0}^{k} \mathbb{P}\{X = i\} \cdot \mathbb{P}\{Y = k - i\}.$$

Beweis: Wir betrachten X und Y als zufällige Größen mit Werten in $\mathbb{Z}$, nehmen dabei aber $\mathbb{P}\{X = i\} = \mathbb{P}\{Y = i\} = 0$ für $i = -1, -2 \ldots$ an. Dann folgt aus Satz 4.5.3 für $k \in \mathbb{N}_0$ die Gleichung

$$\mathbb{P}\{X + Y = k\} = \sum_{i=-\infty}^{\infty} \mathbb{P}\{X = i\} \cdot \mathbb{P}\{Y = k - i\} = \sum_{i=0}^{k} \mathbb{P}\{X = i\} \cdot \mathbb{P}\{Y = k - i\}$$

wegen $\mathbb{P}\{X = i\} = 0$ für $i < 0$ und $\mathbb{P}\{Y = k - i\} = 0$ für $i > k$. Gilt dagegen $k < 0$, so sieht man unmittelbar $\mathbb{P}\{X + Y = k\} = 0$, da dann $\mathbb{P}\{Y = k - i\} = 0$ für alle $i \geq 0$. Damit ist der Satz bewiesen. □

Beispiel 4.5.6

Nehmen wir an, X und Y sind beide auf der Menge $\{1, 2, \ldots, N\}$ gleichverteilt. Welches Verteilungsgesetz besitzt $X + Y$ für unabhängige X und Y?
Antwort: Zuerst überlegen wir uns, dass $X + Y$ Werte in der Menge $\{2, 3, \ldots, 2N\}$ annimmt. Für ein k aus dieser Menge erhält man

$$\mathbb{P}\{X + Y = k\} = \frac{\#(I_k)}{N^2}, \tag{4.14}$$

wobei I_k durch

$$I_k := \{i \in \{1, \ldots, N\} : 1 \leq k - i \leq N\} = \{i \in \{1, \ldots, N\} : k - N \leq i \leq k - 1\}$$

4.5 Addition zufälliger Größen

gegeben ist. Für den Nachweis der Gleichung (4.14) verwende man, dass für $i \notin I_k$ entweder $\mathbb{P}\{X = i\} = 0$ oder aber $\mathbb{P}\{Y = k - i\} = 0$ gilt. Man sieht unmittelbar

$$\#(I_k) = \begin{cases} k - 1 & : \ 2 \leq k \leq N + 1 \\ 2N - k + 1 & : \ N + 1 < k \leq 2N \end{cases}$$

woraus

$$\mathbb{P}\{X + Y = k\} = \begin{cases} \frac{k-1}{N^2} & : \ 2 \leq k \leq N + 1 \\ \frac{2N-k+1}{N^2} & : \ N + 1 < k \leq 2N \end{cases}$$

folgt. Im Spezialfall des Würfelns, also $N = 6$, ergeben sich für $k = 2, \ldots, 12$ die im Beispiel 3.2.10 bereits direkt berechneten Werte.

Abschließend soll noch kurz auf die Addition beliebiger diskreter zufälliger Größen eingegangen werden. Dazu setzen wir voraus, dass X und Y Werte in den Mengen $D := \{x_1, x_2, \ldots\}$ bzw. $E := \{y_1, y_2, \ldots\}$ annehmen. Dann besitzt $X + Y$ Werte in der abzählbaren Menge

$$D + E := \{x + y : x \in D,\, y \in E\} = \{x_i + y_j : i, j = 1, 2, \ldots\}.$$

Satz 4.5.7

Sind X und Y diskret und unabhängig mit Werten in den abzählbaren Mengen D bzw. E, dann gilt für $z \in D + E$ die Aussage

$$\mathbb{P}\{X + Y = z\} = \sum_{\{(x,y) \in D \times E\, :\, x+y=z\}} \mathbb{P}\{X = x\} \cdot \mathbb{P}\{Y = y\}.$$

Beweis: Sei $z \in D + E$ fest gewählt. Dann definieren wir eine Teilmenge $B_z \subseteq D \times E$ durch $B_z := \{(x, y) : x + y = z\}$. Unter Verwendung dieser Notation ergibt sich

$$\mathbb{P}\{X + Y = z\} = \mathbb{P}\{(X, Y) \in B_z\} = \mathbb{P}_{(X,Y)}(B_z)$$

mit der gemeinsamen Verteilung $\mathbb{P}_{(X,Y)}$. Nun folgt aber wie im Beweis von Satz 4.5.3 aus der Unabhängigkeit von X und Y die Aussage

$$\mathbb{P}_{(X,Y)}(B_z) = \sum_{\{(x,y) \in D \times E\, :\, x+y=z\}} \mathbb{P}\{X = x\} \cdot \mathbb{P}\{Y = y\}.$$

Damit ist der Satz bewiesen. □

Bemerkung 4.5.8

Im Fall $D = E = \mathbb{Z}$ führt Satz 4.5.7 zu Satz 4.5.3 während man für $D = E = \mathbb{N}_0$ die Aussage von Satz 4.5.5 erhält.

4.5.2 Addition stetiger zufälliger Größen

Wir werden in diesem Abschnitt folgende Frage untersuchen: Gegeben seien unabhängige zufällige Größen X und Y mit Verteilungsdichten p und q. Besitzt dann die Summe $X + Y$ ebenfalls eine Dichte, und wenn ja, wie berechnet sich diese aus p und q?

Zur Beantwortung dieser Frage führen wir folgende Verknüpfung von zwei Funktionen f und g von $\mathbb{R}$ nach $\mathbb{R}$ ein.

Definition 4.5.9

Gegeben seien zwei Riemannintegrable Funktionen f und g von $\mathbb{R}$ nach $\mathbb{R}$. Dann definiert man deren **Faltung** $f \star g$ durch

$$(f \star g)(x) := \int_{-\infty}^{\infty} f(x-y)\,g(y)\,\mathrm{d}y, \quad x \in \mathbb{R}. \tag{4.15}$$

Bemerkung 4.5.10

Es ist keineswegs klar, dass das Integral in (4.15) für alle $x \in \mathbb{R}$ stets sinnvoll definiert ist. Sind allerdings p und q stückweise stetige Wahrscheinlichkeitsdichten, dann existiert ihre Faltung für alle $x \in \mathbb{R}$, eventuell mit Ausnahme von endlich vielen Punkten. Unter Verwendung von Satz A.4.5 (man beachte $p, q \geq 0$) folgt z.B.

$$\int_{-\infty}^{\infty} (p \star q)(x)\,\mathrm{d}x = \int_{-\infty}^{\infty} \left[\int_{-\infty}^{\infty} p(x-y)\,q(y)\,\mathrm{d}y \right] \mathrm{d}x$$
$$= \int_{-\infty}^{\infty} \left[\int_{-\infty}^{\infty} p(x-y)\,\mathrm{d}x \right] q(y)\,\mathrm{d}y$$
$$= \int_{-\infty}^{\infty} \left[\int_{-\infty}^{\infty} p(x)\,\mathrm{d}x \right] q(y)\,\mathrm{d}y = 1,$$

woraus sich $0 \leq (p \star q)(x) < \infty$ für $x \in \mathbb{R}$ mit eventuell endlich vielen Ausnahmen ergibt.

Bemerkung 4.5.11

Die Faltung ist kommutativ, d.h., es gilt auch

$$(f \star g)(x) = \int_{-\infty}^{\infty} f(u)\,g(x-u)\,\mathrm{d}u = (g \star f)(x).$$

Um dies zu sehen, substituiere man im Integral in (4.15) die Variable $u := x - y$.

Wir kommen jetzt zur wesentlichen Aussage dieses Abschnitts.

4.5 Addition zufälliger Größen

Satz 4.5.12

Gegeben seien zwei unabhängige zufällige Größen mit Verteilungsdichten p und q. Dann besitzt $X + Y$ ebenfalls eine Verteilungsdichte r, und für $x \in \mathbb{R}$ berechnet sich diese als

$$r(x) = (p \star q)(x) = \int_{-\infty}^{\infty} p(y)\,q(x-y)\,dy = \int_{-\infty}^{\infty} p(x-y)\,q(y)\,dy\,. \qquad (4.16)$$

Beweis: Zum Beweis dieses Satzes müssen wir Folgendes zeigen: Für jedes $t \in \mathbb{R}$ gilt

$$\mathbb{P}\{X + Y \le t\} = \int_{-\infty}^{t} r(x)\,dx \qquad (4.17)$$

mit r definiert durch (4.16). Fixieren wir also $t \in \mathbb{R}$. Wir definieren nun eine Menge $B_t \subseteq \mathbb{R}^2$ durch

$$B_t := \{(u, y) \in \mathbb{R}^2 : u + y \le t\}\,.$$

Dann folgt

$$\mathbb{P}\{X + Y \le t\} = \mathbb{P}\{(X, Y) \in B_t\} = \mathbb{P}_{(X,Y)}(B_t)\,. \qquad (4.18)$$

Zur Berechnung der rechten Wahrscheinlichkeit verwenden wir Satz 3.4.15. Dieser besagt, dass die gemeinsame Verteilung $\mathbb{P}_{(X,Y)}$ die Verteilungsdichte $p(u)q(y)$ besitzt, d.h., es gilt

$$\mathbb{P}_{(X,Y)}(B) = \iint_B p(u)q(y)\,dy\,du$$

für $B \subseteq \mathbb{R}^2$. Wenden wir dies auf (4.18) an, so ergibt sich

$$\mathbb{P}\{X + Y \le t\} = \iint_{B_t} p(u)\,q(y)\,dy\,du = \int_{-\infty}^{\infty} \left[\int_{-\infty}^{t-y} p(u)\,du\right] q(y)\,dy\,.$$

Im inneren Integral substituieren wir $x := u + y$, also $u = x - y$, und erhalten, dass das letzte Integral mit

$$\int_{-\infty}^{\infty} \left[\int_{-\infty}^{t} p(x - y)\,dx\right] q(y)\,dy = \int_{-\infty}^{t} \left[\int_{-\infty}^{\infty} p(x-y)\,q(y)\,dy\right] dx$$

$$= \int_{-\infty}^{t} (p \star q)(x)\,dx$$

übereinstimmt. Dabei ist die Vertauschung der Integrale nach Satz A.4.5 erlaubt, denn sowohl p als auch q sind nichtnegative Funktionen. Damit ist aber (4.17) für alle $t \in \mathbb{R}$ gezeigt, somit der Satz bewiesen. $\square$

4.6 Summen spezieller zufälliger Größen

4.6.1 Binomialverteilte Größen

In diesem Abschnitt wollen wir die Summe von zwei unabhängigen $B_{n,p}$ bzw. $B_{m,p}$ verteilten zufälligen Größen untersuchen. Es stellt sich die Frage, welches Verteilungsgesetz die Summe von zwei solchen Größen besitzt? Antwort gibt der folgende Satz.

Satz 4.6.1

Sind X und Y unabhängig und gemäß $B_{n,p}$ bzw. $B_{m,p}$ verteilt für gewisse $n, m \geq 1$ und ein $0 \leq p \leq 1$, dann ist $X + Y$ gemäß $B_{n+m,p}$ verteilt.

Beweis: Nach Satz 4.5.5 folgt für $0 \leq k \leq m+n$, dass

$$\mathbb{P}\{X+Y=k\} = \sum_{j=0}^{k} \left[\binom{n}{j} p^j (1-p)^{n-j}\right] \cdot \left[\binom{m}{k-j} p^{k-j} (1-p)^{m-(k-j)}\right]$$

$$= p^k (1-p)^{n+m-k} \sum_{j=0}^{k} \binom{n}{j}\binom{m}{k-j}.$$

Zur Berechnung der Summe verwenden wir Satz A.3.4, der besagt, dass

$$\sum_{j=0}^{k} \binom{n}{j}\binom{m}{k-j} = \binom{n+m}{k}$$

gilt, woraus

$$\mathbb{P}\{X+Y=k\} = \binom{n+m}{k} p^k (1-p)^{m+n-k}$$

folgt. Damit ist $X+Y$ gemäß $B_{n+m,p}$ verteilt. □

Deutung: Man werfe zuerst eine Münze n-mal, danach in einem zweiten Versuch m-mal. Dabei erscheine bei jedem einzelnen Versuch die Zahl „1" mit Wahrscheinlichkeit p und die Zahl „0" mit Wahrscheinlichkeit $1-p$. Dann stimmt die Wahrscheinlichkeit, in beiden Versuchen zusammen genau k-mal die „1" zu beobachten, mit der überein, beim $(n+m)$-maligen Werfen der Münze genau k-mal die „1" zu beobachten. Das ist anschaulich klar, bedarf aber, wie wir oben sahen, eines Beweises.

Folgerung 4.6.2

Sind $X_1, \ldots, X_n$ unabhängig $B_{1,p}$-verteilt, d.h., es gilt

$$\mathbb{P}\{X_j = 0\} = 1-p \quad \text{und} \quad \mathbb{P}\{X_j = 1\} = p, \quad j = 1, \ldots, n,$$

dann ist $X_1 + \cdots + X_n$ gemäß $B_{n,p}$ verteilt.

Beweis: Dies folgt durch sukzessive Anwendung von Satz 4.6.1. □

Bemerkung 4.6.3

Wegen
$$X_1 + \cdots + X_n = \#\{j \leq n : X_j = 1\}$$
liefert uns Folgerung 4.6.2 die Rechtfertigung für die Deutung der Binomialverteilung $B_{n,p}$ als Wahrscheinlichkeit zur Beschreibung der Anzahl der Erfolge bei n unabhängigen Versuchen.

4.6.2 Poissonverteilte Größen

Nehmen wir an, wir addieren zwei unabhängige Poissonverteilte zufällige Größen. Welche Verteilung hat dann die Summe? Der folgende Satz beantwortet diese Frage.

Satz 4.6.4

Sind die zufälligen Größen X und Y unabhängig und gemäß den Poissonverteilungen Pois_λ bzw. Pois_μ für gewisse $\lambda, \mu > 0$ verteilt, so ist $X + Y$ gemäß $\text{Pois}_{\lambda+\mu}$ verteilt.

Beweis: Nach Satz 4.5.5 erhalten wir unter Verwendung der Binomischen Formel

$$\mathbb{P}\{X + Y = k\} = \sum_{j=0}^{k} \left[\frac{\lambda^j}{j!} e^{-\lambda}\right] \left[\frac{\mu^{k-j}}{(k-j)!} e^{-\mu}\right]$$

$$= \frac{e^{-(\lambda+\mu)}}{k!} \sum_{j=0}^{k} \frac{k!}{j!(k-j)!} \lambda^j \mu^{k-j}$$

$$= \frac{e^{-(\lambda+\mu)}}{k!} \sum_{j=0}^{k} \binom{k}{j} \lambda^j \mu^{k-j} = \frac{(\lambda+\mu)^k}{k!} e^{-(\lambda+\mu)}.$$

Damit ist aber $X + Y$ Poissonverteilt mit Parameter $\lambda + \mu$. □

Deutung: In zwei Telefonzentralen A und B sei die Anzahl der täglichen Anrufe gemäß Pois_λ bzw. Pois_μ verteilt. Nun werden A und B zu einer neuen Telefonzentrale C zusammengelegt. Wenn A und B nur wenige gemeinsame Kunden haben, so kann man annehmen, dass die Zahlenl der Anrufe in den beiden Zentralen voneinander unabhängig sind. Satz 4.6.4 sagt uns nun, dass die Anzahl der täglichen Anrufe in C ebenfalls Poissonverteilt ist, jetzt aber mit Parameter $\lambda + \mu$.

Beispiel 4.6.5

Wir behandeln hier eine etwas aufwändigere, aber aus unserer Sicht sehr interessante, Anwendung von Satz 4.6.4. In einem Teig seien Rosinen gleichmäßig verteilt. Wir entnehmen nun zufällig aus der Gesamtmasse ein Kilo Teig. Die Frage lautet, mit welcher Wahrscheinlichkeit befinden sich in diesem entnommenen Teig genau n Rosinen, wobei $n \in \mathbb{N}_0$ eine vorgegebene Zahl sei.

Antwort: Um diese Frage zu beantworten müssen wir zwei wesentliche Annahmen über die Größe der Gesamtmasse sowie über die Verteilung der Rosinen innerhalb des Teigs machen:

1. Die Gesamtmasse des Teigs ist sehr groß, mathematisch gesehen, unendlich groß, sodass die Zahl der Rosinen in verschiedenen entnommen Proben voneinander unabhängig ist.
2. Innerhalb der Gesamtmasse sind die Rosinen gleichmäßig verteilt. Anders ausgedrückt, zerteilt man ein 1 kg Stück in eins von α kg und in eins von $1 - \alpha$ kg, $0 < \alpha < 1$, so befindet sich eine einzelne Rosine mit Wahrscheinlichkeit α in dem ersten Teilstück und mit Wahrscheinlichkeit $1 - \alpha$ im zweiten.

Wir entnehmen nun dem Gesamtteig jeweils ein α kg Teigstück und ein $1 - \alpha$ kg Stück und fügen diese beiden Stücke zu einem 1 kg Stück zusammen. Seien X_1 und X_2 die Zahl der Rosinen im ersten bzw. im zweiten Stück und $X := X_1 + X_2$ die in dem 1 kg Stück. Dann sind nach der ersten Annahme X_1 und X_2 unabhängig.

Nehmen wir nun an, dass sich insgesamt n Rosinen in dem 1 kg Stück befinden, d.h., es gilt $X = n$. Wenn $\mathbb{P}\{X = n\} > 0$, so ergibt sich aufgrund der zweiten Annahme

$$\mathbb{P}\{X_1 = k | X = n\} = B_{n,\alpha}(\{k\}) = \binom{n}{k} \alpha^k (1 - \alpha)^{n-k} . \tag{4.19}$$

Man beachte, dass die Erfolgwahrscheinlichkeit für eine einzelne Rosine α beträgt, damit gilt unter der Annahme $X = n$ genau dann $X_1 = k$, wenn man bei n Versuchen k-mal Erfolg hatte. Stellt man (4.19) um, so folgt

$$\mathbb{P}\{X_1 = k, X_2 = n - k\} = \mathbb{P}\{X_1 = k, X = n\}$$
$$= \mathbb{P}\{X_1 = k | X = n\} \cdot \mathbb{P}\{X = n\} = \mathbb{P}\{X = n\} \cdot \binom{n}{k} \alpha^k (1 - \alpha)^{n-k} . \tag{4.20}$$

Man beachte, dass Gleichung (4.20) auch im Fall $\mathbb{P}\{X = n\} = 0$ richtig ist, denn das Ereignis $\{X_1 = k, X_2 = n - k\}$ besitzt dann aufgrund von Satz 4.5.5 ebenfalls die Wahrscheinlichkeit Null.

Unter Verwendung der Unabhängigkeit von X_1 und X_2 führt Gleichung (4.20) schließlich zu

$$\mathbb{P}\{X_1 = k\} \cdot \mathbb{P}\{X_2 = n - k\} = \mathbb{P}\{X = n\} \cdot \binom{n}{k} \alpha^k (1 - \alpha)^{n-k}$$

für $n = 0, 1, \ldots$ und $k = 0, \ldots, n$. Eine Anwendung dieser Gleichung für $k = n$ liefert

$$\mathbb{P}\{X_1 = n\} \cdot \mathbb{P}\{X_2 = 0\} = \mathbb{P}\{X = n\} \cdot \alpha^n \tag{4.21}$$

während wir im Fall $n \geq 1$ und $k = n - 1$ die Gleichung

$$\mathbb{P}\{X_1 = n - 1\} \cdot \mathbb{P}\{X_2 = 1\} = \mathbb{P}\{X = n\} \cdot n \cdot \alpha^{n-1} (1 - \alpha) \tag{4.22}$$

erhalten. Aus (4.21) folgt insbesondere $\mathbb{P}\{X_2 = 0\} > 0$, denn wäre diese Wahrscheinlichkeit Null, so würde $\mathbb{P}\{X = n\} = 0$ für alle $n \in \mathbb{N}_0$ gelten, was aber wegen $\mathbb{P}\{X \in \mathbb{N}_0\} = 1$ unmöglich ist.

4.6 Summen spezieller zufälliger Größen

Im nächsten Schritt lösen wir die Gleichungen (4.21) und (4.22) nach $\mathbb{P}\{X=n\}$ auf, setzen sie gleich, und erhalten für $n \geq 1$ die Identität

$$\mathbb{P}\{X_1 = n\} = \frac{\alpha}{n}(1-\alpha)^{-1} \cdot \frac{\mathbb{P}\{X_2=1\}}{\mathbb{P}\{X_2=0\}} \cdot \mathbb{P}\{X_1 = n-1\}$$
$$= \frac{\alpha\lambda}{n} \cdot \mathbb{P}\{X_1 = n-1\}, \tag{4.23}$$

wobei die Zahl λ durch

$$\lambda := (1-\alpha)^{-1} \cdot \frac{\mathbb{P}\{X_2=1\}}{\mathbb{P}\{X_2=0\}} \tag{4.24}$$

definiert ist. Hat man $\lambda > 0$? Wäre $\lambda = 0$, so heißt das, dass $\mathbb{P}\{X_2 = 1\} = 0$ gilt, woraus sich nach (4.22) die Aussage $\mathbb{P}\{X = n\} = 0$ für $n \geq 1$ ergeben würde, also $\mathbb{P}\{X = 0\} = 1$, d.h., es wären gar keine Rosinen im Teig, und diesen trivialen Fall schließen wir aus.

Eine sukzessive Anwendung von (4.23) liefert schließlich für $n \in \mathbb{N}_0$[4] die Aussage

$$\mathbb{P}\{X_1 = n\} = \frac{(\alpha\lambda)^n}{n!} \cdot \mathbb{P}\{X_1 = 0\}, \tag{4.25}$$

woraus sich wegen

$$1 = \sum_{n=0}^{\infty} \mathbb{P}\{X_1 = n\} = \mathbb{P}\{X_1 = 0\} \cdot \sum_{n=0}^{\infty} \frac{(\alpha\lambda)^n}{n!} = \mathbb{P}\{X_1 = 0\} e^{\alpha\lambda},$$

die Identität $\mathbb{P}\{X_1 = 0\} = e^{-\alpha\lambda}$ ergibt. Setzen wir dies in (4.25) ein, so folgt

$$\mathbb{P}\{X_1 = n\} = \frac{(\alpha\lambda)^n}{n!} e^{-\alpha\lambda},$$

d.h., X_1 ist Poissonverteilt mit Parameter $\alpha\lambda$.

Wir vertauschen nun die Rollen von X_1 und X_2 und von α und $1-\alpha$, und sehen, dass X_2 ebenfalls Poissonverteilt ist, diesmal aber mit Parameter $(1-\alpha)\lambda'$ wobei sich λ' unter Verwendung von (4.24) [5] als

$$\lambda' = \alpha^{-1} \cdot \frac{\mathbb{P}\{X_1=1\}}{\mathbb{P}\{X_1=0\}} = \alpha^{-1} \frac{\alpha\lambda e^{-\alpha\lambda}}{e^{-\alpha\lambda}} = \lambda,$$

berechnet, d.h., X_2 ist $\text{Pois}_{(1-\alpha)\lambda}$ verteilt.

Da X_1 und X_2 unabhängig sind, ist Satz 4.6.4 anwendbar, und liefert uns, dass X mit Parameter $\lambda > 0$ Poissonverteilt ist, also

$$\mathbb{P}\{\text{Genau n Rosinen in einem kg Teig}\} = \mathbb{P}\{X = n\} = \frac{\lambda^n}{n!} e^{-\lambda}$$

gilt.

---

[4]Für $n = 0$ gilt die folgende Gleichung trivialerweise.
[5]Man beachte, dass X_2 durch X_1 und $1-\alpha$ durch α zu ersetzen sind.

Welche Rolle spielt der Parameter $\lambda > 0$ *in diesem Modell?* Wir werden im Satz 5.1.14 sehen, dass λ mit der durchschnittlichen Anzahl von Rosinen pro Kilogramm Teig übereinstimmt. Allgemeiner, sind pro $\rho > 0$ Kilogramm im Durchschnitt $\lambda > 0$ Rosinen enthalten, so folgt

$$\mathbb{P}\{\text{Genau n Rosinen in } \rho \text{ kg Teig}\} = \frac{\lambda^n}{n!}\,e^{-\lambda}\,.$$

Nehmen wir zum Beispiel an, dass im Durchschnitt 100 Rosinen pro Kilogramm Teig enthalten sind. Dann ergeben sich folgende Wahrscheinlichkeiten für die Anzahl von Rosinen in einem Teigstück von einem Kilogramm:

$$\mathbb{P}(\{95, 96, \ldots, 104, 105\}) = 0.4176\,, \quad \mathbb{P}(\{90, 91, \ldots, 109, 110\}) = 0.7065\,,$$
$$\mathbb{P}(\{85, 86, \ldots, 114, 115\}) = 0.8793\,, \quad \mathbb{P}(\{80, 81, \ldots, 119, 120\}) = 0.9599\,,$$
$$\mathbb{P}(\{75, 76, \ldots, 124, 125\}) = 0.9892\,, \quad \mathbb{P}(\{70, 71, \ldots, 129, 130\}) = 0.9976\,.$$

Zusatzfrage: Angenommen, wir kaufen zwei Stollen zu 1 kg aus derselben Charge. Wie groß ist dann die Wahrscheinlichkeit, dass einer der beiden Stollen doppelt so viele (oder aber mehr) Rosinen wie der andere enthält?

Antwort: Sei X die Anzahl der Rosinen im ersten Stollen und Y die im zweiten. Wir fragen dann nach der Wahrscheinlichkeit

$$\mathbb{P}(X \geq 2Y \text{ oder } Y \geq 2X) = \mathbb{P}(X \geq 2Y) + \mathbb{P}(Y \geq 2X) = 2\,\mathbb{P}(X \geq 2Y)\,,$$

denn X und Y sind identisch verteilt und unabhängig [6]. Diese Wahrscheinlichkeit berechnet sich aber als

$$2\,\mathbb{P}(X \geq 2Y) = 2 \sum_{k=0}^{\infty} \mathbb{P}(Y = k, X \geq 2k) = 2 \sum_{k=0}^{\infty} \mathbb{P}(Y = k) \cdot \mathbb{P}(X \geq 2k)$$
$$= 2 \sum_{k=0}^{\infty} \mathbb{P}(Y = k) \cdot \sum_{j=2k}^{\infty} \mathbb{P}(X = j) = 2\,e^{-2\lambda} \sum_{k=0}^{\infty} \frac{\lambda^k}{k!} \sum_{j=2k}^{\infty} \frac{\lambda^j}{j!}\,.$$

Im Fall $\lambda = 100$ ergibt sich für diese Wahrscheinlichkeit ungefähr

$$\mathbb{P}(X \geq 2Y \text{ oder } Y \geq 2X) = 3.17061 \times 10^{-6}\,.$$

4.6.3 Negativ binomialverteilte Größen

Hier untersuchen wir die Verteilung der Summe von zwei unabhängigen zufälligen Größen, die beide mit dem gleichen Parameter p negativ binomialverteilt sind. Zur Erinnerung, eine zufällige Größe X mit Werten in $\mathbb{N}_0$ heißt $B^-_{n,p}$-verteilt, wenn sich ihr Verteilungsgesetz durch

$$\mathbb{P}\{X = k\} = \binom{-n}{k} p^n\,(p-1)^k\,, \quad k \in \mathbb{N}_0\,.$$

berechnet.

---

[6]Man beachte, dass dies $(X, Y) \stackrel{d}{=} (Y, X)$ impliziert.

Dann gilt folgender Satz.

Satz 4.6.6

Seien X und Y unabhängig und gemäß $B_{n,p}^-$ und $B_{m,p}^-$ verteilt für gewisse $n, m \geq 1$. Dann ist $X + Y$ gemäß $B_{n+m,p}^-$ verteilt.

Beweis: Nach Satz 4.5.5 gilt

$$\mathbb{P}\{X + Y = k\} = \sum_{j=0}^{k} \left[\binom{-n}{j} p^n (p-1)^j\right] \left[\binom{-m}{k-j} p^m (p-1)^{k-j}\right]$$

$$= p^{n+m}(p-1)^k \sum_{j=0}^{k} \binom{-n}{j}\binom{-m}{k-j}. \qquad (4.26)$$

Zur Berechnung der letzten Summe verwenden wir Satz A.4.3, der besagt, dass für $n, m \geq 1$ und $k \geq 0$ die Gleichung

$$\sum_{j=0}^{k} \binom{-n}{j}\binom{-m}{k-j} = \binom{-n-m}{k}$$

besteht. Setzt man dies in (4.26) ein, so ergibt sich unmittelbar die Behauptung. $\square$

Deutung: Die Wahrscheinlichkeit $B_{n+m,p}^-(\{k\})$ ist die, im $(n+m+k)$-ten Versuch genau zum $(n+m)$-ten Mal Erfolg zu haben. Das kann man aber zerlegen, nämlich, für irgendein $l \leq k$ im n-ten Versuch zum $(n+l)$-ten Mal Erfolg und dann im $(m+(k-l))$-ten Versuch zum $(k-l)$-ten Mal erfolgreich gewesen zu sein. Das Aufsummieren all dieser Wahrscheinlichkeiten von $l = 0, \ldots, k$ ergibt dann $B_{n+m,p}^-(\{k\})$.

Folgerung 4.6.7

Sind $X_1, \ldots, X_n$ unabhängig und gemäß des geometrischen Wahrscheinlichkeitsmaßes G_p verteilt, so ist ihre Summe $X_1 + \cdots + X_n$ eine $B_{n,p}^-$-verteilte zufällige Größe.

Beweis: Unter Beachtung der Identität $G_p = B_{1,p}^-$ folgt dies mittels n-facher Anwendung von Satz 4.6.6 $\square$

4.6.4 Gleichverteilte Größen

Wir setzen voraus, dass X und Y unabhängig und gleichverteilt auf $[0,1]$ sind. Welche Verteilung besitzt dann $X+Y$?

Satz 4.6.8

Sind X und Y unabhängig und auf $[0,1]$ gleichverteilt, dann hat die Summe $X+Y$ die Verteilungsdichte r mit

$$r(x) = \begin{cases} x & : 0 \leq x < 1 \\ 2-x & : 1 \leq x \leq 2 \\ 0 & : \text{sonst}. \end{cases} \qquad (4.27)$$

Beweis: Für die Verteilungsdichten p und q von X und Y gilt $p(x) = q(x) = 1$ für $0 \leq x \leq 1$ und $p(x) = q(x) = 0$ sofern $x \notin [0,1]$. Damit besitzt die Summe die Verteilungsdichte $r = p \star q$. Diese berechnet sich als

$$r(x) = \int_{-\infty}^{\infty} p(x-y)\, q(y)\, \mathrm{d}y = \int_0^1 p(x-y)\, \mathrm{d}y\,.$$

Nun gilt aber $p(x-y) = 1$ genau dann, wenn $0 \leq x-y \leq 1$, also wenn $x-1 \leq y \leq x$. Beachtet man dazu noch die Einschränkung $0 \leq y \leq 1$, so folgt für solche y genau dann $p(x-y) = 1$, wenn $y \in [\max\{x-1,0\}, \min\{x,1\}]$ gilt. Insbesondere ergibt sich $r(x) = 0$ für $x \notin [0,2]$, und für $0 \leq x \leq 2$ hat man

$$r(x) = \min\{x,1\} - \max\{x-1,0\}\,.$$

Man sieht nun leicht, dass sich r in die Form (4.27) umschreiben lässt. Damit ist der Satz bewiesen. □

Fazit: Zieht man unabhängig voneinander zwei Zahlen u_1 und u_2 entsprechend der Gleichverteilung aus $[0,1]$, so ist die Wahrscheinlichkeit dafür, dass für die Summe $a \leq u_1 + u_2 \leq b$ gilt, durch $\int_a^b r(x)\, \mathrm{d}x$ mit r in (4.27) gegeben. Beispielsweise ergibt sich

$$\mathbb{P}\left\{\frac{1}{2} \leq u_1 + u_2 \leq \frac{3}{2}\right\} = \int_{1/2}^1 x\, \mathrm{d}x + \int_1^{3/2} (2-x)\, \mathrm{d}x = \frac{3}{4}\,.$$

4.6.5 Gammaverteilte Größen

Wir betrachten die Summe von zwei unabhängigen gammaverteilten zufälligen Größen. Zur Erinnerung, die Dichte der $\Gamma_{\alpha,\beta}$-Verteilung ist durch

$$p_{\alpha,\beta}(x) = \frac{1}{\alpha^\beta\, \Gamma(\beta)}\, x^{\beta-1}\, \mathrm{e}^{-x/\alpha}$$

für $x > 0$ gegeben. Für $x \leq 0$ hat man $p_{\alpha,\beta}(x) = 0$.

Satz 4.6.9

Sind X_1 und X_2 unabhängig und gemäß Γ_{α,β_1} und Γ_{α,β_2} verteilt, so ist $X_1 + X_2$ gemäß $\Gamma_{\alpha,\beta_1+\beta_2}$ verteilt.

Beweis: Für die Dichte r der Summe gilt $r = p_{\alpha,\beta_1} \star p_{\alpha,\beta_2}$. Also müssen wir

$$r = p_{\alpha,\beta_1} \star p_{\alpha,\beta_2} = p_{\alpha,\beta_1+\beta_2}$$

nachweisen. Zuerst überlegt man sich einfach $r(x) = 0$ für $x \leq 0$. Betrachten wir also $x > 0$. Dann folgt wegen $p_{\alpha,\beta_2}(x-y) = 0$ für $y > x$ sofort

$$r(x) = \frac{1}{\alpha^{\beta_1+\beta_2}\Gamma(\beta_1)\Gamma(\beta_2)} \int_0^x y^{\beta_1-1}(x-y)^{\beta_2-1} e^{-y/\alpha} e^{-(x-y)/\alpha} \, dy$$

$$= \frac{1}{\alpha^{\beta_1+\beta_2}\Gamma(\beta_1)\Gamma(\beta_2)} x^{\beta_1+\beta_2-2} e^{-x/\alpha} \int_0^x \left(\frac{y}{x}\right)^{\beta_1-1} \left(1-\frac{y}{x}\right)^{\beta_2-1} dy.$$

Die Substitution $u := y/x$, also $dy = x\, du$, im Integral führt zu

$$r(x) = \frac{1}{\alpha^{\beta_1+\beta_2}\Gamma(\beta_1)\Gamma(\beta_2)} x^{\beta_1+\beta_2-1} e^{-x/\alpha} \int_0^1 u^{\beta_1-1}(1-u)^{\beta_2-1} du$$

$$= \frac{B(\beta_1,\beta_2)}{\alpha^{\beta_1+\beta_2}\,\Gamma(\beta_1)\,\Gamma(\beta_2)} \cdot x^{\beta_1+\beta_2-1} e^{-x/\alpha},$$

wobei B die in (1.44) definierte Betafunktion bezeichnet. Nun folgt aus (1.45) die Gleichung

$$\frac{B(\beta_1,\beta_2)}{\Gamma(\beta_1)\,\Gamma(\beta_2)} = \frac{1}{\Gamma(\beta_1+\beta_2)}$$

und somit $r(x) = p_{\alpha,\beta_1+\beta_2}(x)$ für $x > 0$. Damit ist der Satz bewiesen. □

4.6.6 Exponentiell verteilte Größen

Wir wollen nunmehr n unabhängige exponentiell verteilte zufällige Größen addieren. Dazu erinnern wir daran, dass die Exponentialverteilung E_λ eine spezielle Γ-Verteilung ist, nämlich $E_\lambda = \Gamma_{\lambda^{-1},1}$.

Satz 4.6.10

Sind $X_1, \ldots, X_n$ unabhängig E_λ-verteilt, dann ist ihre Summe $X_1 + \cdots + X_n$ gemäß $E_{\lambda,n}$ verteilt. Hierbei bezeichnet $E_{\lambda,n}$ die in Definition 1.6.24 eingeführte Erlangverteilung mit Parametern λ und n.

Beweis: Die Erlangverteilung $E_{\lambda,n}$ ist ebenfalls eine spezielle Γ-Verteilung, nämlich es gilt $E_{\lambda,n} = \Gamma_{\lambda^{-1},n}$. Wir wenden nun Satz 4.6.9 zuerst auf X_1 und X_2 an. Das sagt uns, die Summe ist $\Gamma_{\lambda^{-1},2} = E_{\lambda,2}$ verteilt. Nochmalige Anwendung von Satz 4.6.9, nunmehr auf $X_1 + X_2$ und X_3 zeigt, dass $X_1 + X_2 + X_3$ nach $E_{\lambda,3}$ verteilt ist. Dieses Verfahren führt durch mehrfache iterative Anwendung schließlich zum Nachweis des Satzes. □

Beispiel 4.6.11

Die Lebensdauer von Glühbirnen sei E_λ-verteilt mit einem gewissen $\lambda > 0$. Zum Zeitpunkt Null nimmt man eine Glühbirne in Betrieb. Erlischt diese, so ersetzt man sie sofort durch eine gleichartige Glühbirne. Erlischt die zweite Glühbirne, wird sie wieder ersetzt usw. Mit S_n bezeichnen wir den Ausfallzeitpunkt der n-ten Glühbirne. Welches Verteilungsgesetz hat S_n?

Antwort: Wir bezeichnen mit $X_1, \ldots, X_n$ die Lebensdauer der ersten, zweiten bis n-ten Glühbirne. Diese Lebenszeiten sind unabhängig voneinander und nach Annahme gemäß E_λ verteilt. Die n-te Glühbirne erlischt zum Zeitpunkt $X_1 + \cdots + X_n$, also ergibt sich $S_n = X_1 + \cdots + X_n$. Damit besitzt die zufällige Größe S_n nach Satz 4.6.10 eine Erlangverteilung $E_{\lambda,n}$. Insbesondere erhält man aus Satz 1.6.25 folgende wichtige Aussage: Die Wahrscheinlichkeit, dass die n-te Glühbirne erst nach dem Zeitpunkt t gewechselt werden muss, berechnet sich durch

$$\mathbb{P}\{S_n \geq t\} = \mathbb{P}\{X_1 + \cdots + X_n \geq t\} = \sum_{j=0}^{n-1} \frac{(\lambda t)^j}{j!} \, e^{-\lambda t}. \tag{4.28}$$

Beispiel 4.6.12

Wie groß ist in Beispiel 4.6.11 die Wahrscheinlichkeit, dass man im Zeitintervall $[0, T]$ genau k-mal eine Glühbirne wechseln muss?

Antwort: Wir verwenden die Bezeichnung aus Beispiel 4.6.11. Dann tritt das Ereignis, genau k-mal in $[0, T]$ die Glühbirne zu wechseln, genau dann ein, wenn gleichzeitig $S_k \leq T$ und $S_{k+1} > T$ gilt. Unter Verwendung von $[S_k > T] \subseteq [S_{k+1} > T]$ und Gleichung (4.28) erhalten wir die Aussage

$$\begin{aligned} \mathbb{P}\{S_k \leq T, S_{k+1} > T\} &= \mathbb{P}\left\{[S_k > T]^c \cap [S_{k+1} > T]\right\} \\ &= \mathbb{P}\left\{[S_{k+1} > T] \setminus [S_k > T]\right\} = \mathbb{P}\{S_{k+1} > T\} - \mathbb{P}\{S_k > T\} \\ &= \sum_{j=0}^{k} \frac{(\lambda T)^j}{j!} \, e^{-\lambda T} - \sum_{j=0}^{k-1} \frac{(\lambda T)^j}{j!} \, e^{-\lambda T} = \frac{(\lambda T)^k}{k!} e^{-\lambda T} = \text{Pois}_{\lambda T}(\{k\}). \end{aligned}$$

Das zeigt, dass die Wahrscheinlichkeit dafür, bis zum Zeitpunkt $T > 0$ genau k-mal Glühbirnen zu wechseln, durch die Poissonverteilung mit Parameter λT beschrieben wird. Hierbei ist $\lambda > 0$ der Parameter in der exponentiellen Lebensdauerverteilung der Glühbirnen.

4.6.7 χ^2-verteilte Größen

Wir wollen nun untersuchen, welches Verteilungsgesetz $X + Y$ für zwei χ^2-verteilte unabhängige zufällige Größen besitzt. Wir erinnern an Definition 1.6.26: Die χ_n^2-Verteilung ist eine $\Gamma_{2,\frac{n}{2}}$-Verteilung. Damit folgt aus Satz 4.6.9 sofort die folgende Aussage:

Satz 4.6.13

Seien X gemäß χ_n^2 und Y gemäß χ_m^2 verteilt und unabhängig. Dann besitzt $X + Y$ eine χ_{n+m}^2-Verteilung.

Beweis: Nach Satz 4.6.9 ist $X+Y$ gemäß $\Gamma_{2,\frac{n}{2}+\frac{m}{2}} = \chi_{n+m}^2$ verteilt. Das zeigt die Richtigkeit der Behauptung. □

Satz 4.6.13 hat folgende wichtige Konsequenz.

Satz 4.6.14

Sind $X_1, \ldots, X_n$ unabhängig und $\mathcal{N}(0,1)$-verteilt, dann ist ihre Summe $X_1^2 + \cdots + X_n^2$ gemäß χ_n^2 verteilt.

Beweis: Nach Satz 4.1.5 sind die zufälligen Größen X_j^2 für $1 \leq j \leq n$ gemäß χ_1^2 verteilt. Da auch $X_1^2, \ldots, X_n^2$ unabhängig sind, führt eine sukzessive Anwendung von Satz 4.6.13 zur gewünschten Aussage. □

4.6.8 Normalverteilte Größen

Wir wollen in diesem Abschnitt die zentrale Frage klären, welches Verteilungsgesetz die Summe von zwei unabhängigen normalverteilten zufälligen Größen besitzt.

Satz 4.6.15

Sind X_1 und X_2 unabhängig und $\mathcal{N}(\mu_1, \sigma_1^2)$- bzw. $\mathcal{N}(\mu_2, \sigma_2^2)$-verteilt. Dann ist ihre Summe $X_1 + X_2$ gemäß $\mathcal{N}(\mu_1 + \mu_2, \sigma_1^2 + \sigma_2^2)$ verteilt.

Beweis: Wir behandeln zuerst einen Spezialfall, nämlich $\mu_1 = \mu_2 = 0$, $\sigma_1 = 1$. Schreiben wir λ an Stelle von σ_2, so zeigen wir in einem ersten Schritt Folgendes: Für $\lambda > 0$ und unabhängige X_1 und X_2 gemäß $\mathcal{N}(0,1)$- bzw. $\mathcal{N}(0,\lambda^2)$-verteilt folgt

$$X_1 + X_2 \text{ ist } \mathcal{N}(0, 1+\lambda^2)\text{-verteilt}. \tag{4.29}$$

Zum Nachweis dieser Aussage verwenden wir Satz 4.5.12. Also gilt (4.29) genau dann, wenn für die in (1.36) definierten Dichten $p_{0,1}$ und p_{0,λ^2} die Gleichung

$$(p_{0,1} \star p_{0,\lambda^2})(x) = p_{0,1+\lambda^2}(x) = \frac{1}{\sqrt{2\pi}(1+\lambda^2)^{1/2}}\, e^{-x^2/2(1+\lambda^2)}, \quad x \in \mathbb{R},$$

besteht. Die linke Seite berechnet sich als

$$p_{0,1} \star p_{0,\lambda^2}(x) = \frac{1}{2\pi\lambda} \int_{-\infty}^{\infty} e^{-(x-y)^2/2}\, e^{-y^2/2\lambda^2}\, dy$$

$$= \frac{1}{2\pi\lambda} \int_{-\infty}^{\infty} e^{-\frac{1}{2}(x^2 - 2xy + (1+\lambda^{-2})y^2)}\, dy. \tag{4.30}$$

Wir verwenden

$$x^2 - 2xy + (1+\lambda^{-2})y^2$$
$$= \left((1+\lambda^{-2})^{1/2}y - (1+\lambda^{-2})^{-1/2}x\right)^2 - x^2\left(\frac{1}{1+\lambda^{-2}} - 1\right)$$
$$= \left((1+\lambda^{-2})^{1/2}y - (1+\lambda^{-2})^{-1/2}x\right)^2 + \frac{x^2}{1+\lambda^2}$$
$$= \left(\alpha y - \frac{x}{\alpha}\right)^2 + \frac{x^2}{1+\lambda^2}$$

mit $\alpha := (1+\lambda^{-2})^{1/2}$. Einsetzen dieser Umformung in (4.30) liefert

$$p_{0,1} \star p_{0,\lambda^2}(x) = \frac{e^{-x^2/2(1+\lambda^2)}}{2\pi\lambda} \int_{-\infty}^{\infty} e^{-(\alpha y - x/\alpha)^2/2} \, dy. \tag{4.31}$$

Wir substituieren $u := \alpha y - x/\alpha$, erhalten $dy = du/\alpha$ und beachten, dass $\alpha\lambda = (1+\lambda^2)^{1/2}$ gilt. Dann geht die rechte Seite von (4.31) in

$$\frac{e^{-x^2/2(1+\lambda^2)}}{2\pi(1+\lambda^2)^{1/2}} \int_{-\infty}^{\infty} e^{-u^2/2} \, du = p_{0,1+\lambda^2}(x)$$

über, wobei wir benutzt haben, dass nach Satz 1.6.6 die Identität $\int_{-\infty}^{\infty} e^{-u^2/2} \, du = \sqrt{2\pi}$ besteht. Damit ist die Gültigkeit von (4.29) gezeigt.

In einem zweiten Schritt behandeln wir den allgemeinen Fall, also dass X_1 gemäß $\mathcal{N}(\mu_1, \sigma_1^2)$ und X_2 gemäß $\mathcal{N}(\mu_2, \sigma_2^2)$ verteilt sind. Aufgrund von Satz 4.2.3 wissen wir, dass dann

$$Y_1 := \frac{X_1 - \mu_1}{\sigma_1} \quad \text{und} \quad Y_2 := \frac{X_2 - \mu_2}{\sigma_2}$$

beide $\mathcal{N}(0,1)$-verteilt sind. Damit ergibt sich

$$X_1 + X_2 = \mu_1 + \mu_2 + \sigma_1 Y_1 + \sigma_2 Y_2 = \mu_1 + \mu_2 + \sigma_1 Z$$

mit $Z = Y_1 + \lambda Y_2$ und $\lambda = \sigma_2/\sigma_1$. Nach dem ersten Schritt ist Z gemäß $\mathcal{N}(0, 1+\lambda^2)$ verteilt, lässt sich also in der Form $Z = (1+\lambda^2)^{1/2} Z_0$ mit Z_0 standardnormalverteilt darstellen. Folglich erhalten wir

$$X_1 + X_2 = \mu_1 + \mu_2 + \sigma_1 (1+\lambda^2)^{1/2} Z_0 = \mu_1 + \mu_2 + \left(\sigma_1^2 + \sigma_2^2\right)^{1/2} Z_0.$$

Aus dieser Darstellung von $X_1 + X_2$ folgt durch nochmalige Anwendung von Satz 4.2.3, dass die Summe $X_1 + X_2$ wie behauptet gemäß $\mathcal{N}(\mu_1 + \mu_2, \sigma_1^2 + \sigma_2^2)$ verteilt ist. □

4.7 Multiplikation und Division zufälliger Größen

Wir wollen in diesem Abschnitt zeigen, wie man mit ähnlichen Methoden wie bei der Addition auch Multiplikation und Division von zufälligen Größen untersuchen kann. Dabei beschränken wir uns auf den Fall von stetigen zufälligen Größen X und Y, da nur hier wichtige Anwendungen existieren. Außerdem nehmen wir an, Y besitze nur positive Werte, also $Y : \Omega \to (0, \infty)$, und wir verzichten auch auf den Nachweis, dass mit X und Y sowohl $X \cdot Y$ als auch X/Y zufällige Größen sind. Die Beweise sind nicht kompliziert und folgen dem Schema des Beweises für die Addition im Satz 4.5.1. Hierbei sind die Abbildungen $X \cdot Y$ und X/Y wie üblich durch

$$(X \cdot Y)(\omega) := X(\omega) \cdot Y(\omega) \quad \text{und} \quad \left(\frac{X}{Y}\right)(\omega) := \frac{X(\omega)}{Y(\omega)}, \quad \omega \in \Omega,$$

definiert.

Beginnen wir mit der Multiplikation. Es seien also X und Y zufällige Größen mit Verteilungsdichten p und q, und da wir $Y > 0$ voraussetzten, gilt $q(t) = 0$ für $t \leq 0$.

Satz 4.7.1

Seien X und Y unabhängige zufällige Größen mit den angegebenen Eigenschaften. Dann ist $X \cdot Y$ ebenfalls eine stetige zufällige Größe mit Verteilungsdichte r, die sich durch

$$r(x) = \int_0^\infty p\left(\frac{x}{y}\right) \frac{q(y)}{y} \, \mathrm{d}y, \quad x \in \mathbb{R}, \tag{4.32}$$

berechnet.

Beweis: Für $t \in \mathbb{R}$ bestimmen wir $\mathbb{P}\{X \cdot Y \leq t\}$. Dazu setzen wir

$$A_t := \{(u, y) \in \mathbb{R} \times (0, \infty) : u \cdot y \leq t\}$$

und bemerken, dass wie im Beweis von Satz 4.5.12 die Aussage

$$\mathbb{P}\{X \cdot Y \leq t\} = \mathbb{P}_{(X,Y)}(A_t) = \int_0^\infty \left[\int_{-\infty}^{t/y} p(u) \, \mathrm{d}u\right] q(y) \, \mathrm{d}y \tag{4.33}$$

folgt. Im inneren Integral führen wir nun folgende Substitution durch: $x := u\,y$, also $\mathrm{d}x = y\,\mathrm{d}u$. Man beachte dabei, dass im inneren Integral y eine Konstante ist. Durch diese Substitution geht das rechte Integral in (4.33) in

$$\int_0^\infty \left[\int_{-\infty}^t p\left(\frac{x}{y}\right) \mathrm{d}x\right] \frac{q(y)}{y} \, \mathrm{d}y$$
$$= \int_{-\infty}^t \left[\int_0^\infty p\left(\frac{x}{y}\right) \frac{q(y)}{y} \, \mathrm{d}y\right] \mathrm{d}x = \int_{-\infty}^t r(x)\,\mathrm{d}x$$

über. Dies ist für alle $t \in \mathbb{R}$ richtig, somit muss r die gesuchte Dichte von $X \cdot Y$ sein. □

Beispiel 4.7.2

Gegeben seien zwei unabhängige zufällige Größen U und V, beide auf $[0,1]$ gleichverteilt. Welche Verteilung besitzt $U \cdot V$?
Antwort: Es gilt $p(y) = q(y) = 1$ für $0 \le y \le 1$ und $p(y) = q(y) = 0$ sonst. Weiterhin folgt $0 \le U \cdot V \le 1$, also für die Dichte r auch $r(x) = 0$ sofern $x \notin [0,1]$. Für $x \in [0,1]$ wenden wir Formel (4.32) an und erhalten

$$r(x) = \int_0^\infty p\left(\frac{x}{y}\right) \frac{q(y)}{y} \, dy = \int_x^1 \frac{1}{y} \, dy = -\ln(x) = \ln\left(\frac{1}{x}\right), \quad 0 < x \le 1.$$

Damit folgt für $0 < a < b \le 1$

$$\mathbb{P}\{a \le U \cdot V \le b\} = -\int_a^b \ln(x) \, dx = -[x \ln x - x]_a^b = a\ln(a) - b\ln(b) + b - a.$$

Kommen wir nun zur Division von zwei zufälligen Größen X und Y. Wir setzen wieder $Y > 0$ voraus und p bzw. q bezeichnen die Verteilungsdichten von X und Y. Dann folgt

Satz 4.7.3

Sind X und Y mit den angegebenen Eigenschaften unabhängig, dann besitzt X/Y eine Verteilungsdichte r die durch

$$r(x) = \int_0^\infty y \, p(x\,y) \, q(y) \, dy, \quad x \in \mathbb{R},$$

gegeben ist.

Beweis: Der Beweis von Satz 4.7.3 ist ähnlich dem von 4.7.1. Deshalb deuten wir nur die wesentlichen Schritte an. Sei

$$A_t := \{(u,y) \in \mathbb{R} \times (0,\infty) : u \le t\,y\},$$

so erhalten wir

$$\mathbb{P}\{(X/Y) \le t\} = \mathbb{P}_{(X,Y)}(A_t) = \int_0^\infty \left[\int_{-\infty}^{ty} p(u) \, du\right] q(y) \, dy$$

woraus durch die Substitution $x = u/y$ im inneren Integral und anschließender Vertauschung der Integrale

$$\mathbb{P}\{(X/Y) \le t\} = \int_{-\infty}^t r(x) \, dx$$

für alle $t \in \mathbb{R}$ folgt. $\square$

Beispiel 4.7.4

Wir betrachten unabhängige auf $[0,1]$ gleichverteilte zufällige Größen U und V und bilden U/V. Dann folgt für die Dichte r des Quotienten

$$r(x) = \int_0^\infty y\, p(xy) q(y)\, \mathrm{d}y = \int_0^1 yp(xy)\mathrm{d}y = \int_0^1 y\, \mathrm{d}y = \frac{1}{2}$$

im Fall $0 \leq x \leq 1$. Gilt dagegen $1 \leq x < \infty$, dann hat man $p(xy) = 0$ für $y > 1/x$, und es ergibt sich

$$r(x) = \int_0^{1/x} y\, \mathrm{d}y = \frac{1}{2x^2}$$

für solche x. Insgesamt hat also U/V die Dichte

$$r(x) = \begin{cases} \frac{1}{2} & : \ 0 \leq x \leq 1 \\ \frac{1}{2x^2} & : \ 1 < x < \infty \\ 0 & : \ \text{sonst}. \end{cases}$$

Frage: Gibt es eine geometrische Erklärung für $r(x) = \frac{1}{2}$ im Fall $0 \leq x \leq 1$?

Antwort: Für $0 \leq a \leq 1$ folgt

$$\int_0^a r(x)\, \mathrm{d}x = \mathbb{P}\{U/V \leq a\} = \mathbb{P}\{U \leq a V\}$$
$$= \mathbb{P}_{(U,V)}\{(s,t) \in [0,1]^2 : 0 \leq s \leq a t\}.$$

Nun ist aber wegen der Unabhängigkeit von U und V das gemeinsame Verteilungsgesetz $\mathbb{P}_{(U,V)}$ die Gleichverteilung auf $[0,1]^2$. Damit berechnet sich $\mathbb{P}\{U/V \leq a\}$ als Fläche des Dreiecks

$$A := \{(s,t) \in [0,1]^2 : 0 \leq s \leq a t\}.$$

Die Fläche von A beträgt aber $a/2$, woraus sich ebenfalls $r(x) = 1/2$ für $0 \leq x \leq 1$ ergibt.

4.7.1 Studentsche t-Verteilung

Wir wollen Satz 4.7.3 nutzen, um die Dichte einer für die Mathematische Statistik sehr wichtigen Verteilung herzuleiten.

Satz 4.7.5

Gegeben seien eine $\mathcal{N}(0,1)$-verteilte zufällige Größe X und eine davon unabhängige χ_n^2-verteilte Größe Y. Wir bilden damit eine neue zufällige Größe Z durch

$$Z := \frac{X}{\sqrt{Y/n}}.$$

Dann besitzt Z die Verteilungsdichte r mit

$$r(x) = \frac{\Gamma\left(\frac{n+1}{2}\right)}{\sqrt{n\pi}\,\Gamma\left(\frac{n}{2}\right)} \left(1 + \frac{x^2}{n}\right)^{-n/2 - 1/2}, \quad x \in \mathbb{R}.$$

Beweis: In einem ersten Schritt rechnen wir die Verteilungsdichte von $\sqrt{Y}$ für ein χ_n^2-verteiltes Y aus. Für $t > 0$ folgt

$$F_{\sqrt{Y}}(t) = \mathbb{P}\{\sqrt{Y} \leq t\} = \mathbb{P}\{Y \leq t^2\} = \frac{1}{2^{n/2}\,\Gamma\left(\frac{n}{2}\right)} \int_0^{t^2} x^{n/2-1} e^{-x/2}\,dx\,.$$

Somit erhält man die Dichte q von $\sqrt{Y}$ als

$$q(t) = \frac{d}{dt} F_{\sqrt{Y}}(t) = \frac{1}{2^{n/2}\,\Gamma\left(\frac{n}{2}\right)} (2t)\, t^{n-2} e^{-t^2/2}$$

$$= \frac{1}{2^{n/2-1}\,\Gamma\left(\frac{n}{2}\right)} t^{n-1} e^{-t^2/2} \tag{4.34}$$

für $t > 0$ und $q(t) = 0$ für $t \leq 0$.

Im zweiten Schritt berechnen wir zuerst die Dichte $\tilde{r}$ von $\tilde{Z} = Z/\sqrt{n} = X/\sqrt{Y}$. Aus (4.34) folgt unter Verwendung von Satz 4.7.3 die Gleichung

$$\tilde{r}(x) = \int_0^\infty y \left[\frac{1}{\sqrt{2\pi}} e^{-(xy)^2/2}\right] \left[\frac{1}{2^{n/2-1}\,\Gamma\left(\frac{n}{2}\right)} y^{n-1} e^{-y^2/2}\right] dy$$

$$= \frac{1}{\sqrt{\pi}\, 2^{n/2-1/2}\,\Gamma\left(\frac{n}{2}\right)} \int_0^\infty y^n e^{-(1+x^2)y^2/2}\,dy\,. \tag{4.35}$$

Im letzten Integral substituieren wir $v = \frac{y^2}{2}(1+x^2)$. Dann gilt $y = \frac{\sqrt{2v}}{(1+x^2)^{1/2}}$ und folglich $dy = \frac{1}{\sqrt{2}} v^{-1/2} (1+x^2)^{-1/2}\,dv$. Einsetzen dieser Ausdrücke in (4.35) zeigt

$$\tilde{r}(x) = \frac{1}{\sqrt{\pi}\, 2^{n/2}\,\Gamma\left(\frac{n}{2}\right)} \int_0^\infty \frac{2^{n/2}\, v^{n/2-1/2}\, e^{-v}}{(1+x^2)^{n/2+1/2}}\,dv$$

$$= \frac{\Gamma\left(\frac{n+1}{2}\right)}{\sqrt{\pi}\,\Gamma\left(\frac{n}{2}\right)} (1+x^2)^{-n/2-1/2}\,. \tag{4.36}$$

Damit haben wir die Dichte $\tilde{r}$ von $\tilde{Z}$ bestimmt. Wegen $Z = \sqrt{n}\,\tilde{Z}$ können wir (4.2) mit $b = 0$ und $a = \sqrt{n}$ anwenden und (4.36) transformiert sich zur Dichte r von Z als

$$r(x) = \frac{1}{\sqrt{n}}\,\tilde{r}\left(\frac{x}{\sqrt{n}}\right) = \frac{\Gamma\left(\frac{n+1}{2}\right)}{\sqrt{n\pi}\,\Gamma\left(\frac{n}{2}\right)} \left(1 + \frac{x^2}{n}\right)^{-n/2 - 1/2}$$

wie behauptet. □

4.7 Multiplikation und Division zufälliger Größen

Definition 4.7.6

Ein Wahrscheinlichkeitsmaß $\mathbb{P}$ auf $(\mathbb{R}, \mathcal{B}(\mathbb{R}))$ heißt $\mathbf{t_n}$-**Verteilung** oder auch **Studentsche t-Verteilung** (mit n Freiheitsgraden), wenn für alle $a < b$ stets

$$\mathbb{P}([a,b]) = \int_a^b r(x)\,dx = \frac{\Gamma\left(\frac{n+1}{2}\right)}{\sqrt{n\pi}\,\Gamma\left(\frac{n}{2}\right)} \int_a^b \left(1 + \frac{x^2}{n}\right)^{-n/2-1/2} dx$$

gilt.

Eine zufällige Größe Z nennt man $\mathbf{t_n}$-**verteilt** oder **t-verteilt** (mit n Freiheitsgraden), wenn das Verteilungsgesetz von Z eine t_n-Verteilung ist, also für $a < b$ stets

$$\mathbb{P}\{a \leq Z \leq b\} = \frac{\Gamma\left(\frac{n+1}{2}\right)}{\sqrt{n\pi}\,\Gamma\left(\frac{n}{2}\right)} \int_a^b \left(1 + \frac{x^2}{n}\right)^{-n/2-1/2} dx$$

gilt.

Bemerkung 4.7.7

Die t_1-Verteilung stimmt mit der in Definition 1.6.29 eingeführten Cauchyverteilung überein. Man beachte, dass $\Gamma(1/2) = \sqrt{\pi}$ und $\Gamma(1) = 1$ gelten.

Im Hinblick auf Definition 4.7.6 lässt sich Satz 4.7.5 nunmehr wie folgt formulieren:

Satz 4.7.8

Sind X und Y unabhängig gemäß $\mathcal{N}(0,1)$ und χ_n^2 verteilt, so ist $\dfrac{X}{\sqrt{Y/n}}$ gemäß t_n-verteilt.

Eine Anwendung von Satz 4.6.14 führt zu folgender Version von Satz 4.7.5:

Satz 4.7.9

Sind $X, X_1, \ldots, X_n$ unabhängig $\mathcal{N}(0,1)$ verteilt, dann ist

$$\frac{X}{\sqrt{\frac{1}{n}\sum_{i=1}^n X_i^2}}$$

t_n-verteilt.

Folgerung 4.7.10

Sind X und Y unabhängig $\mathcal{N}(0,1)$-verteilt, so besitzt $X/|Y|$ eine Cauchyverteilung.

Beweis: Aus Satz 4.7.9 für $n = 1$ und $X_1 = Y$ können wir folgern, dass $X/|Y|$ eine t_1-Verteilung besitzt. Wie aber oben bemerkt stimmen Cauchy- und t_1-Verteilung überein. □

4.7.2 Fishersche F-Verteilung

Wir kommen nun zu einer anderen Klasse wichtiger Verteilungen der Mathematischen Statistik, der so genannten F-Verteilungen.

Satz 4.7.11

Für zwei natürliche Zahlen m und n seien die zwei unabhängigen zufälligen Größen X und Y nach χ^2_m bzw. χ^2_n verteilt. Dann besitzt

$$Z := \frac{X/m}{Y/n}$$

die Verteilungsdichte r mit

$$r(x) = m^{m/2}\, n^{n/2} \cdot \frac{\Gamma\left(\frac{m+n}{2}\right)}{\Gamma\left(\frac{m}{2}\right)\Gamma\left(\frac{n}{2}\right)} \cdot \frac{x^{m/2-1}}{(mx+n)^{(m+n)/2}}$$

für $x > 0$. Im Fall $x \leq 0$ hat man $r(x) = 0$.

Beweis: Wir berechnen zuerst die Verteilungsdichte $\tilde{r}$ von $\tilde{Z} := X/Y$. Dazu wenden wir Satz 4.7.3 mit

$$p(x) = \frac{1}{2^{m/2}\,\Gamma(m/2)}\, x^{m/2-1}\, e^{-x/2} \quad \text{und} \quad q(y) = \frac{1}{2^{n/2}\,\Gamma(n/2)}\, y^{n/2-1}\, e^{-y/2}$$

für $x, y > 0$ an. Man erhält dann

$$\tilde{r}(x) = \frac{1}{2^{(m+n)/2}\,\Gamma(m/2)\,\Gamma(n/2)} \int_0^\infty y\,(xy)^{m/2-1}\, y^{n/2-1}\, e^{-xy/2}\, e^{-y/2}\, dy$$

$$= \frac{x^{m/2-1}}{2^{(m+n)/2}\,\Gamma(m/2)\,\Gamma(n/2)} \int_0^\infty y^{(m+n)/2-1}\, e^{-y(1+x)/2}\, dy. \tag{4.37}$$

Wir ersetzen in (4.37) die Variable y durch $u := y(1+x)/2$, also folgt $dy = \frac{2}{1+x}\, du$. Damit geht (4.37) in den Ausdruck

$$\frac{x^{m/2-1}}{\Gamma(m/2)\,\Gamma(n/2)}\, (1+x)^{-(n+m)/2} \int_0^\infty u^{(m+n)/2-1}\, e^{-u}\, du$$

$$= \frac{\Gamma\left(\frac{m+n}{2}\right)}{\Gamma\left(\frac{m}{2}\right)\Gamma\left(\frac{n}{2}\right)} \cdot \frac{x^{m/2-1}}{(1+x)^{(m+n)/2}}$$

über.

4.7 Multiplikation und Division zufälliger Größen

Die Dichte r von Z bekommen wir nun aus $Z = \frac{n}{m} \cdot \tilde{Z}$ nach Satz 4.2. Dann folgt

$$r(x) = \frac{m}{n} p\left(\frac{mx}{n}\right) = m^{m/2} n^{n/2} \cdot \frac{\Gamma\left(\frac{m+n}{2}\right)}{\Gamma\left(\frac{m}{2}\right) \Gamma\left(\frac{n}{2}\right)} \cdot \frac{x^{m/2-1}}{(mx+n)^{(m+n)/2}}$$

wie behauptet. □

Bemerkung 4.7.12

Unter Verwendung von (1.45) kann die Dichte r von Z auch mit der Betafunktion als

$$r(x) = \frac{m^{m/2} n^{n/2}}{B\left(\frac{m}{2}, \frac{n}{2}\right)} \cdot \frac{x^{m/2-1}}{(mx+n)^{(m+n)/2}}, \quad x > 0,$$

geschrieben werden.

Definition 4.7.13

Eine zufällige Größe Z ist **F-verteilt** (mit Freiheitsgraden m und n), wenn sie die Verteilungsdichte r aus Satz 4.7.11 besitzt, also wenn für $0 \leq a < b$ stets

$$\mathbb{P}\{a \leq Z \leq b\} = m^{m/2} n^{n/2} \cdot \frac{\Gamma\left(\frac{m+n}{2}\right)}{\Gamma\left(\frac{m}{2}\right) \Gamma\left(\frac{n}{2}\right)} \int_a^b \frac{x^{m/2-1}}{(mx+n)^{(m+n)/2}} \, dx$$

gilt. Man sagt auch, Z ist $\mathbf{F_{m,n}}$-**verteilt**.

Mit dieser Bezeichnung können wir nunmehr Satz 4.7.11 wie folgt formulieren:

Satz 4.7.14

Sind die zwei unabhängigen zufälligen Größen X und Y nach χ_m^2 bzw. χ_n^2 verteilt, so besitzt $\frac{X/m}{Y/n}$ eine $F_{m,n}$-Verteilung.

Schließlich erhalten wir aus Satz 4.6.14 noch folgende Aussage:

Satz 4.7.15

Sind $X_1, \ldots, X_m, Y_1, \ldots, Y_n$ unabhängig $\mathcal{N}(0,1)$-verteilt, dann ist

$$\frac{\frac{1}{m} \sum_{i=1}^m X_i^2}{\frac{1}{n} \sum_{j=1}^n Y_j^2}$$

$F_{m,n}$-verteilt.

Folgerung 4.7.16

Ist eine zufällige Größe $F_{m,n}$-verteilt, so ist $1/Z$ gemäß $F_{n,m}$ verteilt.

Beweis: Dies folgt unmittelbar aus Satz 4.7.11 und der Definition der F-Verteilung. □

4.8 Aufgaben

Aufgabe 4.1

Welche Verteilungsgesetze besitzen

$$\min\{U, 1-U\}, \quad \max\{U, 1-U\}, \quad |2U - 1| \quad \text{und} \quad \left|U - \frac{1}{3}\right|$$

für eine auf $[0, 1]$ gleichverteilte zufällige Größe U?

Aufgabe 4.2

Man würfelt unabhängig voneinander mit zwei Würfeln. Mit X_1 bzw. X_2 bezeichne man die Augenzahl des ersten bzw. des zweiten Würfels. Kann man durch Verfälschung der beiden Würfel (d.h., man verändert die Wahrscheinlichkeiten $\mathbb{P}(X_i = k)$ für $i = 1, 2$ und $k = 1, \ldots, 6$) erreichen, dass die Augensumme $X_1 + X_2$ auf $\{2, \ldots, 12\}$ gleichverteilt ist? Dabei brauchen die Verfälschungen der Würfel nicht identisch zu sein.

Aufgabe 4.3

Zwei zufällige Größen U und V seien unabhängig und auf $[0, 1]$ gleichverteilt. Welche Verteilung hat dann $U + nV$ für eine natürliche Zahl n?

Aufgabe 4.4

Eine Funktion $f : \mathbb{R} \to \mathbb{R}$ sei streng monoton und stetig differenzierbar. Welche Verteilungsdichte besitzt $f(X)$ für eine zufällige Größe X mit Verteilungsdichte p? Dabei behandle man die Fälle „f wachsend" und „f fallend" getrennt voneinander. Man wende die erhaltenen Aussagen zur Berechnung der Verteilungsgesetze von e^X und von e^{-X} für eine $\mathcal{N}(0, 1)$-verteilte zufällige Größe X an.

Aufgabe 4.5

Zwei zufällige Größen X und Y seien unabhängig und Poissonverteilt mit Parameter $\lambda > 0$. Man zeige, dass für alle $n \in \mathbb{N}_0$ und alle $k = 0, \ldots, n$ stets Folgendes gilt:

$$\mathbb{P}\{X = k \mid X + Y = n\} = \binom{n}{k} \frac{1}{2^n}.$$

Aufgabe 4.6

Für zwei gegebene unabhängige zufällige Größen X und Y setzt man $Z_1 := \min\{X, Y\}$ und $Z_2 := \max\{X, Y\}$.

1. Wie berechnen sich die Verteilungsfunktionen F_{Z_1} und F_{Z_2} aus den Verteilungsfunktionen F_X und F_Y von X bzw. von Y?
2. Wenn X und Y die Verteilungsdichten p und q besitzen, welche Verteilungsdichten haben dann Z_1 und Z_2?
3. Welche Verteilungsdichten haben Z_1 und Z_2 im Fall, dass sowohl X als auch Y exponentiell mit Parameter $\lambda > 0$ verteilt sind?

Aufgabe 4.7

Man gebe eine Funktion $f : [0, 1] \to \mathbb{R}$ an, sodass für eine auf $[0, 1]$ gleichverteilte zufällige Größe U die Aussage

$$\mathbb{P}\{f(U) = k\} = \frac{1}{2^k}, \quad k = 1, 2, \ldots,$$

besteht.

Aufgabe 4.8

Es sei U eine auf $[0, 1]$ gleichverteilte zufällige Größe. Man gebe eine Funktion $f : \mathbb{R} \mapsto \mathbb{R}$ an, sodass $f(U)$ die Verteilungdichte p mit

$$p(x) := \begin{cases} 0 & : \quad |x| > 1 \\ x + 1 & : \quad -1 \leq x \leq 0 \\ 1 - x & : \quad 0 < x \leq 1 \end{cases}.$$

besitzt.

Aufgabe 4.9

Für zwei unabhängige zufällige Größen X und Y gelte

$$\mathbb{P}(X = k) = \mathbb{P}(Y = k) = \frac{1}{2^k}, \quad k = 1, 2, \ldots$$

Welches Verteilungsgesetz besitzt $X + Y$?

Aufgabe 4.10

Zwei zufällige Größen X und Y seien E_λ, also exponentiell, verteilt und unabhängig. Welche Verteilungsdichte besitzen dann $X - Y$ und X/Y?

5 Erwartungswert, Varianz und Kovarianz

5.1 Erwartungswert

5.1.1 Erwartungswert diskreter zufälliger Größen

Gegeben sei eine zufällige Größe $X : \Omega \to \mathbb{R}$. Nehmen wir zuerst an, sie sei diskret. Wir wollen uns überlegen, was ein „mittlere Wert" von X sein soll, und wie man dann diesen Wert auch konkret berechnet. Um uns der Lösung dieses Problems zu nähern, betrachten wir folgendes Beispiel:

Beispiel 5.1.1

An einer Klausur haben N Studenten teilgenommen. Von diesen N Studenten erreichten k_1 die Note „1", k_2 die Note „2" usw. bis k_5 die Note „5". Natürlich folgt $k_1 + \cdots + k_5 = N$. Wie berechnet sich die Durchschnittsnote D der Klausur? Dies geschieht ganz einfach durch

$$D = \frac{1 \cdot k_1 + \cdots + 5 \cdot k_5}{N} = 1 \cdot \frac{k_1}{N} + \cdots + 5 \cdot \frac{k_5}{N}.$$

Wir betrachten nunmehr folgendes Zufallsexperiment: Entsprechend der Gleichverteilung wählen wir eine Studentin oder einen Studenten $\omega \in \{1, \ldots, N\}$ aus und fragen sie oder ihn nach der Note in der Klausur. Mit $X(\omega)$ bezeichnen wir die Note der oder des Befragten. Auf diese Weise erhält man eine auf Ω definierte zufällige Größe mit Werten in der Menge $\{1, 2, 3, 4, 5\}$.

Wie berechnet sich das Verteilungsgesetz von X? Da die Auswahl von ω entsprechend der Gleichverteilung erfolgt, gilt

$$p_1 := \mathbb{P}\{X = 1\} = \frac{k_1}{N}, \quad p_2 := \mathbb{P}\{X = 2\} = \frac{k_2}{N}, \quad \ldots, \quad p_5 := \mathbb{P}\{X = 5\} = \frac{k_5}{N}.$$

Der durchschnittliche Wert von X ist die oben angegebene Durchschnittsnote D, die sich jetzt unter Verwendung des Verteilungsgesetzes von X wie folgt ausdrücken lässt:

$$D = 1 \cdot p_1 + \cdots + 5 \cdot p_5 = 1 \cdot \mathbb{P}\{X = 1\} + \cdots + 5 \cdot \mathbb{P}\{X = 5\}.$$

Damit erscheint folgende Definition für den Erwartungswert (mittleren Wert) einer diskreten zufälligen Größe plausibel:

Eine zufällige Größe X nehme die Werte $x_1, x_2, \ldots \in \mathbb{R}$ mit gewissen Wahrscheinlichkeiten an. Dann definiert man den Erwartungswert $\mathbb{E}X$ durch

$$\mathbb{E}X := \sum_{j=1}^{\infty} x_j \, \mathbb{P}\{X = x_j\}. \tag{5.1}$$

Leider ist aber Ansatz (5.1) nicht für alle zufälligen Größen sinnvoll, da die dort auftretende unendliche Summe nicht existieren muss. Ehe wir uns der Frage widmen, wie man trotzdem für die meisten zufälligen Größen deren Erwartungswert sinnvoll definieren kann, vorab ein kurzer Exkurs über unendliche Reihen.

Eine Folge reeller Zahlen $(\alpha_j)_{j \geq 1}$ heißt bekanntlich summierbar, wenn die Folge ihrer Partialsummen $(s_n)_{n \geq 1}$ mit $s_n = \sum_{j=1}^{n} \alpha_j$ in $\mathbb{R}$ konvergiert, und man setzt

$$\sum_{j=1}^{\infty} \alpha_j = \lim_{n \to \infty} s_n.$$

Divergiert die Folge der Partialsummen, so kann man der unendlichen Reihe in manchen Fällen trotzdem einen Grenzwert zuordnen, nämlich dann, wenn $\lim_{n \to \infty} s_n = -\infty$ oder aber wenn $\lim_{n \to \infty} s_n = \infty$ gilt. Man schreibt in diesem Fall $\sum_{j=1}^{\infty} \alpha_j = -\infty$ bzw. $\sum_{j=1}^{\infty} \alpha_j = \infty$. Insbesondere, wenn $\alpha_j \geq 0$ für alle $j \in \mathbb{N}$, so ist die Folge der Partialsummen nichtfallend, und man hat entweder $\sum_{j=1}^{\infty} \alpha_j < \infty$ im konvergenten Fall oder aber $\sum_{j=1}^{\infty} \alpha_j = \infty$.

Gilt $\sum_{j=1}^{\infty} |\alpha_j| < \infty$, so sagt man, die Folge $(\alpha_j)_{j \geq 1}$ ist absolut summierbar. Hieraus folgt die Summierbarkeit von $(\alpha_j)_{j \geq 1}$.

Definition 5.1.2

Es sei X eine diskrete zufällige Größe mit Werten in $\{x_1, x_2, \ldots\}$ mit $x_j \geq 0$, d.h., X ist diskret mit $X \geq 0$. Dann definiert man den **Erwartungswert** von X durch

$$\mathbb{E}X := \sum_{j=1}^{\infty} x_j \, \mathbb{P}\{X = x_j\}. \tag{5.2}$$

Wegen $x_j \, \mathbb{P}\{X = x_j\} \geq 0$ existiert für nichtnegative zufällige Größen, wie oben bemerkt, der durch (5.2) definierte Erwartungswert stets; eventuell kann aber $\mathbb{E}X = \infty$ gelten.

Kommen wir nun zum Fall allgemeiner $x_j \in \mathbb{R}$, d.h. zum Fall zufälliger Größen mit Werten in der gesamten reellen Achse. Wir beginnen mit einem Beispiel, das die Problematik in diesem Fall aufzeigt.

Beispiel 5.1.3

Wir betrachten das in Beispiel 1.3.6 eingeführte Wahrscheinlichkeitsmaß $\mathbb{P}$ auf $\mathcal{P}(\mathbb{Z})$. Sei nun X eine zufällige Größe mit diesem Verteilungsgesetz, d.h., es gilt

$$\mathbb{P}\{X = k\} = \frac{3}{\pi^2} \frac{1}{k^2}$$

5.1 Erwartungswert

für $k \in \mathbb{Z}$, $k \neq 0$, so würde in diesem Fall Ansatz (5.1) zum unbestimmten Ausdruck

$$\frac{3}{\pi^2} \sum_{\substack{k=-\infty \\ k \neq 0}}^{\infty} \frac{k}{k^2} = \frac{3}{\pi^2} \lim_{\substack{n \to \infty \\ m \to \infty}} \sum_{k=-m}^{n} \frac{1}{k} = \frac{3}{\pi^2} \left[\lim_{n \to \infty} \sum_{k=1}^{n} \frac{1}{k} + \lim_{m \to \infty} \sum_{k=-m}^{1} \frac{1}{k} \right]$$

$$= \frac{3}{\pi^2} \left[\lim_{n \to \infty} \sum_{k=1}^{n} \frac{1}{k} - \lim_{m \to \infty} \sum_{k=1}^{m} \frac{1}{k} \right] = \infty - \infty$$

führen.

Um solche Fälle wie in Beispiel 5.1.3 auszuschließen, stellen wir folgende Bedingung an die x_j bzw. das X.

Definition 5.1.4

Sei X diskret mit Werten in $\{x_1, x_2, \ldots\} \subset \mathbb{R}$. Dann sagt man, dass X einen **Erwartungswert besitzt**, falls

$$\mathbb{E}|X| := \sum_{j=1}^{\infty} |x_j| \mathbb{P}\{X = x_j\} < \infty. \tag{5.3}$$

Wie oben bemerkt, folgt aus der absoluten Summierbarkeit einer Reihe ihr Summierbarkeit. Aus diesem Grund ist die unendliche Summe in der folgenden Definition eine sinnvoll erklärte reelle Zahl.

Definition 5.1.5

Ist (5.3) erfüllt, so wird der **Erwartungswert** von X durch folgende Gleichung definiert:

$$\mathbb{E}X := \sum_{j=1}^{\infty} x_j \mathbb{P}\{X = x_j\}.$$

Beispiel 5.1.6

Beginnen wir mit einem ersten einfachen Beispiel, das zeigt, wie sich der Erwartungswert in konkreten Fällen berechnet. Gilt $\mathbb{P}\{X = -1\} = 1/6$, $\mathbb{P}\{X = 0\} = 1/8$, $\mathbb{P}\{X = 1\} = 3/8$ und $\mathbb{P}\{X = 2\} = 1/3$, so folgt

$$\mathbb{E}X = (-1) \cdot \mathbb{P}\{X = -1\} + 0 \cdot \mathbb{P}\{X = 0\} + 1 \cdot \mathbb{P}\{X = 1\} + 2 \cdot \mathbb{P}\{X = 2\}$$
$$= -\frac{1}{6} + \frac{3}{8} + \frac{2}{3} = \frac{7}{8}.$$

Beispiel 5.1.7

Wir zeigen in diesem Beispiel, dass der Fall $\mathbb{E}X = \infty$ durchaus in „normalen" Situationen auftreten kann. Dazu betrachten wir die in Beispiel 1.4.34 erläuterte Strategie, durch die man in einem Spiel auf jeden Fall immer einen Euro Gewinn macht. Der dabei notwendige Einsatz, falls man das erste Mal im $(k+1)$-ten Spiel gewinnt, betrug $2^{k+1} - 1$ Euro. Und die Wahrscheinlichkeit, dass dies passiert, berechnete sich als $p(1-p)^k$. Betrachten wir nun die zufällige Größe X, die als notwendiger Gesamteinsatz (in Euro) definiert sei. Dann nimmt X, wie wir sahen, nur die Werte $\{2^{k+1} - 1 : k \in \mathbb{N}_0\}$ mit den Wahrscheinlichkeiten

$$\mathbb{P}\{X = 2^{k+1} - 1\} = p(1-p)^k, \quad k = 0, 1, \ldots$$

an. Damit folgt

$$\mathbb{E}X = \sum_{k=0}^{\infty}(2^{k+1} - 1)\mathbb{P}\{X = 2^{k+1} - 1\} = p\sum_{k=0}^{\infty}(2^{k+1} - 1)(1-p)^k. \tag{5.4}$$

Im Fall $p = 1/2$, also bei einem fairen Spiel, führt dies zu

$$\mathbb{E}X = \sum_{k=0}^{\infty} \frac{2^{k+1} - 1}{2^{k+1}} = \infty$$

wegen $(2^{k+1} - 1)/2^{k+1} \to 1$ für $k \to \infty$. Damit gilt erst recht $\mathbb{E}X = \infty$ für [1] $p \leq 1/2$, wogegen man $\mathbb{E}X < \infty$ für $p > 1/2$ hat.

Fassen wir zusammen: Der „Nachteil" bei der im Beispiel 1.4.34 vorgestellten Strategie ist, dass man für $p \leq 1/2$ im Durchschnitt einen unendlich großen Gesamteinsatz braucht, um die Strategie durchzuhalten. Nur wenn das Spiel zu Gunsten des Spielers vorteilhaft ist, also $p > 1/2$ gilt, kommt man im Durchschnitt auch mit einem „endlichen" Geldeinsatz zum sicheren Gewinn.

Bemerkung 5.1.8

Für $p > 1/2$ berechnet sich der durchschnittliche Gesamteinsatz als

$$\begin{aligned}\mathbb{E}X &= p\sum_{k=0}^{\infty}(2^{k+1} - 1)(1-p)^k = 2p\sum_{k=0}^{\infty}(2 - 2p)^k - p\sum_{k=0}^{\infty}(1-p)^k \\ &= \frac{2p}{1 - (2 - 2p)} - \frac{p}{1 - (1 - p)} = \frac{2p}{2p - 1} - 1 = \frac{1}{2p - 1}.\end{aligned}$$

---

[1] Für $p \leq 1/2$ hat man $1 - p \geq 1/2$, somit wird die Summe in (5.4) größer und divergiert erst recht.

5.1 Erwartungswert

5.1.2 Erwartungswert speziell verteilter diskreter Größen

Wir wollen in diesem Abschnitt $\mathbb{E}X$ für speziell verteilte zufällige Größen ausrechnen.

Satz 5.1.9

Sei X *gleichverteilt* auf der endlichen Menge $\{x_1, \ldots, x_N\}$, so folgt

$$\mathbb{E}X = \frac{1}{N} \sum_{j=1}^{N} x_j, \qquad (5.5)$$

d.h., $\mathbb{E}X$ ist das arithmetische Mittel der x_j.

Beweis: Dies ergibt sich wegen $\mathbb{P}\{X = x_j\} = 1/N$ einfach aus

$$\mathbb{E}X = \sum_{j=1}^{N} x_j \cdot \mathbb{P}\{X = x_j\} = \sum_{j=1}^{N} x_j \cdot \frac{1}{N}.$$

□

Beispiel 5.1.10

Wenn X auf $\{1, \ldots, 6\}$ gleichverteilt ist, also X ein Modell für das einmalige Würfeln darstellt, dann gilt

$$\mathbb{E}X = \frac{1 + \cdots + 6}{6} = \frac{21}{6} = \frac{7}{2}.$$

Als Nächstes bestimmen wir den Erwartungswert einer $B_{n,p}$-verteilten zufälligen Größe.

Satz 5.1.11

Sei X *binomialverteilt* mit Parametern n und p. Dann folgt

$$\mathbb{E}X = np. \qquad (5.6)$$

Beweis: Die möglichen Werte von X sind die Zahlen $0, \ldots, n$. Damit ergibt sich

$$\begin{aligned}
\mathbb{E}X &= \sum_{k=0}^{n} k \cdot \mathbb{P}\{X = k\} = \sum_{k=1}^{n} k \cdot \binom{n}{k} p^k (1-p)^{n-k} \\
&= \sum_{k=1}^{n} \frac{n!}{(k-1)!\,(n-k)!} p^k (1-p)^{n-k} \\
&= np \sum_{k=1}^{n} \frac{(n-1)!}{(k-1)!(n-k)!} p^{k-1} (1-p)^{n-k}.
\end{aligned}$$

Führt man in der letzten Summe eine Indexverschiebung $k-1 \to k$ aus, so geht diese Summe in

$$\mathbb{E}X = np \sum_{k=0}^{n-1} \frac{(n-1)!}{k!\,(n-1-k)!}\, p^k (1-p)^{n-1-k}$$

$$= np \sum_{k=0}^{n-1} \binom{n-1}{k} p^k (1-p)^{n-1-k}$$

$$= np \left[p + (1-p)\right]^{n-1} = np$$

über. Damit ist der Satz bewiesen. □

Beispiel 5.1.12

Wirft man n-mal eine Münze, bei der mit Wahrscheinlichkeit $1-p$ die Zahl „0" und mit Wahrscheinlichkeit p die Zahl „1" erscheinen, so kann man in durchschnittlich np Fällen die Zahl „1" beobachten.

Beispiel 5.1.13

Ein Kilogramm eines radioaktiven Materials bestehe aus N Atomen, die unabhängig voneinander zerfallen. Die Wahrscheinlichkeit, dass ein einzelnes Atom bis zu einem bestimmten Zeitpunkt zerfällt, sei durch die Exponentialverteilung mit einem Parameter $\lambda > 0$ gegeben. Wie berechnet sich aus λ die Zeit $T_0 > 0$ (Halbwertszeit), zu der im Durchschnitt $N/2$ der Atome zerfallen sind?
Antwort: Für ein $T > 0$ beträgt die Wahrscheinlichkeit, dass ein einzelnes Atom bis zum Zeitpunkt T zerfällt, $p(T) := E_\lambda([0,T]) = 1 - e^{-\lambda T}$ nach Annahme. Da die Atome unabhängig voneinander zerfallen, ist die Binomialverteilung $B_{N,p(T)}$ anwendbar, d.h., die Wahrscheinlichkeit, dass bis zum Zeitpunkt T genau k der N Atome zerfallen, beträgt $B_{N,p(T)}(\{k\})$. Satz 5.1.11 sagt uns nun, dass bis zum Zeitpunkt T im Durchschnitt

$$D(T) := N \cdot p(T) = N\left(1 - e^{-\lambda T}\right)$$

Atome zerfallen. Folglich muss T_0 die Gleichung $D(T_0) = N/2$ erfüllen, also

$$\frac{N}{2} = N\left(1 - e^{-\lambda T_0}\right) \quad \Longleftrightarrow \quad T_0 = \frac{\ln 2}{\lambda}.$$

Umgekehrt, kennt man die Halbwertszeit T_0, so berechnet sich die Zahl λ aus der Lebensdauerverteilung als $\lambda = \ln 2 / T_0$. Damit schreibt sich die Wahrscheinlichkeit für den Zerfall eines einzelnen Atoms bis zum Zeitpunkt $T > 0$ als

$$E_\lambda([0,T]) = 1 - e^{-T \ln 2 / T_0} = 1 - 2^{-T/T_0}.$$

Kommen wir zur Berechnung des Erwartungswerts einer *Poissonverteilten* zufälligen Größe.

5.1 Erwartungswert

Satz 5.1.14

Sei X für ein $\lambda > 0$ gemäß Pois_λ verteilt. Dann folgt $\mathbb{E}X = \lambda$.

Beweis: Die möglichen Werte von X sind $0, 1, \ldots$. Also folgt

$$\mathbb{E}X = \sum_{k=0}^{\infty} k \cdot \mathbb{P}\{X = k\} = \sum_{k=1}^{\infty} k \frac{\lambda^k}{k!} e^{-\lambda} = \lambda \sum_{k=1}^{\infty} \frac{\lambda^{k-1}}{(k-1)!} e^{-\lambda},$$

das durch Indexverschiebung in

$$\lambda \left[\sum_{k=0}^{\infty} \frac{\lambda^k}{k!} \right] e^{-\lambda} = \lambda \left[e^\lambda \right] e^{-\lambda} = \lambda$$

übergeht. Damit ist die Aussage bewiesen. □

Deutung: Satz 5.1.14 liefert uns eine Interpretation des Parameters λ in der Poissonverteilung als durchschnittlicher Wert. Ist zum Beispiel die Anzahl der Zugriffe auf eine web-site Poisson-verteilt, so bestimmt sich der Parameter als durchschnittliche Anzahl der Besuche der web-site. Der Satz liefert auch eine Interpretation der im Beispiel 4.6.5 auftauchenden Zahl $\lambda > 0$: Wie bereits bemerkt, ist λ die durchschnittliche Zahl von Rosinen pro einem bzw. pro ρ Kilogramm Teig.

Beispiel 5.1.15

Betrachten wir nochmals Beispiel 4.6.12. Man verfügt über eine gewisse Anzahl von Glühbirnen, deren Lebenszeit gemäß E_λ verteilt sei. Bei Ausfall einer Glühbirne ersetzt man diese sofort durch eine gleichartige neue Glühbirne. Dabei nehmen wir an, dass die Lebenszeiten der einzelnen Glühbirnen voneinander unabhängig sind. Die Frage lautet nun, wie oft man im Durchschnitt bis zum Zeitpunkt $T > 0$ eine Glühbirne wechseln muss?
Antwort: Wir hatten in Beispiel 4.6.12 festgestellt, dass die Anzahl der Wechsel bis zum Zeitpunkt $T > 0$ gemäß $\text{Pois}_{\lambda T}$ verteilt ist. Damit ergibt sich die durchschnittliche Zahl nach Satz 5.1.14 als λT.

Schließlich berechnen wir noch den Erwartungswert einer gemäß $B_{n,p}^-$ verteilten zufälligen Größe. Entsprechend Definition 1.4.36 erfüllt eine zufällige Größe X mit dieser Verteilung

$$\mathbb{P}\{X = k\} = \binom{-n}{k} p^n (p-1)^k, \quad k \in \mathbb{N}_0.$$

Satz 5.1.16

Sei X gemäß $B_{n,p}^-$ verteilt für ein $n \geq 1$ und $p \in (0, 1)$. Dann folgt

$$\mathbb{E}X = n \frac{1-p}{p}.$$

Beweis: Nach Satz A.4.2 gilt

$$\frac{1}{(1+x)^n} = \sum_{k=0}^{\infty} \binom{-n}{k} x^k$$

für $|x| < 1$. Damit können wir beide Seiten nach x differenzieren und erhalten

$$\frac{-n}{(1+x)^{n+1}} = \sum_{k=1}^{\infty} k \binom{-n}{k} x^{k-1} \qquad (5.7)$$

oder, indem wir beide Seiten in (5.7) mit x multiplizieren,

$$\frac{-nx}{(1+x)^{n+1}} = \sum_{k=1}^{\infty} k \binom{-n}{k} x^k. \qquad (5.8)$$

Der Erwartungswert von X berechnet sich nun aus

$$\mathbb{E}X = \sum_{k=0}^{\infty} k \, \mathbb{P}\{X = k\} = \sum_{k=0}^{\infty} k \binom{-n}{k} p^n (p-1)^k = p^n \sum_{k=1}^{\infty} k \binom{-n}{k} (p-1)^k.$$

Unter Verwendung von (5.8) mit $x = p - 1$ ergibt sich daraus

$$\mathbb{E}X = p^n \frac{-n(p-1)}{(1+(p-1))^{n+1}} = n \frac{1-p}{p}$$

wie behauptet. □

Folgerung 5.1.17

Ist X geometrisch verteilt mit Parameter p, also gemäß $B_{1,p}^-$, so erhalten wir

$$\mathbb{E}X = \frac{1-p}{p}. \qquad (5.9)$$

Alternativer Beweis von (5.9): Es sei X geometrisch mit Parameter p verteilt. Dann schreiben wir

$$\mathbb{E}X = (1-p)\, p \sum_{k=1}^{\infty} k(1-p)^{k-1} = (1-p)\, p \sum_{k=0}^{\infty} (k+1)(1-p)^k$$

$$= (1-p)\, p \sum_{k=0}^{\infty} k(1-p)^k + (1-p)\, p \sum_{k=0}^{\infty} (1-p)^k$$

$$= (1-p)\, \mathbb{E}X + 1 - p.$$

Löst man diese Gleichung nach $\mathbb{E}X$ auf, so ergibt sich (5.9) wie gewünscht. Man beachte aber, dass dieser Beweis wesentlich die Tatsache $\mathbb{E}X < \infty$ benutzt, was aber wegen

$$\mathbb{E}X = p \sum_{k=1}^{\infty} k(1-p)^k < \infty$$

für $0 < p < 1$ gilt.

5.1 Erwartungswert

Bemerkung 5.1.18

Die negative Binomialverteilung $B_{n,p}^-$ gibt die Wahrscheinlichkeit an, im $(k+n)$-ten Versuch genau zum n-ten mal Erfolg zu haben. Sei also X gemäß $B_{n,p}^-$ verteilt und setzt man $Y := X + n$, so beschreibt, wie wir in Beispiel 4.1.8 sahen, Y die Tatsache, im k-ten Versuch genau zum n-ten Mal erfolgreich zu sein. Aus Satz 5.1.16 folgt dann[2]

$$\mathbb{E}Y = \mathbb{E}X + n = n\frac{1-p}{p} + n = \frac{n}{p}. \tag{5.10}$$

Damit lässt sich (5.10) wie folgt interpretieren:

Folgerung 5.1.19

Erscheint Erfolg mit Wahrscheinlichkeit p, so tritt durchschnittlich im (n/p)-ten Versuch zum n-ten Mal Erfolg ein.

Beispiel 5.1.20

Beim Würfeln mit einem fairen Würfel tritt die Zahl „6" im Durchschnitt im 6. Wurf erstmals ein, im 12. Wurf durchschnittlich zum zweiten mal usw.

5.1.3 Erwartungswert stetiger zufälliger Größen

Nehmen wir an, eine zufällige Größe X besitze eine Verteilungsdichte p, d.h., für $t \in \mathbb{R}$ gilt

$$\mathbb{P}\{X \leq t\} = \int_{-\infty}^t p(x)\,\mathrm{d}x.$$

Wie berechnet sich dann $\mathbb{E}X$?

Um diese Frage zu beantworten, erinnern wir uns nochmals an die Definition von $\mathbb{E}X$ im diskreten Fall. Hier galt $\mathbb{E}X = \sum_{k=1}^n x_k \mathbb{P}\{X = x_k\}$. Approximiert man stetige zufällige Größen durch eine Folge diskreter, indem man zum Beispiel die Dichte p auf kleinen Intervallen konstant wählt, so geht die Summe in der Definition des Erwartungswerts in ein Integral über[3].

Damit böte sich folgender Ansatz für den Erwartungswert $\mathbb{E}X$ einer stetigen zufälligen Größe X mit Verteilungsdichte p in natürliche Weise an:

$$\mathbb{E}X := \int_{-\infty}^{\infty} x\,p(x)\,\mathrm{d}x. \tag{5.11}$$

Allerdings tritt hier ähnlich wie im diskreten Fall das Problem auf, dass das Integral in (5.11) nicht existieren muss. Deshalb auch hier ein kurzer Exkurs über die Integrabilität von auf $\mathbb{R}$

---

[2]Hier verwenden wir bereits Eigenschaften des Erwartungswertes, die wir erst in Satz 5.1.35 formulieren werden.

[3]Das lässt sich wesentlich präziser gestalten; mehrjährige Erfahrung zeigt aber, dies trägt wenig zum Verständnis des Erwartungswertes bei, da i.A. Ansatz (5.11) auch ohne weitergehende Motivation akzeptiert wird.

definierten Funktionen. Sei f eine Funktion von $\mathbb{R}$ nach $\mathbb{R}$, sodass für alle endlichen Intervalle $[a, b]$ das Integral $\int_a^b f(x)\,\mathrm{d}x$ sinnvoll definiert ist. Man setzt dann

$$\int_{-\infty}^{\infty} f(x)\,\mathrm{d}x := \lim_{\substack{a \to -\infty \\ b \to \infty}} \int_a^b f(x)\,\mathrm{d}x, \tag{5.12}$$

vorausgesetzt, der Limes auf der rechten Seite existiert; man nennt in diesem Fall f integrabel (im Riemannschen Sinn).

Für $f(x) \geq 0$, $x \in \mathbb{R}$, existiert der Limes $\lim_{\substack{a \to -\infty \\ b \to \infty}} \int_a^b f(x)\,\mathrm{d}x$ stets, kann allerdings den Wert ∞ annehmen. In diesem Fall schreibt man $\int_{-\infty}^{\infty} f(x)\,\mathrm{d}x = \infty$.

Gilt $\int_{-\infty}^{\infty} |f(x)|\,\mathrm{d}x < \infty$, so heißt f absolut integrabel, und wie im Fall von Reihen impliziert die absolute Integrabilität die Existenz des Integrals (5.12).

Definition 5.1.21

Es sei X eine stetige zufällige Größe mit Verteilungsdichte p. Gilt $p(x) = 0$ für $x < 0$, oder äquivalent $\mathbb{P}\{X \geq 0\} = 1$, so definiert man den **Erwartungswert** von X durch

$$\mathbb{E}X := \int_0^{\infty} x\,p(x)\,\mathrm{d}x. \tag{5.13}$$

Man beachte, dass unter den Voraussetzungen an p bzw. an X stets $x\,p(x) \geq 0$ gilt. Damit ist das Integral in (5.13) sinnvoll definiert; es kann allerdings den Wert ∞ annehmen. In diesem Fall schreibt man $\mathbb{E}X = \infty$.

Kommen wir jetzt zum allgemeinen Fall von $\mathbb{R}$-wertigen zufälligen Größen. Auch hier zeigen wir an einem Beispiel, dass der Ansatz (5.11) nicht immer einen Sinn hat.

Beispiel 5.1.22

Die zufällige Größe X habe die Verteilungsdichte p gegeben durch

$$p(x) = \begin{cases} 0 & : -1 < x < 1 \\ \frac{1}{2x^2} & : |x| \geq 1 \end{cases}$$

Berechnen wir mit dieser Dichte das Integral in (5.11), so erhalten wir wegen

$$\int_{-\infty}^{\infty} x\,p(x)\,\mathrm{d}x = \lim_{\substack{a \to -\infty \\ b \to \infty}} \int_a^b x\,p(x)\,\mathrm{d}x = \frac{1}{2}\left[\lim_{b \to \infty} \int_1^b \frac{\mathrm{d}x}{x} + \lim_{a \to -\infty} \int_a^{-1} \frac{\mathrm{d}x}{x}\right]$$

$$= \frac{1}{2}\left[\lim_{b \to \infty} \int_1^b \frac{\mathrm{d}x}{x} - \lim_{a \to \infty} \int_1^a \frac{\mathrm{d}x}{x}\right] = \infty - \infty$$

einen unbestimmten Ausdruck. Folglich lässt sich in diesem Fall der Erwartungswert von X nicht sinnvoll erklären.

5.1 Erwartungswert

Wie im diskreten Fall fordern wir nun, dass die Verteilungsdichte p von X eine zusätzliche Eigenschaft besitzt, die die Existenz des Erwartungswerts $\mathbb{E}X$ garantiert.

Definition 5.1.23

Für eine beliebige stetige zufällige Größe X sagt man, dass sie **einen Erwartungswert besitzt**, wenn folgende Bedingung erfüllt ist:

$$\mathbb{E}|X| := \int_{-\infty}^{\infty} |x|\, p(x)\, dx < \infty. \tag{5.14}$$

Da, wie oben angemerkt, die absolute Integrabilität die Integrabilität impliziert, so ist das Integral in der folgenden Definition eine wohl bestimmte reelle Zahl.

Definition 5.1.24

Ist (5.14) erfüllt, so definiert man den **Erwartungswert** von X durch

$$\mathbb{E}X := \int_{-\infty}^{\infty} x\, p(x)\, dx.$$

5.1.4 Erwartungswert speziell verteilter stetiger Größen

Wir beginnen mit der Berechnung des Erwartungswerts einer auf einem Intervall $[\alpha, \beta]$ gleichverteilten zufälligen Größe.

Satz 5.1.25

Sei X gleichverteilt auf $I = [\alpha, \beta]$, so gilt

$$\mathbb{E}X = \frac{\alpha + \beta}{2},$$

d.h., der Erwartungswert von X ist genau der Mittelpunkt des Intervalls I.

Beweis: Die Verteilungsdichte von X ist die Funktion p definiert durch $p(x) = (\beta - \alpha)^{-1}$ für $x \in I$ und $p(x) = 0$ für $x \notin I$. Man sieht unmittelbar, dass X einen Erwartungswert besitzt und dieser berechnet sich aus

$$\mathbb{E}X = \int_{-\infty}^{\infty} x p(x)\, dx = \int_{\alpha}^{\beta} \frac{x}{\beta - \alpha}\, dx = \frac{1}{\beta - \alpha} \left[\frac{x^2}{2}\right]_{\alpha}^{\beta} = \frac{1}{2} \cdot \frac{\beta^2 - \alpha^2}{\beta - \alpha} = \frac{\alpha + \beta}{2}$$

wie behauptet. □

Wir betrachten als Nächstes den Erwartungswert einer $\Gamma_{\alpha,\beta}$-verteilten zufälligen Größe.

Satz 5.1.26

Sei die zufällige Größe X gemäß $\Gamma_{\alpha,\beta}$ verteilt mit $\alpha, \beta > 0$, dann folgt
$$\mathbb{E}X = \alpha\beta.$$

Beweis: Es gilt $\mathbb{P}\{X \geq 0\} = 1$, also ist $\mathbb{E}X$ sinnvoll definiert und berechnet sich aus

$$\mathbb{E}X = \int_0^\infty xp(x)\,dx = \frac{1}{\alpha^\beta \Gamma(\beta)} \int_0^\infty x \cdot x^{\beta-1} e^{-x/\alpha}\,dx$$
$$= \frac{1}{\alpha^\beta \Gamma(\beta)} \int_0^\infty x^\beta e^{-x/\alpha}\,dx. \qquad (5.15)$$

Durch die Substitution $u := x/\alpha$ geht (5.15) in

$$\mathbb{E}X = \frac{\alpha^{\beta+1}}{\alpha^\beta \Gamma(\beta)} \int_0^\infty u^\beta e^{-u}\,du = \frac{\alpha^{\beta+1}}{\alpha^\beta \Gamma(\beta)} \cdot \Gamma(\beta+1) = \alpha\beta$$

über, wobei wir im letzten Schritt Formel (1.37) verwendeten. Damit ist der Satz bewiesen. $\square$

Folgerung 5.1.27

Ist X für ein $\lambda > 0$ gemäß E_λ verteilt, so folgt
$$\mathbb{E}X = \frac{1}{\lambda}.$$

Beispiel 5.1.28

Die Lebensdauer von Glühbirnen sei exponentiell verteilt, und die durchschnittliche Lebensdauer der Glühbirnen betrage 100 Zeiteinheiten. Dann folgt für den Parameter λ der Exponentialverteilung $100 = 1/\lambda$, also $\lambda = 1/100$, und die Wahrscheinlichkeit, dass eine Glühbirne mehr als T Zeiteinheiten brennt, berechnet sich als

$$E_{1/100}([T, \infty]) = e^{-T/100}.$$

Beispielsweise ergibt sich die Wahrscheinlichkeit dafür, dass eine Glühbirne mehr als 200 Zeiteinheiten brennt, als $e^{-2} = 0.135335\cdots$.

Folgerung 5.1.29

Sei X gemäß χ_n^2 verteilt. Dann gilt
$$\mathbb{E}X = n.$$

Beweis: Es gilt $\chi_n^2 = \Gamma_{2,n/2}$, also folgt nach Satz 5.1.26, dass $\mathbb{E}X = 2 \cdot n/2 = n$ wie behauptet. $\square$

Welchen Erwartungswert besitzt eine betaverteilte zufällige Größe? Antwort gibt der folgende Satz.

5.1 Erwartungswert

Satz 5.1.30

Sei X gemäß $\mathcal{B}_{\alpha,\beta}$ für gewisse $\alpha, \beta > 0$ verteilt. Dann gilt

$$\mathbb{E}X = \frac{\alpha}{\alpha+\beta}.$$

Beweis: Nach (5.13) erhalten wir unter Verwendung von (1.46), dass

$$\mathbb{E}X = \frac{1}{B(\alpha,\beta)} \int_0^1 x \cdot x^{\alpha-1}(1-x)^{\beta-1} \, dx$$
$$= \frac{1}{B(\alpha,\beta)} \int_0^1 x^{\alpha}(1-x)^{\beta-1} \, dx = \frac{B(\alpha+1,\beta)}{B(\alpha,\beta)} = \frac{\alpha}{\alpha+\beta}.$$

Damit ist der Satz bewiesen. □

Beispiel 5.1.31

Wir ordnen n unabhängig aus $[0,1]$ gemäß der Gleichverteilung gezogene Zahlen x_1 bis x_n der Größe nach. Die so erhaltenen Zahlen seien $0 \leq x_1^* \leq \cdots \leq x_n^* \leq 1$. Nach Beispiel 3.5.6 ist x_k^* gemäß $\mathcal{B}_{k,n-k+1}$ verteilt. Somit berechnet sich nach Satz 5.1.30 der durchschnittliche Wert von x_k^*, d.h. der k-größten Zahl,

$$\frac{k}{k+(n-k+1)} = \frac{k}{n+1}.$$

Insbesondere folgt für den mittleren Wert der kleinsten Zahl, dass dieser $\frac{1}{n+1}$ beträgt, während die größte der n Zahlen den durchschnittlichen Wert $\frac{n}{n+1}$ besitzt.

Betrachten wir nunmehr die Frage nach dem Erwartungswert einer Cauchyverteilten zufälligen Größe. Hier erhalten wir folgende Aussage:

Satz 5.1.32

Ist X Cauchyverteilt, so existiert der Erwartungswert von X nicht.

Beweis: Definition 5.13 ist nicht anwendbar, da die Dichte $p(x) = \frac{1}{\pi} \cdot \frac{1}{1+x^2}$ nicht $p(x) = 0$ für $x < 0$ erfüllt. Somit ist Bedingung (5.14) zu überprüfen. Hier erhalten wir

$$\mathbb{E}|X| = \frac{1}{\pi} \int_{-\infty}^{\infty} \frac{|x|}{1+x^2} \, dx = \frac{2}{\pi} \int_0^{\infty} \frac{x}{1+x^2} \, dx.$$

Wir behaupten, dass das rechte Integral den Wert „Unendlich" besitzt. Das folgt z.B. aus

$$\frac{x}{1+x^2} \geq \frac{x}{x^2+x^2} = \frac{1}{2x}$$

für $x \geq 1$ und damit

$$\int_0^\infty \frac{x}{1+x^2}\, dx \geq \int_1^\infty \frac{x}{1+x^2}\, dx \geq \frac{1}{2} \int_1^\infty \frac{1}{x}\, dx = \frac{1}{2} \lim_{b \to \infty} \big[\ln x\big]_1^b = \infty.$$

Damit gilt $\mathbb{E}|X| = \infty$ und X besitzt keinen Erwartungswert. □

Schließlich berechnen wir noch den Erwartungswert einer gemäß $\mathcal{N}(\mu, \sigma^2)$ verteilten zufälligen Größe.

Satz 5.1.33

Ist X gemäß $\mathcal{N}(\mu, \sigma^2)$ verteilt, so folgt

$$\mathbb{E}X = \mu.$$

Beweis: Zuerst überlegen wir uns, dass $\mathbb{E}X$ existiert. Das folgt aber nach Definition der Dichte in (1.36) aus

$$\int_{-\infty}^\infty |x|\, p_{\mu,\sigma}(x)\, dx = \frac{1}{\sqrt{2\pi}\,\sigma} \int_{-\infty}^\infty |x|\, e^{-(x-\mu)^2/2\sigma^2}\, dx$$

$$= \frac{1}{\sqrt{\pi}} \int_{-\infty}^\infty |\sqrt{2}\sigma u + \mu|\, e^{-u^2}\, du$$

$$\leq \sigma \frac{2\sqrt{2}}{\sqrt{\pi}} \int_0^\infty u\, e^{-u^2}\, du + |\mu| \frac{2}{\sqrt{\pi}} \int_0^\infty e^{-u^2}\, du < \infty$$

aufgrund der bekannten Tatsache, dass

$$\int_0^\infty u^k\, e^{-u^2}\, du < \infty$$

für jede Zahl $k \in \mathbb{N}_0$.

Der Erwartungswert $\mathbb{E}X$ berechnet sich nun nach ähnlichem Schema als

$$\mathbb{E}X = \int_{-\infty}^\infty x\, p_{\mu,\sigma}(x)\, dx = \frac{1}{\sqrt{2\pi}\,\sigma} \int_{-\infty}^\infty x\, e^{-(x-\mu)^2/2\sigma^2}\, dx$$

$$= \frac{1}{\sqrt{2\pi}} \int_{-\infty}^\infty (\sigma v + \mu)\, e^{-v^2/2}\, dv$$

$$= \sigma \frac{1}{\sqrt{2\pi}} \int_{-\infty}^\infty v\, e^{-v^2/2}\, dv + \mu \frac{1}{\sqrt{2\pi}} \int_{-\infty}^\infty e^{-v^2/2}\, dv. \quad (5.16)$$

Die Funktion $f(v) := v\, e^{-v^2/2}$ ist antisymmetrisch, d.h. es gilt $f(-v) = -f(v)$, also folgt $\int_{-\infty}^\infty f(v)\, dv = 0$. Damit verschwindet das erste Integral in (5.16). Zur Berechnung des zweiten Integrals verwenden wir Satz 1.6.6 und erhalten

$$\mu \frac{1}{\sqrt{2\pi}} \int_{-\infty}^\infty e^{-v^2/2}\, dv = \mu \frac{1}{\sqrt{2\pi}} \sqrt{2\pi} = \mu.$$

Damit ist der Satz bewiesen. □

Bemerkung 5.1.34

Satz 5.1.33 rechtfertigt die Bezeichnung „Erwartungswert" für den Parameter μ in der Definition von $\mathcal{N}(\mu, \sigma^2)$.

5.1.5 Eigenschaften des Erwartungswertes

In diesem Abschnitt wollen wir einige wichtige Eigenschaften des Erwartungswertes aufführen. Diese sind gleichermaßen für diskrete wie stetige zufällige Größen gültig. Leider ist es aber nicht möglich, im Rahmen dieses Buches alle diese Eigenschaften in voller Allgemeinheit zu beweisen. Dazu benötigt man ein Integral der Form $\int_\Omega f(\omega) \, d\mathbb{P}(\omega)$ für Funktionen f, die von einem Wahrscheinlichkeitsraum $(\Omega, \mathcal{A}, \mathbb{P})$ nach $\mathbb{R}$ abbilden (das sogenannte Lebesgueintegral). In diesem Sinn gilt dann für eine zufällige Größe X die Aussage $\mathbb{E}X = \int_\Omega X(\omega) \, d\mathbb{P}(\omega)$, und die in Satz 5.1.35 aufgeführten Eigenschaften des Erwartungswertes ergeben sich einfach aus den entsprechenden Eigenschaften des Lebesgueintegrals.

Satz 5.1.35

Der Erwartungswert einer zufälligen Größe besitzt folgende Eigenschaften:

(1) Aus $X \stackrel{d}{=} Y$ folgt $\mathbb{E}X = \mathbb{E}Y$.
(2) Ist X mit Wahrscheinlichkeit 1 konstant, d.h., gilt $\mathbb{P}(X = c) = 1$ für eine Zahl $c \in \mathbb{R}$, so erhält man $\mathbb{E}X = c$.
(3) Der Erwartungswert ist linear, d.h. für alle $a, b \in \mathbb{R}$ und zufällige Größen X und Y ist Folgendes erfüllt: Existieren $\mathbb{E}X$ und $\mathbb{E}Y$, dann existiert auch $\mathbb{E}(aX + bY)$, und es gilt
$$\mathbb{E}(aX + bY) = a\,\mathbb{E}X + b\,\mathbb{E}Y.$$
(4) Sei X diskret mit möglichen Werten $x_1, x_2, \ldots$ aus $\mathbb{R}$. Dann existiert für eine Funktion f von $\mathbb{R}$ nach $\mathbb{R}$ genau dann der Erwartungswert $\mathbb{E}f(X)$, wenn
$$\sum_{i=1}^\infty |f(x_i)|\,\mathbb{P}(X = x_i) < \infty,$$
und es gilt
$$\mathbb{E}f(X) = \sum_{i=1}^\infty f(x_i)\,\mathbb{P}(X = x_i). \tag{5.17}$$
(5) Ist X stetig mit Verteilungsdichte p, so existiert für eine messbare Abbildung f von $\mathbb{R}$ nach $\mathbb{R}$ genau dann der Erwartungswert von $f(X)$, wenn
$$\int_{-\infty}^\infty |f(x)|\,p(x)\,dx < \infty,$$
und man hat
$$\mathbb{E}f(X) = \int_{-\infty}^\infty f(x)\,p(x)\,dx. \tag{5.18}$$

(6) Sind X und Y unabhängige zufällige Größen deren Erwartungswert existiert, so existiert auch der Erwartungswert von XY, und es gilt

$$\mathbb{E}[XY] = \mathbb{E}X \cdot \mathbb{E}Y .$$

(7) Gilt für zwei zufällige Größen X und Y die Aussage $0 \leq X \leq Y$, d.h., für alle $\omega \in \Omega$ hat man $0 \leq X(\omega) \leq Y(\omega)$, dann folgt $0 \leq \mathbb{E}X \leq \mathbb{E}Y$. Insbesondere impliziert $\mathbb{E}Y < \infty$ stets $\mathbb{E}X < \infty$.

(8) Existieren $\mathbb{E}X$ und $\mathbb{E}Y$, dann folgt aus $X \leq Y$ stets $\mathbb{E}X \leq \mathbb{E}Y$.

Beweis: Von den angegebenen Eigenschaften können wir hier nur die in (1), (2) und (8) formulierten vollständig beweisen, Eigenschaft (7) nur unter einer zusätzlichen Annahme. Bei den anderen Aussagen ist manchmal eine Herleitung in Spezialfällen möglich; z.B. kann man (3) relativ einfach für diskrete zufällige Größen zeigen. Wegen der Unvollständigkeit der Beweise verzichten wir aber auf deren Darstellung.

Beginnen wir mit dem Nachweis von (1). Sind zwei zufällige Größen X und Y identisch verteilt, so heißt dies $\mathbb{P}_X = \mathbb{P}_Y$. Im diskreten Fall gibt es eine höchstens abzählbar unendliche Menge $D \subseteq \mathbb{R}$ mit $\mathbb{P}_X(D) = 1$. Also erhalten wir auch

$$1 = \mathbb{P}_X(D) = \mathbb{P}_Y(D) = \mathbb{P}\{Y \in D\} .$$

Mit dem gleichen Argument folgt dann für alle $x \in D$ die Aussage

$$\mathbb{P}\{X = x\} = \mathbb{P}_X(\{x\}) = \mathbb{P}_Y(\{x\}) = \mathbb{P}\{Y = x\} .$$

Nach Definition 5.1.2 existiert nun $\mathbb{E}X$ genau dann, wenn $\mathbb{E}Y$ existiert, und es folgt $\mathbb{E}X = \mathbb{E}Y$.

Im stetigen Fall verwenden wir

$$\int_{-\infty}^{t} p(x)\,\mathrm{d}x = \mathbb{P}_X((-\infty, t]) = \mathbb{P}_Y((-\infty, t]), \quad t \in \mathbb{R},$$

also ist jede Verteilungsdichte p von X auch Verteilungsdichte von Y. Somit existiert nach Definition 5.1.24 der Erwartungswert von X genau dann, wenn dieser für Y existiert, und es folgt $\mathbb{E}X = \mathbb{E}Y$. Damit ist Eigenschaft (1) bewiesen.

Wir zeigen nun die Richtigkeit von (2). Gilt $\mathbb{P}\{X = c\} = 1$, so ist X diskret mit $\mathbb{P}_X(D) = 1$ für $D = \{c\}$. Nach Definition 5.1.2 ergibt sich dann

$$\mathbb{E}X = c \cdot \mathbb{P}\{X = c\} = c \cdot 1 = c$$

wie behauptet.

Weisen wir nun (7) nach. Hat X nur Werte in $[0, \infty)$, und ist X diskret, so liegen die möglichen Werte $\{x_1, x_2, \ldots\}$ von X notwendigerweise in $[0, \infty)$. Damit folgt natürlich

$$\mathbb{E}X = \sum_{j=1}^{\infty} x_j \cdot \mathbb{P}\{X = x_j\} \geq 0 .$$

5.1 Erwartungswert

Im stetigen Fall können wir aufgrund der Voraussetzung annehmen, dass die Verteilungsdichte p von X die Bedingung $p(x) = 0$ für $x < 0$ erfüllt. Somit ergibt sich

$$\mathbb{E}X = \int_{-\infty}^{\infty} x\, p(x)\, \mathrm{d}x = \int_{0}^{\infty} x\, p(x)\, \mathrm{d}x \geq 0$$

wegen $p(x) \geq 0$. Damit folgt $0 \leq \mathbb{E}X$.

Die Ungleichung $\mathbb{E}X \leq \mathbb{E}Y$ erhält man aus (8) unter der (unnötigen) zusätzlichen Annahme $\mathbb{E}X < \infty$ und $\mathbb{E}Y < \infty$. Zum Nachweis der Ungleichung ohne diese extra Voraussetzung muss man X und Y geeignet von unten durch zufällige Größen X_n und Y_n mit $X_n \leq Y_n$ sowie $\mathbb{E}X_n < \infty$ und $\mathbb{E}Y_n < \infty$ approximieren.

Kommen wir schließlich zum Nachweis der Eigenschaft (8). Sei $X \leq Y$, so setzt man $Z := Y - X$. Damit liegen die Werte von Z in $[0, \infty)$, also gilt nach (7) die Aussage $\mathbb{E}Z \geq 0$. Unter Verwendung von Eigenschaft (3) ergibt sich nunmehr

$$0 \leq \mathbb{E}Z = \mathbb{E}(Y - X) = \mathbb{E}Y - \mathbb{E}X\,,$$

also $\mathbb{E}X \leq EY$ wie behauptet. Man beachte, dass $\mathbb{E}X$ und $\mathbb{E}Y$ nach Annahme reelle Zahlen sind, damit auf der rechten Seite kein unbestimmter Ausdruck entstehen kann. □

Folgerung 5.1.36

Existiert $\mu := \mathbb{E}X$, so folgt für $Y := X - \mu$ die Aussage $\mathbb{E}Y = 0$.

Beweis: Aus Eigenschaften (2) und (3) aus Satz 5.1.35 schließen wir

$$\mathbb{E}Y = \mathbb{E}(X - \mu) = \mathbb{E}X - \mathbb{E}\mu = \mu - \mu = 0$$

wie behauptet. □

Eine Folgerung aus Eigenschaft (8) in Satz 5.1.35 lautet wie folgt:

Folgerung 5.1.37

Für eine zufällige Größe X, deren Erwartungswert existiert, gilt

$$|\mathbb{E}X| \leq \mathbb{E}|X|\,.$$

Beweis: Für alle $\omega \in \Omega$ hat man

$$-|X(\omega)| \leq X(\omega) \leq |X(\omega)|\,,$$

also, $-|X| \leq X \leq |X|$. Wenden wir nun (3) und (8) aus Satz 5.1.35 an, so impliziert dies

$$-\mathbb{E}|X| = \mathbb{E}(-|X|) \leq \mathbb{E}X \leq \mathbb{E}|X|\,. \tag{5.19}$$

Da für Zahlen a und $c > 0$ genau dann $|a| \leq c$ gilt, wenn $-c \leq a \leq c$, so erhält man die gewünschte Aussage direkt aus (5.19) mit $a = \mathbb{E}X$ und $c = \mathbb{E}|X|$. □

Wir wollen jetzt an einigen Beispielen zeigen, wie die in Satz 5.1.35 formulierten Eigenschaften angewendet werden können, um bekannte oder auch neue Erwartungswerte zu berechnen.

Beispiel 5.1.38

Wie groß ist der Erwartungswert der Summe von n Würfen beim Würfeln?
Antwort: Sei X_j das Ergebnis des j-ten Wurfs, so gilt, wie wir in Beispiel 5.1.10 sahen, $\mathbb{E}X_j = 7/2$. Damit folgt für die Summe S_n der Augenzahlen von n Würfen wegen $S_n = X_1 + \cdots + X_n$ unter Verwendung der Linearität des Erwartungswertes

$$\mathbb{E}S_n = \mathbb{E}(X_1 + \cdots + X_n) = \mathbb{E}X_1 + \cdots + \mathbb{E}X_n = \frac{7n}{2}.$$

Beispiel 5.1.39

Im Beispiel 4.1.7 betrachteten wir die zufällige Irrfahrt eines Teilchens auf den ganzen Zahlen. Mit S_n bezeichneten wir den Ort, an dem sich das Teilchen nach n Schritten aufhält. Dabei sprang das Teilchen jeweils mit Wahrscheinlichkeit p einen Schritt nach rechts und mit Wahrscheinlichkeit $1-p$ einen Schritt nach links. Es zeigte sich, dass $S_n = 2Y_n - n$ für eine $B_{n,p}$-verteilte zufällige Größe Y_n galt. Also folgt aus der Linearität des Erwartungswertes, aber auch unter Verwendung von Eigenschaft (2) und Satz 5.1.11, dass

$$\mathbb{E}S_n = 2\,\mathbb{E}Y_n - n = 2np - n = n(2p-1)$$

gilt. Insbesondere erhält man für $p = 1/2$ die (nicht unerwartete) Aussage $\mathbb{E}S_n = 0$.

In den nächsten Beispielen wollen wir zeigen, wie die Eigenschaften (4) und (5) aus Satz 5.1.35 in konkreten Fällen angewandt werden. Wir beginnen dabei mit einer ersten Anwendung von Eigenschaft (4).

Beispiel 5.1.40

Es sei X Poissonverteilt mit Parameter $\lambda > 0$. Wie berechnet sich dann $\mathbb{E}X^2$?
Antwort: Nach Eigenschaft (4) aus Satz 5.1.35 folgt

$$\mathbb{E}X^2 = \sum_{k=0}^{\infty} k^2\, \mathbb{P}\{X=k\} = \sum_{k=1}^{\infty} k^2 \frac{\lambda^k}{k!} e^{-\lambda} = \lambda \sum_{k=1}^{\infty} k \frac{\lambda^{k-1}}{(k-1)!} e^{-\lambda}.$$

Die letzte Summe geht durch Indexverschiebung in

$$\lambda \sum_{k=0}^{\infty} (k+1) \frac{\lambda^k}{k!} e^{-\lambda} = \lambda \sum_{k=0}^{\infty} k \frac{\lambda^k}{k!} e^{-\lambda} + \lambda \sum_{k=0}^{\infty} \frac{\lambda^k}{k!} e^{-\lambda}$$

über. Der erste Term stimmt nach Satz 5.1.14 mit $\lambda \mathbb{E}X = \lambda^2$ überein, wogegen der zweite Term $\lambda \operatorname{Pois}_\lambda(\mathbb{N}_0) = \lambda \cdot 1 = \lambda$ ergibt. Insgesamt erhalten wir

$$\mathbb{E}X^2 = \lambda^2 + \lambda.$$

Im nächsten Beispiel wenden wir die Eigenschaften (3), (4) und (6) aus Satz 5.1.35 an.

5.1 Erwartungswert

Beispiel 5.1.41

Wie berechnet sich $\mathbb{E}X^2$ für eine $B_{n,p}$-verteilte zufällige Größe X?
Antwort: Nach Folgerung 4.6.2 und Eigenschaft (3) gilt

$$\mathbb{E}X^2 = \mathbb{E}(X_1 + \cdots + X_n)^2 = \sum_{i=1}^{n}\sum_{j=1}^{n} \mathbb{E}X_i X_j$$

mit $X_1, \ldots, X_n$ unabhängig und $B_{1,p}$-verteilt. Für $i \neq j$ sind X_i und X_j unabhängig, woraus nach Eigenschaft (6) und Satz 5.1.11

$$\mathbb{E}X_i X_j = \mathbb{E}X_i \cdot \mathbb{E}X_j = p \cdot p = p^2$$

folgt. Im Fall $i = j$ erhält man dagegen aus Eigenschaft (4), dass

$$\mathbb{E}X_j^2 = 0^2 \cdot \mathbb{P}\{X_j = 0\} + 1^2 \cdot \mathbb{P}\{X_j = 1\} = p \,.$$

Fasst man beide Aussagen zusammen, so ergibt sich

$$\mathbb{E}X^2 = \sum_{i \neq j} \mathbb{E}X_i \cdot \mathbb{E}X_j + \sum_{j=1}^{n} \mathbb{E}X_j^2 = n(n-1)\,p^2 + n\,p = n^2 p^2 + n\,p(1-p)\,.$$

Das nächste Beispiel ist etwas aufwändiger, aber interessant. Wir erinnern daran, dass eine zufällige Größe X gemäß $B_{n,p}^{-}$ verteilt ist, wenn

$$\mathbb{P}\{X = k\} = \binom{-n}{k} p^n (p-1)^k, \quad k \in \mathbb{N}_0\,,$$

gilt.

Beispiel 5.1.42

Welchen Wert besitzt $\mathbb{E}X^2$ für eine $B_{n,p}^{-}$-verteilte zufällige Größe?
Antwort: Es gilt

$$\mathbb{E}X^2 = n^2 \left(\frac{1-p}{p}\right)^2 + n\,\frac{1-p}{p^2}\,. \tag{5.20}$$

Zum Nachweis von (5.20) verwenden wir Eigenschaft (4) aus Satz 5.1.35 und erhalten

$$\mathbb{E}X^2 = p^n \sum_{k=0}^{\infty} k^2 \binom{-n}{k}(p-1)^k\,. \tag{5.21}$$

Für die Berechnung der rechten Summe in (5.21) benutzen wir wieder Satz A.4.2, also

$$\frac{1}{(1+x)^n} = \sum_{k=0}^{\infty} \binom{-n}{k} x^k, \quad -1 < x < 1\,.$$

Zweimaliges Differenzieren beider Seiten dieser Potenzreihe nach x ergibt

$$\frac{n(n+1)}{(1+x)^{n+2}} = \sum_{k=1}^{\infty} k(k-1)\binom{-n}{k} x^{k-2}, \quad -1 < x < 1. \tag{5.22}$$

Man beachte dabei, dass der Koeffizient auf der rechten Seite für $k = 1$ verschwindet, es sich aber als günstig erweist, trotzdem die Summation bei $k = 1$ zu beginnen. Multiplizieren wir nun beide Seiten von (5.22) mit x^2, so erhalten wir unter Verwendung von (5.8) die folgende Identität:

$$\frac{x^2 \, n(n+1)}{(1+x)^{n+2}} = \sum_{k=1}^{\infty} k(k-1)\binom{-n}{k} x^k = \sum_{k=1}^{\infty} k^2 \binom{-n}{k} x^k - \sum_{k=1}^{\infty} k \binom{-n}{k} x^k$$

$$= \sum_{k=1}^{\infty} k^2 \binom{-n}{k} x^k + \frac{nx}{(1+x)^{n+1}},$$

somit

$$\sum_{k=1}^{\infty} k^2 \binom{-n}{k} x^k = \frac{x^2 \, n(n+1)}{(1+x)^{n+2}} - \frac{nx}{(1+x)^{n+1}} = \frac{n^2 x^2 - nx}{(1+x)^{n+2}}.$$

Eine Anwendung dieser Gleichung mit $x = p - 1$ führt nach (5.21) zu

$$\mathbb{E} X^2 = p^n \, \frac{n^2(1-p)^2 + n(1-p)}{(1+(p-1))^{n+2}} = n^2 \left(\frac{1-p}{p}\right)^2 + n \, \frac{1-p}{p^2}.$$

Damit haben wir die Richtigkeit von (5.20) nachgewiesen.

Geben wir noch ein (vorerst) letztes Beispiel zur Anwendung von Eigenschaft (5) aus Satz 5.1.35.

Beispiel 5.1.43

Welchen Erwartungswert hat $\sqrt{U}$ für eine auf $[0,1]$ gleichverteilte zufällige Größe U?
Antwort 1: In Beispiel 3.2.19 haben wir gezeigt, dass die Verteilungsdichte von $\sqrt{U}$ die Funktion p mit $p(x) = 2x$ für $0 \leq x \leq 1$ und $p(x) = 0$ sonst ist. Also erhalten wir nach der Definition des Erwartungswertes einer stetigen zufälligen Größe

$$\mathbb{E}\sqrt{U} = \int_0^1 x \, 2x \, dx = 2 \left[\frac{x^3}{3}\right]_0^1 = \frac{2}{3}.$$

Antwort 2: Verwenden wir Eigenschaft (5) aus Satz 5.1.35, so bekommen wir mit der Verteilungsdichte p von U wegen $p(x) = 1$ für $0 \leq x \leq 1$ ebenfalls die Aussage

$$\mathbb{E}\sqrt{U} = \int_0^1 \sqrt{x} \, p(x) \, dx = \int_0^1 \sqrt{x} \, dx = \frac{2}{3} \left[x^{3/2}\right]_0^1 = \frac{2}{3}.$$

Kommen wir noch zu einem interessanten Beispiel, das auf Polya zurückgeht. Die behandelte Fragestellung wird auch **Sammlerproblem** genannt.

Beispiel 5.1.44

Eine Firma stellt Cornflakes her. Jeder Schachtel legt sie zufällig eins von n verschiedenen Bildern bei, wobei alle Bilder mit der gleichen Wahrscheinlichkeit zugefügt werden. Wie viele Schachteln muss man im Durchschnitt kaufen, um alle n Bilder zu besitzen?
Antwort: Sei X_0 die Anzahl der Käufe, die man braucht, um das erste Bild zu erhalten. Da jede Schachtel ein Bild enthält, folgt $\mathbb{P}\{X_0 = 1\} = 1$. Nehmen wir nun an, wir besitzen bereits k Bilder mit $1 \leq k \leq n-1$. Dann bezeichnen wir mit X_k die Anzahl der nötigen Käufe, um das $(k+1)$-te Bild zu bekommen. Damit ist der gesuchte Ausdruck

$$\mathbb{E}(X_0 + \cdots + X_{n-1}) = 1 + \mathbb{E}X_1 + \cdots + \mathbb{E}X_{n-1}.$$

Wie berechnet sich nun $\mathbb{E}X_k$? Man hat k Bilder im Besitz. Also gibt es $n-k$ Bilder, die noch fehlen. Damit beträgt die Erfolgswahrscheinlichkeit, bei einem Kauf ein neues Bild zu bekommen, $p_k := \frac{n-k}{n}$. Folglich nimmt X_k genau dann den Wert $m \geq 1$ an, wenn man beim m-ten Kauf das (ersehnte) neue Bild in der Schachtel findet.[4] Nach Folgerung 5.1.19 erscheint damit durchschnittlich im $1/p_k$-ten Kauf wieder ein neues Bild (wenn man bereits k besitzt), d.h., es folgt $\mathbb{E}X_k = 1/p_k$ für $k = 1, \ldots, n-1$. Damit ergibt sich

$$1 + \mathbb{E}X_1 + \cdots + \mathbb{E}X_{n-1} = 1 + \frac{1}{p_1} + \cdots + \frac{1}{p_{n-1}}$$
$$= 1 + \frac{n}{n-1} + \frac{n}{n-2} + \cdots + \frac{n}{1} = n \sum_{j=1}^{n} \frac{1}{j}$$

als durchschnittliche Anzahl von Käufen, ehe man alle n Bilder im Besitz hat. Aus (5.39) folgt, dass sich diese Zahl der im Durchschnitt notwendigen Käufe für große n wie $n \ln n$ verhält.

Für 50 unterschiedliche Bilder müssen im Durchschnitt 225 Schachteln gekauft werden, für 100 Bilder 519, im Fall von 200 Bildern 1176, bei 300 sind es 1885, im Fall von 400 Bildern braucht man im Durchschnitt 2628 Schachteln, und schließlich bei 500 sogar 3397.

5.2 Varianz

5.2.1 Höhere Momente

Definition 5.2.1

Sei $n \in \mathbb{N}$ eine gegebene Zahl. Eine zufällige Größe X besitzt ein **n-tes Moment**, wenn $\mathbb{E}|X|^n < \infty$ gilt. Man nennt dann $\mathbb{E}|X|^n$ das **n-te absolute Moment** von X während $\mathbb{E}X^n$ einfach **n-tes Moment** von X heißt.

---

[4] Mit anderen Worten, die zufälligen Größen $X_k - 1$ sind G_{p_k}-verteilt, vgl. Beispiel 4.1.8

Satz 5.2.2

Es sei X eine zufällige Größe.

1. Ist X diskret mit Werten in $\{x_1, x_2, \ldots\}$, so gilt

$$\mathbb{E}|X|^n = \sum_{j=1}^{\infty} |x_j|^n \cdot \mathbb{P}\{X = x_j\}. \tag{5.23}$$

Insbesondere besitzt X genau dann ein n-tes Moment, wenn die Summe (5.23) endlich ist. Das n-te Momente berechnet sich dann als

$$\mathbb{E}X^n = \sum_{j=1}^{\infty} x_j^n \cdot \mathbb{P}\{X = x_j\}.$$

2. Ist X stetig mit Verteilungsdichte p, so folgt

$$\mathbb{E}|X|^n = \int_{-\infty}^{\infty} |x|^n \, p(x) \, \mathrm{d}x. \tag{5.24}$$

Dann besitzt X genau dann ein n-tes Moment, wenn das Integral (5.24) endlich ist. Das n-te Moment von X ergibt sich in diesem Fall als

$$\mathbb{E}X^n = \int_{-\infty}^{\infty} x^n \, p(x) \, \mathrm{d}x. \tag{5.25}$$

Beweis: Die Aussagen des Satzes folgen unmittelbar aus den Eigenschaften (4) und (5) aus Satz 5.1.35 mit $f(t) = |t|^n$ bzw. $f(t) = t^n$. □

Bemerkung 5.2.3

Eine zufällige Größe X besitzt genau dann ein erstes Moment, wenn man $\mathbb{E}|X| < \infty$ hat, also genau dann, wenn X einen Erwartungswert besitzt.

Beispiel 5.2.4

Die zufällige Größe X habe für ein $\alpha > 1$ die Verteilungsdichte p mit

$$p(x) = \begin{cases} 0 & : x < 1 \\ \frac{\alpha - 1}{x^\alpha} & : x \geq 1 \end{cases}$$

Dann folgt

$$\mathbb{E}|X|^n = (\alpha - 1) \int_1^{\infty} x^{n-\alpha} \, \mathrm{d}x = (\alpha - 1) \cdot \begin{cases} \frac{1}{n-\alpha+1} \left[x^{n-\alpha+1}\right]_1^{\infty} & : n - \alpha + 1 \neq 0 \\ \left[\ln x\right]_1^{\infty} & : n - \alpha + 1 = 0 \end{cases}$$

Damit gilt genau dann $\mathbb{E}|X|^n < \infty$, wenn $n - \alpha + 1 < 0$, also wenn man $n < \alpha - 1$ hat. Ist z.B. $\alpha = 3$, dann besitzt X ein erstes Moment, also existiert der Erwartungswert, aber kein zweites Moment. Allgemeiner, sei $\alpha = n + 2$. Dann existieren genau das erste bis n-te Moment, aber nicht die der Ordnungen $n + 1$, $n + 2$ usw.

Für die weiteren Betrachtungen benötigen wir folgendes elementare Lemma.

Lemma 5.2.5

Es gelte $0 < \alpha < \beta$. Dann besteht für jedes $x \geq 0$ die Ungleichung

$$x^\alpha \leq x^\beta + 1 \ .$$

Beweis: Im Fall $0 \leq x \leq 1$ haben wir

$$x^\alpha \leq 1 \leq x^\beta + 1$$

und die Ungleichung gilt.

Im Fall $x > 1$ schließen wir wegen $\beta > \alpha$, dass die Abschätzung $x^\alpha < x^\beta$ richtig ist. Also folgt hier ebenfalls

$$x^\alpha < x^\beta \leq x^\beta + 1 \ ,$$

und das Lemma ist bewiesen. □

Satz 5.2.6

Besitzt eine zufällige Größe X ein n-tes Moment, so auch alle m-ten Momente für $m < n$.

Beweis: Gegeben sei ein $\omega \in \Omega$. Für $m < n$ wenden wir Lemma 5.2.5 mit $\alpha = m$, $\beta = n$ und mit $x = |X(\omega)|$ an und erhalten

$$|X(\omega)|^m \leq |X(\omega)|^n + 1 \ .$$

Somit ergibt sich, da ω beliebig war, $|X|^m \leq |X|^n + 1$. Nach Eigenschaft (7) im Satz 5.1.35 impliziert dies

$$\mathbb{E}|X|^m \leq \mathbb{E}(|X|^n + 1) = \mathbb{E}|X|^n + 1 < \infty$$

nach Voraussetzung. Damit existiert das m-te Moment und der Satz ist bewiesen. □

Im Fall $n = 2$ erhalten wir aus Satz 5.2.6 folgende wichtige Aussage:

Folgerung 5.2.7

Besitzt X ein zweites Moment, so folgt $\mathbb{E}|X| < \infty$, d.h., X besitzt einen Erwartungswert.

Wir formulieren noch eine andere wichtige Folgerung aus Satz 5.2.6.

Folgerung 5.2.8

Besitzt X ein n-tes Moment, so gilt dies auch für $X + b$ mit $b \in \mathbb{R}$.

Beweis: Man hat

$$|X + b|^n \leq (|X| + |b|)^n = \sum_{k=0}^{n} \binom{n}{k} |X|^k |b|^{n-k}.$$

Somit ergibt sich unter Verwendung von Eigenschaften (3) und (7) im Satz 5.1.35 die Aussage

$$\mathbb{E}|X + b|^n \leq \sum_{k=0}^{n} \binom{n}{k} |b|^{n-k} \mathbb{E}|X|^k < \infty.$$

Man beachte hierbei, dass wegen $k \leq n$ nach Satz 5.2.6 auch alle Momente $\mathbb{E}|X|^k$ endlich sind. Damit ist die Behauptung bewiesen. $\square$

Beispiel 5.2.9

Es sei X gemäß $\Gamma_{\alpha,\beta}$ verteilt mit Parametern $\alpha, \beta > 0$. Welche Momente besitzt X und wie berechnen sich diese?
Antwort: Wegen $X \geq 0$ genügt es, $\mathbb{E}X^n$ zu betrachten. Für alle $n \geq 1$ folgt dann

$$\mathbb{E}X^n = \frac{1}{\alpha^\beta \Gamma(\beta)} \int_0^\infty x^{n+\beta-1} e^{-x/\alpha} \, dx = \frac{\alpha^{n+\beta}}{\alpha^\beta \Gamma(\beta)} \int_0^\infty y^{n+\beta-1} e^{-y} \, dy$$
$$= \alpha^n \frac{\Gamma(\beta + n)}{\Gamma(\beta)} = \alpha^n (\beta + n - 1)(\beta + n - 2) \cdots (\beta + 1)\beta.$$

Insbesondere besitzt X Momente beliebiger Ordnung.

Für E_λ-verteilte zufällige Größen X ergibt sich die Aussage $\mathbb{E}X^n = n!/\lambda^n$.

Beispiel 5.2.10

Die zufällige Größe X sei t_n-verteilt für ein $n \geq 1$. Welche Momente besitzt X?
Antwort: Nach Definition 4.7.6 hat X die Verteilungsdichte p mit

$$p(x) = \frac{\Gamma\left(\frac{n+1}{2}\right)}{\sqrt{n\pi}\,\Gamma\left(\frac{n}{2}\right)} \left(1 + \frac{x^2}{n}\right)^{-n/2 - 1/2}, \quad x \in \mathbb{R}.$$

Also folgt für $m \in \mathbb{N}$ die Gleichung

$$\mathbb{E}|X|^m = \frac{\Gamma\left(\frac{n+1}{2}\right)}{\sqrt{n\pi}\,\Gamma\left(\frac{n}{2}\right)} \int_{-\infty}^{\infty} |x|^m \left(1 + \frac{x^2}{n}\right)^{-n/2 - 1/2} dx.$$

5.2 Varianz

Für das Integral gilt

$$\int_{-\infty}^{\infty} |x|^m \left(1 + \frac{x^2}{n}\right)^{-n/2-1/2} \mathrm{d}x = 2 \int_0^{\infty} x^m \left(1 + \frac{x^2}{n}\right)^{-n/2-1/2} \mathrm{d}x.$$

Wegen

$$\lim_{x\to\infty} x^{n+1} \left(1 + \frac{x^2}{n}\right)^{-n/2-1/2} = \lim_{x\to\infty} \left(x^{-2} + \frac{1}{n}\right)^{-n/2-1/2} = n^{n/2+1/2}$$

gilt mit gewissen von x unabhängigen Konstanten $0 < c_1 < c_2$ die Abschätzung

$$x^m \frac{c_1}{x^{n+1}} \leq x^m \left(1 + \frac{x^2}{n}\right)^{-n/2-1/2} \leq x^m \frac{c_2}{x^{n+1}}$$

für $x \in \mathbb{R}$ genügend groß, d.h. für $x \geq x_0$ mit einem geeigneten $x_0 \in \mathbb{R}$. Somit erhalten wir wie in Beispiel 5.2.4, dass genau für $m - n - 1 < -1$, also für $m < n$, die Aussage $\mathbb{E}|X|^m < \infty$ richtig ist. Damit besitzt eine t_n-verteilte zufällige Größe ein $(n-1)$-tes Moment, aber kein n-tes.

Ein weiteres wichtiges Beispiel behandelt die Momente von normalverteilten Größen.

Beispiel 5.2.11

Wie berechnet sich $\mathbb{E}X^n$ für $n \geq 1$ und eine $\mathcal{N}(0,1)$-verteilte zufällige Größe?
Antwort: Zuerst bemerken wir, dass

$$\mathbb{E}|X|^n = \frac{1}{\sqrt{2\pi}} \int_{-\infty}^{\infty} |x|^n \, \mathrm{e}^{-x^2/2} \, \mathrm{d}x = \frac{2}{\sqrt{2\pi}} \int_0^{\infty} x^n \, \mathrm{e}^{-x^2/2} \, \mathrm{d}x < \infty$$

für alle $n \in \mathbb{N}$. Also besitzt eine normalverteilte zufällige Größe Momente beliebiger Ordnung. Um diese Momente ausrechnen zu können, verwenden wir

$$\mathbb{E}X^n = \int_{-\infty}^{\infty} x^n \, p_{0,1}(x) \, \mathrm{d}x = \frac{1}{\sqrt{2\pi}} \int_{-\infty}^{\infty} x^n \, \mathrm{e}^{-x^2/2} \, \mathrm{d}x.$$

Ist n ungerade, so ist die Funktion unter dem rechten Integral antisymmetrisch, woraus $\mathbb{E}X^n = 0$ für ungerade n folgt.

Wir nehmen nunmehr $n = 2m$ für ein $m \in \mathbb{N}$ an. Dann ergibt sich

$$\mathbb{E}X^{2m} = 2 \cdot \frac{1}{\sqrt{2\pi}} \int_0^{\infty} x^{2m} \, \mathrm{e}^{-x^2/2} \, \mathrm{d}x,$$

woraus durch Substitution $y := x^2/2$, also $x = \sqrt{2y}$ und somit $\mathrm{d}x = \frac{1}{\sqrt{2}} y^{-1/2} \, \mathrm{d}y$, das obige Integral in

$$\mathbb{E}X^{2m} = \frac{1}{\sqrt{\pi}} 2^m \int_0^{\infty} y^{m-1/2} \, \mathrm{e}^{-y} \, \mathrm{d}y = \frac{2^m}{\sqrt{\pi}} \Gamma\left(m + \frac{1}{2}\right)$$

übergeht. Unter Verwendung von $\Gamma(1/2) = \sqrt{\pi}$ ergibt sich aber nach (1.37) das Folgende:

$$\begin{aligned}
\frac{2^m}{\sqrt{\pi}} \Gamma\left(m + \frac{1}{2}\right) &= \frac{2^m}{\sqrt{\pi}} \left(m - \frac{1}{2}\right) \Gamma\left(m - \frac{1}{2}\right) \\
&= \frac{2^m}{\sqrt{\pi}} \left(m - \frac{1}{2}\right) \left(m - \frac{3}{2}\right) \Gamma\left(m - \frac{3}{2}\right) \\
&= \frac{2^m \Gamma(1/2) \cdot 1/2 \cdot 3/2 \cdots (m - 1/2)}{\sqrt{\pi}} \\
&= (2m - 1)(2m - 3) \cdots 3 \cdot 1 := (2m - 1)!!.
\end{aligned}$$

5.2.2 Varianz einer zufälligen Größe

Gegeben sei eine zufällige Größe X mit zweitem Moment. Dann existiert, wie wir in Folgerung 5.2.7 sahen, auch $\mu := \mathbb{E}X$. Außerdem ergibt sich dann nach Folgerung 5.2.8 mit $b = -\mu$ ebenfalls $\mathbb{E}|X - \mu|^2 < \infty$. Nach diesen Vorbereitungen können wir jetzt die Varianz einer zufälligen Größe einführen.

Definition 5.2.12

Es sei X eine zufällige Größe mit zweitem Moment. Mit $\mu := \mathbb{E}X$ definiert man die **Varianz** von X als
$$\mathbb{V}X := \mathbb{E}|X - \mu|^2 = \mathbb{E}|X - \mathbb{E}X|^2.$$

Deutung: Den Erwartungswert haben wir als mittleren Wert einer zufälligen Größe gedeutet. Somit gibt $\mathbb{V}X = \mathbb{E}|X - \mathbb{E}X|^2$ Auskunft über den mittleren quadratischen Abstand von X zu seinem Erwartungswert $\mathbb{E}X$. Je kleiner $\mathbb{V}X$, desto weniger wird im Durchschnitt X von $\mathbb{E}X$ entfernt sein. Anders ausgedrückt, je kleiner die Varianz, umso weniger streuen die Werte von X um $\mathbb{E}X$.

Wie berechnet sich die Varianz für konkrete zufällige Größen? Dazu müssen wir zwischen dem Fall diskreter und stetiger zufälliger Größen unterscheiden.

Satz 5.2.13

Es sei X eine zufällige Größe mit zweitem Moment. Mit $\mu \in \mathbb{R}$ bezeichnen wir den Erwartungswert von X. Dann gilt

1. Ist X diskret mit Werten in $\{x_1, x_2, \ldots\}$, so folgt

$$\mathbb{V}X = \sum_{j=1}^{\infty} (x_j - \mu)^2 \cdot \mathbb{P}\{X = x_j\}. \tag{5.26}$$

2. Für stetiges X mit Verteilungsdichte p erhält man

$$\mathbb{V}X = \int_{-\infty}^{\infty} (x - \mu)^2 \, p(x) \, \mathrm{d}x. \tag{5.27}$$

5.2 Varianz

Beweis: Die Aussagen folgen unmittelbar aus Eigenschaften (4) bzw. (5) in Satz 5.1.35 mit $f(x) = (x - \mu)^2$. □

Zur konkreten Berechnung der Varianz von zufälligen Größen mit vorgegebener Verteilung ist es sinnvoll, gewisse Eigenschaften der Varianz zu kennen. Häufig veringert deren Anwendung den Rechenaufwand erheblich.

Satz 5.2.14

Im folgenden seien X und Y zufällige Größen mit zweiten Momenten. Dann gelten die folgenden Aussagen:

(i) Es besteht die Identität
$$\mathbb{V}X = \mathbb{E}X^2 - (\mathbb{E}X)^2 \, . \tag{5.28}$$

(ii) Gilt mit einer Konstanten $c \in \mathbb{R}$ die Aussage $\mathbb{P}\{X = c\} = 1$, so ergibt sich für diese zufällige Größe X, dass $\mathbb{V}X = 0$.

(iii) Für $a, b \in \mathbb{R}$ erhält man
$$\mathbb{V}(aX + b) = a^2 \, \mathbb{V}X \, .$$

(iv) Sind X und Y unabhängig, dann gilt
$$\mathbb{V}(X + Y) = \mathbb{V}X + \mathbb{V}Y \, .$$

Beweis: Wir beginnen mit dem Beweis von (i). Setzen wir wieder $\mu := \mathbb{E}X$. Dann folgt

$$\begin{aligned}\mathbb{V}X &= \mathbb{E}(X - \mu)^2 = \mathbb{E}\left[X^2 - 2\mu X + \mu^2\right] = \mathbb{E}X^2 - 2\mu\mathbb{E}X + \mu^2 \\ &= \mathbb{E}X^2 - 2\mu^2 + \mu^2 = \mathbb{E}X^2 - \mu^2 \, .\end{aligned}$$

Damit ist (i) bewiesen.

Für den Nachweis von (ii) wenden wir Eigenschaft (2) aus Satz 5.1.35 an und erhalten $\mathbb{E}X = c$, also
$$\mathbb{V}X = \mathbb{E}(X - c)^2 = 0$$
wegen $\mathbb{P}\{X - c = 0\} = 1$ unter nochmaliger Anwendung der genannten Eigenschaft (2).

Kommen wir nun zum Beweis von (iii). Es gilt $\mathbb{E}(aX + b) = a\mathbb{E}X + b$, somit ergibt sich
$$\mathbb{V}(aX + b) = \mathbb{E}\left[aX + b - (a\mathbb{E}X + b)\right]^2 = a^2 \, \mathbb{E}(X - \mathbb{E}X)^2 = a^2 \, \mathbb{V}X$$
wie behauptet.

Zum Nachweis von (iv) setzen wir wie oben $\mu := \mathbb{E}X$ und $\nu := \mathbb{E}Y$. Dann gilt $\mathbb{E}(X + Y) = \mu + \nu$, folglich

$$\begin{aligned}\mathbb{V}(X + Y) &= \mathbb{E}\left[(X - \mu) + (Y - \nu)\right]^2 \\ &= \mathbb{E}(X - \mu)^2 + 2\,\mathbb{E}[(X - \mu)(Y - \nu)] + \mathbb{E}(Y - \nu)^2 \\ &= \mathbb{V}X + 2\,\mathbb{E}[(X - \mu)(Y - \nu)] + \mathbb{V}Y \, . \tag{5.29}\end{aligned}$$

Untersuchen wir den mittleren Term. Aus der Unabhängigkeit von X und Y folgt nach Satz 4.1.9 auch die von $X - \mu$ und $Y - \nu$. Damit ist Eigenschaft (6) aus Satz 5.1.35 anwendbar, und es folgt

$$\mathbb{E}[(X - \mu)(Y - \nu)] = \mathbb{E}(X - \mu) \cdot \mathbb{E}(Y - \nu) = (\mathbb{E}X - \mu) \cdot (\mathbb{E}Y - \nu) = 0 \cdot 0 = 0.$$

Indem wir dieses Ergebnis in (5.29) einsetzen, erhalten wir die Behauptung. $\square$

Bemerkung 5.2.15

Die Umkehrung von Aussage (ii) in Satz 5.2.14 ist auch richtig: Gilt $\mathbb{V}X = 0$, so existiert eine Konstante $c \in \mathbb{R}$ mit $\mathbb{P}\{X = c\} = 1$.

5.2.3 Berechnung der Varianz speziell verteilter Größen

Beginnen wir mit der Berechnung der Varianz für eine auf einer endlichen Menge gleichverteilten zufälligen Größe.

Satz 5.2.16

Es sei X gleichverteilt auf $\{x_1, \ldots, x_N\}$. Dann folgt

$$\mathbb{V}X = \frac{1}{N} \sum_{j=1}^{N} (x_j - \mu)^2$$

mit Erwartungswert μ gegeben durch $\mu = \frac{1}{N} \sum_{j=1}^{N} x_j$.

Beweis: Dies folgt unmittelbar aus (5.26) unter Verwendung von Gleichung (5.5) und der Identität $\mathbb{P}\{X = x_j\} = \frac{1}{N}$. $\square$

Beispiel 5.2.17

Sei X gleichverteilt auf $\{1, \ldots, 6\}$. Dann gilt $\mathbb{E}X = 7/2$, also erhalten wir

$$\mathbb{V}X = \frac{\left(1 - \frac{7}{2}\right)^2 + \left(2 - \frac{7}{2}\right)^2 + \left(3 - \frac{7}{2}\right)^2 + \left(4 - \frac{7}{2}\right)^2 + \left(5 - \frac{7}{2}\right)^2 + \left(6 - \frac{7}{2}\right)^2}{6}$$

$$= \frac{\frac{25}{4} + \frac{9}{4} + \frac{1}{4} + \frac{1}{4} + \frac{9}{4} + \frac{25}{4}}{6} = \frac{35}{12}.$$

Damit ist die Varianz beim einfachen Würfeln durch $\frac{35}{12}$ gegeben.

Durch Anwendung von (iv) aus Satz 5.2.14 erhält man, dass für die Summe S_n der Augenzahlen beim n-fachen Würfeln die Aussage $\mathbb{V}S_n = \frac{35n}{12}$ besteht.

Kommen wir nun zum Fall binomialverteilter zufälliger Größen.

5.2 Varianz

Satz 5.2.18

Es sei X gemäß $B_{n,p}$ verteilt. Dann gilt

$$\mathbb{V}X = np(1-p). \tag{5.30}$$

Beweis: In Beispiel 5.1.42 haben wir $\mathbb{E}X^2 = n^2p^2 + np(1-p)$ gezeigt. Weiterhin wissen wir, dass nach Satz 5.1.11 die Aussage $\mathbb{E}X = np$ gilt. Damit ist Formel (5.28) anwendbar und liefert
$$\mathbb{V}X = \mathbb{E}X^2 - (\mathbb{E}X)^2 = n^2p^2 + np(1-p) - (np)^2 = np(1-p)$$
wie behauptet. □

Folgerung 5.2.19

Für eine feste Anzahl von Versuchen ist die Streuung einer $B_{n,p}$-verteilten Größe um ihren Mittelwert im Fall $p = 1/2$ am größten, während die Varianz für $p = 0$ oder $p = 1$ gleich Null ist.

Beweis: Wie man leicht sieht, nimmt die Funktion $p \mapsto p(1-p)$ auf $[0,1]$ ihren maximalen Wert bei $p = 1/2$ an. Damit folgen alle Aussagen aus Satz 5.2.18. □

Als Nächstes bestimmen wir die Varianz einer Poissonverteilten zufälligen Größe.

Satz 5.2.20

Ist X gemäß Pois_λ für ein $\lambda > 0$ verteilt, so folgt

$$\mathbb{V}X = \lambda.$$

Beweis: Nach Beispiel 5.1.40 wissen wir $\mathbb{E}X^2 = \lambda^2 + \lambda$. Außerdem gilt nach Satz 5.1.14 die Aussage $\mathbb{E}X = \lambda$. Damit ergibt sich die Behauptung nach (5.28) aus

$$\mathbb{V}X = \mathbb{E}X^2 - (\mathbb{E}X)^2 = \lambda^2 + \lambda - \lambda^2 = \lambda.$$

□

Betrachten wir nun die Varianz einer negativ binomialverteilten zufälligen Größe.

Satz 5.2.21

Sei X gemäß $B_{n,p}^-$ verteilt. Dann folgt

$$\mathbb{V}X = \frac{n(1-p)}{p^2}.$$

Beweis: Satz 5.1.16 liefert $\mathbb{E}X = n\frac{1-p}{p}$. Weiterhin folgt aus Beispiel 5.1.42, dass

$$\mathbb{E}X^2 = n^2 \left(\frac{1-p}{p}\right)^2 + n\frac{1-p}{p},$$

also ergibt sich aus (5.28) die Gleichung

$$\mathbb{V}X = n^2 \left(\frac{1-p}{p}\right)^2 + n\frac{1-p}{p^2} - \left(n\frac{1-p}{p}\right)^2 = n\frac{1-p}{p^2}$$

wie behauptet. $\square$

Folgerung 5.2.22

Für eine G_p-verteilte zufällige Größe X berechnet sich wegen $G_p = B_{1,p}^-$ die Varianz nach Satz 5.2.21 als

$$\mathbb{V}X = \frac{1-p}{p^2}.$$

Deutung: Je kleiner die Erfolgswahrscheinlichkeit p ist, umso mehr streuen die Werte einer G_p-verteilten zufälligen Größe um ihren Mittelwert $\frac{1-p}{p}$.

Berechnen wir nunmehr die Varianz gewisser stetiger zufälliger Größen auf Grundlage von Formel (5.27). Wir beginnen mit einer auf einem Intervall $[\alpha, \beta]$ gleichverteilten Größe.

Satz 5.2.23

Für eine auf $[\alpha, \beta]$ gleichverteilte zufällige Größe X hat man

$$\mathbb{V}X = \frac{(\beta - \alpha)^2}{12}.$$

Beweis: Nach Satz 5.1.25 wissen wir bereits, dass $\mathbb{E}X = (\alpha+\beta)/2$ gilt. Um also Formel (5.28) anwenden zu können, müssen wir noch das zweite Moment $\mathbb{E}X^2$ berechnen. Aus Formel (5.25) mit $n = 2$ erhalten wir

$$\mathbb{E}X^2 = \frac{1}{\beta - \alpha} \int_\alpha^\beta x^2\,\mathrm{d}x = \frac{1}{3} \cdot \frac{\beta^3 - \alpha^3}{\beta - \alpha} = \frac{\beta^2 + \alpha\beta + \alpha^2}{3}.$$

Damit ergibt sich nach (5.28)

$$\mathbb{V}X = \mathbb{E}X^2 - (\mathbb{E}X)^2 = \frac{\beta^2 + \alpha\beta + \alpha^2}{3} - \left(\frac{\alpha + \beta}{2}\right)^2$$
$$= \frac{\beta^2 + \alpha\beta + \alpha^2}{3} - \frac{\alpha^2 + 2\alpha\beta + \beta^2}{4}$$
$$= \frac{\alpha^2 - 2\alpha\beta + \beta^2}{12} = \frac{(\beta - \alpha)^2}{12}$$

wie behauptet. □

Kommen wir nun zur Varianz gammaverteilter zufälliger Größen.

Satz 5.2.24

Ist X gemäß $\Gamma_{\alpha,\beta}$ verteilt, so folgt

$$\mathbb{V}X = \alpha^2\beta.$$

Beweis: Nach Satz 5.1.26 haben wir $\mathbb{E}X = \alpha\beta$. Weiterhin kennen wir bereits $\mathbb{E}X^2$. In Beispiel 5.2.9 berechneten wir die Momente einer gammaverteilten zufälligen Größe. Für $n = 2$ liefert das dort erhaltene Ergebnis

$$\mathbb{E}X^2 = \alpha^2(\beta+1)\beta.$$

Somit ergibt sich

$$\mathbb{V}X = \mathbb{E}X^2 - (\mathbb{E}X)^2 = \alpha^2(\beta+1)\beta - (\alpha\beta)^2 = \alpha^2\beta$$

wie behauptet. □

Folgerung 5.2.25

Ist X gemäß E_λ verteilt, so folgt

$$\mathbb{V}X = \frac{1}{\lambda^2}.$$

Beweis: Wegen $E_\lambda = \Gamma_{\frac{1}{\lambda},1}$ ist dies eine unmittelbare Konsequenz aus Satz 5.2.24. □

Folgerung 5.2.26

Für eine gemäß χ_n^2 verteilte zufällige Größe X gilt

$$\mathbb{V}X = 2n\,.$$

Beweis: Wir geben zwei alternative Beweise für diese Aussage.

Einmal wenden wir $\chi_n^2 = \Gamma_{2,\frac{n}{2}}$ an. Dann ist die Folgerung eine direkte Konsequenz von Satz 5.2.24.

Ein alternativer Beweis ist wie folgt: Sind $X_1, \ldots, X_n$ unabhängig gemäß $\mathcal{N}(0,1)$ verteilt, so ist nach Satz 4.6.14 die zufällige Größe $X := X_1^2 + \cdots + X_n^2$ gemäß χ_n^2 verteilt. Nach (iv) aus Satz 5.2.14 erhalten wir

$$\mathbb{V}X = \mathbb{V}X_1^2 + \cdots + \mathbb{V}X_n^2 = n \cdot \mathbb{V}X_1^2\,.$$

Nun ergibt sich aber nach Beispiel 5.2.11 die Aussage $\mathbb{E}X_1^2 = 1$ als auch $\mathbb{E}(X_1^2)^2 = \mathbb{E}X_1^4 = 3!! = 3$. Also folgt

$$\mathbb{V}X = n\,\mathbb{V}X_1^2 = n\left(\mathbb{E}X_1^4 - (\mathbb{E}X_1^2)^2\right) = (3-1)n = 2n$$

wie behauptet. $\square$

Abschließend wollen wir noch die Varianz einer normalverteilten zufälligen Größe bestimmen.

Satz 5.2.27

Ist X gemäß $\mathcal{N}(\mu, \sigma^2)$ verteilt, so folgt

$$\mathbb{V}X = \sigma^2\,.$$

Beweis: Nach Satz 4.2.3 lässt sich X als $X = \sigma X_0 + \mu$ mit einer standardnormalverteilten Größe X_0 darstellen. Damit erhalten wir nach (iii) aus Satz 5.2.14, dass

$$\mathbb{V}X = \sigma^2\,\mathbb{V}X_0\,. \tag{5.31}$$

Es gilt aber $\mathbb{E}X_0 = 0$ und nach Beispiel 5.2.11 die Aussage $\mathbb{E}X_0^2 = 1$, somit

$$\mathbb{V}X_0 = 1 - 0 = 1\,.$$

Setzen wir dies in (5.31) ein, folgt wie behauptet $\mathbb{V}X = \sigma^2$. $\square$

Bemerkung 5.2.28

Damit ist auch der zweite Parameter der $\mathcal{N}(\mu, \sigma^2)$-Verteilung näher bestimmt. μ ist, wie gezeigt, der Erwartungswert und der zweite Parameter σ^2 die Varianz einer $\mathcal{N}(\mu, \sigma^2)$-verteilten zufälligen Größe.

5.3 Kovarianz und Korrelation

5.3.1 Kovarianz zweier zufälliger Größen

Sind zwei zufällige Größen X und Y gegeben, von denen wir bereits wissen oder auch nur vermuten, dass sie voneinander abhängen, also nicht unabhängig sind, so wollen wir quantifizieren, wie stark oder schwach diese Abhängigkeit zwischen X und Y ist. Wir suchen ein Maß, das uns sagt, ob die beobachteten Werte von X und Y schwächer oder stärker voneinander abhängen. Betrachten wir dazu folgendes bereits im Beispiel 2.2.4 untersuchte Experiment:

Beispiel 5.3.1

In einer Urne befinden sich n Kugeln mit der Zahl „0" und n Kugeln mit der Zahl „1". Man zieht nun zwei Kugeln **ohne** Zurücklegen. X sei der Wert der zuerst gezogenen Kugel, Y der der zweiten. Wir wissen bereits (und man rechnet es auch leicht nach), dass X und Y abhängige zufällige Größen sind. Nun ist intuitiv klar, dass diese Abhängigkeit schwächer wird, wenn wir die Zahl n der enthaltenen Kugeln vergrößern. Stimmt das, und wenn ja, wie stark verringert sich der Grad der Abhängigkeit von X und Y bei wachsendem n?

Ehe wir ein solches Maß der Abhängigkeit einführen, benötigen wir einige Vorbereitungen.

Satz 5.3.2

Besitzen zwei zufällige Größen beide ein zweites Moment, so existiert auch der Erwartungswert des Produkts $\mathbb{E}[XY]$.

Beweis: Wir verwenden die elementare Ungleichung $|ab| \leq \frac{a^2+b^2}{2}$ für $a, b \in \mathbb{R}$. Dann folgt für $\omega \in \Omega$ die Abschätzung

$$|X(\omega)Y(\omega)| \leq \frac{X(\omega)^2}{2} + \frac{Y(\omega)^2}{2},$$

also $|XY| \leq X^2/2 + Y^2/2$. Eigenschaft (7) in Satz 5.1.35 sagt nun, dass daraus

$$\mathbb{E}|XY| \leq \frac{1}{2}\mathbb{E}X^2 + \frac{1}{2}\mathbb{E}Y^2 < \infty$$

folgt. Damit existiert der Erwartungswert des Produkts XY. □

Es stellt sich die Frage, wie man für gegebene X und Y konkret den Erwartungswert des Produkts $\mathbb{E}[XY]$ berechnet. Zuerst überlegen wir uns, dass dieser Ausdruck **nicht** alleine durch die Verteilungen von X und Y bestimmt ist, sondern dass man das **gemeinsame** Verteilungsgesetz kennen muss.

Beispiel 5.3.3

Wir betrachten die in Beispiel 3.3.10 eingeführten zufälligen Größen X und Y bzw. X' und Y', d.h., wir haben

$$\mathbb{P}\{X=0,Y=0\} = \frac{1}{6}, \quad \mathbb{P}\{X=0,Y=1\} = \frac{1}{3}$$
$$\mathbb{P}\{X=1,Y=0\} = \frac{1}{3}, \quad \mathbb{P}\{X=1,Y=1\} = \frac{1}{6}$$

bzw.

$$\mathbb{P}\{X'=0,Y'=0\} = \mathbb{P}\{X'=0,Y'=1\} = \mathbb{P}\{X'=1,Y'=0\} = \mathbb{P}\{X'=1,Y'=1\} = \frac{1}{4}.$$

Dann gilt sowohl $\mathbb{P}_X = \mathbb{P}_{X'}$ als auch $\mathbb{P}_Y = \mathbb{P}_{Y'}$, aber[5]

$$\mathbb{E}[XY] = \frac{1}{6}(0\cdot 0) + \frac{1}{3}(1\cdot 0) + \frac{1}{3}(0\cdot 1) + \frac{1}{6}(1\cdot 1) = \frac{1}{6}$$

während

$$\mathbb{E}[X'Y'] = \frac{1}{4}(0\cdot 0) + \frac{1}{4}(1\cdot 0) + \frac{1}{4}(0\cdot 1) + \frac{1}{4}(1\cdot 1) = \frac{1}{4}.$$

Damit sehen wir, dass die Kenntnis der Randverteilungen im Allgemeinen nicht ausreicht, um den Erwartungswert des Produkts zu bestimmen.

Für die Berechnung des Erwartungswertes $\mathbb{E}[XY]$ benötigen wir folgende zweidimensionale Verallgemeinerungen der Formeln (5.17) und (5.18).

Satz 5.3.4

Gegeben seien zufällige Größen X und Y sowie eine Funktion $f : \mathbb{R}^2 \to \mathbb{R}$.

1. Seien X und Y diskret mit Werten in $\{x_1, x_2, \ldots\}$ bzw. in $\{y_1, y_2, \ldots\}$. Gilt

$$\mathbb{E}|f(X,Y)| = \sum_{i,j=1}^{\infty} |f(x_i,y_j)|\, \mathbb{P}\{X=x_i, Y=y_j\} < \infty, \qquad (5.32)$$

dann existiert $Ef(X,Y)$ und berechnet sich durch

$$\mathbb{E}f(X,Y) = \sum_{i,j=1}^{\infty} f(x_i,y_j)\, \mathbb{P}\{X=x_i, Y=y_j\}.$$

2. Sei f stetig[6] von $\mathbb{R}^2$ nach $\mathbb{R}$. Hat der zufällige Vektor (X,Y) eine Verteilungsdichte p im Sinn von Definition 3.3.14, so folgt aus

$$\mathbb{E}|f(X,Y)| = \int_{-\infty}^{\infty}\int_{-\infty}^{\infty} |f(x,y)|\, p(x,y)\, dx dy < \infty \qquad (5.33)$$

---

[5]Zur Berechnung dieser beiden Erwartungswerte benutzen wir bereits Folgerung 5.3.5.
[6]Man braucht nur eine Messbarkeit im Sinn von Definition 4.1.1, diesmal aber für Funktionen von $\mathbb{R}^2$ nach $\mathbb{R}$. Für unsere Belange reichen aber stetige Funktionen.

5.3 Kovarianz und Korrelation

die Existenz des Erwartungswertes $\mathbb{E}f(X,Y)$, der sich dann durch

$$\mathbb{E}f(X,Y) = \int_{-\infty}^{\infty}\int_{-\infty}^{\infty} f(x,y)\,p(x,y)\,\mathrm{d}x\mathrm{d}y < \infty \qquad (5.34)$$

berechnet.

Betrachten wir die Funktion $f : (x,y) \mapsto x \cdot y$, so ergeben sich folgende Formeln zur Berechnung von $\mathbb{E}[XY]$, vorausgesetzt die Bedingungen (5.32) bzw. (5.33) sind erfüllt.

Folgerung 5.3.5

Es gilt

$$\mathbb{E}[XY] = \sum_{i,j=1}^{\infty} (x_i \cdot y_j)\,\mathbb{P}\{X = x_i, Y = y_j\}$$

im diskreten Fall bzw.

$$\mathbb{E}[XY] = \int_{-\infty}^{\infty}\int_{-\infty}^{\infty} (x \cdot y)\,p(x,y)\,\mathrm{d}x\mathrm{d}y$$

im stetigen Fall.

Nach all diesen Vorbereitungen können wir jetzt die Kovarianz von zwei zufälligen Größen einführen, die den Grad der Abhängigkeit zwischen diesen Größen beschreibt.

Definition 5.3.6

Gegeben seien zwei zufällige Größen X und Y mit zweiten Momenten. Wir setzen $\mu := \mathbb{E}X$ und $\nu := \mathbb{E}Y$. Dann ist die **Kovarianz** von X und Y durch

$$\mathrm{Cov}(X,Y) := \mathbb{E}(X - \mu)(Y - \nu)$$

definiert.

Bemerkung 5.3.7

Man beachte, dass Folgerung 5.2.8 und Satz 5.3.2 implizieren, dass die Kovarianz für Größen mit zweiten Momenten stets existiert. Weiterhin berechnet sich die Kovarianz nach Satz 5.3.4 entweder als

$$\mathrm{Cov}(X,Y) = \sum_{i,j=1}^{\infty} (x_i - \mu)(y_j - \nu)\,\mathbb{P}\{X = x_i, Y = y_j\}$$

oder durch

$$\mathrm{Cov}(X,Y) = \int_{-\infty}^{\infty}\int_{-\infty}^{\infty} (x - \mu)(y - \nu)\,p(x,y)\,\mathrm{d}x\mathrm{d}y\,.$$

Beispiel 5.3.8

Wir betrachten nochmals die zufälligen Größen X und Y bzw. X' und Y' aus Beispiel 3.3.10 bzw. aus Beispiel 5.3.3. Alle vier zufälligen Größen besitzen den Erwartungswert $1/2$. Somit gilt

$$\mathrm{Cov}(X,Y) = \frac{1}{6}\left(0-\frac{1}{2}\right)\cdot\left(0-\frac{1}{2}\right) + \frac{1}{3}\left(1-\frac{1}{2}\right)\cdot\left(0-\frac{1}{2}\right)$$
$$+ \frac{1}{3}\left(0-\frac{1}{2}\right)\cdot\left(1-\frac{1}{2}\right) + \frac{1}{6}\left(1-\frac{1}{2}\right)\cdot\left(1-\frac{1}{2}\right) = -\frac{1}{12}.$$

Auf der anderen Seite haben wir

$$\mathrm{Cov}(X',Y') = \frac{1}{4}\left(0-\frac{1}{2}\right)\cdot\left(0-\frac{1}{2}\right) + \frac{1}{4}\left(1-\frac{1}{2}\right)\cdot\left(0-\frac{1}{2}\right)$$
$$+ \frac{1}{4}\left(0-\frac{1}{2}\right)\cdot\left(1-\frac{1}{2}\right) + \frac{1}{4}\left(1-\frac{1}{2}\right)\cdot\left(1-\frac{1}{2}\right) = 0.$$

Im folgenden Satz fassen wir die wichtigsten Eigenschaften der Kovarianz zusammen.

Satz 5.3.9

Für alle zufälligen Größen X und Y mit zweitem Moment gilt:

(1) Man hat
$$\mathrm{Cov}(X,Y) = \mathrm{Cov}(Y,X).$$

(2) Es gilt
$$\mathrm{Cov}(X,X) = \mathbb{V}X.$$

(3) Die Kovarianz ist linear in jedem Argument, d.h. für X_1, X_2 und reelle Zahlen a_1 und a_2 folgt
$$\mathrm{Cov}(a_1 X_1 + a_2 X_2, Y) = a_1 \mathrm{Cov}(X_1, Y) + a_2 \mathrm{Cov}(X_2, Y)$$
und analog
$$\mathrm{Cov}(X, b_1 Y_1 + b_2 Y_2) = b_1 \mathrm{Cov}(X, Y_1) + b_2 \mathrm{Cov}(X, Y_2)$$
für zufällige Größen Y_1, Y_2 und reelle Zahlen b_1, b_2.

(4) Die Kovarianz berechnet sich auch als
$$\mathrm{Cov}(X,Y) = \mathbb{E}[XY] - (\mathbb{E}X)(\mathbb{E}Y). \tag{5.35}$$

(5) Sind X und Y unabhängig, so impliziert dies
$$\mathrm{Cov}(X,Y) = 0.$$

5.3 Kovarianz und Korrelation

Beweis: Eigenschaften (1) und (2) erhält man unmittelbar aus der Definition der Kovarianz. Beweisen wir (3). Setzen wir $\mu_1 = \mathbb{E}X_1$ und $\mu_2 = \mathbb{E}X_2$, so folgt aufgrund der Linearität des Erwartungswertes
$$\mathbb{E}(a_1 X_1 + a_2 X_2) = a_1 \mu_1 + a_2 \mu_2.$$
Mit $\nu = \mathbb{E}Y$ bekommen wir

$$\begin{aligned} \mathrm{Cov}(a_1 X_1 + a_2 X_2, Y) &= \mathbb{E}\big(a_1(X_1 - \mu_1) + a_2(X_2 - \mu_2)\big)(Y - \nu) \\ &= a_1 \mathbb{E}(X_1 - \mu_1)(Y - \nu) + a_2 \mathbb{E}(X_2 - \mu_2)(Y - \nu) \\ &= a_1 \mathrm{Cov}(X_1, Y) + a_2 \mathrm{Cov}(X_2, Y) \end{aligned}$$

wie behauptet. Die Linearität im zweiten Argument ergibt sich aus der Linearität im ersten Argument unter Verwendung von Eigenschaft (1).

Beweisen wir nun (5.35). Mit $\mu = \mathbb{E}X$ und $\nu = \mathbb{E}Y$ ergibt sich aus
$$(X - \mu)(Y - \nu) = XY - \mu Y - \nu X + \mu \nu,$$
die folgende Gleichung:
$$\begin{aligned} \mathrm{Cov}(X, Y) &= \mathbb{E}\left[XY - \mu Y - \nu X + \mu \nu\right] = \mathbb{E}[XY] - \mu \mathbb{E}Y - \nu \mathbb{E}X + \mu \nu \\ &= \mathbb{E}[XY] - \mu \nu. \end{aligned}$$

Aufgrund der Definition von μ und ν ist damit Eigenschaft (4) bewiesen.

Kommen wir nun zum Nachweis von (5). Sind X und Y unabhängig, so auch $X - \mu$ und $Y - \nu$ nach Satz 4.1.9, und wir können Eigenschaft (6) aus Satz 5.1.35 anwenden. Dadurch ergibt sich
$$\mathrm{Cov}(X, Y) = \mathbb{E}(X - \mu)(Y - \nu) = \mathbb{E}(X - \mu)\,\mathbb{E}(Y - \nu) = (\mathbb{E}X - \mu)\,(\mathbb{E}Y - \nu) = 0.$$

Damit ist der Satz vollständig bewiesen. □

Bemerkung 5.3.10

Formel (5.35) kann die Berechnung der Kovarianz in konkreten Fällen erheblich erleichtern. Betrachten wir X und Y aus Beispiel 3.3.10. Wir haben in Beispiel 5.3.3 einfach $\mathbb{E}[XY] = 1/6$ gezeigt. Außerdem wissen wir $\mathbb{E}X = \mathbb{E}Y = 1/2$, also liefert (5.35) sofort
$$\mathrm{Cov}(X, Y) = \frac{1}{6} - \frac{1}{4} = -\frac{1}{12},$$
wie wir auch mit etwas größerem Rechenaufwand in Beispiel 5.3.8 erhielten.

Von besonderem Interesse ist Eigenschaft (5) aus Satz 5.3.9. Sind also X und Y unabhängig, so folgt $\mathrm{Cov}(X, Y) = 0$. Man fragt sich sofort, ob dies vielleicht unabhängige zufällige Größen charakterisiert. Dies ist nicht der Fall, wie das folgende Beispiel zeigt.

Beispiel 5.3.11

Die gemeinsame Verteilung von X und Y sei durch folgende Tabelle gegeben:

$Y\backslash X$	-1	0	1	
-1	$\frac{1}{10}$	$\frac{1}{10}$	$\frac{1}{10}$	$\frac{3}{10}$
0	$\frac{1}{10}$	$\frac{2}{10}$	$\frac{1}{10}$	$\frac{2}{5}$
1	$\frac{1}{10}$	$\frac{1}{10}$	$\frac{1}{10}$	$\frac{3}{10}$
	$\frac{3}{10}$	$\frac{2}{5}$	$\frac{3}{10}$	

Es folgt $\mathbb{E}X = \mathbb{E}Y = 0$ und

$$\mathbb{E}[XY] = \frac{1}{10}\left((-1)(-1) + (-1)(+1) + (+1)(-1) + (+1)(+1)\right) = 0,$$

somit ergibt sich nach (5.35) die Aussage $\mathrm{Cov}(X, Y) = 0$. Aufgrund von Satz 3.4.6 sind X und Y aber nicht unabhängig.

Beispiel 5.3.11 zeigt, dass im Allgemeinen $\mathrm{Cov}(X, Y) = 0$ nicht äquivalent zur Unabhängigkeit von X und Y ist; damit ist die folgende Definition sinnvoll.

Definition 5.3.12

Zwei zufällige Größen X und Y mit zweitem Moment nennt man **unkorreliert**, wenn $\mathrm{Cov}(X, Y) = 0$ gilt. Allgemeiner, die Folge zufälliger Größen $X_1, \ldots, X_n$ heißt unkorreliert, sofern die X_j paarweise unkorreliert sind, also $\mathrm{Cov}(X_i, X_j) = 0$ für $i \neq j$ gilt.

Mit dieser Bezeichnung lässt sich Eigenschaft (5) aus Satz 5.3.9 nunmehr wie folgt formulieren:

$$X \text{ und } Y \text{ unabhängig} \quad \overset{\Rightarrow}{\not\Leftarrow} \quad X \text{ und } Y \text{ unkorreliert}$$

Beispiel 5.3.13

Für zwei Ereignisse $A, B \in \mathcal{A}$ eines Wahrscheinlichkeitsraums $(\Omega, \mathcal{A}, \mathbb{P})$ wollen wir die Kovarianz $\mathrm{Cov}(\mathbb{1}_A, \mathbb{1}_B)$ mit den in Definition 3.4.11 eingeführten Indikatorfunktionen berechnen. Wir erhalten

$$\mathrm{Cov}(\mathbb{1}_A, \mathbb{1}_B) = \mathbb{E}[\mathbb{1}_A \mathbb{1}_B] - (\mathbb{E}\mathbb{1}_A)(\mathbb{E}\mathbb{1}_B) = \mathbb{E}\mathbb{1}_{A\cap B} - \mathbb{P}(A)\mathbb{P}(B)$$
$$= \mathbb{P}(A \cap B) - \mathbb{P}(A)\mathbb{P}(B).$$

Folglich sind $\mathbb{1}_A$ und $\mathbb{1}_B$ genau dann unkorreliert, wenn die Ereignisse A und B unabängig sind, also nach Satz 3.4.12 genau dann, wenn dies für $\mathbb{1}_A$ und $\mathbb{1}_B$ als zufällige Größen gilt. Mit anderen Worten, im Fall von Indikatorfunktionen sind Unabängigkeit und Unkorreliertheit äquivalente Eigenschaften.

Abschließend ein Beispiel zur Berechnung der Kovarianz für stetige zufällige Größen.

5.3 Kovarianz und Korrelation

Beispiel 5.3.14

Wir nehmen an, der zufällige Vektor (X, Y) sei auf dem Einheitskreis im $\mathbb{R}^2$ gleichverteilt. Dann besitzt dieser Vektor die Dichte

$$p(x,y) = \begin{cases} \frac{1}{\pi} & : x^2 + y^2 \leq 1 \\ 0 & : x^2 + y^2 > 1. \end{cases}$$

Im Beispiel 3.3.16 haben wir gezeigt, dass X und Y die Verteilungsdichten

$$q(x) = \frac{2}{\pi}\sqrt{1-x^2} \quad \text{bzw.} \quad r(y) = \frac{2}{\pi}\sqrt{1-y^2}$$

für $|x| \leq 1$ bzw. $|y| \leq 1$ besitzen. Außerhalb dieser Bereiche verschwinden die Dichten. Also folgt

$$\mathbb{E}X = \mathbb{E}Y = \frac{2}{\pi}\int_{-1}^{1} y\,(1-y^2)^{1/2}\,\mathrm{d}y = 0\,,$$

denn die Funktion $y \mapsto y\,(1-y^2)^{1/2}$ ist antisymmetrisch und wir integrieren über ein Intervall symmetrisch zum Nullpunkt. Für $\mathbb{E}[XY]$ ergibt sich

$$\mathbb{E}[XY] = \int_{-\infty}^{\infty}\int_{-\infty}^{\infty} (x\cdot y)\,p(x,y)\,\mathrm{d}x\,\mathrm{d}y = \frac{1}{\pi}\int_{-1}^{1} y\left[\int_{-\sqrt{1-y^2}}^{\sqrt{1-y^2}} x\,\mathrm{d}x\right]\mathrm{d}y = 0\,,$$

denn für jedes $y \in [-1, 1]$ ergibt das innere Integral den Wert Null. Insgesamt folgt

$$\mathrm{Cov}(X, Y) = 0\,,$$

d.h., X und Y sind unkorreliert. Wie wir aber im Beispiel 3.4.16 sahen, sind X und Y nicht unabhängig.

5.3.2 Korrelationskoeffizient

Man kann nun die Frage stellen, ob die Kovarianz $\mathrm{Cov}(X, Y)$ bereits das gesuchte Maß zur Beschreibung der Abhängigkeit von X und Y ist. Zum Teil muss man die Frage bejahen, denn für unabhängige Größen hat man $\mathrm{Cov}(X, Y) = 0$. Andererseits gilt aber

$$\mathrm{Cov}(aX, Y) = a\,\mathrm{Cov}(X, Y)\,,$$

obwohl für $a > 0$ der Grad der Abhängigkeit zwischen aX und Y mit dem von X und Y übereinstimmen sollte. Um dieses Manko zu beseitigen, ist die Kovarianz geeignet zu normieren. Das führt zu folgender Definition.

Definition 5.3.15

Seien X und Y zufällige Größen mit zweitem Moment und mit $\mathbb{V}X > 0$ und $\mathbb{V}Y > 0$. Dann bezeichnet man mit

$$\rho(X, Y) := \frac{\mathrm{Cov}(X, Y)}{(\mathbb{V}X)^{1/2}(\mathbb{V}Y)^{1/2}} \tag{5.36}$$

den **Korrelationskoeffizienten** von X und Y.

Zum Nachweis einer wesentlichen Eigenschaft des Korrelationskoeffizienten benötigen wir die Schwarzsche Ungleichung für Erwartungswerte.

Satz 5.3.16: *Schwarzsche Ungleichung*

Sind X und Y zufällige Größen mit zweitem Moment, so gilt

$$|\mathbb{E}(XY)| \leq \left(\mathbb{E}X^2\right)^{1/2} \left(\mathbb{E}Y^2\right)^{1/2}. \tag{5.37}$$

Beweis: Für jede Zahl $\lambda > 0$ folgt nach (7) aus Satz 5.1.35, dass

$$0 \leq \mathbb{E}(|X| - \lambda|Y|)^2 = \mathbb{E}X^2 - 2\lambda\mathbb{E}|XY| + \lambda^2 \mathbb{E}Y^2. \tag{5.38}$$

Wir machen jetzt die zusätzliche, aber unnötige, Annahme, dass $\mathbb{E}X^2 > 0$ und $\mathbb{E}Y^2 > 0$ erfüllt sind. Wir werden die Ungleichung später auch nur für solche X und Y anwenden.[7] Aufgrund dieser Annahme ist der Ansatz

$$\lambda := \frac{(\mathbb{E}X^2)^{1/2}}{(\mathbb{E}Y^2)^{1/2}}$$

erlaubt. Setzen wir dieses λ in (5.38) ein, so ergibt sich

$$0 \leq EX^2 - 2\frac{(\mathbb{E}X^2)^{1/2}}{(\mathbb{E}Y^2)^{1/2}}\mathbb{E}|XY| + \mathbb{E}X^2 = 2\,EX^2 - 2\frac{(\mathbb{E}X^2)^{1/2}}{(\mathbb{E}Y^2)^{1/2}}\mathbb{E}|XY|,$$

woraus man durch einfaches Umstellen

$$\mathbb{E}|XY| \leq \left(\mathbb{E}X^2\right)^{1/2} \left(\mathbb{E}Y^2\right)^{1/2}$$

erhält. Die Anwendung von Folgerung 5.1.37 liefert

$$|\mathbb{E}(XY)| \leq \mathbb{E}|XY| \leq \left(\mathbb{E}X^2\right)^{1/2} \left(\mathbb{E}Y^2\right)^{1/2}$$

wie gewünscht. Damit ist der Satz bewiesen. □

Folgerung 5.3.17

Für den Korrelationskoeffizienten gilt stets

$$-1 \leq \rho(X,Y) \leq 1.$$

Beweis: Seien wie bisher $\mu = \mathbb{E}X$ und $\nu = \mathbb{E}Y$. Wir wenden nun Ungleichung (5.37) auf die zufälligen Größen $X - \mu$ und $Y - \nu$ an und erhalten

$$|\text{Cov}(X,Y)| = |\mathbb{E}(X-\mu)(Y-\nu)| \leq \left(\mathbb{E}(X-\mu)^2\right)^{1/2} \left(\mathbb{E}(Y-\nu)^2\right)^{1/2}$$
$$= \left(\mathbb{V}X\right)^{1/2} \left(\mathbb{V}Y\right)^{1/2},$$

---

[7] Um auch den Fall $\mathbb{E}X^2 = 0$ bzw. $\mathbb{E}Y^2 = 0$ mit einzuschließen, muss man zeigen, dass aus $\mathbb{E}X^2 = 0$ stets $\mathbb{P}\{X = 0\} = 1$ folgt. Dies impliziert dann $\mathbb{P}\{XY = 0\} = 1$, folglich $\mathbb{E}[XY] = 0$, und Ungleichung (5.37) bleibt auch in diesem Fall richtig.

5.3 Kovarianz und Korrelation

oder, äquivalent,

$$-(\mathbb{V}X)^{1/2}\,(\mathbb{V}Y)^{1/2} \leq \text{Cov}(X,Y) \leq (\mathbb{V}X)^{1/2}\,(\mathbb{V}Y)^{1/2}\,.$$

Nach Definition von $\rho(X,Y)$ in (5.36) folgt hieraus sofort die gewünschte Abschätzung für den Korrelationskoeffizienten. □

Deutung: Für unkorrelierte X und Y, also insbesondere für unabhängige zufällige Größen, gilt $\rho(X,Y) = 0$. Je näher sich $\rho(X,Y)$ an -1 oder $+1$ befindet, umso stärker ist die Abhängigkeit zwischen X und Y. Die Extremfälle der absoluten Abhängigkeit sind $Y = X$ bzw. $Y = -X$. Hier erhält man $\rho(X,X) = 1$ bzw. $\rho(X,-X) = -1$.

Definition 5.3.18

Die zufälligen Größen X und Y heißen **positiv korreliert**, wenn $\rho(X,Y) > 0$ gilt. Im Fall $\rho(X,Y) < 0$, nennt man X und Y **negativ korreliert**.

Deutung: Sind X und Y positiv korreliert, so bedeutet dies, dass bei größeren Werten von X mit höherer Wahrscheinlichkeit die Werte von Y ebenfalls größer werden. Dagegen nimmt für negativ korrelierte X und Y die zufällige Größe Y mit höherer Wahrscheinlichkeit kleinere Werte an. Typische Beispiele wären: Körpergröße und Gewicht einer Person sind sicher positiv korreliert während der tägliche Konsum von Zigaretten und die Lebenserwartung einer Person bestimmt negativ korreliert sind.

Beispiel 5.3.19

Wir betrachten nun nochmals Beispiel 5.3.1: In einer Urne befinden sich n Kugeln mit der Zahl „0" und n Kugeln mit der Zahl „1". Man zieht zwei Kugeln ohne Zurücklegen. Es sei X der Wert der ersten Kugel, Y der der als zweite gezogenen Kugel. Wie hängt die Korrelation von X und Y von der Anzahl n der Kugeln ab?

Antwort: Die gemeinsame Verteilung von X und Y lässt sich am besten tabellarisch aufschreiben.

$Y\backslash X$	0	1	
0	$\frac{n-1}{4n-2}$	$\frac{n}{4n-2}$	$\frac{1}{2}$
1	$\frac{n}{4n-2}$	$\frac{n-1}{4n-2}$	$\frac{1}{2}$
	$\frac{1}{2}$	$\frac{1}{2}$	

Man sieht nun sofort $\mathbb{E}X = \mathbb{E}Y = 1/2$ und $\mathbb{V}X = \mathbb{V}Y = 1/4$. Außerdem rechnet man leicht nach, dass $\mathbb{E}[XY] = \frac{n-1}{4n-2}$ richtig ist. Damit erhalten wir

$$\text{Cov}(X,Y) = \frac{n-1}{4n-2} - \frac{1}{4} = \frac{-1}{8n-4}\,.$$

Der Korrelationskoeffizient berechnet sich dann als

$$\rho(X,Y) = \frac{\frac{-1}{8n-4}}{\sqrt{\frac{1}{4}}\sqrt{\frac{1}{4}}} = \frac{-1}{2n-1}.$$

Man sieht nun, dass die Korrelation für $n \to \infty$ von der Ordnung $-1/2n$ ist, also sich für große n nur wenig vom unabhängigen Fall, des Ziehens mit Zurücklegen, unterscheidet. Außerdem sind X und Y negativ korreliert. Warum? Ist $X = 1$, also trägt die erste Kugel die Zahl „1", so erhöht sich für Y die Wahrscheinlichkeit, den kleineren Wert „0" zu bekommen. Interessant ist auch der Fall $n = 1$. Hier ist Y durch X vollständig determiniert und $\rho(X,Y) = -1$.

5.4 Aufgaben

Aufgabe 5.1

Es werden nacheinander und entsprechend der Gleichverteilung n Teilchen auf N Kästen verteilt. Man bestimme die durchschnittliche Anzahl von Kästen, die dabei leer bleiben.
Hinweis: Für $1 \leq i \leq N$ betrachte man die zufälligen Größen X_i mit $X_i = 1$ wenn der i-te Kasten leer bleibt und $X_i = 0$ im anderen Fall.

Aufgabe 5.2

Gegeben seien ein Wahrscheinlichkeitsraum $(\Omega, \mathcal{A}, \mathbb{P})$ und Mengen $A_1, \ldots, A_n$ (nicht notwendig disjunkt) aus $\mathcal{A}$. Mit reellen Zahlen $\alpha_1, \ldots, \alpha_n$ und den in (3.18) definierten Indikatorfunktionen $\mathbb{1}_{A_i}$ bildet man $X := \sum_{j=1}^{n} \alpha_j \mathbb{1}_{A_j}$.

1. Warum ist X eine zufällige Größe?
2. Man beweise die Aussagen

$$\mathbb{E}X = \sum_{j=1}^{n} \alpha_j \mathbb{P}(A_j) \quad \text{und} \quad \mathbb{V}X = \sum_{i,j=1}^{n} \alpha_i \alpha_j \left[\mathbb{P}(A_i \cap A_j) - \mathbb{P}(A_i)\mathbb{P}(A_j)\right].$$

Wie vereinfacht sich $\mathbb{V}X$ in den Fällen, dass die Ereignisse $A_1, \ldots, A_n$ entweder disjunkt oder unabhängig sind?

Aufgabe 5.3

Auf einem fairen „Würfel" mit k Seiten stehen die Zahlen von 1 bis k.

1. Wie oft muss man so einen Würfel im Durchschnitt werfen, ehe erstmals die Zahl „1" erscheint?
2. Man werfe den Würfel genau k-mal. Es seien p_k und q_k die Wahrscheinlichkeiten, dass bei diesen k Würfen genau einmal bzw. mindestens einmal die Zahl „1" erscheint. Wie berechnen sich p_k und q_k?
3. Man bestimme die Grenzwerte $\lim_{k \to \infty} p_k$ und $\lim_{k \to \infty} q_k$.

Aufgabe 5.4

Eine zufällige Größe X sei hypergeometrisch mit den Parametern N, M und n verteilt. Man zeige

$$\mathbb{E}X = \frac{nM}{N} \quad \text{und} \quad \mathbb{V}X = \frac{nM}{N}\left(1 - \frac{M}{N}\right)\frac{N-n}{N-1}.$$

Aufgabe 5.5

Man beweise, dass für eine zufällige Größe X mit Werten in $\mathbb{N}_0 = \{0, 1, 2, \ldots\}$ stets folgende Identität besteht:

$$\mathbb{E}X = \sum_{k=1}^{\infty} \mathbb{P}\{X \geq k\}.$$

Aufgabe 5.6

Es sei X eine stetige zufällige Größe mit $\mathbb{P}\{X \geq 0\} = 1$. Man zeige

$$\sum_{k=1}^{\infty} \mathbb{P}\{X \geq k\} \leq \mathbb{E}X \leq 1 + \sum_{k=1}^{\infty} \mathbb{P}\{X \geq k\}.$$

Aufgabe 5.7

Für eine zufällige Größe X mit Werten in $\mathbb{N}_0$ gelte mit einem $q \geq 2$ die Aussage

$$\mathbb{P}\{X = k\} = q^{-k}, \quad k = 1, 2, \ldots$$

(a) Warum muss man $q \geq 2$ annehmen, obwohl $\sum_{k=1}^{\infty} q^{-k} < \infty$ für $1 < q < \infty$ gilt?
(b) Welchen Wert besitzt $\mathbb{P}\{X = 0\}$?
(c) Man berechne $\mathbb{E}X$ mittels der Formel aus Aufgabe 5.5.
(d) Wie berechnet sich $\mathbb{E}X$ direkt aus der Definition des Erwartungswertes, d.h. mithilfe von $\mathbb{E}X = \sum_{k=0}^{\infty} k\,\mathbb{P}\{X = k\}$?

Aufgabe 5.8

Zwei zufällige Größen X und Y seien unabhängig mit $\mathbb{E}X = \mathbb{E}Y = 0$. Gilt $\mathbb{E}|X|^3 < \infty$ und $\mathbb{E}|Y|^3 < \infty$, so zeige man folgende Gleichung:

$$\mathbb{E}(X+Y)^3 = \mathbb{E}X^3 + \mathbb{E}Y^3.$$

Aufgabe 5.9

Eine zufällige Größe X sei Poissonverteilt mit Parameter $\lambda > 0$. Man berechne

$$\mathbb{E}\left(\frac{1}{1+X}\right) \quad \text{und} \quad \mathbb{E}\left(\frac{X}{1+X}\right).$$

Aufgabe 5.10

Beim Lottospiel 6 aus 49 sei X die größte der gezogenen Zahlen. Man zeige, dass dann

$$\mathbb{E}X = \frac{6 \cdot 43!}{49!} \sum_{k=6}^{49} k(k-1)(k-2)(k-3)(k-4)(k-5) = 42.8571$$

gilt. Nach welcher Formel berechnet sich der Erwartungswert der kleinsten gezogenen Zahl?

Aufgabe 5.11

Man werfe 4-mal eine faire Münze, deren Seiten mit „0" und „1" beschriftet sind. Sei X die Summe der ersten beiden Würfe und sei Y die aller vier Würfe. Man bestimme das Verteilungsgesetz des Vektors (X, Y) sowie dessen Randverteilungen. Außerdem berechne man die Kovarianz und den Korrelationskoeffizienten von X und Y.

Aufgabe 5.12

In einer Urne befinden sich 5 Kugeln, von denen zwei mit der Zahl „0" und drei mit der Zahl „1" beschriftet sind. Man ziehe nacheinander zwei Kugeln aus der Urne, ohne dabei die zuerst gezogene Kugel wieder zurück zu legen. Es sei X die Zahl auf der ersten Kugel, Y die auf der zweiten.

1. Welches gemeinsame Verteilungsgesetz besitzen X und Y und wie erhält man daraus die Randverteilungen?
2. Wie berechnet sich der Korrelationskoeffizient $\rho(X, Y)$?
3. Welches Verteilungsgesetz besitzt $X + Y$?

Aufgabe 5.13

Von 40 Studenten sind 30 Männer und 10 Frauen. Von den 30 Männern haben 25 die Klausur bestanden, von den 10 Frauen 8. Man wählt nun entsprechend der Gleichverteilung einen Studenten ω von den 40 aus und setzt $X(\omega) = 0$ falls ω ein Mann ist bzw. $X(\omega) = 1$ für eine Frau. Weiterhin sei $Y(\omega) = 0$ wenn die Klausur nicht bestanden wurde und $Y(\omega) = 1$ falls bestanden.
Welches gemeinsame Verteilungsgesetz besitzen X und Y? Sind X und Y unabhängig und welchen Wert besitzt $\text{Cov}(X, Y)$? Sind X und Y positiv oder negativ korreliert?

Aufgabe 5.14

Gegeben seien zwei zufällige Größen X und Y mit

$$\mathbb{P}\{X = 0, Y = 0\} = \mathbb{P}\{X = 1, Y = 1\} = \mathbb{P}\{X = -1, Y = 1\} = \frac{1}{3}.$$

Sind X und Y unkorreliert? Sind sie eventuell sogar unabhängig?

Aufgabe 5.15

Gegeben seien ein Wahrscheinlichkeitsraum $(\Omega, \mathcal{A}, \mathbb{P})$ und zwei Ereignisse A und B aus $\mathcal{A}$. Man zeige, dass dann die Ungleichung

$$|\mathbb{P}(A \cap B) - \mathbb{P}(A)\mathbb{P}(B)| \leq \frac{1}{4}$$

besteht. Ist die Zahl $\frac{1}{4}$ optimal oder gilt eventuell eine bessere allgemeine Abschätzung?

Aufgabe 5.16

(Aufgabe von Luca Pacioli aus dem Jahr 1494; die erste richtige Lösung wurde 1654 von Blaise Pascal angegeben) Zwei Personen, A und B, spielen ein faires Spiel, d.h. ein Spiel, bei dem die Gewinnchancen für beide Spieler jeweils 50 % betragen. Gesamtsieger ist derjenige, der zuerst 6 Partien gewonnen hat. Dieser erhält den Gesamteinsatz von 20 Talern ausgezahlt. Eines Tages muss das Spiel beim Stand von 5 Siegen von A und 3 Siegen von B abgebrochen werden. Wie sind in diesem Fall die 20 Taler unter A und B gerechterweise aufzuteilen?

Aufgabe 5.17

Im Beispiel 5.1.44 wurde berechnet, wie viele Cornflakeschachteln man im Durchschnitt kaufen muss, ehe man alle n möglichen Bilder besitzt. Es sei jetzt $1 \leq m < n$ eine vorgegebene Zahl. Wie viele Schachteln muss man im Durchschnitt erwerben, ehe man genau m der n möglichen Bilder besitzt?

Sei nun $m = n/2$ für gerade n und $m = (n-1)/2$ im ungeraden Fall. Dann definieren wir K_n als durchschnittliche Anzahl der Käufe, um m, also etwa die Hälfte der n Bilder zu haben. Unter Verwendung der Aussage (siehe [5], 537 Nr.10)

$$\lim_{n \to \infty} \left[\sum_{k=1}^{n} \frac{1}{k} - \ln n \right] = \gamma \tag{5.39}$$

mit der Eulerschen Konstanten $\gamma = 0,557218\cdots$ untersuche man das Verhalten von K_n/n für $n \to \infty$. Warum folgt hieraus, dass man für große n im Durchschnitt weniger als n Schachteln kaufen muss, um die Hälfte der möglichen Bilder zu besitzen?

Aufgabe 5.18

Warum gilt für n zufällige Größe $X_1, \ldots, X_n$ mit endlichem zweiten Moment und $\mathbb{E}X_j = 0$ stets

$$\mathbb{E}[X_1 + \cdots X_n]^2 = \sum_{i,j=1}^{n} \text{Cov}(X_i, X_j) = \sum_{j=1}^{n} \mathbb{V}X_j + 2 \sum_{1 \leq i < j \leq n} \text{Cov}(X_i, X_j)\,?$$

6 Normalverteilte Vektoren

6.1 Definition und Verteilungsdichte

Im Beispiel 3.3.2 führten wir einen zufälligen 2-dimensionalen Vektor (X_1, X_2) ein, wobei X_1 die Körpergröße einer Person sein sollte und X_2 deren Gewicht. Erfahrung und der im Kapitel 7 folgende zentrale Grenzwertsatz legen die Vermutung nahe, dass sowohl X_1 als auch X_2 normalverteilt sind. Aber selbst wenn wir Erwartungswert und Varianz der beiden Verteilungen kennen würden, so ist damit das Verteilungsgesetz des Vektors noch nicht eindeutig bestimmt, denn zwischen X_1 und X_2 besteht eine Abhängigkeit, die uns unbekannt ist. Aber gerade die Frage nach der Art der Abhängigkeit ist in vielen Fällen entscheidend.

Ziel dieses Abschnitts ist es solche und ähnliche Fragen näher zu untersuchen. Dazu nehmen wir an, dass nicht nur X_1 und X_2 normalverteilt sind, sondern sogar der Vektor (X_1, X_2). Aber was soll das heißen, ein zufälliger Vektor ist normalverteilt?

Um diese Frage zu beantworten, erinnern wir an Beispiel 4.2.2 bzw. an den anschließenden Satz 4.2.3. Aus den dort erhaltenen Aussagen folgt insbesondere, dass sich jede normalverteilte Größe mithilfe einer standardnormalverteilten Größe und einer Abbildung der Form $x \mapsto ax + \mu$ erzeugen lässt, d.h., ein Y ist dann und nur dann normalverteilt, wenn eine standardnormalverteilte Größe X, ein $a \neq 0$ und ein μ in $\mathbb{R}$ mit

$$Y = aX + \mu \tag{6.1}$$

existieren.

Sei nun $\vec{Y} = (Y_1, \ldots, Y_n)$ ein n-dimensionaler Vektor. Wann heißt $\vec{Y}$ normalverteilt? Anbieten würde sich, (6.1) durch eine allgemeinere Darstellung zu ersetzen. Aber was ist dann das Äquivalent für die Abbildung $x \mapsto ax + \mu$ und was soll ein standardnormalverteilter zufälliger Vektor $\vec{X}$ sein?

Beginnen wir mit der Beantwortung der letzten Frage. Dazu erinnern wir an die in Definition 1.9.17 eingeführte n-dimensionale Standardnormalverteilung $\mathcal{N}(0,1)^n$. Sie ist durch

$$\mathcal{N}(0,1)^n(B) = \frac{1}{(2\pi)^{n/2}} \int_B e^{-|x|^2/2} \, dx = \frac{1}{(2\pi)^{n/2}} \underbrace{\int \cdots \int}_{B} e^{-(x_1^2 + \cdots + x_n^2)/2} \, dx_n \cdots dx_1$$

für $B \in \mathcal{B}(\mathbb{R}^n)$ charakterisiert.

Definition 6.1.1

Man nennt einen zufälligen n-dimensionalen Vektor $\vec{X} = (X_1, \ldots, X_n)$ **standardnormalverteilt**, wenn für sein Verteilungsgesetz $\mathbb{P}_{\vec{X}} = \mathcal{N}(0,1)^n$ gilt.

Satz 6.1.2

Für einen zufälligen Vektor $\vec{X} = (X_1, \ldots, X_n)$ sind die folgenden Aussagen äquivalent:

1. $\vec{X}$ ist standardnormalverteilt.
2. Es gilt
$$\mathbb{P}\{\vec{X} \in B\} = \frac{1}{(2\pi)^{n/2}} \int_B e^{-|x|^2/2} \, dx \, .$$
3. Die zufälligen Größen $X_1, \ldots, X_n$ sind unabhängig und standardnormalverteilt, d.h., für alle $t_j \in \mathbb{R}$ hat man

$$\mathbb{P}\{X_1 \leq t_1, \ldots, X_n \leq t_n\} = \mathbb{P}\{X_1 \leq t_1\} \cdots \mathbb{P}\{X_n \leq t_n\}$$
$$= \left(\frac{1}{\sqrt{2\pi}} \int_{-\infty}^{t_1} e^{-x_1^2/2} dx_1\right) \cdots \left(\frac{1}{\sqrt{2\pi}} \int_{-\infty}^{t_n} e^{-x_n^2/2} dx_n\right) \, .$$

Beweis: Die Aussagen des Satzes folgen unmittelbar aus den Sätzen 3.4.3 und 3.4.15 unter Beachtung der Definition von $\mathcal{N}(0,1)^n$. $\square$

Fragen wir nun danach, was im n-dimensionalen Fall die adäquate Verallgemeinerung der Darstellung (6.1) sein soll. Es ist natürlich, die auf $\mathbb{R}$ definierte Abbildung $x \mapsto ax + \mu$ durch eine entsprechende auf $\mathbb{R}^n$ gegebene Abbildung zu ersetzen. Welche Abbildungen im $\mathbb{R}^n$ kommen dafür infrage?

Dazu erinnern wir daran, dass jede $n \times n$ Matrix $A = (\alpha_{ij})_{ij=1}^n$ in kanonischer Weise eine lineare Abbildung von $\mathbb{R}^n$ nach $\mathbb{R}^n$ erzeugt, die wir ebenfalls mit A bezeichnen. Die Abbildung A wirkt wie folgt:

$$Ax = \left(\sum_{j=1}^n \alpha_{1j} x_j, \ldots, \sum_{j=1}^n \alpha_{nj} x_j\right), \quad x = (x_1, \ldots, x_n) \in \mathbb{R}^n \, .$$

Damit ist die $x \mapsto ax + \mu$ entsprechende Abbildung im $\mathbb{R}^n$ von der Form $x \mapsto Ax + \mu$ mit einer $n \times n$ Matrix A und einem $\mu \in \mathbb{R}^n$. Die Bedingung $a \neq 0$ geht in $\det(A) \neq 0$ über, d.h., man fordert, dass A **regulär** sei, was äquivalent zur Eineindeutigkeit der erzeugten Abbildung A ist.

Nunmehr können wir in Anlehnung an Darstellung (6.1) den Begriff des normalverteilten n-dimensionalen Vektors einführen.

Definition 6.1.3

Ein zufälliger Vektor $\vec{Y}$ heißt **normalverteilt**, wenn eine reguläre $n \times n$ Matrix A und ein Vektor $\mu \in \mathbb{R}^n$ existieren, sodass sich $\vec{Y}$ mit einem standardnormalverteilten $\vec{X}$ als

$$\vec{Y} = A\vec{X} + \mu \tag{6.2}$$

darstellen lässt.

6.1 Definition und Verteilungsdichte

Wir formulieren Definition 6.1.3 wegen ihrer Wichtigkeit nochmals in anderen Worten: Der zufällige Vektor $\vec{Y} = (Y_1, \ldots, Y_n)$ ist dann und nur dann normalverteilt, wenn es eine reguläre Matrix $A = (\alpha_{ij})_{i,j=1}^n$ und einen Vektor $\mu = (\mu_1, \ldots, \mu_n)$ mit

$$Y_i = \sum_{j=1}^n \alpha_{ij} X_j + \mu_i, \quad 1 \leq i \leq n,$$

für $X_1, \ldots, X_n$ unabhängig und $\mathcal{N}(0,1)$-verteilt gibt.

Beispiel 6.1.4

Der 3-dimensionale zufällige Vektor $\vec{Y} = (Y_1, Y_2, Y_3)$ sei durch

$$Y_1 = 2X_1 + X_2 - X_3 + 4, \quad Y_2 = X_1 - 2X_2 + X_3 - 2 \quad \text{und}$$
$$Y_3 = X_1 - 2X_3 + 5$$

für unabhängige $\mathcal{N}(0,1)$-verteilte X_1, X_2, X_3 definiert. Dann ist $\vec{Y}$ normalverteilt, denn $\vec{Y}$ kann mit der Matrix A gegeben durch

$$A = \begin{pmatrix} 2 & 1 & -1 \\ 1 & -2 & 1 \\ 1 & 0 & -2 \end{pmatrix}$$

und mit dem Vektor $\mu = (4, -2, 5)$ in der Form (6.2) dargestellt werden. Man beachte dabei, dass $\det(A) = 9$, somit ist A auch regulär.

Normalverteilte Vektoren lassen sich auch wie folgt charakterisieren.

Satz 6.1.5

Ein zufälliger n-dimensionaler Vektor $\vec{Y} = (Y_1, \ldots, Y_n)$ ist dann und nur dann normalverteilt, wenn eine reguläre $n \times n$ Matrix $B = (\beta_{ij})_{i,j=1}^n$ und ein Vektor $\nu = (\nu_1, \ldots, \nu_n) \in \mathbb{R}^n$ existieren, sodass die durch

$$X_i := \sum_{j=1}^n \beta_{ij} Y_j + \nu_i, \quad 1 \leq i \leq n,$$

definierten zufälligen Größen unabhängig und standardnormalverteilt sind.

Beweis: Das ergibt sich aus der Tatsache, dass man genau dann $\vec{Y} = A\vec{X} + \mu$ hat, wenn $\vec{X}$ die Darstellung $\vec{X} = A^{-1}\vec{Y} - A^{-1}\mu$ besitzt. Damit folgt die Aussage des Satzes durch die Wahl von B und ν als $B = A^{-1}$ und $\nu = -A^{-1}\mu$. □

Beispiel 6.1.6

Betrachten wir den im Beispiel 6.1.4 untersuchten Vektor $\vec{Y}$, so folgt, dass X_1, X_2 und X_3 mit

$$X_1 := \frac{1}{9}(4Y_1 + 2Y_2 - Y_3 + 7) \quad X_2 := \frac{1}{9}(Y_1 - Y_2 - Y_3 + 1)$$

$$X_3 := \frac{1}{9}(2Y_1 + Y_2 - 5Y_3 - 19)$$

standardnormalverteilt und unabhängig sind.

Bevor wir weitere Eigenschaften normalverteilter Vektoren angeben können, benötigen wir einige Notationen und Aussagen aus der Linearen Algebra.

1. Für zwei Vektoren x und y im $\mathbb{R}^n$ ist ihr **Skalarprodukt** durch

$$\langle x, y \rangle := \sum_{j=1}^{n} x_j y_j, \quad x = (x_1, \ldots, x_n), \, y = (y_1, \ldots, y_n),$$

definiert. Für $x \in \mathbb{R}^n$ nennt man

$$|x| := \langle x, x \rangle^{1/2} = \left(\sum_{j=1}^{n} x_j^2 \right)^{1/2}$$

den **Euklidischen Abstand** von x zum Nullpunkt oder die **Länge** des Vektors x.

2. Sei $A = \left(\alpha_{ij}\right)_{i,j=1}^{n}$ eine $n \times n$ Matrix mit transponierter Matrix $A^T := \left(\alpha_{ji}\right)_{i,j=1}^{n}$. Dann folgt für alle $x, y \in \mathbb{R}^n$ stets

$$\langle Ax, y \rangle = \langle x, A^T y \rangle.$$

Eine Matrix A ist **symmetrisch**, sofern $A = A^T$, d.h., es gilt

$$\langle Ax, y \rangle = \langle x, Ay \rangle, \quad x, y \in \mathbb{R}^n.$$

3. Eine Matrix $R = \left(r_{ij}\right)_{i,j=1}^{n}$ heißt **positiv definit** oder einfach **positiv**, wenn R symmetrisch ist und außerdem

$$\langle Rx, x \rangle = \sum_{i,j=1}^{n} r_{ij} x_i x_j > 0, \quad (x_1, \ldots, x_n) \neq 0,$$

erfüllt ist. Man schreibt dann $R > 0$. Insbesondere ist jede positive Matrix R regulär mit $\det(R) > 0$.

6.1 Definition und Verteilungsdichte

4. Sei $A = (\alpha_{ij})_{i,j=1}^n$ eine reguläre $n \times n$ Matrix. Wir setzen

$$R := AA^T, \qquad (6.3)$$

d.h., die Einträge r_{ij} von R berechnen sich durch

$$r_{ij} = \sum_{k=1}^n \alpha_{ik}\alpha_{jk}, \quad 1 \le i, j \le n. \qquad (6.4)$$

Dann folgt
$$R^T = (AA^T)^T = (A^T)^T A^T = AA^T = R,$$

also ist R symmetrisch. Weiterhin ergibt sich für $x \in \mathbb{R}^n$, $x \ne 0$, dass

$$\langle Rx, x \rangle = \langle AA^T x, x \rangle = \langle A^T x, A^T x \rangle = |A^T x|^2 > 0.$$

Man beachte, dass mit A auch A^T regulär ist, und folglich impliziert $x \ne 0$ auch $A^T x \ne 0$, somit $|A^T x| > 0$. Damit haben wir $R > 0$ für alle R der Form (6.3) mit regulärem A nachgewiesen.

5. Eine $n \times n$ Matrix U heißt **unitär** oder **orthogonal**, wenn

$$UU^T = U^T U = I_n$$

mit der $n \times n$ Einheitsmatrix I_n gilt. Äquivalent dazu sind die Aussagen $U^T = U^{-1}$ oder auch

$$\langle Ux, Uy \rangle = \langle x, y \rangle, \quad x, y \in \mathbb{R}^n.$$

Eine Matrix U ist bekanntlich dann und nur dann unitär ist, wenn ihre Zeilenvektoren $u_1, \ldots, u_n$ (und dann auch ihre Spaltenvektoren) eine orthonormale Basis im $\mathbb{R}^n$ bilden, also $\langle u_i, u_j \rangle = 0$ für $i \ne j$ und $\langle u_i, u_i \rangle = |u_i|^2 = 1$ erfüllt sind.

6. Sei R eine beliebige positive $n \times n$ Matrix. Wir behaupten, dass dann R in der Form (6.3) mit geeignetem A darstellbar ist. Um dies zu zeigen, verwenden wir die Hauptachsentransformation für symmetrische Matrizen. Diese besagt, dass R mit einer Diagonalmatrix D und einer unitären Abbildung U in der Form

$$R = UDU^T$$

geschrieben werden kann. Wir bezeichnen die Einträge in der Diagonale von D mit $\delta_1, \ldots, \delta_n$. Aus $R > 0$ folgt $\delta_j > 0$, also ist die Diagonalmatrix $D^{1/2}$ mit den Einträgen $\delta_1^{1/2}, \ldots, \delta_n^{1/2}$ auf der Diagonale sinnvoll definiert. Wir setzen nun $A := UD^{1/2}$. Wegen $(D^{1/2})^T = D^{1/2}$ erhalten wir

$$R = (UD^{1/2})(UD^{1/2})^T = AA^T \qquad (6.5)$$

und damit die gewünschte Darstellung.

Wir bemerken noch, dass die Darstellung von R in der Form (6.3) nicht eindeutig ist, denn für eine beliebige unitäre Matrix V gilt neben $R = AA^T$ auch $R = (AV)(AV)^T$.

Gegeben sei eine $n \times n$-Matrix $R > 0$ und ein $\mu \in \mathbb{R}^n$. Dann definieren wir eine Funktion $p_{\mu,R}$ von $\mathbb{R}^n$ nach $\mathbb{R}$ durch

$$p_{\mu,R}(x) := \frac{1}{(2\pi)^{n/2}|R|^{1/2}} e^{-\langle R^{-1}(x-\mu),(x-\mu)\rangle/2}, \quad x \in \mathbb{R}^n. \tag{6.6}$$

Hierbei bezeichnet $|R|$ die Determinante von R und R^{-1} ist die zu R inverse Matrix.

Mit dieser so definierten Funktion gilt folgender wichtiger Satz.

Satz 6.1.7

Der normalverteilte Vektor $\vec{Y}$ sei in der Form (6.2) mit regulärem A und mit μ dargestellt. Weiterhin sei $R > 0$ durch $R = AA^T$ definiert. Dann besitzt $\vec{Y}$ die Verteilungsdichte $p_{\mu,R}$, d.h., es gilt

$$\mathbb{P}\{\vec{Y} \in B\} = \frac{1}{(2\pi)^{n/2}|R|^{1/2}} \int_B e^{-\langle R^{-1}(x-\mu),(x-\mu)\rangle/2} \, dx.$$

Beweis: Nach Definition 6.1.1 folgt für eine Borelmenge $B \subseteq \mathbb{R}^n$, dass

$$\mathbb{P}\{\vec{Y} \in B\} = \mathbb{P}\{A\vec{X} + \mu \in B\} = \mathbb{P}\{\vec{X} \in A^{-1}(B - \mu)\}$$
$$= \frac{1}{(2\pi)^{n/2}} \int_{A^{-1}(B-\mu)} e^{-|y|^2/2} \, dy.$$

Hierbei ist $B - \mu$ als die Menge $\{b - \mu : b \in B\}$ definiert. Im nächsten Schritt substituieren wir $x = Ay + \mu$. Dann folgt $dx = |\det(A)| \, dy$ mit $\det(A) \neq 0$ nach Voraussetzung. Weiterhin gilt $y \in A^{-1}(B - \mu)$ genau dann, wenn $x \in B$, und wir erhalten

$$\mathbb{P}\{\vec{Y} \in B\} = \frac{1}{(2\pi)^{n/2}} |\det(A)|^{-1} \int_B e^{-|A^{-1}(x-\mu)|^2/2} \, dx. \tag{6.7}$$

Wir bemerken, dass

$$|R| = \det(R) = \det(AA^T) = \det(A) \cdot \det(A^T) = \det(A)^2,$$

woraus sich wegen $|R| = \det(R) > 0$ die Gleichung $|R|^{1/2} = |\det(A)|$, also

$$|\det(A)|^{-1} = |R|^{-1/2}, \tag{6.8}$$

ergibt.

Weiterhin hat man

$$|A^{-1}(x - \mu)|^2 = \langle A^{-1}(x - \mu), A^{-1}(x - \mu)\rangle = \langle (A^{-1})^T A^{-1}(x - \mu), (x - \mu)\rangle,$$

was sich aufgrund von

$$(A^{-1})^T \circ A^{-1} = (A^T)^{-1} \circ A^{-1} = (A \circ A^T)^{-1} = R^{-1}$$

6.1 Definition und Verteilungsdichte

in
$$|A^{-1}(x-\mu)|^2 = \langle R^{-1}(x-\mu), (x-\mu)\rangle \tag{6.9}$$

umrechnet. Setzt man (6.8) und (6.9) in (6.7) ein, so ergibt sich

$$\mathbb{P}\{\vec{Y} \in B\} = \int_B p_{\mu,R}(x)\,dx$$

mit der Funktion $p_{\mu,R}$ aus (6.6). Damit ist der Satz bewiesen. □

Beispiel 6.1.8

Es sei
$$Y_1 = X_1 - X_2 + 3 \quad \text{und} \quad Y_2 = 2X_1 + X_2 - 2.$$

Dann folgt
$$\mu = (3, -2) \quad \text{und} \quad A = \begin{pmatrix} 1 & -1 \\ 2 & 1 \end{pmatrix},$$

woraus sich
$$R = AA^T = \begin{pmatrix} 1 & -1 \\ 2 & 1 \end{pmatrix} \cdot \begin{pmatrix} 1 & 2 \\ -1 & 1 \end{pmatrix} = \begin{pmatrix} 2 & 1 \\ 1 & 5 \end{pmatrix}$$

ergibt. Es gilt $\det(R) = 9$, und die inverse Matrix von R berechnet sich als

$$R^{-1} = \frac{1}{9}\begin{pmatrix} 5 & -1 \\ -1 & 2 \end{pmatrix}.$$

Damit erhält man für die Verteilungsdichte $p_{\mu,R}$ von $\vec{Y} = (Y_1, Y_2)$ die Formel

$$p_{\mu,R}(x_1, x_2) = \frac{1}{6\pi} \exp\left(-\frac{1}{2}\langle R^{-1}(x_1-3, x_2+2), (x_1-3, x_2+2)\rangle\right)$$
$$= \frac{1}{6\pi} \exp\left(-\frac{1}{18}\left[5(x_1-3)^2 - 2(x_1-3)(x_2+2) + 2(x_2+2)^2\right]\right). \tag{6.10}$$

Folgerung 6.1.9

Für jedes $\mu \in \mathbb{R}$ und jede $n \times n$-Matrix $R > 0$ ist die in (6.6) definierte Funktion $p_{\mu,R}$ eine (n-dimensionale) Wahrscheinlichkeitsdichte.

Beweis: Gegeben seien $\mu \in \mathbb{R}^n$ und $R > 0$. Nach (6.5) existiert eine reguläre $n \times n$-Matrix A mit $R = AA^T$. Setzen wir nun $\vec{Y} := A\vec{X} + \mu$ mit $\vec{X}$ standardnormalverteilt. Nach Satz 6.1.7 ist dann $p_{\mu,R}$ die Verteilungsdichte von $\vec{Y}$, also insbesondere eine Wahrscheinlichkeitsdichte. Damit ist die Folgerung bewiesen. □

Im Hinblick auf Folgerung 6.1.9 ist folgende Definition sinnvoll.

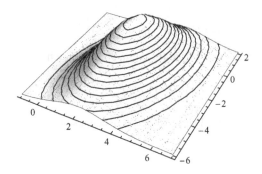

Abb. 6.1: Die Dichte (6.10)

Definition 6.1.10

Für $\mu \in \mathbb{R}^n$ und $R > 0$ sei $\mathcal{N}(\mu, R)$ das durch

$$\mathcal{N}(\mu, R)(B) = \frac{1}{(2\pi)^{n/2}|R|} \int_B e^{-\frac{1}{2}\langle R^{-1}(x-\mu),(x-\mu)\rangle} \, dx$$

auf $(\mathbb{R}^n, \mathcal{B}(\mathbb{R}^n))$ definierte Wahrscheinlichkeitsmaß.

Man nennt $\mathcal{N}(\mu, R)$ n-**dimensionale Normalverteilung** mit Mittelwert μ und Kovarianzmatrix R.

Entsprechend Definition 6.1.10 lässt sich nunmehr Satz 6.1.7 wie folgt formulieren:

Satz 6.1.11

Ein zufälliger Vektor $\vec{Y}$ ist genau dann gemäß $\mathcal{N}(\mu, R)$ verteilt, d.h., sein Verteilungsgesetz ist $\mathcal{N}(\mu, R)$, wenn er in der Form $\vec{Y} = A\vec{X} + \mu$ mit $R = AA^T$ und mit $\vec{X}$ standardnormalverteilt darstellbar ist.

Definition 6.1.12

Ist $\vec{Y}$ gemäß $\mathcal{N}(\mu, R)$ verteilt, so nennt man μ den **Erwartungswertvektor** von $\vec{Y}$ und R heißt dessen **Kovarianzmatrix**.

6.1 Definition und Verteilungsdichte 235

Bemerkung 6.1.13

Im Fall, dass $R = I_n$ mit der $n \times n$ Einheitsmatrix I_n gilt, folgt wegen $I_n^{-1} = I_n$ und $\det(I_n) = 1$ die Aussage

$$p_{0,I_n}(x) = \frac{1}{(2\pi)^{n/2}} e^{-|x|^2/2}, \quad x \in \mathbb{R}^n. \tag{6.11}$$

Gleichung (6.11) sagt uns aber, dass $\mathcal{N}(0, I_n)$ mit der in Definition 1.9.17 eingeführten n-dimensionalen Standardnormalverteilung übereinstimmt. In Formeln bedeutet dies

$$\mathcal{N}(0,1)^n = \mathcal{N}(0, I_n).$$

Allgemeiner, nach (1.62) gilt $\mathcal{N}(\mu, \sigma^2)^n = \mathcal{N}(\vec{\mu}, \sigma^2 I_n)$ für $\mu \in \mathbb{R}$ und $\sigma > 0$, d.h., mit $\vec{\mu} = (\mu, \ldots, \mu) \in \mathbb{R}^n$ hat man

$$\mathcal{N}(\mu, \sigma^2)^n(B) = \mathcal{N}(\vec{\mu}, \sigma^2 I_n)(B) = \frac{1}{(2\pi)^{n/2}\sigma^n} \int_B e^{-|x-\vec{\mu}|^2/2\sigma^2} \, dx. \tag{6.12}$$

Für spätere Aussagen ist noch folgender Satz wichtig.

Satz 6.1.14

Lässt sich der normalverteilte Vektor $\vec{Y} = (Y_1, \ldots, Y_n)$ in der Form

$$\vec{Y} = U\vec{X}$$

mit einem $\mathcal{N}(0, I_n)$-verteilten Vektor $\vec{X}$ und mit einer unitären Matrix U darstellen, so sind die Koordinaten $Y_1, \ldots, Y_n$ unabhängige standardnormalverteilte zufällige Größen.

Beweis: Der Vektor $\vec{Y}$ ist $\mathcal{N}(0, UU^T)$-verteilt. Da U aber als unitär vorausgesetzt war, gilt $UU^T = I_n$, d.h. $\vec{Y}$ ist $\mathcal{N}(0, I_n)$ oder, äquivalent, standardnormalverteilt. Aufgrund von Satz 6.1.2 folgt dann die Behauptung. $\square$

Beispiel 6.1.15

Wir betrachten im $\mathbb{R}^2$ für ein $\theta \in [0, 2\pi)$ die unitäre Matrix

$$U = \begin{pmatrix} \cos\theta & \sin\theta \\ -\sin\theta & \cos\theta \end{pmatrix}.$$

Damit sind für unabhängige $\mathcal{N}(0,1)$-verteilte Größen X_1 und X_2 und jedes $\theta \in [0, 2\pi)$ auch

$$Y_1 := \cos\theta\, X_1 + \sin\theta\, X_2 \quad \text{und} \quad Y_2 = -\sin\theta\, X_1 + \cos\theta\, X_2$$

unabhängig und standardnormalverteilt.

6.2 Erwartungswertvektor und Kovarianzmatrix

Der folgende Satz erklärt, warum in Definition 6.1.12 der Vektor μ als Erwartungswertvektor bezeichnet wurde und R als Kovarianzmatrix.

Satz 6.2.1

Es sei $\vec{Y} = (Y_1, \ldots, Y_n)$ ein $\mathcal{N}(\mu, R)$-verteilter zufälliger Vektor mit $\mu = (\mu_1, \ldots, \mu_n)$ und mit $R = (r_{ij})_{i,j=1}^n$.

(1) Für $1 \leq i \leq n$ folgt $\mathbb{E}Y_i = \mu_i$. In Kurzform schreibt sich dies als
$$\mathbb{E}\vec{Y} := (\mathbb{E}Y_1, \ldots, \mathbb{E}Y_n) = (\mu_1, \ldots, \mu_n) = \mu. \tag{6.13}$$

(2) Die Kovarianz von Y_i und Y_j berechnet sich als
$$\mathrm{Cov}(Y_i, Y_j) = r_{ij}, \quad 1 \leq i, j \leq n.$$

In anderer Form heißt dies
$$R = \left(\mathrm{Cov}(Y_i, Y_j)\right)_{i,j=1}^n. \tag{6.14}$$

(3) Für alle $a \in \mathbb{R}^n$, $a \neq 0$, ist $\langle \vec{Y}, a \rangle$ normalverteilt mit Erwartungswert $\langle \mu, a \rangle$ und Varianz $\langle Ra, a \rangle$. Insbesondere sind alle Y_i, $1 \leq i \leq n$, gemäß $\mathcal{N}(\mu_i, r_{ii})$ verteilt, d.h., alle Randverteilungen von $\vec{Y}$ sind normal.

Beweis: Besitzt $\vec{Y}$ die Darstellung
$$Y_i = \sum_{j=1}^n \alpha_{ij} X_j + \mu_i, \quad i = 1, \ldots, n, \tag{6.15}$$

so folgt aus der Linearität des Erwartungswertes und unter Verwendung von $\mathbb{E}X_j = 0$, dass
$$\mathbb{E}Y_i = \sum_{j=1}^n \alpha_{ij} \mathbb{E}X_j + \mu_i = \mu_i, \quad 1 \leq i \leq n.$$

Damit ist (6.13) bewiesen.

Kommen wir nun zum Nachweis von (6.14). Wir nehmen wieder an, dass die Y_i die Darstellung (6.15) besitzen. Aufgrund von (6.13) erhalten wir
$$\mathrm{Cov}(Y_i, Y_j) = \mathbb{E}(Y_i - \mu_i)(Y_j - \mu_j) = \mathbb{E}\left(\sum_{k=1}^n \alpha_{ik} X_k\right)\left(\sum_{l=1}^n \alpha_{jl} X_l\right)$$
$$= \sum_{k,l=1}^n \alpha_{ik} \alpha_{jl} \mathbb{E}X_k X_l.$$

6.2 Erwartungswertvektor und Kovarianzmatrix

Nun sind $X_1, \ldots, X_n$ unabhängig $\mathcal{N}(0,1)$, und somit folgt

$$\mathbb{E} X_k X_l = \begin{cases} 1 : k = l \\ 0 : k \neq l . \end{cases}$$

Damit bekommen wir

$$\text{Cov}(Y_i, Y_j) = \sum_{k=1}^{n} \alpha_{ik} \alpha_{jk} = r_{ij}$$

nach (6.4) und somit ist (6.14) bewiesen.

Zum Nachweis von (3) betrachten wir zuerst einen Spezialfall. Wir zeigen, dass für einen $\mathcal{N}(0, I_n)$-verteilten Vektor $\vec{X}$ und ein $b \in \mathbb{R}^n$, $b \neq 0$, stets

$$\langle \vec{X}, b \rangle \quad \text{gemäß} \quad \mathcal{N}(0, |b|^2) \text{ verteilt ist.} \tag{6.16}$$

Sei $b = (b_1, \ldots, b_n)$, so erhalten wir

$$\langle \vec{X}, b \rangle = \sum_{j=1}^{n} b_j X_j = \sum_{j=1}^{n} Z_j$$

mit $Z_j = b_j X_j$. Die $Z_1, \ldots, Z_n$ sind unabhängig und nach Satz 4.2.3 ist Z_j gemäß $\mathcal{N}(0, b_j^2)$ verteilt. Satz 4.6.15 impliziert nun, dass

$$\sum_{j=1}^{n} Z_j \quad \text{gemäß} \quad \mathcal{N}\left(0, \sum_{j=1}^{n} b_j^2\right) \text{ verteilt ist.}$$

Wegen $\sum_{j=1}^{n} b_j^2 = |b|^2$ ist (6.16) bewiesen.

Kommen wir nun zum allgemeinen Fall. Wir setzen

$$\vec{Y} = A\vec{X} + \mu$$

voraus. Skalare Multiplikation beider Seiten mit $a \in \mathbb{R}^n$ führt zu

$$\langle \vec{Y}, a \rangle = \langle A\vec{X}, a \rangle + \langle \mu, a \rangle = \langle \vec{X}, A^T a \rangle + \langle \mu, a \rangle .$$

Nach (6.16) mit $b = A^T a$ folgt, dass $\langle \vec{X}, A^T a \rangle$ gemäß $\mathcal{N}(0, |A^T a|^2)$ verteilt ist, also $\langle \vec{Y}, a \rangle$ gemäß $\mathcal{N}(\langle \mu, a \rangle, |A^T a|^2)$. Man beachte dabei, dass aus $a \neq 0$ wegen der Regularität von A^T auch $b = A^T a \neq 0$ folgt. Aussage (3) ergibt sich dann aus

$$|A^T a|^2 = \langle A^T a, A^T a \rangle = \langle A A^T a, a \rangle = \langle Ra, a \rangle .$$

Sei $e^{(i)} = (0, \ldots, 0, \underbrace{1}_{i}, 0, \ldots, 0)$ der i-te Einheitsvektor im $\mathbb{R}^n$. Dann gilt auf der einen Seite

$$\langle \vec{Y}, e^{(i)} \rangle = Y_i, \quad 1 \leq i \leq n,$$

und auf der anderen Seite

$$\langle R e^{(i)}, e^{(i)} \rangle = r_{ii} \quad \text{und} \quad \langle \mu, e^{(i)} \rangle = \mu_i, \quad 1 \leq i \leq n.$$

Also sind nach (3) die Y_i gemäß $\mathcal{N}(\mu_i, r_{ii})$-verteilt. Damit ist der Satz bewiesen. $\square$

Bemerkung 6.2.2

Die Umkehrung der Eigenschaft (3) aus Satz 6.2.1 ist auch richtig. Genauer heißt das Folgendes: Sei $\vec{Y}$ ein zufälliger n-dimensionaler Vektor, sodass für alle $a \in \mathbb{R}^n$, $a \neq 0$, die zufällige Größe $\langle \vec{Y}, a \rangle$ normalverteilt ist. Dann ist $\vec{Y}$ ein normalverteilter Vektor. Der Beweis[1] ist nicht schwierig, benutzt eine Aussage über die Darstellbarkeit positiver quadratischer Formen im $\mathbb{R}^n$.

Bemerkung 6.2.3

Wir haben gezeigt, dass ein normalverteilter Vektor $\vec{Y}$ stets normalverteilte Randverteilungen besitzt. Die Umkehrung ist falsch! Es existieren normalverteilte $Y_1, \ldots, Y_n$, sodass der erzeugte Vektor $\vec{Y}$ **nicht** normalverteilt ist. Nur im Fall von unabhängigen $Y_1, \ldots, Y_n$ ist stets der Vektor $\vec{Y}$ ebenfalls normalverteilt.

Nach Satz 5.3.9 ist jede Folge unabhängiger zufälliger Größen unkorreliert. Beispiel 5.3.11 zeigt, dass es unkorrelierte zufällige Größen gibt, die nicht unabhängig sind. Im Allgemeinen ist also die Unkorreliertheit eine schwächere Bedingung als die Unabhängigkeit. Wir werden jetzt beweisen, dass für normalverteilte Vektoren die Unkorreliertheit der Koordinaten und deren Unabhängigkeit äquivalente Eigenschaften sind.

Satz 6.2.4

Sei $\vec{Y} = (Y_1, \ldots, Y_n)$ ein gemäß $\mathcal{N}(\mu, R)$ verteilter Vektor. Dann sind die folgenden Aussagen äquivalent:
(1) $Y_1, \ldots, Y_n$ sind unabhängig.
(2) $Y_1, \ldots, Y_n$ sind unkorreliert.
(3) Für die Kovarianzmatrix $R = (r_{ij})_{i,j=1}^n$ von $\vec{Y}$ gilt $r_{ij} = 0$ für $i \neq j$, d.h., R ist eine Diagonalmatrix.

Beweis: Sind $Y_1, \ldots, Y_n$ unabhängig, so sind sie nach Satz 5.3.9 unkorreliert. Damit impliziert Bedingung (1) Aussage (2). Wenn $Y_1, \ldots, Y_n$ unkorreliert sind, so heißt dies

$$\mathrm{Cov}(Y_i, Y_j) = 0, i \neq j.$$

Nach (6.14) folgt für die Kovarianzmatrix R von $\vec{Y}$, dass $r_{ij} = 0$, $i \neq j$. Damit erhalten wir (3) aus (2).

Es gelte nun (3), d.h., die Kovarianzmatrix ist eine Diagonalmatrix. Für die Diagonalelemente $(r_{ii})_{i=1}^n$ von R folgt wegen $R > 0$, dass $r_{ii} > 0$. Wir definieren eine Matrix $A = (\alpha_{ij})_{i,j=1}^n$ durch $\alpha_{ij} = 0$ für $i \neq j$ und $\alpha_{ii} = r_{ii}^{1/2}$, $1 \leq i \leq n$. Dann erhalten wir $R = AA^T$, und es folgt

$$\vec{Y} = A\vec{X} + \mu = (r_{11}^{1/2}X_1 + \mu_1, \ldots, r_{nn}^{1/2}X_n + \mu_n). \tag{6.17}$$

---
[1] Die Annahme besagt, dass es zu jedem $a \neq 0$ ein $\mu_a \in \mathbb{R}$ und ein $\sigma_a^2 > 0$ gibt, sodass $\langle \vec{Y}, a \rangle$ gemäß $\mathcal{N}(\mu_a, \sigma_a^2)$ verteilt ist. Es ist nun zu zeigen, dass sowohl ein $\mu \in \mathbb{R}^n$ mit $\langle \mu, a \rangle = \mu_a$ für $a \neq 0$ existiert als auch ein $R > 0$ mit $\langle Ra, a \rangle = \sigma_a^2$, $a \neq 0$.

6.2 Erwartungswertvektor und Kovarianzmatrix

mit $X_1, \ldots, X_n$ unabhängig $\mathcal{N}(0,1)$. Nach Satz 4.1.9 sind die zufälligen Größen $r_{11}^{1/2} X_1 + \mu_1$ bis $r_{nn}^{1/2} X_n + \mu_n$ dann ebenfalls unabhängig, und Aussage (1) ergibt sich aus (6.17). Damit ist der Satz bewiesen. $\square$

Bemerkung 6.2.5

Aussage (3) in Satz 6.2.4 bedeutet, dass das Verteilungsgesetz des Vektors $\vec{Y}$ als Produktmaß der Form $\mathcal{N}(\mu_1, r_{11}) \otimes \cdots \otimes \mathcal{N}(\mu_n, r_{nn})$ darstellbar ist.

Abschließend wollen wir den Fall 2-dimensionaler normalverteilter Vektoren noch etwas genauer untersuchen. Wir setzen also $\vec{Y} = (Y_1, Y_2)$ voraus. Die Kovarianzmatrix R hat dann die Gestalt

$$R = \begin{pmatrix} \mathbb{V} Y_1 & \mathrm{Cov}(Y_1, Y_2) \\ \mathrm{Cov}(Y_1, Y_2) & \mathbb{V} Y_2 \end{pmatrix}$$

Seien σ_1^2 bzw. σ_2^2 die Varianzen von Y_1 bzw. Y_2 und sei $\rho := \rho(Y_1, Y_2)$ deren Korrelationskoeffizient, so schreibt sich wegen

$$\mathrm{Cov}(Y_1, Y_2) = (\mathbb{V} Y_1)^{1/2} (\mathbb{V} Y_2)^{1/2} \rho(Y_1, Y_2) = \sigma_1 \sigma_2 \rho$$

die Kovarianzmatrix R in der Form

$$R = \begin{pmatrix} \sigma_1^2 & \rho \sigma_1 \sigma_2 \\ \rho \sigma_1 \sigma_2 & \sigma_2^2 \end{pmatrix}.$$

Damit folgt $\det(R) = \sigma_1^2 \sigma_2^2 (1 - \rho^2)$. Wegen $\sigma_1^2 > 0$ gilt $R > 0$ genau dann wenn $|\rho| < 1$. Die inverse Matrix von R berechnet sich als

$$R^{-1} = \frac{1}{\sigma_1^2 \sigma_2^2 (1 - \rho^2)} \begin{pmatrix} \sigma_2^2 & -\rho \sigma_1 \sigma_2 \\ -\rho \sigma_1 \sigma_2 & \sigma_1^2 \end{pmatrix} = \frac{1}{1-\rho^2} \begin{pmatrix} \frac{1}{\sigma_1^2} & \frac{-\rho}{\sigma_1 \sigma_2} \\ \frac{-\rho}{\sigma_1 \sigma_2} & \frac{1}{\sigma_2^2} \end{pmatrix},$$

und somit ergibt sich

$$\langle R^{-1} x, x \rangle = \frac{1}{1 - \rho^2} \left(\frac{x_1^2}{\sigma_1^2} - \frac{2 \rho x_1 x_2}{\sigma_1 \sigma_2} + \frac{x_2^2}{\sigma_2^2} \right), \quad x = (x_1, x_2) \in \mathbb{R}^2.$$

Ist $\mu = (\mu_1, \mu_2)$ der Erwartungswertvektor von $\vec{Y}$, so erhalten wir schließlich für alle $a_1 < b_1$ und $a_2 < b_2$, dass

$$\mathbb{P}\{a_1 \leq Y_1 \leq b_1, a_2 \leq Y_2 \leq b_2\} = \frac{1}{2\pi (1-\rho^2)^{1/2} \sigma_1 \sigma_2} \times$$

$$\times \int_{a_1}^{b_1} \int_{a_2}^{b_2} \exp\left(-\frac{1}{2(1-\rho^2)} \left[\frac{(x_1 - \mu_1)^2}{\sigma_1^2} - \frac{2\rho(x_1 - \mu_1)(x_2 - \mu_2)}{\sigma_1 \sigma_2} \right.\right.$$

$$\left.\left. + \frac{(x_2 - \mu_2)^2}{\sigma_2^2} \right] \right) dx_2 \, dx_1. \quad (6.18)$$

Im Fall von unabhängigen Y_1 und Y_2 ergibt sich dagegen

$$\mathbb{P}\{a_1 \leq Y_1 \leq b_1, a_2 \leq Y_2 \leq b_2\}$$
$$= \frac{1}{2\pi\sigma_1\sigma_2} \int_{a_1}^{b_1} \int_{a_2}^{b_2} \exp\left(-\frac{1}{2}\left[\frac{(x_1-\mu_1)^2}{\sigma_1^2} + \frac{(x_2-\mu_2)^2}{\sigma_2^2}\right]\right) dx_2\, dx_1 \,. \quad (6.19)$$

Man beachte, dass in beiden Fällen Y_1 und Y_2 gemäß $\mathcal{N}(\mu_1, \sigma_1^2)$ bzw. $\mathcal{N}(\mu_2, \sigma_2^2)$ verteilt sind. Der Vergleich von (6.18) und (6.19) zeigt recht deutlich, wie sich die durch den Korrelationskoeffizienten ρ beschriebene Abhängigkeit zwischen Y_1 und Y_2 in der Gestalt der Dichten widerspiegelt.

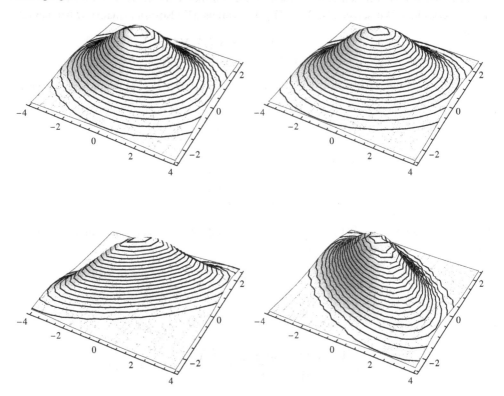

Abb. 6.2: $\mu_1 = \mu_2 = 0$, $\sigma_1 = 2$, $\sigma_2 = 1$ sowie von links oben nach rechts unten mit $\rho = 0$, $\rho = 1/4$, $\rho = 3/4$ und $\rho = -1/2$

6.3 Aufgaben

Aufgabe 6.1

Gegeben seien drei unabhängige, standardnormalverteilte zufällige Größen X_1, X_2 und X_3. Mit diesen wird der zufällige Vektor

$$\vec{Y} := (X_1 - 1, X_1 + X_2 - 1, X_1 + X_2 + X_3 - 1)$$

gebildet.

1. Man zeige, dass $\vec{Y}$ normalverteilt ist und bestimme Erwartungswertvektor sowie Kovarianzmatrix des Vektors.
2. Welche Verteilungsdichte besitzt $\vec{Y}$?

Aufgabe 6.2

Der zufällige Vektor $\vec{X} = (X_1, \ldots, X_n)$ sei $\mathcal{N}(\mu, R)$ mit einem $\mu \in \mathbb{R}^n$ und einer Matrix $R > 0$ verteilt. Welches Verteilungsgesetz besitzt $X_1 + \cdots + X_n$?

Aufgabe 6.3

Man beweise folgende Aussage: Ist $\vec{Y}$ ein n-dimensionaler Vektor, der gemäß $\mathcal{N}(0, R)$ verteilt ist, so existieren eine orthonormale Basis $(f_j)_{j=1}^n$ in $\mathbb{R}^n$ sowie positive Zahlen $\lambda_1, \ldots, \lambda_n$ mit

$$\vec{Y} = \sum_{j=1}^n \lambda_j \xi_j \, f_j \; .$$

Hierbei sind die ξ_j unabhängige $\mathcal{N}(0, 1)$-verteilte zufällige Größen. Wie berechnen sich die λ_j und die orthonormale Basis aus der Kovarianzmatrix R?

Aufgabe 6.4

Der n-dimensionale Vektor $\vec{Y}$ sei gemäß $\mathcal{N}(\mu, R)$ verteilt. Für eine reguläre $n \times n$-Matrix S sei $\vec{Z} := S\vec{Y}$. Welche Verteilung besitzt der Vektor $\vec{Z}$?

Aufgabe 6.5

Mit einem standardnormalverteilten zweidimensionalen Vektor $\vec{X} = (X_1, X_2)$ definiere man zufällige Größen Y_1, Y_2 durch

$$Y_1 := \frac{1}{\sqrt{2}}(X_1 + X_2) \quad \text{und} \quad Y_2 := \frac{1}{\sqrt{2}}(X_1 - X_2) \, .$$

Warum sind Y_1 und Y_2 ebenfalls unabhängig und standardnormalverteilt?

7 Grenzwertsätze

Die Wahrscheinlichkeitstheorie kann keine Vorhersagen über das Eintreten oder Nichteintreten eines einzelnen Ereignisses in einem Zufallsexperiment machen, außer natürlich, wenn man weiß, dass ein solches Ereignis mit Wahrscheinlichkeit Null oder Eins eintritt. So liefert die Wahrscheinlichkeitstheorie keinerlei Information darüber, welche die nächste Augenzahl beim Würfeln sein wird, noch kann sie die Lottozahlen der nächsten Ziehung voraussagen, noch die Lebenszeit eines Bauteils vorab bestimmen. Solche Aussagen sind im Rahmen der Theorie nicht möglich. Möglich ist nur zu sagen, dass manche Ereignisse mit größerer Wahrscheinlichkeit als andere eintreten. So weiß man, dass beim zweimaligen Würfeln die Augensumme „7" wahrscheinlicher ist als die Summe „2". Trotzdem kann natürlich das weniger wahrscheinliche Ereignis im nächsten Versuch durchaus eintreten, wie z.B. die Summe „2" und nicht die Summe „7".

Dagegen liefert die Wahrscheinlichkeitstheorie sehr präzise und weitreichende Aussagen, wenn es darum geht, das Verhalten bei „vielen" gleichartigen Zufallsexperimenten zu beschreiben. Wie gesagt, über die zu erwartende Augenzahl beim einmaligen Würfeln kann man vorab nichts sagen, wohl aber über das Verhalten der Summe von n Würfen bei großem n, oder aber darüber, wie oft man im Durchschnitt die Zahl „6" bei n Würfen beobachten wird. Die wahrscheinlichkeitstheoretischen Gesetze, die in diesem Kapitel vorgestellt werden, entfalten ihre volle Wirksamkeit erst bei vielen unabhängigen Versuchen.

Grenzwertsätze der Wahrscheinlichkeitstheorie gehören zu den schönsten und wichtigsten Aussagen der Theorie und stellen den Höhepunkt jeder Vorlesung über Wahrscheinlichkeitstheorie dar. Allerdings bedürfen ihre Beweise doch eines recht umfangreichen mathematischen Vorlaufs. Aus diesem Grund ist es im Rahmen dieses Buches nicht möglich, alle wichtigen Aussagen herzuleiten. Trotzdem sollte man diese Grenzwertsätze kennen, sie anwenden können, denn ihre Konsequenzen sind allgegenwärtig und bestimmen viele Erscheinungen, die wir täglich beobachten. Auch bilden sie die Grundlage für die Mathematische Statistik. Aufgrund des Gesagten werden wir uns deshalb in diesem Kapitel auf die Interpretation und die Anwendungen der Sätze konzentrieren, weniger auf exakte Herleitungen.

7.1 Gesetze großer Zahlen

7.1.1 Ungleichung von Chebyshev

Wir beginnen mit der Ungleichung von Chebyshev. Für deren Beweis benötigen wir folgendes Lemma.

Lemma 7.1.1

Es sei Y eine nichtnegative zufällige Größe. Für $\lambda > 0$ folgt dann die Abschätzung

$$\mathbb{P}\{Y \geq \lambda\} \leq \frac{\mathbb{E}Y}{\lambda}. \tag{7.1}$$

Beweis: Wir betrachten zuerst den Fall, dass Y diskret ist. Wegen $Y \geq 0$ sind auch die möglichen Werte $y_1, y_2, \ldots$ von Y nichtnegativ. Dann folgt

$$\mathbb{E}Y = \sum_{j=1}^{\infty} y_j \, \mathbb{P}\{Y = y_j\} \geq \sum_{y_j \geq \lambda} y_j \, \mathbb{P}\{Y = y_j\}$$

$$\geq \lambda \sum_{y_j \geq \lambda} \mathbb{P}\{Y = y_j\} = \lambda \mathbb{P}\{Y \geq \lambda\}.$$

Durch Umstellung nach $\mathbb{P}\{Y \geq \lambda\}$ folgt unmittelbar (7.1).

Der Beweis von (7.1) für stetige zufällige Größen folgt nach ähnlichem Schema. Sei q die Verteilungsdichte von Y, so gilt $q(y) = 0$ für $y < 0$. Wir können wie im diskreten Fall schließen und erhalten

$$\mathbb{E}Y = \int_0^{\infty} y q(y) \, \mathrm{d}y \geq \int_{\lambda}^{\infty} y q(y) \, \mathrm{d}y \geq \lambda \int_{\lambda}^{\infty} q(y) \, \mathrm{d}y = \lambda \mathbb{P}\{Y \geq \lambda\}.$$

Hieraus ergibt sich (7.1) wie behauptet. □

Bemerkung 7.1.2

Manchmal ist es nützlich, Ungleichung (7.1) in modifizierter Form anzuwenden. Beispielsweise, wenn $Y \geq 0$, dann folgt für $\alpha > 0$ auch

$$\mathbb{P}\{Y \geq \lambda\} = \mathbb{P}\{Y^{\alpha} \geq \lambda^{\alpha}\} \leq \frac{\mathbb{E}Y^{\alpha}}{\lambda^{\alpha}}.$$

Oder aber, wenn Y Werte in $\mathbb{R}$ besitzt, so ergibt sich für alle $\lambda \in \mathbb{R}$ die Abschätzung

$$\mathbb{P}\{Y \leq \lambda\} = \mathbb{P}\{\mathrm{e}^{-Y} \geq \mathrm{e}^{-\lambda}\} \leq \frac{\mathbb{E}\,\mathrm{e}^{-Y}}{\mathrm{e}^{-\lambda}} = \mathrm{e}^{\lambda} \, \mathbb{E}\,\mathrm{e}^{-Y}.$$

Nunmehr können wir die angekündigte Ungleichung von Chebyshev formulieren und beweisen.

7.1 Gesetze großer Zahlen

Satz 7.1.3: *Ungleichung von Chebyshev*

Es sei X eine zufällige Größe mit zweitem Moment. Dann gilt für jede Zahl $c > 0$ die Abschätzung

$$\mathbb{P}\{|X - \mathbb{E}X| \geq c\} \leq \frac{\mathbb{V}X}{c^2}. \tag{7.2}$$

Beweis: Wir setzen $Y := |X - \mathbb{E}X|^2$. Dann gilt $Y \geq 0$ und $\mathbb{E}Y = \mathbb{V}X$. Nach (7.1) mit $\lambda = c^2$ erhalten wir die Abschätzung

$$\mathbb{P}\{|X - \mathbb{E}X| \geq c\} = \mathbb{P}\{|X - \mathbb{E}X|^2 \geq c^2\} = \mathbb{P}\{Y \geq c^2\} \leq \frac{\mathbb{E}Y}{c^2} = \frac{\mathbb{V}X}{c^2}.$$

Damit ist (7.2) bewiesen. □

Deutung: Ungleichung (7.2) quantifiziert die früher gegebene Interpretation der Varianz einer zufälligen Größe: Je kleiner $\mathbb{V}X$, mit desto größerer Wahrscheinlichkeit nimmt X Werte nahe seines Erwartungswerts $\mathbb{E}X$ an.

Eine andere Möglichkeit, (7.2) zu schreiben, ist wie folgt: Man ersetzt $c > 0$ durch $\kappa (\mathbb{V}X)^{1/2}$ für ein $\kappa > 0$. Dann geht (7.2) in

$$\mathbb{P}\{|X - \mathbb{E}X| \geq \kappa (\mathbb{V}X)^{1/2}\} \leq \frac{1}{\kappa^2}$$

über.

Beispiel 7.1.4

Man werfe n-mal einen Würfel. Uns interessiert, wie häufig dabei das Ergebnis $A = \{6\}$ eintrat, also wie oft man bei n Würfen eine Sechs würfelte. Es sei $r_n(A)$ die in (1.2) definierte relative Häufigkeit. Kann man abschätzen, wie groß die Wahrscheinlichkeit ist, dass $r_n(A)$ nahe bei $1/6$ liegt?
Antwort: Die zufällige Größe X gebe die in (1.1) definierte absolute Häufigkeit des Eintretens von A an, d.h., es gilt genau dann $X = k$ für ein $k = 0, 1, \ldots, n$, wenn k-mal eine „6" gewürfelt wurde. Dann ist X gemäß $B_{n,p}$ mit $p = 1/6$ verteilt und die relative Häufigkeit des Eintretens von A schreibt sich als

$$r_n(A) = \frac{X}{n}.$$

Aus (5.6) und (5.30) erhalten wir

$$\mathbb{E}\, r_n(A) = \frac{1}{n} \mathbb{E}X = \frac{np}{n} = p = \frac{1}{6} \quad \text{und} \quad \mathbb{V}\, r_n(A) = \frac{np(1-p)}{n^2} = \frac{5}{36\,n}.$$

Somit liefert (7.2) die Abschätzung

$$\mathbb{P}\left\{\left|r_n(A) - \frac{1}{6}\right| \geq c\right\} \leq \frac{5}{36\, c^2\, n}.$$

Gilt beispielsweise $n = 10^3$, $c = 1/36$, so erhalten wir

$$\mathbb{P}\left\{\frac{5}{36} < r_{10^3}(A) < \frac{7}{36}\right\} \geq 1 - \frac{9}{50} = 0.82\,.$$

Für die absolute Häufigkeit bedeutet dies

$$\mathbb{P}\{139 \leq a_{10^3} \leq 194\} \geq 0.82\,.$$

Deuten wir die erhaltene Aussage: Wirft man mehrmals jeweils 1000-mal einen fairen Würfel. Dann wird im Durchschnitt bei mindestens 82% der Versuche die Anzahl der beobachteten Sechsen zwischen 139 und 194 liegen.

Geben wir noch ein zweites ähnliches Beispiel.

Beispiel 7.1.5

Man würfelt n-mal und bildet die Summe S_n der einzelnen Ergebnisse. Dann folgt $S_n = X_1 + \cdots + X_n$ mit $X_1, \ldots, X_n$ gleichverteilt auf $\{1, \ldots, 6\}$ und unabhängig. Also ergibt sich nach Beispiel 5.2.17, dass

$$\mathbb{E}S_n = \mathbb{E}X_1 + \cdots + \mathbb{E}X_n = \frac{7n}{2} \quad \text{und} \quad \mathbb{V}S_n = \mathbb{V}X_1 + \cdots + \mathbb{V}X_n = \frac{35n}{12}\,,$$

somit

$$\mathbb{E}\left(\frac{S_n}{n}\right) = \frac{7}{2} \quad \text{und} \quad \mathbb{V}\left(\frac{S_n}{n}\right) = \frac{35}{12n}\,.$$

Nach (7.2) führt dies zu folgender Abschätzung:

$$\mathbb{P}\left\{\left|\frac{S_n}{n} - \frac{7}{2}\right| \geq c\right\} \leq \frac{35}{12nc^2}\,.$$

Zum Beispiel ergibt die letzte Abschätzung für $n = 10^3$ und $c = 0.1$, dass

$$\mathbb{P}\left\{3.4 < \frac{S_{10^3}}{10^3} < 3.6\right\} \geq 0.709\,.$$

Die Deutung der letzten Aussage ist ähnlich wie im vorausgegangenen Beispiel: In Mittel wird in mehr als 70% der Fälle die Summe von 1000 Würfen mit einem Würfel eine Zahl zwischen 3400 und 3600 sein.

7.1.2 Unendliche Folgen unabhängiger zufälliger Größen

Will man das Grenzverhalten zufälliger Ereignisse beschreiben, so wird ein Modell für das „unendliche" unabhängige Ausführen von Zufallsexperimenten benötigt. Auch Untersuchungen von Grenzwerten in der Analysis verwenden unendliche Folgen, keine endlichen. Wir brauchen somit **unendliche** Folgen von unabhängigen zufälligen Größen mit vorgegebenen Verteilungsgesetzen. Aber bereits die im Satz 4.3.3 dargestellte Konstruktion von unabhängigen $(X_j)_{j=1}^\infty$,

7.1 Gesetze großer Zahlen

die gemäß $B_{1,1/2}$ verteilt sind, zeigt, dass so etwas selbst im Fall des Münzwurfs nicht ganz einfach ist. Es bedurfte eines nicht unerheblichen Aufwands, ein Modell für eine unendliche Folge $X_1, X_2, \ldots$ unabhängiger zufälliger Größen mit $\mathbb{P}\{X_j = 0\} = \mathbb{P}\{X_j = 1\} = 1/2$ anzugeben. Wir stehen also vor folgender Aufgabe:

Gegeben seien Wahrscheinlichkeitsmaße $\mathbb{P}_1, \mathbb{P}_2, \ldots$ auf $(\mathbb{R}, \mathcal{B}(\mathbb{R}))$. Man finde einen Wahrscheinlichkeitsraum $(\Omega, \mathcal{A}, \mathbb{P})$ sowie zufällige Größen $X_j : \Omega \to \mathbb{R}$, sodass Folgendes gilt:

1. Die X_j besitzen die vorgegebenen Verteilungsgesetze $\mathbb{P}_j$, also $\mathbb{P}_{X_j} = \mathbb{P}_j$. Mit anderen Worten, für $j = 1, 2, \ldots$ hat man
$$\mathbb{P}\{X_j \in B\} = \mathbb{P}_j(B), \quad B \in \mathcal{B}(\mathbb{R}).$$

2. Wie in Definition 4.3.4 sei die **unendliche** Folge $X_1, X_2, \ldots$ von zufälligen Größen unabhängig, d.h., für jedes $n \in \mathbb{N}$ sind $X_1, \ldots, X_n$ unabhängig im Sinn von Definition 3.4.1.

Von besonderem Interesse ist der Fall $\mathbb{P}_1 = \mathbb{P}_2 = \cdots$. Man sucht dann ein Modell für das unendliche Ausführen unabhängiger identischer Versuche mit Verteilungsgesetz $\mathbb{P}_1$, also z.B. für das unendliche Würfeln, falls $\mathbb{P}_1$ die Gleichverteilung auf $\{1, \ldots, 6\}$ ist.

Lösungsmöglichkeiten:

1. Man modifiziert das im Abschnitt 4.4 vorgestellte Verfahren, um eine unabhängige Folge $U_1, U_2, \ldots$ von auf $[0, 1]$ gleichverteilten Größen zu erzeugen. Mithilfe dieser U_j konstruiert man wie im Abschnitt 4.4 die gesuchten X_j. Also, z.B. für stetige $\mathbb{P}_j$ durch $X_j := F_j^{-1}(U_j)$ mit Verteilungsfunktion F_j von $\mathbb{P}_j$.

2. Die zweite Möglichkeit besteht darin, sogenannte unendliche Produktmaße auf $\mathbb{R}^\infty$, dem Raum aller unendlicher Folgen reeller Zahlen, zu verwenden. Die Existenz solcher Maße sichert ein Satz von Kolmogorov. Als X_j nimmt man dann einfach die Abbildung, die einer unendlichen Folge die j-te Koordinate zuordnet.

Die erste Lösung ist etwas unübersichtlich, kommt aber mit „fast" elementaren Methoden aus. Die zweite Lösung ist elegant und universell einsetzbar, erfordert aber tiefere mathematische Überlegungen.

In jedem Fall verwenden wir im Weiteren Folgendes:

Fakt 7.1

Zu vorgegebenen Wahrscheinlichkeitsmaßen $\mathbb{P}_1, \mathbb{P}_2, \ldots$ auf $(\mathbb{R}, \mathcal{B}(\mathbb{R}))$ existieren stets ein Wahrscheinlichkeitsraum $(\Omega, \mathcal{A}, \mathbb{P})$ und **unabhängige** zufällige Größen $X_j : \Omega \to \mathbb{R}$ mit $\mathbb{P}_{X_j} = \mathbb{P}_j$. Insbesondere gibt es zu **jedem** vorgegebenen Wahrscheinlichkeitsmaß $\mathbb{P}_0$ auf $(\mathbb{R}, \mathcal{B}(\mathbb{R}))$ immer identisch verteilte unabhängige $(X_j)_{j=1}^\infty$ mit $\mathbb{P}_{X_j} = \mathbb{P}_0$ für $j = 1, 2, \ldots$

Abschließend noch eine Bemerkung zur Unabhängigkeit unendlich vieler zufälliger Größen $X_1, X_2, \ldots$. Wir fordern, dass für jedes $n \in \mathbb{N}$ stets $X_1, \ldots, X_n$ unabhängig sind. Ist das nicht zu wenig? Würde man nicht eine „unendliche" Version der Unabhängigkeit benötigen? Die Antwort lautet, dass so eine Form der Unabhängigkeit bereits aus unserer „endlichen" Bedingung folgt. Nämlich, für $a_j < b_j$, $j = 1, 2, \ldots$ sei A_n durch

$$A_n := \{\omega \in \Omega : a_1 \leq X_1(\omega) \leq b_1, \ldots, a_n \leq X_n(\omega) \leq b_n\}$$

definiert. Dann gilt

$$A_1 \supseteq A_2 \supseteq A_3 \supseteq \cdots \quad \text{und} \quad \bigcap_{n=1}^{\infty} A_n = \{\omega \in \Omega : a_j \leq X_j(\omega) \leq b_j, \ j = 1, 2, \ldots\}.$$

Verwendet man nun die in Satz 1.2.1 bewiesene Stetigkeit von oben für $\mathbb{P}$, so ergibt sich wegen der Unabhängigkeit von beliebig vielen $X_1, \ldots, X_n$, dass

$$\mathbb{P}\{a_1 \leq X_1 \leq b_1, a_2 \leq X_2 \leq b_2, \ldots\} = \mathbb{P}\left(\bigcap_{n=1}^{\infty} A_n\right) = \lim_{n \to \infty} \mathbb{P}(A_n)$$

$$= \lim_{n \to \infty} \mathbb{P}\{a_1 \leq X_1 \leq b_1, \ldots, a_n \leq X_n \leq b_n\}$$

$$= \lim_{n \to \infty} \prod_{j=1}^{n} \mathbb{P}\{a_j \leq X_j \leq b_j\} = \prod_{j=1}^{\infty} \mathbb{P}\{a_j \leq X_j \leq b_j\}. \tag{7.3}$$

Beispiel 7.1.6

Die Folge unabhängiger zufälliger Größen $X_1, X_2, \ldots$ sei gemäß E_λ für ein $\lambda > 0$ verteilt. Mit reellen Zahlen $\alpha_n > 0$ setzen wir

$$A_n := \{X_n \leq \alpha_n\}, \quad n = 1, 2, \ldots.$$

Welche Wahrscheinlichkeit besitzt $\bigcap_{n=1}^{\infty} A_n$?
Antwort: Wenden wir (7.3) mit $a_n = 0$ und $b_n = \alpha_n$ an, so ergibt sich

$$\mathbb{P}\left(\bigcap_{n=1}^{\infty} A_n\right) = \mathbb{P}\{X_n \leq \alpha_n, \ \forall n \geq 1\} = \prod_{n=1}^{\infty} \mathbb{P}(X_n \leq \alpha_n) = \prod_{n=1}^{\infty} \left[1 - e^{-\lambda \alpha_n}\right].$$

Von besonderem Interesse ist nun die Frage, für welche α_n das unendliche Produkt konvergiert, also für welche α_n die Bedingung $\prod_{n=1}^{\infty} \left[1 - e^{-\lambda \alpha_n}\right] > 0$ erfüllt ist. Dies ist äquivalent zur Frage, wann

$$\ln\left(\prod_{n=1}^{\infty} \left[1 - e^{-\lambda \alpha_n}\right]\right) = \sum_{n=1}^{\infty} \ln[1 - e^{-\lambda \alpha_n}] > -\infty \tag{7.4}$$

gilt. Wegen

$$\lim_{x \to 0} \frac{\ln(1-x)}{-x} = 1$$

ist (7.4) aufgrund des Vergleichskriteriums für unendliche Reihen dann und nur dann gültig, wenn man

$$\sum_{n=1}^{\infty} e^{-\lambda \alpha_n} < \infty$$

hat.

7.1 Gesetze großer Zahlen

Betrachten wir z.B. die Folge $\alpha_n = c \cdot \ln n$ für eine Konstante $c > 0$. Dann folgt

$$\sum_{n=1}^{\infty} e^{-\lambda \alpha_n} = \sum_{n=1}^{\infty} \frac{1}{n^{\lambda c}}.$$

Diese Summe ist genau dann endlich, wenn $\lambda c > 1$, also $c > 1/\lambda$, gilt.

Fassen wir zusammen, so haben wir genau dann

$$\mathbb{P}\left\{\sup_{n \geq 1} \frac{X_n}{\ln n} \leq c\right\} = \mathbb{P}\{X_n \leq c \ln n, \ \forall n \geq 1\} > 0,$$

wenn $c > 1/\lambda$ erfüllt ist.

7.1.3 Lemma von Borel und Cantelli

Wir behandeln in diesem Abschnitt ein spezielles, hoch interessantes Problem der Wahrscheinlichkeitstheorie. Gegeben seien ein Wahrscheinlichkeitsraum $(\Omega, \mathcal{A}, \mathbb{P})$ und unendlich viele Ereignisse $A_1, A_2, \ldots$ aus $\mathcal{A}$. Häufig stellt sich die Frage, mit welcher Wahrscheinlichkeit ab einer gewissen (zufälligen) Stelle n alle A_m mit $m \geq n$ eintreten. Oder aber man kann die damit in engem Zusammenhang stehende Frage stellen, mit welcher Wahrscheinlichkeit unendlich viele der A_n eintreten.

Zur Erläuterung der Fragestellungen betrachten wir die im Beispiel 4.1.7 untersuchte zufällige Irrfahrt. Wie dort sei S_n der Ort des springenden Teilchens nach n Schritten. Setzt man beispielsweise $A_n := \{\omega \in \Omega : S_n(\omega) > 0\}$, so tritt A_n genau dann ab einer gewissen Stelle ein, wenn sich das Teilchen von einem (zufälligen) Zeitpunkt an nur noch im positiven Bereich von $\mathbb{Z}$ aufhält. Setzt man dagegen $B_n := \{\omega \in \Omega : S_n(\omega) = 0\}$, so tritt B_n genau dann unendlich oft ein, wenn das Teilchen wieder und wieder in den Nullpunkt zurückkehrt.

Um die beschriebenen Probleme exakter formulieren zu können, führen wir folgende Ereignisse ein: Sind $A_1, A_2, \ldots$ Teilmengen des Grundraums Ω, so definieren wir deren unteren bzw. oberen Limes der A_n durch

$$\liminf_{n \to \infty} A_n := \bigcup_{n=1}^{\infty} \bigcap_{m=n}^{\infty} A_m \quad \text{und} \quad \limsup_{n \to \infty} A_n := \bigcap_{n=1}^{\infty} \bigcup_{m=n}^{\infty} A_m.$$

Wann treten die Ereignisse $\liminf_{n \to \infty} A_n$ und $\limsup_{n \to \infty} A_n$ ein?

1. Ein $\omega \in \Omega$ gehört zu $\liminf_{n \to \infty} A_n$, genau dann, wenn eine Zahl $n \in \mathbb{N}$ existiert, sodass für alle $m \geq n$ immer $\omega \in A_m$ gilt. Mit anderen Worten, $\liminf_{n \to \infty} A_n$ tritt genau dann ein, wenn es eine Stelle n gibt, ab der alle A_m mit $m \geq n$ eintreten. Man sagt, dass in diesem Fall die A_n **schließlich immer** eintreten. Man beachte dabei, dass dieses n, ab dem alle A_m eintreten, vom beobachteten ω abhängt, es also zufällig ist. Damit folgt

$$\mathbb{P}\{\omega \in \Omega : \exists n \text{ mit } \omega \in A_m, m \geq n\} = \mathbb{P}\left(\liminf_{n \to \infty} A_n\right).$$

2. Ein $\omega \in \Omega$ gehört zu $\limsup_{n\to\infty} A_n$, dann und nur dann, wenn für jedes $n \in \mathbb{N}$ eine Zahl $m \geq n$ mit $\omega \in A_m$ existiert. Das bedeutet aber nichts Anderes, als dass ω in unendlich vielen der A_n liegt. Damit tritt der obere Limes $\limsup_{n\to\infty} A_n$ genau dann ein, wenn die A_n **unendlich oft** eintreten. Auch hier sind diejenigen A_n, die eintreten, vom beobachteten ω abhängig, somit ebenfalls zufällig. Also folgt

$$\mathbb{P}\{\omega \in \Omega : \omega \in A_n \text{ für unendlich viele } n\} = \mathbb{P}\left(\limsup_{n\to\infty} A_n\right).$$

Beispiel 7.1.7

Wir werfen unendlich oft eine Münze, die mit „0" und „1" beschriftet sei. Das Ereignis A_n trete ein, wenn der n-te Wurf eine „1" ist. Dann bedeutet das Eintreten von $\liminf_{n\to\infty} A_n$, dass ab einer zufälligen Stelle n nur noch die Zahl „1" beobachtet wird, während das Eintreten von $\limsup_{n\to\infty} A_n$ in diesem Fall heißt, dass unendlich oft die Zahl „1" erscheint.

Wir formulieren einige einfache Eigenschaften des unteren und des oberen Limes von Mengen.

Satz 7.1.8

Für Teilmengen $A_1, A_2, \ldots$ von Ω gilt

(1) $\liminf_{n\to\infty} A_n \subseteq \limsup_{n\to\infty} A_n$,

(2) $\left(\limsup_{n\to\infty} A_n\right)^c = \liminf_{n\to\infty} A_n^c$ und $\left(\liminf_{n\to\infty} A_n\right)^c = \limsup_{n\to\infty} A_n^c$.

Beweis: Wir beweisen diese Eigenschaften unter Verwendung der oben gegebenen Interpretation des unteren bzw. oberen Limes.

Gibt es eine Stelle $n \geq 1$, ab der alle A_m mit $m \geq n$ eintreten, dann treten auf jeden Fall unendlich viele der A_n ein, nämlich alle die A_m für $m = n, n+1, \ldots$. Damit gilt Inklusion (1).

Das Ereignis $\limsup_{n\to\infty} A_n$ tritt genau dann **nicht** ein, wenn nur endlich viele der A_n eintreten. Das bedeutet aber, dass es eine Stelle n geben muss, ab der kein A_m mit $m \geq n$ mehr eintritt, d.h., ab der A_m^c eintritt. Damit folgt die erste Identität in (2). Die zweite Aussage kann man entweder auf die gleiche Weise herleiten, oder aber mithilfe der ersten Aussage beweisen, indem man diese für A_n^c anwendet. □

Ehe wir die wesentliche Aussage dieses Abschnitts formulieren können, müssen wir noch sagen, was es heißt, dass eine unendliche Folge $A_1, A_2, \ldots$ von Ereignissen unabhängig sein soll.

Definition 7.1.9

Eine unendliche Folge $A_1, A_2, \ldots$ von Ereignissen aus $\mathcal{A}$ heißt **unabhängig**, wenn für alle $n \geq 1$ die Mengen $A_1, \ldots, A_n$ im Sinn von Definition 2.2.9 unabhängig sind.

7.1 Gesetze großer Zahlen

Bemerkung 7.1.10

Mit den zur Herleitung von (7.3) verwendeten Methoden zeigt man Folgendes: Sind $A_1, A_2, \ldots$ unabhängig, dann gilt

$$\mathbb{P}\left(\bigcap_{n=1}^{\infty} A_n\right) = \prod_{n=1}^{\infty} \mathbb{P}(A_n).$$

Bemerkung 7.1.11

Sind $X_1, X_2, \ldots$ beliebige unabhängige Größen, so ergibt sich nach Definition der Unabhängigkeit der X_j, dass $X_1^{-1}(B_1), X_2^{-1}(B_2), \ldots$, für alle Borelmengen $B_1, B_2, \ldots$ in $\mathbb{R}$ stets unabhängige Ereignisse in Ω sind. Nach Satz 3.4.4 ist diese Eigenschaft sogar äquivalent zur Unabhängigkeit der X_n.

Der folgende Satz (Lemma) gehört zu den zentralen Aussagen der Wahrscheinlichkeitstheorie.

Satz 7.1.12: *Lemma von Borel und Cantelli*

Sei $(\Omega, \mathcal{A}, \mathbb{P})$ ein Wahrscheinlichkeitsraum und seien $A_n \in \mathcal{A}$, $n = 1, 2, \ldots$.

1. Gilt $\sum_{n=1}^{\infty} \mathbb{P}(A_n) < \infty$, dann folgt

$$\mathbb{P}(\limsup_{n\to\infty} A_n) = 0. \qquad (7.5)$$

2. Sind $A_1, A_2, \ldots$ unabhängig, so erhält man aus $\sum_{n=1}^{\infty} \mathbb{P}(A_n) = \infty$ stets

$$\mathbb{P}(\limsup_{n\to\infty} A_n) = 1.$$

Beweis: Beginnen wir mit dem Beweis der ersten Aussage. Gegeben sind beliebige $A_n \in \mathcal{A}$ mit $\sum_{n=1}^{\infty} \mathbb{P}(A_n) < \infty$. Schreiben wir

$$\limsup_{n\to\infty} A_n = \bigcap_{n=1}^{\infty} B_n$$

mit $B_n := \bigcup_{m=n}^{\infty} A_m$, so folgt $B_1 \supseteq B_2 \supseteq \cdots$. Wir verwenden nun Aussagen (7) und (5) aus Satz 1.2.1 und erhalten

$$\mathbb{P}(\limsup_{n\to\infty} A_n) = \lim_{n\to\infty} \mathbb{P}(B_n) \leq \liminf_{n\to\infty} \sum_{m=n}^{\infty} \mathbb{P}(A_m). \qquad (7.6)$$

Sind $\alpha_1, \alpha_2, \ldots$ nichtnegative Zahlen mit $\sum_{n=1}^{\infty} \alpha_n < \infty$, dann folgt bekanntlich für $n \to \infty$, dass $\sum_{m=n}^{\infty} \alpha_m \to 0$. Wenden wir dies auf (7.6) mit $\alpha_n = \mathbb{P}(A_n)$ an, so erhalten wir (7.5).

Zum Beweis der zweiten Aussage betrachten wir die Wahrscheinlichkeit des Komplementärereignisses. Hier gilt

$$(\limsup_{n\to\infty} A_n)^c = \bigcup_{n=1}^{\infty} \bigcap_{m=n}^{\infty} A_m^c,$$

woraus sich unter Verwendung von Eigenschaft (5) aus Satz 1.2.1 für die Wahrscheinlichkeiten die folgende Abschätzung ergibt:

$$\mathbb{P}\Big((\limsup_{n\to\infty} A_n)^c\Big) \leq \sum_{n=1}^{\infty} \mathbb{P}\Big(\bigcap_{m=n}^{\infty} A_m^c\Big). \tag{7.7}$$

Für festes $n \in \mathbb{N}$ und $k \geq n$ sei $B_k := \bigcap_{m=n}^{k} A_m^c$. Dann gilt $B_n \supseteq B_{n+1} \supseteq \cdots$, also nach Eigenschaft (7) aus Satz 1.2.1

$$\mathbb{P}\Big(\bigcap_{m=n}^{\infty} A_m^c\Big) = \mathbb{P}\Big(\bigcap_{k=n}^{\infty} B_k\Big) = \lim_{k\to\infty} \mathbb{P}(B_k) = \lim_{k\to\infty} \prod_{m=n}^{k} (1 - \mathbb{P}(A_m)).$$

Hierbei haben wir im letzten Schritt verwendet, dass nach Satz 2.2.12 auch $A_1^c, A_2^c, \ldots$ unabhängig sind. Nunmehr wenden wir die elementare Ungleichung

$$1 - x \leq e^{-x}, \quad 0 \leq x \leq 1,$$

mit $x = \mathbb{P}(A_m)$ an und erhalten

$$\mathbb{P}\Big(\bigcap_{m=n}^{\infty} A_m^c\Big) \leq \limsup_{k\to\infty} \exp\Big(-\sum_{m=n}^{k} \mathbb{P}(A_m)\Big) = 0$$

wegen $\sum_{m=n}^{\infty} \mathbb{P}(A_m) = \infty$ nach Voraussetzung. Setzen wir dies in (7.7) ein, so ergibt sich schließlich

$$\mathbb{P}\Big((\limsup_{n\to\infty} A_n)^c\Big) = 0, \quad \text{also} \quad \mathbb{P}(\limsup_{n\to\infty} A_n) = 1$$

wie behauptet. □

Folgerung 7.1.13

Sind $A_n \in \mathcal{A}$ **unabhängig**, dann bestehen folgende Äquivalenzen:

$$\mathbb{P}(\limsup_{n\to\infty} A_n) = 0 \Leftrightarrow \sum_{n=1}^{\infty} \mathbb{P}(A_n) < \infty$$

$$\mathbb{P}(\limsup_{n\to\infty} A_n) = 1 \Leftrightarrow \sum_{n=1}^{\infty} \mathbb{P}(A_n) = \infty.$$

Beispiel 7.1.14

Sei $(U_n)_{n\geq 1}$ eine Folge von unabhängigen und auf $[0,1]$ gleichverteilten zufälligen Größen. Für eine Folge $(\alpha_n)_{n\geq 1}$ von positiven Zahlen definieren wir die Ereignisse A_n durch $A_n := \{U_n \leq \alpha_n\}$. Aufgrund der Unabhängigkeit der U_n sind die A_n ebenfalls unabhängig, und es folgt

$$\mathbb{P}(A_n) = \alpha_n.$$

7.1 Gesetze großer Zahlen

Damit ergibt sich aus Folgerung 7.1.13, dass

$$\mathbb{P}\{U_n \leq \alpha_n \text{ unendlich oft}\} = \begin{cases} 0 : \sum_{n=1}^{\infty} \alpha_n < \infty \\ 1 : \sum_{n=1}^{\infty} \alpha_n = \infty \end{cases}$$

oder, äquivalent,

$$\mathbb{P}\{U_n > \alpha_n \text{ schließlich immer}\} = \begin{cases} 0 : \sum_{n=1}^{\infty} \alpha_n = \infty \\ 1 : \sum_{n=1}^{\infty} \alpha_n < \infty. \end{cases}$$

Beispielsweise erhalten wir

$$\mathbb{P}\{U_n \leq 1/n \text{ unendlich oft}\} = 1.$$

Beispiel 7.1.15

Gegeben seien eine Folge $(X_n)_{n \geq 1}$ unabhängiger $\mathcal{N}(0,1)$-verteilter zufälliger Größen sowie reelle Zahlen $c_n > 0$. Mit welcher Wahrscheinlichkeit beobachtet man unendlich oft das Ereignis $\{|X_n| \geq c_n\}$?

Antwort: Es gilt

$$\sum_{n=1}^{\infty} \mathbb{P}\{|X_n| \geq c_n\} = \frac{2}{\sqrt{2\pi}} \sum_{n=1}^{\infty} \int_{c_n}^{\infty} e^{-x^2/2} \, dx = \frac{2}{\sqrt{2\pi}} \sum_{n=1}^{\infty} \varphi(c_n)$$

mit

$$\varphi(t) := \int_t^{\infty} e^{-x^2/2} \, dx, \quad t \in \mathbb{R}.$$

Setzt man $\psi(t) := t^{-1} e^{-t^2/2}$, $t > 0$, so folgt

$$\varphi'(t) = -e^{-t^2/2} \quad \text{und} \quad \psi'(t) = -\left(1 + \frac{1}{t^2}\right) e^{-t^2/2},$$

also

$$\lim_{t \to \infty} \frac{\varphi'(t)}{\psi'(t)} = 1, \quad \text{somit} \quad \lim_{t \to \infty} \frac{\varphi(t)}{\psi(t)} = 1$$

nach der Regel von L'Hospitale. Folglich erhält man aus dem Vergleichskriterium für unendliche Reihen, dass genau dann $\sum_{n=1}^{\infty} \varphi(c_n) < \infty$ gilt wenn $\psi(c_n)$ summierbar ist. Fassen wir zusammen, so ergibt sich nach Definition der Funktion ψ die folgende Äquivalenz:

$$\sum_{n=1}^{\infty} \mathbb{P}\{|X_n| \geq c_n\} < \infty \iff \sum_{n=1}^{\infty} \frac{e^{-c_n^2/2}}{c_n} < \infty.$$

Mit anderen Worten, wir haben

$$\mathbb{P}\{|X_n| \geq c_n \text{ unendlich oft}\} = \begin{cases} 0 \\ 1 \end{cases} \iff \sum_{n=1}^{\infty} \frac{e^{-c_n^2/2}}{c_n} \begin{matrix} < \infty \\ = \infty \end{matrix}$$

Wenn zum Beispiel $c_n = c\sqrt{\ln n}$ für ein $c > 0$ gilt, so folgt genau dann

$$\sum_{n=1}^{\infty} \frac{e^{-c_n^2/2}}{c_n} = \frac{1}{c} \sum_{n=1}^{\infty} \frac{1}{n^{c^2/2} \sqrt{\ln n}} < \infty,$$

wenn $c > \sqrt{2}$. Insbesondere erhalten wir die interessante Aussage

$$\mathbb{P}\{|X_n| \geq \sqrt{2 \ln n} \text{ unendlich oft}\} = 1,$$

während für jedes $\varepsilon > 0$

$$\mathbb{P}\{|X_n| \geq \sqrt{(2+\varepsilon) \ln n} \text{ unendlich oft}\} = 0.$$

Hieraus ergibt sich unmittelbar die vielleicht etwas überraschende Aussage

$$\mathbb{P}\left\{\omega \in \Omega : \limsup_{n \to \infty} \frac{|X_n(\omega)|}{\sqrt{\ln n}} = \sqrt{2}\right\} = 1.$$

Beispiel 7.1.16

Wie groß ist die Wahrscheinlichkeit, beim Lottospielen unendlich oft sechs richtige Zahlen zu tippen?
Antwort: Es sei A_n das Ereignis, im n-ten Spiel die richtigen Zahlen auf dem Tippzettel zu haben. Dann gilt (siehe Beispiel 1.4.3), dass

$$\mathbb{P}(A_n) = \frac{1}{\binom{49}{6}} := \delta > 0.$$

Somit ergibt sich aber $\sum_{n=1}^{\infty} \mathbb{P}(A_n) = \infty$ und weil die A_n unabhängig sind, impliziert Satz 7.1.12, dass

$$\mathbb{P}\{A_n \text{ tritt unendlich oft ein}\} = 1.$$

Die gesuchte Wahrscheinlichkeit, unendlich oft im Lotto sechs Richtige zu haben, beträgt also 1. Wahrscheinlich spielt man nur nicht lange genug!

Bemerkung 7.1.17

Folgerung 7.1.13 zeigt insbesondere, dass im Fall unabhängiger A_n für den oberen Limes entweder

$$\mathbb{P}(\limsup_{n \to \infty} A_n) = 0 \quad \text{oder} \quad \mathbb{P}(\limsup_{n \to \infty} A_n) = 1$$

gilt. Gleiches gilt nach Satz 7.1.8 dann auch für den unteren Limes. Hier wirken sogenannte 0-1-Gesetze, die grob gesprochen Folgendes besagen: Ist das Eintreten oder Nichteintreten eines Ereignisses unabhängig vom Ausgang endlich vieler Versuche, so haben solche Ereignisse entweder die Wahrscheinlichkeit 0 oder 1. Beispielsweise ist das Eintreten oder Nichteintreten des oberen Limes völlig unabhängig davon, was in den ersten endlich vielen Versuchsergebnisse passiert.

7.1.4 Schwaches Gesetz der großen Zahlen

Gegeben seien zufällige Größen $X_1, X_2, \ldots$. Wir bilden dann

$$S_n := X_1 + \cdots + X_n, \tag{7.8}$$

und eine zentrale Frage der Wahrscheinlichkeitstheorie ist das Verhalten von S_n für $n \to \infty$. Spielt man zum Beispiel mehrfach unabhängig voneinander dasselbe Spiele, wobei der Gewinn oder Verlust im ersten Spiel X_1 betrage, im zweiten X_2 usw., so beschreibt S_n den erzielten Gewinn oder Verlust nach n Spielen. Eine andere Interpretation wäre die im Beispiel 4.1.7 untersuchte zufällige Irrfahrt, bei der ein im Nullpunkt gestartetes Teilchen sich taktweise nach rechts oder nach links bewegt, wobei $\mathbb{P}\{X_j = -1\} = 1 - p$ und $\mathbb{P}\{X_j = 1\} = p$ gelte. Dann ist S_n der Ort des Teilchens nach n Schritten.

Seien jetzt wieder $X_1, X_2, \ldots$ beliebige unabhängige und identisch verteilte zufällige Größen. Wir werden sehen, dass man recht präzise Aussagen über das Verhalten von S_n machen kann. Wir beginnen mit der Untersuchung von S_n/n, d.h. dem arithmetischen Mittel der ersten n Versuchsergebnisse.

Satz 7.1.18: *Schwaches Gesetz der großen Zahlen*

Gegeben seien unabhängige, identisch verteilte zufällige Größen $X_1, X_2, \ldots$ mit Erwartungswert $\mu \in \mathbb{R}$. Für jedes $\varepsilon > 0$ folgt dann

$$\lim_{n \to \infty} \mathbb{P}\left\{\left|\frac{S_n}{n} - \mu\right| \geq \varepsilon\right\} = 0.$$

Beweis: Wir beweisen die Aussage unter der zusätzlichen, allerdings unnötigen, Annahme, dass X_1 und somit alle X_j ein zweites Moment besitzen. Nach (3) aus Satz 5.1.35 haben wir

$$\mathbb{E}\left(\frac{S_n}{n}\right) = \frac{\mathbb{E}S_n}{n} = \frac{\mathbb{E}(X_1 + \cdots + X_n)}{n} = \frac{\mathbb{E}X_1 + \cdots + \mathbb{E}X_n}{n} = \frac{n\mu}{n} = \mu,$$

und wegen der Unabhängigkeit der X_j folgt nach (iv) aus Satz 5.2.14 auch

$$\mathbb{V}\left(\frac{S_n}{n}\right) = \frac{\mathbb{V}S_n}{n^2} = \frac{\mathbb{V}X_1 + \cdots + \mathbb{V}X_n}{n^2} = \frac{\mathbb{V}X_1}{n}.$$

Somit ergibt sich aus (7.2) die Abschätzung

$$\mathbb{P}\left\{\left|\frac{S_n}{n} - \mu\right| \geq \varepsilon\right\} \leq \frac{\mathbb{V}(S_n/n)}{\varepsilon^2} = \frac{\mathbb{V}X_1}{n\varepsilon^2},$$

und wir erhalten die gewünschte Aussage aus

$$\limsup_{n \to \infty} \mathbb{P}\left\{\left|\frac{S_n}{n} - \mu\right| \geq \varepsilon\right\} \leq \lim_{n \to \infty} \frac{\mathbb{V}X_1}{n\varepsilon^2} = 0.$$

□

Bemerkung 7.1.19

Die im Satz 7.1.18 auftretende Art der Konvergenz nennt man **Konvergenz in Wahrscheinlichkeit**. Genauer, eine Folge $Y_1, Y_2, \ldots$ konvergiert in Wahrscheinlichkeit gegen eine zufällige Größe Y, wenn für alle $\varepsilon > 0$ stets

$$\lim_{n \to \infty} \mathbb{P}\{|Y_n - Y| \geq \varepsilon\} = 0$$

gilt. Im schwachen Gesetz der großen Zahlen verwenden wir diese Art der Konvergenz mit $Y_n = S_n/n$ und $Y \equiv \mu$.

Interpretation von Satz 7.1.18 : Wir fixieren $\varepsilon > 0$ und definieren für jedes n das Ereignis A_n durch

$$A_n := \left\{\omega \in \Omega : \left|\frac{S_n(\omega)}{n} - \mu\right| \leq \varepsilon\right\}.$$

Dann sagt Satz 7.1.18 aus[1], dass $\lim_{n\to\infty} \mathbb{P}(A_n) = 1$ folgt. Gibt man sich also ein $\delta > 0$ vor, so existiert ein $n_0 = n_0(\varepsilon, \delta)$ mit $\mathbb{P}(A_n) \geq 1 - \delta$ sofern $n \geq n_0$. In anderen Worten, wenn n genügend groß ist, so gilt mit großer Wahrscheinlichkeit

$$\mathbb{E}X_1 - \varepsilon \leq \frac{1}{n} \sum_{j=1}^{n} X_j \leq \mathbb{E}X_1 + \varepsilon.$$

Das bestätigt nochmals die Interpretation des Erwartungswerts als arithmetisches Mittel der Ergebnisse vieler unabhängiger gleicher Zufallsexperimente.

Analog liefert Satz 7.1.18 auch die Rechtfertigung für die Interpretation der Wahrscheinlichkeit als Limes der relativen Häufigkeiten. Genauer gilt Folgendes:

Folgerung 7.1.20

Sei $\mathbb{P}_0$ ein beliebig vorgegebenes Wahrscheinlichkeitsmaß auf $(\mathbb{R}, \mathcal{B}(\mathbb{R}))$ und sei A eine Borelmenge in $\mathbb{R}$. Mit $r_n(A)$ bezeichnen wir die in (1.2) definierte relative Häufigkeit des Eintretens von A bei n unabhängigen Versuchen gemäß $\mathbb{P}_0$. Dann existiert zu allen $\varepsilon, \delta > 0$ ein n_0, sodass für $n \geq n_0$ mit Wahrscheinlichkeit größer oder gleich $1 - \delta$ die Aussage

$$|\mathbb{P}_0(A) - r_n(A)| \leq \varepsilon$$

richtig ist.

Beweis: Zur Beschreibung des Zufallsexperiments wählen wir eine Folge unabhängiger zufälliger Größen $X_1, X_2, \ldots$ mit Verteilungsgesetz $\mathbb{P}_0$. Somit tritt das Ereignis A genau dann im j-ten Versuch ein, wenn wir ein $\omega \in \Omega$ beobachten, für welches $X_j(\omega) \in A$ gilt. Außerdem haben wir für alle $j \geq 1$ stets

$$\mathbb{P}\{\omega \in \Omega : X_j(\omega) \in A\} = \mathbb{P}_0(A).$$

---
[1] Man überlege sich, warum Satz 7.1.18 auch mit $> \varepsilon$ gültig ist.

7.1 Gesetze großer Zahlen

Mit der in (3.18) definierten Indikatorfunktion $\mathbb{1}_A$ sei $Y_j(\omega) := \mathbb{1}_A\big(X_j(\omega)\big)$, d.h., es gilt $Y_j = 1$ genau dann, wenn A im j-ten Versuch eintritt und man hat $Y_j = 0$ beim Nichteintreten von A im j-ten Versuch. Somit ergibt sich

$$\mathbb{P}\{Y_j = 0\} = \mathbb{P}\{X_j \notin A\} = 1 - \mathbb{P}_0(A) \text{ und } \mathbb{P}\{Y_j = 1\} = \mathbb{P}\{X_j \in A\} = \mathbb{P}_0(A),$$

also insbesondere $\mathbb{E} Y_1 = \mathbb{P}_0(A)$. Nach Satz 7.1.18 folgern wir nun

$$\lim_{n \to \infty} \mathbb{P}\left\{\left|\frac{Y_1 + \cdots + Y_n}{n} - \mathbb{P}_0(A)\right| \geq \varepsilon\right\} = 0. \tag{7.9}$$

Beachten wir noch

$$\frac{Y_1 + \cdots + Y_n}{n} = \frac{\#\{j \leq n : X_j \in A\}}{n} = r_n(A),$$

so erhalten wir aus (7.9), dass für jedes $\varepsilon > 0$ stets

$$\lim_{n \to \infty} \mathbb{P}\{|r_n(A) - \mathbb{P}_0(A)| \geq \varepsilon\} = 0$$

gilt. Dies beweist die Behauptung. □

7.1.5 Starkes Gesetz der großen Zahlen

Aus Satz 7.1.18 kann man nicht schließen, dass S_n/n gegen den Erwartungswert μ konvergiert, da die in diesem Satz verwendete Konvergenz in Wahrscheinlichkeit recht schwach ist. Die Frage, ob eventuell doch $S_n/n \to \mu$ in stärkerer Form gilt, beantwortet der folgende Satz.

Satz 7.1.21: *Starkes Gesetz der großen Zahlen*

Sei $X_1, X_2, \ldots$ eine Folge unabhängiger, identisch verteilter zufälliger Größen, für die der Erwartungswert $\mu = \mathbb{E} X_1$ existiert. Die Summe S_n sei wie in (7.8) definiert. Dann folgt

$$\mathbb{P}\left\{\omega \in \Omega : \lim_{n \to \infty} \frac{S_n(\omega)}{n} = \mu\right\} = 1.$$

Bemerkung 7.1.22

Gegeben sei eine Folge $Y_1, Y_2, \ldots$ von zufälligen Größen. Man sagt, dass die Y_n **fast sicher** gegen eine Größe Y konvergieren, wenn

$$\mathbb{P}\left\{\lim_{n \to \infty} Y_n = Y\right\} = \mathbb{P}\left\{\omega \in \Omega : \lim_{n \to \infty} Y_n(\omega) = Y(\omega)\right\} = 1$$

gilt. In diesem Sinn sagt Satz 7.1.21 aus, dass S_n/n fast sicher gegen die konstante Funktion $Y \equiv \mu$ konvergiert.

Interpretation: Satz 7.1.21 sagt Folgendes aus: Es gibt in Ω eine Teilmenge Ω_0 mit $\mathbb{P}(\Omega_0) = 1$, sodass für alle $\omega \in \Omega_0$ zu $\varepsilon > 0$ ein $n_0 = n_0(\varepsilon, \omega)$ mit

$$\left|\frac{S_n(\omega)}{n} - \mu\right| < \varepsilon$$

für $n \geq n_0$ existiert. Mit anderen Worten, mit Wahrscheinlichkeit 1 existiert zu jedem $\varepsilon > 0$ eine vom Zufall abhängiges n_0, ab der sich S_n/n in einer ε-Umgebung von $\mu = \mathbb{E}X_1$ befindet und diese Umgebung auch nie wieder verlässt.

Wir wollen an dieser Stelle noch einmal ganz besonders folgende Tatsache hervorheben: Die arithmetischen Mittel S_n/n sind zufällig, hängen also davon ab, was man in den Experimenten beobachtet. Der Grenzwert $\mu = \mathbb{E}X_1$ ist eine feste Zahl aus $\mathbb{R}$, nicht zufällig. Und egal was man beobachtet, was man z.B. würfelt, der Grenzwert ist vom speziellen Verlauf der Experimente unabhängig. Abhängig vom Zufall ist nur, wie schnell oder langsam sich S_n/n dem Grenzwert nähert.

Satz 7.1.21 lässt uns auch Folgerung 7.1.20 verschärfen. In etwas unpräziser Form können wir dies wie folgt formulieren, wobei wir die Notation aus Folgerung 7.1.20 nutzen.

Folgerung 7.1.23

Die relativen Häufigkeiten $r_n(A)$ eines Ereignisses A konvergieren mit Wahrscheinlichkeit 1 gegen $\mathbb{P}_0(A)$, wobei $\mathbb{P}_0$ die dem Versuch zugrunde liegende Wahrscheinlichkeitsverteilung ist.

Folgerung 7.1.23 bedeutet, dass unsere im Kapitel 1.1.3 gegebene Interpretation für die Wahrscheinlichkeit des Eintretens eines Ereignisses richtig war. Ist also das den Versuch bestimmende Wahrscheinlichkeitsmaß $\mathbb{P}_0$ unbekannt, so können wir für genügend große n die relative Häufigkeit $r_n(A)$ als gute Näherung für $\mathbb{P}_0(A)$ verwenden.

Ehe wir zwei Beispiele zur Anwendung des starken Gesetzes der großen Zahlen geben, noch eine allgemeine Feststellung: Satz 7.1.21 besagt, dass, wenn der Erwartungswert μ von X_1 existiert, mit Wahrscheinlichkeit 1 die normierten Summen S_n/n gegen μ konvergieren. Was passiert nun, wenn X_1 gar keinen Erwartungswert besitzt? Kann es sein, dass dann trotzdem S_n/n mit positiver Wahrscheinlichkeit konvergiert? Und wenn ja, ist dann dieser Grenzwert eine Art verallgemeinerter Erwartungswert? Die Antwort lautet, dass sich diese Idee leider nicht zur Einführung eines allgemeineren Erwartungswerts verwenden lässt, denn es gilt Folgendes:

Satz 7.1.24

Sind $X_1, X_2, \ldots$ unabhängig und identisch verteilt mit $\mathbb{E}|X_1| = \infty$, dann folgt

$$\mathbb{P}\left\{\omega \in \Omega : \frac{S_n(\omega)}{n} \text{ divergiert}\right\} = 1 \ .$$

Sind beispielsweise die X_j unabhängig Cauchyverteilte zufällige Größen, so wird mit Wahrscheinlichkeit 1 die normierte Summe S_n/n divergieren.

Wie angekündigt, geben wir nun zwei Anwendungen des starken Gesetzes der großen Zahlen, eins aus der numerischen Mathematik, das andere aus der Zahlentheorie.

7.1 Gesetze großer Zahlen

Beispiel 7.1.25: *Monte-Carlo-Methode zur Berechnung von Integralen*

Gegeben sei eine „komplizierte" Funktion $f : [0,1]^n \to \mathbb{R}$. Die Aufgabe besteht darin, möglichst effektiv den numerischen Wert des Integrals

$$\int_{[0,1]^n} f(x)\, dx = \int_0^1 \cdots \int_0^1 f(x_1, \ldots, x_n)\, dx_n \cdots dx_1$$

zu berechnen. Hierzu nehmen wir unabhängige n-dimensionale Vektoren $\vec{U}_1, \vec{U}_2, \ldots$, die auf $[0,1]^n$ gleichverteilt sind. Solche unabhängigen Vektoren erhält man z.B. dadurch, dass man unabhängige, auf $[0,1]$ gleichverteilte, zufällige Größen wählt und damit die Vektoren $\vec{U}_j$ bildet.

Satz 7.1.26

Mit Wahrscheinlichkeit 1 gilt

$$\lim_{N \to \infty} \frac{1}{N} \sum_{j=1}^{N} f(\vec{U}_j) = \int_{[0,1]^n} f(x)\, dx.$$

Beweis: Man definiert $X_j := f(\vec{U}_j)$ und erhält auf diese Weise eine Folge unabhängiger zufälliger Größen, die identisch verteilt sind. Nach Satz 3.4.15 ist die Verteilungsdichte von $\vec{U}_1$ durch

$$p(x) = \begin{cases} 1 : x \in [0,1]^n \\ 0 : x \notin [0,1]^n \end{cases}$$

gegeben. Formel (5.34) gilt nun nicht nur für Funktionen von zwei, sondern allgemein für Funktionen von n Veränderlichen, also auch für f, weswegen

$$\mathbb{E}X_1 = \mathbb{E}f(\vec{U}_1) = \int_{\mathbb{R}^n} f(x)\, p(x)\, dx = \int_{[0,1]^n} f(x)\, dx$$

folgt. Aus Satz 7.1.21 ergibt sich dann

$$\mathbb{P}\left\{ \lim_{N \to \infty} \frac{1}{N} \sum_{j=1}^{N} f(\vec{U}_j) = \int_{[0,1]^n} f(x)\, dx \right\} = \mathbb{P}\left\{ \lim_{N \to \infty} \frac{1}{N} \sum_{j=1}^{N} X_j = \mathbb{E}X_1 \right\} = 1$$

wie behauptet. □

Zur numerischen Berechnung von $\int_{[0,1]^n} f(x)\, dx$ wählt man nun unabhängige gleichverteilte Zahlen $u_i^{(j)}$, $1 \leq i \leq n$, $1 \leq j \leq N$, aus $[0,1]$ und bildet

$$R_N(f) := \frac{1}{N} \sum_{j=1}^{N} f(u_1^{(j)}, \ldots, u_n^{(j)}).$$

Dann kann man für genügend große N die gemittelte Summe $R_N(f)$ als Approximation für den Wert des Integrals $\int_{[0,1]^n} f(x)\, dx$ verwenden.

Bemerkung 7.1.27

Betrachten wir den Spezialfall, dass im Beispiel 7.1.25 die zu integrierende Funktion die Indikatorfunktion $\mathbb{1}_B$ einer Menge $B \subseteq [0,1]^n$ ist (vgl. Definition 3.4.11). Mit Wahrscheinlichkeit 1 gilt dann

$$\mathrm{vol}_n(B) = \int_{[0,1]^n} \mathbb{1}_B(x)\,dx = \lim_{N \to \infty} \frac{1}{N} \sum_{j=1}^N \mathbb{1}_B(\vec{U}_j) = \lim_{N \to \infty} \frac{\#\{j \leq N : \vec{U}_j \in B\}}{N}.$$

Damit erhält man ein Verfahren zur approximativen Berechnung des Volumens von B im Fall „komplizierter" Borelmengen B in $[0,1]^n$.

Beispiel 7.1.28: *Normale Zahlen*

Betrachten wir eine Zahl $x \in [0,1)$. Wie wir im Abschnitt 4.3.1 sahen, besitzt dann x eine Darstellung als Dualbruch der Form $x = 0.x_1 x_2 \cdots$ mit $x_j \in \{0,1\}$. Es stellt sich die Frage, ob in dieser Darstellung die Zahl „0" häufiger auftritt oder aber die Zahl „1". Um dies zu untersuchen setzen wir für $n \in \mathbb{N}$

$$a_n^0(x) := \#\{k \leq n : x_k = 0\} \quad \text{und} \quad a_n^1(x) := \#\{k \leq n : x_k = 1\}, \quad x = 0.x_1 x_2 \cdots$$

d.h., $a_n^0(x)$ gibt an, wie häufig die Zahl 0 in der Dualdarstellung von x unter den ersten n Stellen erscheint.

Definition 7.1.29

Eine Zahl $x \in [0,1)$ heißt normal zur Basis 2, wenn Folgendes gilt:

$$\lim_{n \to \infty} \frac{a_n^0(x)}{n} = \lim_{n \to \infty} \frac{a_n^1(x)}{n} = \frac{1}{2}.$$

Mit anderen Worten, eine Zahl x ist normal zur Basis 2, wenn in ihrer Dualbruchdarstellungen die Zahlen 0 und 1 im Durchschnitt gleich häufig auftreten. Es stellt sich nun die Frage, wie viele normale Zahlen zur Basis 2 es gibt. Sind es vielleicht nur wenige, wie z.B. $x = 0.0101010\cdots$, oder aber vielleicht sogar fast alle? Antwort gibt der folgende Satz.

Satz 7.1.30

Sei $\mathbb{P}$ die Gleichverteilung auf $[0,1]$. Dann existiert eine Menge $M \subseteq [0,1)$ mit $\mathbb{P}(M) = 1$, sodass alle $x \in M$ normal zur Basis 2 sind.

Beweis: Wir definieren zufällige Größen X_k auf $[0,1)$ durch $X_k(x) := x_k$ falls x die Darstellung $x = 0.x_1 x_2 \cdots$ besitzt. Nach Satz 4.3.3 sind die X_k bezüglich der Gleichverteilung auf $[0,1]$ unabhängig mit $\mathbb{P}\{X_k = 0\} = 1/2$ und $\mathbb{P}\{X_k = 1\} = 1/2$, und außerdem gilt

$$S_n(x) := X_1(x) + \cdots + X_n(x) = \#\{k \leq n : X_k(x) = 1\} = a_n^1(x).$$

Wegen $\mathbb{E}X_1 = 1/2$ existiert nach Satz 7.1.21 eine Menge $M \subseteq [0,1)$ mit $\mathbb{P}(M) = 1$, sodass für $x \in M$ stets

$$\lim_{n\to\infty} \frac{a_n^1(x)}{n} = \lim_{n\to\infty} \frac{S_n(x)}{n} = \mathbb{E}X_1 = \frac{1}{2}$$

folgt. Damit ist gezeigt, dass alle Zahlen aus M normal zur Basis 2 sind. □

Bemerkung 7.1.31

Natürlich hängen unsere Betrachtungen nicht daran, dass wir x zur Basis 2 dargestellt haben, sondern der vorhergehende Satz bleibt für Darstellungen bzgl. beliebiger Basen $b \geq 2$ richtig, z.B. auch für Dezimalzahldarstellungen. Sei $x = 0.x_1 x_2 \cdots$ mit $x_j \in \{0, \ldots, b-1\}$, so heißt x normal zur Basis b, wenn für jedes $\ell \in \{0, \ldots, b-1\}$ stets

$$\lim_{n\to\infty} \frac{\#\{j \leq n : x_j = \ell\}}{n} = \frac{1}{b}, \quad x = 0.x_1 x_2 \ldots,$$

erfüllt ist. Mit denselben wie im Beweis von Satz 7.1.30 benutzen Methoden zeigt man, dass für jedes $b \geq 2$ mit Ausnahme einer Menge vom Maß Null alle Zahlen $x \in [0,1)$ normal zur Basis b sind. Dies kann man, wenn man will, sogar noch weiter verallgemeinern. Eine Zahl x heißt **vollständig normal**, wenn sie zu jeder Basis $b \geq 2$ normal ist. Dann folgt, dass mit Ausnahme einer Menge vom Maß Null, alle Zahlen aus $[0,1)$ vollständig normal sind. Insbesondere kann die Menge der vollständig normalen Zahlen nicht nur abzählbar unendlich sein.

7.2 Zentraler Grenzwertsatz

Warum spielt die Normalverteilung eine so wichtige Rolle in der Wahrscheinlichkeitstheorie und aus welchem Grund sind so viele beobachteten zufälligen Phänomene normalverteilt? Antwort auf diese Fragen gibt der Zentrale Grenzwertsatz, den wir in diesem Abschnitt vorstellen und erläutern werden.

Betrachten wir eine Folge unabhängiger, identisch verteilter zufälliger Größen X_j mit zweitem Moment. Wie in (7.8) sei S_n die Summe von X_1 bis X_n. Man denke bei den X_j zum Beispiel an den Gewinn oder Verlust im j-ten Spiel; dann beschreibt S_n den Gesamtgewinn bzw. -verlust nach n gleichartigen, voneinander unabhängigen Spielen. Welches Verteilungsgesetz besitzt S_n? Theoretisch lässt sich das mit den im Abschnitt 4.5 dargestellten Methoden berechnen, praktisch allerdings recht selten. Man stelle sich vor, es soll die Verteilung der Summe von 100 Würfen mit einem Würfel angegeben werden! Weil man die Verteilung von S_n i.A. nicht kennt oder aber nur schlecht exakt berechnen kann, aus diesem Grund sind asymptotische Aussagen über das Verhalten von S_n von ganz besonderem Interesse.

In der folgenden Abbildung sind die X_j gemäß $B_{1,p}$ mit $p = 0.4$ verteilt. Wir führen nun 30 Versuche gemäß dieser Verteilung durch. Dann ist das Verteilungsgesetz von S_{30}, also von $\mathbb{P}\{S_{30} = k\}$ für $k = 0, \ldots, 30$, durch folgendes Diagramm beschrieben:

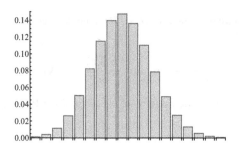

Abb. 7.1: *Dichteverteilung von $B_{n,p}$ mit $n = 30$ und $p = 0.4$*

Hierbei ist die Spitze bei $k = 12$, dem Erwartungswert von S_{30}. Vergrößert man die Anzahl der Versuche, so wird die Spitze nach rechts wandern und sich gleichzeitig ihre Höhe verringern. Abbildung 7.1 legt nahe, dass S_n „annähernd" normal verteilt ist.

Kommen wir wieder zum allgemeinen Fall zurück. Wir betrachten also beliebige unabhängige und identisch verteilte Größen $X_1, X_2, \ldots$ mit endlichem zweiten Moment. Setzt man nun $\mu := \mathbb{E} X_1$ und $\sigma^2 := \mathbb{V} X_1$, so folgt

$$\mathbb{E} S_n = n\mu \quad \text{und} \quad \mathbb{V} S_n = n\sigma^2.$$

Wenn also, wie wir vermuten, S_n „annähernd" normalverteilt ist, so sollte die normierte Summe $(S_n - n\mu)/\sigma\sqrt{n}$ „fast" standardnormalverteilt sein, denn nach den Sätzen 5.1.35 und 5.2.14 gilt

$$\mathbb{E}\left(\frac{S_n - n\mu}{\sigma\sqrt{n}}\right) = 0 \quad \text{und} \quad \mathbb{V}\left(\frac{S_n - n\mu}{\sigma\sqrt{n}}\right) = 1.$$

Bemerkung 7.2.1

Um unsere Vermutung zu bestätigen, betrachten wir den Fall, dass die X_j bereits normalverteilt sind. Dann ist $(S_n - n\mu)/\sigma\sqrt{n}$ nach Satz 4.2.3 standardnormalverteilt. Konvergiert also die normierte Summe gegen einen von der Verteilung der X_j unabhängigen Grenzwert, so kann dieser nur eine $\mathcal{N}(0, 1)$-Verteilung besitzen.

Die Frage nach dem möglichen Grenzwert der normierten Summe $(S_n - n\mu)/\sigma\sqrt{n}$ blieb lange unbeantwortet. Abraham de Moivre untersuchte 1718 ihr Grenzverhalten im Fall, dass die $X_1, X_2, \ldots$ gemäß $B_{1,p}$ verteilt sind. Für den Grenzwert der normierten Summe fand er eine Reihendarstellung, keine geschlossene Form. Im Jahr 1808 publizierte der amerikanische Mathematiker Robert Adrain eine Arbeit, bei der erstmals die Normalverteilung auftauchte. Ein Jahr später wurde sie unabhängig von Carl Friedrich Gauß gefunden und 1812 zeigte Pierre-Simon Laplace, dass der bei Moivre auftauchende Grenzwert genau diese Normalverteilung ist. Damit war die Frage über den Grenzwert im Fall binomialverteilter zufälliger X_j geklärt. Später, in Arbeiten von Andrei Andreyevich Markov, Aleksandr Mikhailovich Lyapunov, Jarl Waldemar Lindeberg, Paul Lévy und anderen Mathematikern, wurden die Untersuchungen weiter geführt. Insbesondere zeigte sich, dass die Normalverteilung **immer** als Grenzwert auftritt, egal welche Verteilung die X_j besitzen. Wichtig ist nur die Existenz zweiter Momente. Aber

7.2 Zentraler Grenzwertsatz

auch im Fall nicht notwendig identisch verteilter zufälliger Größen X_j ist der Grenzwert eine Normalverteilung (bei entsprechender Normierung), vorausgesetzt einzelne X_j dominieren nicht die anderen Werte.

Bleibt die Frage, in welchem Sinn $(S_n - n\mu)/\sigma\sqrt{n}$ gegen die Normalverteilung konvergiert. Dazu führen wir den Begriff der **Konvergenz in Verteilung** ein.

Definition 7.2.2

Gegeben seien zufällige Größen $Y_1, Y_2, \ldots$ und Y mit Verteilungsfunktionen $F_1, F_2, \ldots$ bzw. F. Dann **konvergiert** die Folge $(Y_n)_{n\geq 1}$ **in Verteilung** gegen Y, wenn

$$\lim_{n\to\infty} F_n(t) = F(t) \quad \text{für alle } t \in \mathbb{R}, \text{ in denen } F \text{ stetig ist.} \tag{7.10}$$

Man schreibt dann $Y_n \xrightarrow{\mathcal{D}} Y$.

Bemerkung 7.2.3

Eine alternative Möglichkeit, (7.10) zu schreiben, lautet wie folgt: Es gilt

$$\lim_{n\to\infty} \mathbb{P}\{Y_n \leq t\} = \mathbb{P}\{Y \leq t\} \quad \text{für alle } t \in \mathbb{R} \text{ mit } \mathbb{P}\{Y = t\} = 0\,.$$

Ohne Beweis bemerken wir noch, dass genau dann $Y_n \xrightarrow{\mathcal{D}} Y$ gilt, wenn entweder

$$\lim_{n\to\infty} \mathbb{E}f(Y_n) = \mathbb{E}f(Y)$$

für alle auf $\mathbb{R}$ stetigen und beschränkten Funktionen f gilt, oder aber wenn

$$\limsup_{n\to\infty} \mathbb{P}\{Y_n \in A\} \leq \mathbb{P}\{Y \in A\}$$

für alle abgeschlossenen Mengen $A \subseteq \mathbb{R}$ richtig ist.

Ist der Grenzwert Y eine stetige zufällige Größe, somit F stetig auf ganz $\mathbb{R}$, dann ist natürlich $Y_n \xrightarrow{\mathcal{D}} Y$ äquivalent zu $\lim_{n\to\infty} F_n(t) = F(t)$ für **alle** $t \in \mathbb{R}$. Aber in diesem Fall gilt sogar noch mehr, wie der folgende Satz zeigt.

Satz 7.2.4

Gegeben seien zufällige Größen $Y_1, Y_2, \ldots$ und ein stetiges Y. Gilt $Y_n \xrightarrow{\mathcal{D}} Y$, so folgt

$$\lim_{n\to\infty} \sup_{t\in\mathbb{R}} |\mathbb{P}\{Y_n \leq t\} - \mathbb{P}\{Y \leq t\}| = 0 \quad \text{und somit}$$

$$\lim_{n\to\infty} \sup_{a<b} |\mathbb{P}\{a \leq Y_n \leq b\} - \mathbb{P}\{a \leq Y \leq b\}| = 0\,.$$

Wir verfügen jetzt über die notwendigen Notationen zur Formulierung des Zentralen Grenzwertsatzes. Der Beweis dieses Satzes ist umfangreich, basiert wesentlich auf Eigenschaften so genannter charakteristischer Funktionen, auf die wir hier (leider) nicht näher eingehen können. Einen direkten Beweis ohne Verwendung dieser Funktionen findet man zum Beispiel im Buch [8].

Satz 7.2.5: *Zentraler Grenzwertsatz*

Gegeben sei eine Folge $(X_j)_{j\geq 1}$ unabhängiger, identisch verteilter zufälliger Größen mit zweitem Moment. Der Erwartungswert der X_j sei μ und ihre Varianz $\sigma^2 > 0$. Für die Summe $S_n = X_1 + \cdots + X_n$ gilt dann

$$\frac{S_n - n\mu}{\sigma\sqrt{n}} \xrightarrow{\mathcal{D}} Z \qquad (7.11)$$

mit Z gemäß $\mathcal{N}(0,1)$ verteilt.

Man beachte, dass Z in (7.11) eine stetige zufällige Größe ist. Somit lässt sich aufgrund von Satz 7.2.4 der Zentrale Grenzwertsatz auch wie folgt formulieren:

Satz 7.2.6

Für $(X_j)_{j\geq 1}$ und S_n wie in Satz 7.2.5 gilt

$$\lim_{n\to\infty} \sup_{t\in\mathbb{R}} \left| \mathbb{P}\left\{ \frac{S_n - n\mu}{\sigma\sqrt{n}} \leq t \right\} - \frac{1}{\sqrt{2\pi}} \int_{-\infty}^{t} e^{-x^2/2}\,dx \right| = 0 \quad \text{als auch} \quad (7.12)$$

$$\lim_{n\to\infty} \sup_{a<b} \left| \mathbb{P}\left\{ a \leq \frac{S_n - n\mu}{\sigma\sqrt{n}} \leq b \right\} - \frac{1}{\sqrt{2\pi}} \int_{a}^{b} e^{-x^2/2}\,dx \right| = 0. \qquad (7.13)$$

Bemerkung 7.2.7

Mithilfe der in (1.51) eingeführten Verteilungsfunktion Φ der Standardnormalverteilung lässt sich (7.12) auch in der Form

$$\lim_{n\to\infty} \sup_{t\in\mathbb{R}} \left| \mathbb{P}\left\{ \frac{S_n - n\mu}{\sigma\sqrt{n}} \leq t \right\} - \Phi(t) \right| = 0$$

schreiben.

Wir wollen (7.13) noch etwas umformen. Dazu definieren wir von n abhängige Zahlen $a' = a\sigma\sqrt{n} + n\mu$ sowie $b' = b\sigma\sqrt{n} + n\mu$. Da die Konvergenz in (7.13) gleichmäßig ist, dürfen wir a und b durch a' und b' ersetzen und erhalten

$$\lim_{n\to\infty} \sup_{a'<b'} \left| \mathbb{P}\{a' \leq S_n \leq b'\} - \mathbb{P}\left\{ \frac{a' - n\mu}{\sigma\sqrt{n}} \leq Z \leq \frac{b' - n\mu}{\sigma\sqrt{n}} \right\} \right| = 0. \qquad (7.14)$$

7.2 Zentraler Grenzwertsatz

Hierbei bezeichnet Z wie oben eine standardnormalverteilte zufällige Größe. Für eine letzte Umformung schreiben wir
$$Z_n := \sigma\sqrt{n}\, Z + n\mu\,.$$
Dann ist (7.14) äquivalent zu
$$\lim_{n\to\infty} \sup_{a'<b'} |\mathbb{P}\{a' \leq S_n \leq b'\} - \mathbb{P}\{a' \leq Z_n \leq b'\}| = 0\,. \tag{7.15}$$

Nach Satz 4.2.3 ist aber Z_n gemäß $\mathcal{N}(n\mu, n\sigma^2)$ verteilt. Damit kann man (7.14) bzw. (7.15) wie folgt interpretieren:

Mit $\mu = \mathbb{E}X_1$ und $\sigma^2 = \mathbb{V}X_1$ ist S_n für große n annähernd $\mathcal{N}(n\mu, n\sigma^2)$-verteilt, oder in anderen Worten, für $-\infty \leq a < b \leq \infty$ folgt

$$\boxed{\mathbb{P}\{a \leq S_n \leq b\} \approx \Phi\left(\frac{b-n\mu}{\sigma\sqrt{n}}\right) - \Phi\left(\frac{a-n\mu}{\sigma\sqrt{n}}\right)\,.}$$

Deutung: Wir bemerken nochmals, dass der Zentrale Grenzwertsatz für **alle** Folgen unabhängiger identisch verteilter zufälliger Größen gilt, solange nur das zweite Moment endlich ist. Dann kann man $S_n = X_1 + \cdots + X_n$ als Überlagerung von n identisch verteilten[2] unabhängigen Störungen oder Fehlern interpretieren. Jede einzelne Störung ist dabei gemäß $\mathbb{P}_{X_1}$ verteilt. Insgesamt beobachten wir, wenn es viele solche Störungen gibt, ein „fast" normalverteiltes Ergebnis. Das ist ein wesentlicher Grund, warum so viele Zufallsexperimente mit der Normalverteilung beschrieben werden können.

Bemerkung 7.2.8: *Stetigkeitskorrektur*

Aussage (7.15) zeigt, dass sich für große n die Summe S_n wie eine $\mathcal{N}(n\mu, n\sigma^2)$-verteilte zufällige Größe Z_n verhält. Insbesondere gilt für ganze Zahlen $k, l \in \mathbb{Z}$ die Aussage

$$\mathbb{P}\{k \leq S_n \leq l\} \approx \mathbb{P}\{k \leq Z_n \leq l\} = \Phi\left(\frac{l-n\mu}{\sigma\sqrt{n}}\right) - \Phi\left(\frac{k-n\mu}{\sigma\sqrt{n}}\right)\,. \tag{7.16}$$

Besitzt nun X_1 nur Werte in $\mathbb{Z}$, so nimmt auch S_n nur ganzzahlige Werte an. Insbesondere gilt für eine ganze Zahl k stets $\mathbb{P}\{S_n \leq k\} = 1 - \mathbb{P}\{S_n \geq k+1\}$. Dagegen ist aber die approximierende zufällige Größe Z_n stetig und man hat $\mathbb{P}\{Z_n \leq k\} \neq 1 - \mathbb{P}\{Z_n \geq k+1\}$. Dies führt für kleine n zu einem unnötigen Fehler, den man wie folgt korrigiert: Wegen

$$\mathbb{P}\{k \leq S_n \leq l\} = \mathbb{P}\{k - 0.5 \leq S_n \leq l + 0.5\} \approx \mathbb{P}\{k - 0.5 \leq Z_n \leq l + 0.5\}$$

ersetzt man (7.16) durch

$$\mathbb{P}\{k \leq S_n \leq l\} \approx \Phi\left(\frac{l+0.5-n\mu}{\sigma\sqrt{n}}\right) - \Phi\left(\frac{k-0.5-n\mu}{\sigma\sqrt{n}}\right)\,.$$

---
[2] Wie bereits oben bemerkt, bleibt der Zentrale Grenzwertsatz auch im Fall nicht notwendig identisch verteilter Größen richtig, sofern nicht einzelne Fehler die restlichen dominieren.

Man nennt dies **Stetigkeitskorrektur**[3] im Zentralen Grenzwertsatz für $\mathbb{Z}$–wertige zufällige Größen. Unter Verwendung des Mittelwertsatzes der Differential- und Integralrechnung folgt

$$\left| \Phi\left(\frac{k \pm 0.5 - n\mu}{\sigma\sqrt{n}}\right) - \Phi\left(\frac{k - n\mu}{\sigma\sqrt{n}}\right) \right| \leq \frac{0.5}{\sigma\sqrt{n}}\Phi'(\xi)$$

für einen Zwischenwert ξ, woraus sich wegen $\Phi'(\xi) \leq (2\pi)^{-1/2}$ die Abschätzung

$$|\mathbb{P}\{k - 0.5 \leq Z_n \leq l + 0.5\} - \mathbb{P}\{k \leq Z_n \leq l\}| \leq \frac{1}{\sigma\sqrt{2\pi n}}$$

ergibt. Damit sehen wir, dass die Stetigkeitskorrektur für große Zahlen n keine wesentliche Verbesserung bringt, nur wenn n relativ klein ist.

Beispiel 7.2.9

Wir würfeln n-mal mit einem fairen Würfel. Mit S_n bezeichnen wir die Summe der bei den n Würfen beobachteten Augenzahlen. Nach (7.15) ist S_n dann annähernd $\mathcal{N}\left(\frac{7n}{2}, \frac{35n}{12}\right)$ verteilt. Oder anders ausgedrückt,

$$\lim_{n\to\infty} \mathbb{P}\left\{a \leq \frac{S_n - 7n/2}{\sqrt{35n/12}} \leq b\right\} = \frac{1}{\sqrt{2\pi}} \int_a^b e^{-x^2/2}\,dx,$$

und diese Konvergenz erfolgt sogar gleichmäßig für alle $a < b$. Also können wir für große n die rechte Seite als Näherung für die linke Seite verwenden.

Untersuchen wir zuerst ein Beispiel mit einer „kleinen" Anzahl von Würfen. Wir werfen den Würfel 3-mal und fragen nach der Wahrscheinlichkeit, dass die Summe S_3 der Würfe entweder 7 oder 8 beträgt. Direkte Rechnung liefert

$$\mathbb{P}\{7 \leq S_3 \leq 8\} = \frac{1}{6} = 0.16667\,.$$

Ohne Stetigkeitskorrektur erhalten wir als Approximation

$$\Phi\left(\frac{8 - 21/2}{\sqrt{3 \cdot 35/12}}\right) - \Phi\left(\frac{7 - 21/2}{\sqrt{3 \cdot 35/12}}\right) = 0.08065$$

während sich mit Stetigkeitskorrektur

$$\Phi\left(\frac{8 + 0.5 - 21/2}{\sqrt{3 \cdot 35/12}}\right) - \Phi\left(\frac{7 - 0.5 - 21/2}{\sqrt{3 \cdot 35/12}}\right) = 0.16133$$

ergibt.

---

[3] In der englischsprachigen Literatur wird diese Korrektur auch „histogram correction" genannt, vgl. [2], Seite 127.

7.2 Zentraler Grenzwertsatz

Für den Fall großer n betrachten wir nochmals Beispiel 7.1.5, diesmal aus Sicht des Zentralen Grenzwertsatzes. Es sei $n = 10^3$, und wählen wir $a := -\frac{100\sqrt{12}}{\sqrt{35000}}$ und $b := \frac{100\sqrt{12}}{\sqrt{35000}}$, so folgt

$$\mathbb{P}\{3400 \leq S_n \leq 3600\} \approx \frac{1}{\sqrt{2\pi}} \int_a^b e^{-x^2/2}\,dx \approx 0.93592\,.$$

Man vergleiche dies mit der wesentlich unpräziseren Abschätzung $0{,}709$, die wir in Beispiel 7.1.5 mithilfe der Ungleichung von Chebyshev erhalten haben.

Beispiel 7.2.10

Wir wollen die im Beispiel 4.1.7 behandelte zufällige Irrfahrt auf $\mathbb{Z}$ nun unter dem Gesichtspunkt des Zentralen Grenzwertsatzes näher untersuchen. Zur Vereinfachung nehmen wir $p = 1/2$ an, d.h., das Teilchen, das sich zum Zeitpunkt Null im Ursprung der ganzen Zahlen befindet, bewegt sich bei jedem Takt mit Wahrscheinlichkeit $1/2$ entweder einen Schritt nach rechts oder links. Sind die X_j die Sprünge in den einzelnen Takten, so gilt $\mathbb{P}\{X_j = -1\} = \mathbb{P}\{X_j = 1\} = 1/2$ und $S_n = X_1 + \cdots + X_n$ ist der Ort des Teilchens nach n Sprüngen. Die X_j sind nach Annahme unabhängig und identisch verteilt mit $\mu = \mathbb{E}X_1 = 0$ und $\sigma^2 = \mathbb{V}X_1 = 1$. Also ist S_n annähernd $\mathcal{N}(0, n)$-verteilt. In anderer Form heißt dies

$$\lim_{n\to\infty} \mathbb{P}\{a\sqrt{n} \leq S_n \leq b\sqrt{n}\} = \frac{1}{\sqrt{2\pi}} \int_a^b e^{-x^2/2}\,dx\,.$$

Wählen wir beispielsweise $a = -2$ und $b = 2$, so folgt

$$\lim_{n\to\infty} \mathbb{P}\left\{-2\sqrt{n} \leq S_n \leq 2\sqrt{n}\right\} = \frac{1}{\sqrt{2\pi}} \int_{-2}^{2} e^{-x^2/2}\,dx \approx 0.9544997\,.$$

Man beachte, dass sich das Teilchen nach n Schritten in einem Punkt des Intervalls $[-n, n]$ aufhält. In Wirklichkeit befindet es sich für große n mit einer Wahrscheinlichkeit von mehr als $0{,}95$ im wesentlich kleineren Intervall $[-2\sqrt{n}, 2\sqrt{n}]$.

Beispiel 7.2.11

In einer Bank entstehen bei Berechnungen, z.B. von Zinsen, Beträge, die keine vollen Cent ergeben, also beispielsweise 12.837 Cent. In diesem Fall rundet die Bank den Betrag auf volle Cent auf bzw. ab, je nachdem ob der Betrag nach der Kommastelle größer oder kleiner als 0.5 Cent ist. Im obigen Fall erhält der Kunde also 13 Cent gutgeschrieben. Würde der berechnete Betrag dagegen 12.486 Cent betragen, so bekäme der Kunde nur 12 Cent überwiesen. Im ersten Fall verliert die Bank 0.163 Cent, im zweiten Fall gewinnt sie 0.468 Cent. Die Frage stellt sich nun, wie viel Geld die Bank insgesamt verliert oder gewinnt, wenn sehr viele solcher Berechnungen durchgeführt werden. Nehmen wir an, dass z.B. die Bank pro Tag 10^6 solcher Berechnungen durchführt. Dann könnte im Extremfall die Bank 5000 Euro gewinnen, aber auch verlieren. Ist dies wirklich möglich?
Antwort: Theoretisch ist es schon möglich, dass die Bank bei vielen Berechnungen große Gewinne oder auch Verluste macht. Praktisch ist dies aber, wie wir sehen werden, nicht

der Fall. Wir verwenden folgendes Modell: Mit X_j bezeichnen wir den Gewinn oder Verlust (in Cent) bei der j-ten Berechnung. Dann sind diese X_j unabhängig voneinander und auf $[-1/2, 1/2]$ gleichverteilt. Der Gesamtgewinn oder -verlust bei n Berechnungen beträgt somit
$$S_n = X_1 + \cdots + X_n.$$
Nach den Sätzen 5.1.25 und 5.2.23 haben wir
$$\mu = \mathbb{E}X_1 = 0 \quad \text{und} \quad \sigma^2 = \mathbb{V}X_1 = \frac{1}{12},$$
woraus nach dem Zentralen Grenzwertsatz für $a < b$ die Aussage
$$\lim_{n \to \infty} \mathbb{P}\left\{\frac{a\sqrt{n}}{\sqrt{12}} \leq S_n \leq \frac{b\sqrt{n}}{\sqrt{12}}\right\} = \frac{1}{\sqrt{2\pi}} \int_a^b e^{-x^2/2} \, dx$$
folgt. Damit lässt sich für große n die Wahrscheinlichkeit $\mathbb{P}\{a \leq S_n \leq b\}$ ungefähr durch
$$\frac{1}{\sqrt{2\pi}} \int_{a\sqrt{12/n}}^{b\sqrt{12/n}} e^{-x^2/2} \, dx$$
berechnen. Ist wie oben z.B. $n = 10^6$, so gilt für $a = 10^3$ und $b = \infty$, dass
$$\mathbb{P}\{S_n \geq 10 \text{ Euro}\} = \mathbb{P}\{S_n \geq 10^3 \text{ Cent}\} \approx \frac{1}{\sqrt{2\pi}} \int_{\sqrt{12}}^{\infty} e^{-x^2/2} \, dx \approx 0.00026603,$$
ist also verschwindend klein. Aus Gründen der Symmetrie hat man auch
$$\mathbb{P}\{S_n \leq -10 \text{ Euro}\} \approx \frac{1}{\sqrt{2\pi}} \int_{-\infty}^{-\sqrt{12}} e^{-x^2/2} \, dx \approx 0.00026603.$$
Analog erhält man

$\mathbb{P}\{S_n \geq 1 \text{ Euro}\} \approx 0.364517, \qquad \mathbb{P}\{S_n \geq 2 \text{ Euro}\} \approx 0.244211$
$\mathbb{P}\{S_n \geq 5 \text{ Euro}\} \approx 0.0416323 \quad \text{und} \quad \mathbb{P}\{S_n \geq 20 \text{ Euro}\} \approx 2,1311 \times 10^{-12}.$

Damit sehen wir, dass selbst bei der relativ großen Zahl von 10^6 Berechnungen nur mit sehr kleiner Wahrscheinlichkeit die Bank durch Rundungsfehler mehr als 5 Euro gewinnt oder aber auch verliert, obwohl theoretisch ein Gewinn oder Verlust von bis zu 5000 Euro möglich wäre.

Spezialfälle des Zentralen Grenzwertsatzes:

Binomialverteilte zufällige Größen: Wir beginnen mit dem von de Moivre und später von Laplace untersuchten Fall, dass die X_j gemäß $B_{1,p}$ verteilt sind. Dann gilt $\mu = \mathbb{E}X_1 = p$ und $\sigma^2 = \mathbb{V}X_1 = p(1-p)$. Also nimmt Satz 7.2.6 in diesem Fall folgende Gestalt an:

7.2 Zentraler Grenzwertsatz

Satz 7.2.12: *Satz von de Moivre und Laplace*

Es seien X_j unabhängige gemäß $B_{1,p}$ verteilte zufällige Größen. Dann folgt für die Summe $S_n = X_1 + \cdots + X_n$ die Aussage

$$\lim_{n \to \infty} \mathbb{P}\left\{ a \leq \frac{S_n - np}{\sqrt{np(1-p)}} \leq b \right\} = \frac{1}{\sqrt{2\pi}} \int_a^b e^{-x^2/2}\,dx. \tag{7.17}$$

Bemerkung 7.2.13

Nach Folgerung 4.6.2 wissen wir, dass $S_n = X_1 + \cdots + X_n$ gemäß $B_{n,p}$ verteilt ist. Also geht Gleichung (7.17) über in

$$\lim_{n \to \infty} \sum_{k \in I_{n,a,b}} \binom{n}{k} p^k (1-p)^{n-k} = \frac{1}{\sqrt{2\pi}} \int_a^b e^{-x^2/2}\,dx$$

mit

$$I_{n,a,b} := \left\{ k \geq 0 : a \leq \frac{k - np}{\sqrt{np(1-p)}} \leq b \right\}.$$

Beispiel 7.2.14

Die Gewinnchance bei einem Spiel betrage p mit $0 < p < 1$. Weiterhin seien eine Zahl α aus $(0, 1)$ und ein $m \in \mathbb{N}$ vorgegeben. Wie viele Spiele muss man mindestens spielen, damit die Wahrscheinlichkeit, m der Spiele gewonnen zu haben, größer oder gleich α ist?

Antwort: Man setzt $X_j = 1$ wenn das j-te Spiel gewonnen wird; bei Verlust sei $X_j = 0$. Dann sind die X_j unabhängig und gemäß $B_{1,p}$ verteilt. Mit $S_n = X_1 + \cdots X_n$ lässt sich nun die obige Frage wie folgt formulieren: Man bestimme die kleinste Zahl $n \in \mathbb{N}$ für die die Abschätzung

$$\mathbb{P}\{S_n \geq m\} \geq \alpha \tag{7.18}$$

erfüllt ist. Nach Folgerung 4.6.2 ist aber S_n gemäß $B_{n,p}$ verteilt, weswegen (7.18) in

$$\sum_{k=m}^n \binom{n}{k} p^k (1-p)^{n-k} \geq \alpha \tag{7.19}$$

übergeht. Damit lautet die „exakte" Antwort auf die obige Frage: Man wähle das minimale $n \geq 1$ für das (7.19) gilt.

Einfacher ist aber das gesuchte n „approximativ" mithilfe von Satz 7.2.12 zu bestimmen. Dazu schreiben wir Gleichung (7.18) in

$$\mathbb{P}\left\{ \frac{S_n - np}{\sqrt{np(1-p)}} \geq \frac{m - np}{\sqrt{np(1-p)}} \right\} \geq \alpha$$

um und erhalten, dass

$$\alpha \leq 1 - \Phi\left(\frac{m - np}{\sqrt{np(1-p)}}\right) = \Phi\left(\frac{np - m}{\sqrt{np(1-p)}}\right)$$

erfüllt sein muss. Sei die Zahl u_α durch $\Phi(u_\alpha) = \alpha$ definiert (später werden die u_α im Abschnitt 8.4.3 eine entscheidende Rolle spielen, vgl. auch Definition 8.4.5). Dann lautet die Antwort nunmehr wie folgt: Man bestimme die kleinste Zahl $n \geq 1$ mit

$$\frac{np - m}{\sqrt{np(1-p)}} \geq u_\alpha \,.$$

Fragt man zum Beispiel, wie oft man mindestens einen Würfel werfen muss, um mit Wahrscheinlichkeit größer oder gleich 0.9 mindestens 100 mal eine „6" zu beobachten, so ergibt sich für die gesuchte Zahl n der notwendigen Würfe, dass sie die Ungleichung

$$\frac{n - 600}{\sqrt{5n}} \geq u_{0.9} = 1.28155$$

erfüllen muss. Es gilt aber

$$\frac{665 - 600}{\sqrt{5 \cdot 665}} = 1.12724 \quad \text{und} \quad \frac{666 - 600}{\sqrt{5 \cdot 666}} = 1.4373\,,$$

also muss man mindestens 666-mal den Würfel werfen, um mit 90%-iger Wahrscheinlichkeit wenigstens 100-mal die Zahl „6" zu beobachten. Interessant dabei ist, dass die durchschnittliche Anzahl des Erscheinens der „6" bei 666 Würfen wesentlich größer als die gewünschte Zahl 100 ist, sie nämlich 111 beträgt.

Poissonverteilte zufällige Größen: Seien nun die $X_1, X_2, \ldots$ unabhängig und gemäß Pois_λ verteilt. Nach den Sätzen 5.1.14 und 5.2.20 haben wir

$$\mu := \mathbb{E} X_1 = \lambda \quad \text{und} \quad \mathbb{V} X_1 = \lambda\,.$$

Damit ergibt sich in diesem Fall aus Satz 7.2.6 folgende Aussage:

Satz 7.2.15

Es seien X_j unabhängige mit Parameter $\lambda > 0$ Poissonverteilte zufällige Größen. Dann folgt für die Summe $S_n = X_1 + \cdots + X_n$, dass

$$\lim_{n \to \infty} \mathbb{P}\left\{a \leq \frac{S_n - n\lambda}{\sqrt{n\lambda}} \leq b\right\} = \frac{1}{\sqrt{2\pi}} \int_a^b e^{-x^2/2}\, dx\,. \tag{7.20}$$

7.2 Zentraler Grenzwertsatz

Bemerkung 7.2.16

Nach Satz 4.6.4 ist S_n gemäß $\mathrm{Pois}_{\lambda n}$ verteilt, weswegen (7.20) in

$$\lim_{n\to\infty} \sum_{k\in J_{n,a,b}} \frac{(\lambda n)^k}{k!} e^{-\lambda n} = \frac{1}{\sqrt{2\pi}} \int_a^b e^{-x^2/2}\, dx \tag{7.21}$$

mit

$$J_{n,a,b} := \left\{ k \in \mathbb{N}_0 : a \leq \frac{k - n\lambda}{\sqrt{n\lambda}} \leq b \right\}$$

übergeht.

Bemerkung 7.2.17

Wählt man in (7.21) die Zahlen a und b als $a = -\infty$ und $b = 0$, so ergibt sich für $\lambda = 1$ der interessante Grenzwert

$$\lim_{n\to\infty} e^{-n} \sum_{k=0}^{n} \frac{n^k}{k!} = \frac{1}{2}\,.$$

Wählt man dagegen $a = -\infty$ und $b_n = \sqrt{n}$, so folgt, dass

$$\lim_{n\to\infty} \left| e^{-n} \sum_{k=0}^{2n} \frac{n^k}{k!} - \frac{1}{\sqrt{2\pi}} \int_{-\infty}^{b_n} e^{-x^2/2}\, dx \right| = 0,$$

woraus man wegen

$$\lim_{n\to\infty} \frac{1}{\sqrt{2\pi}} \int_{-\infty}^{\sqrt{n}} e^{-x^2/2}\, dx = 1$$

die folgende Aussage erhält:

$$\lim_{n\to\infty} e^{-n} \sum_{k=0}^{2n} \frac{n^k}{k!} = 1\,.$$

Gammaverteilte zufällige Größen: Betrachten wir als letzten Spezialfall den, dass die X_j für gewisse $\alpha, \beta > 0$ gemäß $\Gamma_{\alpha,\beta}$ verteilt sind. Nach den Sätzen 5.1.26 und 5.2.24 haben wir $\mu = \mathbb{E}X_1 = \alpha\beta$ und $\sigma^2 = \mathbb{V}X_1 = \alpha^2\beta$. Damit hat der Zentrale Grenzwertsatz für $\Gamma_{\alpha,\beta}$-verteilte zufällige Größen X_j die folgende Gestalt:

Satz 7.2.18

Es seien X_j unabhängige mit Parameter $\Gamma_{\alpha,\beta}$-verteilte zufällige Größen. Dann folgt für die Summe $S_n = X_1 + \cdots + X_n$, dass

$$\lim_{n\to\infty} \mathbb{P}\left\{ a \leq \frac{S_n - n\alpha\beta}{\alpha\sqrt{n\beta}} \leq b \right\} = \frac{1}{\sqrt{2\pi}} \int_a^b e^{-x^2/2}\, dx\,. \tag{7.22}$$

Bemerkung 7.2.19

Nach Satz 4.6.9 ist S_n gemäß $\Gamma_{\alpha,n\beta}$ verteilt. Setzen wir

$$I_{n,a,b} := \left\{ x \geq 0 : a \leq \frac{x - n\alpha\beta}{\alpha\sqrt{n\beta}} \leq b \right\},$$

so geht (7.22) in

$$\lim_{n \to \infty} \frac{1}{\alpha^{n\beta}\Gamma(n\beta)} \int_{I_{n,a,b}} x^{n\beta-1} e^{-x/\alpha} \, dx = \frac{1}{\sqrt{2\pi}} \int_a^b e^{-x^2/2} \, dx$$

über.

Zwei Fälle von Satz 7.2.18 bzw. Bemerkung 7.2.19 sind von speziellem Interesse:

(a) Für gemäß χ_n^2 verteilte zufällige Größen S_n folgt

$$\lim_{n \to \infty} \mathbb{P}\left\{ a \leq \frac{S_n - n}{\sqrt{2n}} \leq b \right\} = \frac{1}{\sqrt{2\pi}} \int_a^b e^{-x^2/2} \, dx.$$

(b) Sind die zufällige Größen S_n gemäß $E_{\lambda,n}$ verteilt, also Erlangverteilt mit Parametern λ und n, so gilt

$$\lim_{n \to \infty} \mathbb{P}\left\{ a \leq \frac{\lambda S_n - n}{\sqrt{n}} \leq b \right\} = \frac{1}{\sqrt{2\pi}} \int_a^b e^{-x^2/2} \, dx.$$

Im Fall $\lambda = 1$ erhalten wir hieraus (man setze $a = -\infty$ und $b = 0$), dass

$$\lim_{n \to \infty} \frac{1}{\Gamma(n)} \int_0^n x^{n-1} e^{-x} \, dx = \frac{1}{\sqrt{2\pi}} \int_{-\infty}^0 e^{-x^2/2} \, dx = \frac{1}{2}.$$

Weiterführende Bemerkungen:

(1) *Wann ist ein Spiel fair?* Nehmen wir an, wir spielen ein Spiel, bei dem man gewisse Geldbeträge gewinnen oder verlieren kann. Ist dieses Spiel fair, wenn
  (i) der durchschnittliche Gewinn bzw. Verlust bei einem Spiel gleich Null ist oder aber,
  (ii) wenn man dieses Spiel mehrmals spielt, dass dann die Wahrscheinlichkeit für Gewinn bzw. Verlust mit zunehmender Anzahl der Spiele gegen $1/2$ konvergiert?

Die mathematische Formulierung dieser Frage lautet wie folgt: Gegeben sei eine unabhängige Folge identisch verteilter zufälliger Größen $X_1, X_2, \ldots$. Dabei beschreibt X_j den erzielten Gewinn oder Verlust im j-ten Spiel. Man fragt nun, ob ein Spiel fair ist, wenn
  (i) für den Erwartungswert $\mu = \mathbb{E} X_1$ die Aussage $\mu = 0$ gilt oder aber wenn
  (ii) mit $S_n := X_1 + \cdots + X_n$ die Bedingung

$$\lim_{n \to \infty} \mathbb{P}\{S_n \leq 0\} = \lim_{n \to \infty} \mathbb{P}\{S_n \geq 0\} = \frac{1}{2} \qquad (7.23)$$

erfüllt ist?

7.2 Zentraler Grenzwertsatz

Wir müssen im Folgenden den trivialen Fall $\mathbb{P}\{X_j = 0\} = 1$ ausschließen, also den Fall, dass man mit Wahrscheinlichkeit 1 weder gewinnt noch verliert. Hier gilt natürlich (7.23) nicht.

Der folgende Satz zeigt nun, dass die obigen Bedingungen (i) und (ii) äquivalent sind, sofern X_1 ein endliches zweites Moment besitzt. Ohne diese Annahme ist (7.23) im Allgemeinen stärker als $\mu = 0$. Es existieren nämlich unabhängige identisch verteilte zufällige Größen $X_1, X_2, \ldots$ mit $\mu = \mathbb{E} X_1 = 0$, für die man aber

$$\lim_{n \to \infty} \mathbb{P}\{S_n \leq 0\} = 1$$

hat (siehe [3], Kapitel X, §4). Aufgrund des folgenden Satzes muss in diesem Fall $\mathbb{E}|X_1|^2 = \infty$ gelten. Außerdem sehen wir, dass Bedingung (7.23) geeigneter ist, um die Fairness eines Spiels zu beschreiben. Aber wer spielt schon ein Spiel, bei dem die Verteilung des Gewinns oder Verlusts kein zweites Moment besitzt?

Satz 7.2.20

Es seien $X_1, X_2, \ldots$ unabhängig und identisch verteilt mit Erwartungswert μ. Außerdem gelte $\mathbb{P}\{X_j = 0\} < 1$.

1. Aus Eigenschaft (7.23) folgt $\mu = 0$, also ist ein faires Spiel im Sinn von (ii) auch fair im Sinn von (i).
2. Besitzt X_1 ein zweites Moment, so erhält man umgekehrt aus $\mu = 0$ stets (7.23). Folglich sind die Bedingungen (i) und (ii) unter der Voraussetzung $\mathbb{E}|X_1|^2 < \infty$ äquivalent.

Beweis: Wir beweisen die erste Aussage indirekt, d.h., wir nehmen $\mu \neq 0$ an und zeigen dann, dass (7.23) nicht richtig sein kann. Ohne Beschränkung der Allgemeinheit setzen wir $\mu > 0$ voraus, denn für $\mu < 0$ kann man einfach zu $-X_1, -X_2, \ldots$ übergehen und mit $-\mu$ rechnen. Wir wenden nun Satz 7.1.18 mit $\varepsilon = \mu/2$ an und erhalten

$$\lim_{n \to \infty} \mathbb{P}\left\{\left|\frac{S_n}{n} - \mu\right| \leq \frac{\mu}{2}\right\} = 1 \,. \tag{7.24}$$

Nun folgt aber aus $\left|\frac{S_n}{n} - \mu\right| \leq \mu/2$ die Abschätzung $\frac{S_n}{n} \geq \mu/2$, hieraus natürlich $S_n \geq 0$. Also ergibt sich

$$\mathbb{P}\left\{\left|\frac{S_n}{n} - \mu\right| \leq \frac{\mu}{2}\right\} \leq \mathbb{P}\{S_n \geq 0\},$$

woraus wir wegen (7.24) die Aussage

$$\lim_{n \to \infty} \mathbb{P}\{S_n \geq 0\} = 1$$

erhalten. Also kann (7.23) nicht richtig sein. Damit ist die erste Behauptung bewiesen.

Kommen wir nun zum zweiten Teil des Satzes. Wir setzen also die Existenz des zweiten Moments sowie $\mu = 0$ voraus. Nach Satz 7.2.6 folgt dann mit $\sigma^2 = \mathbb{V} X_1$ die Aussage

$$\lim_{n \to \infty} \mathbb{P}\{S_n \geq 0\} = \lim_{n \to \infty} \left\{\frac{S_n}{\sigma \sqrt{n}} \geq 0\right\} = \frac{1}{\sqrt{2\pi}} \int_0^\infty e^{-x^2/2} \, dx = \frac{1}{2} \,.$$

Man beachte dabei, dass $\sigma > 0$ aufgrund der Annahme an die X_j gilt.

Da sich die Behauptung für $\mathbb{P}\{S_n \leq 0\}$ nach dem selben Schema ergibt, folgt (7.23). Damit ist der Satz bewiesen. □

(2) *Konvergenzgeschwindigkeit:* Wie schnell konvergiert $\frac{S_n - n\mu}{\sigma\sqrt{n}}$ gegen eine $\mathcal{N}(0,1)$-verteilte zufällige Größe? Zuerst fragt sich, wie wir die Geschwindigkeit der Konvergenz messen wollen. Nach Satz 7.2.6 bietet sich die Größe

$$\sup_{t \in \mathbb{R}} \left| \mathbb{P}\left\{ \frac{S_n - n\mu}{\sigma\sqrt{n}} \leq t \right\} - \frac{1}{\sqrt{2\pi}} \int_{-\infty}^{t} e^{-x^2/2} \, dx \right|$$

an. Hier gilt folgender Satz:

Satz 7.2.21: *Satz von Berry und Esséen*

Sind $X_1, X_2, \ldots$ unabhängige identisch verteilte zufällige Größen mit $\mathbb{E}|X_1|^3 < \infty$. Mit $\mu = \mathbb{E}X_1$ und $\sigma^2 = \mathbb{V}X_1 > 0$ erhält man

$$\sup_{t \in \mathbb{R}} \left| \mathbb{P}\left\{ \frac{S_n - n\mu}{\sigma\sqrt{n}} \leq t \right\} - \frac{1}{\sqrt{2\pi}} \int_{-\infty}^{t} e^{-x^2/2} \, dx \right| \leq C \frac{\mathbb{E}|X_1|^3}{\sigma^3} n^{-1/2}. \quad (7.25)$$

Hierbei ist $C > 0$ eine universelle Konstante.

Bemerkung 7.2.22

Die Ordnung $n^{-1/2}$ in Abschätzung (7.25) is optimal und kann nicht verbessert werden. Wählt man zum Beispiel unabhängige zufällige Größen $X_1, X_2, \ldots$ mit $\mathbb{P}\{X_j = -1\} = \mathbb{P}\{X_j = 1\} = 1/2$, dann folgt mit $\mu = 0$ und $\sigma^2 = 1$ die Aussage

$$\liminf_{n \to \infty} n^{1/2} \sup_{t \in \mathbb{R}} \left| \mathbb{P}\left\{ \frac{S_n}{\sqrt{n}} \leq t \right\} - \frac{1}{\sqrt{2\pi}} \int_{-\infty}^{t} e^{-x^2/2} \, dx \right| > 0. \quad (7.26)$$

Zum Nachweis der letzten Aussage verwendet man, dass $t \mapsto \mathbb{P}\{\frac{S_n}{\sqrt{n}} \leq t\}$ Sprünge der Höhe $n^{-1/2}$ besitzt, während $t \mapsto \frac{1}{\sqrt{2\pi}} \int_{-\infty}^{t} e^{-x^2/2} \, dx$ stetig ist. Man vergleiche dazu auch die in Bemerkung 7.2.8 untersuchte Frage der Stetigkeitskorrektur, die eng mit Aussage (7.26) zusammen hängt.

Bemerkung 7.2.23

Der exakte Wert der in (7.25) auftauchenden Konstante ist trotz intensiver Forschung noch immer unbekannt. Die im Moment besten Abschätzungen lauten $0.40973 < C < 0.478$.

7.3 Aufgaben

Aufgabe 7.1

Gegeben seien zwei Folgen $A_1, A_2, \ldots$ und $B_1, B_2, \ldots$ von Ereignissen aus einem Wahrscheinlichkeitsraum $(\Omega, \mathcal{A}, \mathbb{P})$. Man zeige, dass dann die Aussage

$$\limsup_{n \to \infty}(A_n \cup B_n) = \limsup_{n \to \infty}(A_n) \cup \limsup_{n \to \infty}(B_n)$$

richtig ist. Gilt dies auch für den Durchschnitt, d.h., hat man

$$\limsup_{n \to \infty}(A_n \cap B_n) = \limsup_{n \to \infty}(A_n) \cap \limsup_{n \to \infty}(B_n) ?$$

Aufgabe 7.2

Gegeben sei eine Folge unabhängiger E_λ-verteilter zufälliger Größen X_n. Für welche Folgen $(c_n)_{n \geq 1}$ positiver reeller Zahlen hat man

$$\mathbb{P}\{X_n \geq c_n \text{ unendlich oft}\} = 1 ?$$

Aufgabe 7.3

Für eine stetige Funktion $f : [0,1] \to \mathbb{R}$ bilde man das Polynom B_n^f vom Grad n durch

$$B_n^f(x) := \sum_{k=0}^{n} f\left(\frac{k}{n}\right) \binom{n}{k} x^k (1-x)^{n-k}, \quad 0 \leq x \leq 1.$$

Man nennt B_n^f das n-te **Bernsteinpolynom** von f. Unter Verwendung von Satz 7.1.21 zeige man das Folgende: Mit der Gleichverteilung $\mathbb{P}$ auf $[0,1]$ gilt

$$\mathbb{P}\left\{x \in [0,1] : \lim_{n \to \infty} B_n^f(x) = f(x)\right\} = 1.$$

Bemerkung: Mithilfe analytischer Methoden folgt hieraus sogar die gleichmäßige Konvergenz, d.h., es gilt

$$\lim_{n \to \infty} \sup_{0 \leq x \leq 1} |B_n^f(x) - f(x)| = 0.$$

Aufgabe 7.4

Man werfe einen Würfel 180 mal. Mit welcher Wahrscheinlichkeit erscheint dabei weniger als 25 mal die Zahl „6" ? Man bestimme diese Wahrscheinlichkeit einmal

- exakt unter Verwendung der Binomialverteilung, einmal
- approximativ mithilfe des Zentralen Grenzwertsatzes und schließlich
- ebenfalls approximativ mithilfe des Zentralen Grenzwertsatzes, diesmal aber mit Stetigkeitskorrektur.

Aufgabe 7.5

Man werfe 16 mal eine faire Münze. Mit welcher Wahrscheinlichkeit beobachtet man dabei genau 8 mal „Kopf" ? Man bestimme diese Wahrscheinlichkeit einmal
- exakt unter Verwendung der Binomialverteilung, einmal
- approximativ mithilfe des Zentralen Grenzwertsatzes und schließlich
- ebenfalls approximativ mithilfe des Zentralen Grenzwertsatzes, diesmal aber mit Stetigkeitskorrektur.

Aufgabe 7.6

Gegeben seien unabhängige G_p-verteilte zufällige Größen $X_1, X_2, \ldots$, d.h., es gilt

$$\mathbb{P}\{X_j = k\} = p(1-p)^k, \quad k = 0, 1, \ldots$$

mit einem $p \in (0, 1)$.

1. Welche Aussage über das asymptotische Verhalten der Summe $S_n = X_1 + \cdots X_n$ läßt sich aus dem Zentralen Grenzwertsatz in diesem Fall ableiten?
2. Warum gilt

$$\lim_{n \to \infty} \sum_{k \in I_{n,a,b}} \binom{-n}{k} p^n (1-p)^k = \frac{1}{\sqrt{2\pi}} \int_a^b e^{-x^2/2} dx$$

mit

$$I_{n,a,b} := \left\{ k \geq 0 : a \leq \frac{pk - n(1-p)}{\sqrt{n(1-p)}} \leq b \right\} ?$$

Zur Beantwortung dieser Frage verwende man Folgerung 4.6.7.

3. Das Ereignis $\{S_n = k\}$ tritt bekanntlich dann ein wenn man im $(n+k)$-ten Versuch genau zum n-ten mal Erfolg beobachtet. Wie läßt sich mithilfe des Zentralen Grenzwertsatzes approximativ die Wahrscheinlichkeit folgenden Ereignisses ausrechnen: Der n-te Erfolg erscheint erstmals zwischen dem k-ten und m-ten Versuch für vorgegebene $n \leq k \leq m$?

8 Mathematische Statistik

8.1 Statistische Räume

8.1.1 Statistische Räume in allgemeiner Form

Hauptanliegen der Wahrscheinlichkeitstheorie ist die Beschreibung und Analyse von Zufallsexperimenten mithilfe eines Wahrscheinlichkeitsraums $(\Omega, \mathcal{A}, \mathbb{P})$. Hierbei wird stets angenommen, dass wir das beschreibende Wahrscheinlichkeitsmaß $\mathbb{P}$ kennen.

> **Wahrscheinlichkeitstheorie:**
>
> Beschreibung eines Zufallsexperiments und seiner Eigenschaften durch einen Wahrscheinlichkeitsraum. Das Verteilungsgesetz wird dabei als *bekannt* vorausgesetzt.

Die Mathematische Statistik beschäftigt sich im Wesentlichen mit der umgekehrten Fragestellung: Man führt ein statistisches Experiment durch, beobachtet ein zufälliges Ergebnis, meist als Stichprobe bezeichnet, beispielsweise eine Reihe von Messwerten oder die Ergebnisse einer Befragung, und man möchte nun anhand dieser Stichprobe möglichst präzise Aussagen über das dem Experiment zugrunde liegende Wahrscheinlichkeitsmaß (oder einen Parameter dieses Maßes) ableiten.

> **Mathematische Statistik:**
>
> Im Ergebnis eines statistischen Experiments beobachtet man eine (zufällige) Stichprobe. Auf Grundlage dieser Stichprobe sind Aussagen über Eigenschaften des *unbekannten* Verteilungsgesetzes abzuleiten.

Kommen wir zur mathematischen Formulierung dieser Aufgabenstellung: Zuerst vermerken wir, dass es in der Mathematischen Statistik üblich ist, den beschreibenden Wahrscheinlichkeitsraum mit $(\mathcal{X}, \mathcal{F}, \mathbb{P})$ zu bezeichnen, und $\mathcal{X}$ heißt hier nicht Grundraum, sondern **Stichprobenraum**, und wie früher ist $\mathcal{F}$ eine σ-Algebra von Ereignissen aus $\mathcal{X}$. Das Wahrscheinlichkeitsmaß $\mathbb{P}$ ist unbekannt.

Aufgrund von theoretischen Überlegungen, anhand von Erfahrungen oder aber durch gewisse statistische Untersuchungen kann man in den meisten Fällen die Menge der infrage kommenden Wahrscheinlichkeitsmaße einschränken. Mathematisch bedeutet dies, man wählt eine Menge **P** von Wahrscheinlichkeitsmaßen auf $(\mathcal{X}, \mathcal{F})$ aus, unter denen man das gesuchte Wahrscheinlichkeitsmaß $\mathbb{P}$ vermutet. Dabei ist keineswegs ausgeschlossen, dass **P** die Menge aller

Wahrscheinlichkeitsmaße ist; allerdings ist es für die Anwendung statistischer Verfahren meist sehr vorteilhaft, **P** möglichst klein zu wählen. Dabei muss aber gesichert sein, dass das gesuchte Wahrscheinlichkeitsmaß tatsächlich in **P** liegt; wenn nicht, führt das zu falschen oder ungenauen Ergebnissen.

Definition 8.1.1

Eine Menge **P** von Wahrscheinlichkeitsmaßen auf $(\mathcal{X}, \mathcal{F})$ heißt **Verteilungsannahme**. Man geht davon aus, dass das unbekannte Wahrscheinlichkeitsmaß zu **P** gehört.

Nach Festlegung der Verteilungsannahme **P** betrachtet man nicht mehr alle Wahrscheinlichkeitsmaße auf $(\mathcal{X}, \mathcal{F})$, sondern nur noch solche, die zu **P** gehören.

Man führt nun einen statistischen Versuch aus oder man analysiert gegebene Daten, und im Ergebnis erhält man eine **Stichprobe** $x \in \mathcal{X}$. Die Aufgabe der Mathematischen Statistik besteht nun darin, anhand der beobachteten Stichprobe Aussagen über das gesuchte $\mathbb{P} \in \mathbf{P}$ zu treffen. Das mathematische Modell für diese Fragestellung ist der statistische Raum, der wie folgt definiert ist.

Definition 8.1.2

Ein **statistischer Raum** ist eine Menge von Wahrscheinlichkeitsräumen $(\mathcal{X}, \mathcal{F}, \mathbb{P})$ mit Wahrscheinlichkeitsmaßen $\mathbb{P} \in \mathbf{P}$. Hierbei ist **P** eine gegebene Menge von Wahrscheinlichkeitsverteilungen auf $(\mathcal{X}, \mathcal{F})$. Man schreibt für den statistischen Raum

$$(\mathcal{X}, \mathcal{F}, \mathbb{P})_{\mathbb{P} \in \mathbf{P}} \quad \text{oder} \quad \{(\mathcal{X}, \mathcal{F}, \mathbb{P}) : \mathbb{P} \in \mathbf{P}\}.$$

Erläutern wir diese Definition an zwei Beispielen:

Beispiel 8.1.3

In einer Urne befinden sich weiße und schwarze Kugeln in unbekanntem Verhältnis. Der Anteil der weißen Kugeln sei $\theta \in [0, 1]$, somit der der schwarzen Kugeln $1 - \theta$. Unser statistisches Experiment zur Bestimmung von θ sehe wie folgt aus: Wir entnehmen zufällig aus der Urne n Kugeln, wobei wir nach jeder Entnahme die gezogene Kugel wieder zurücklegen, und registrieren die Anzahl k der dabei gezogenen weißen Kugeln. Für den Stichprobenraum gilt somit $\mathcal{X} = \{0, \ldots, n\}$. Als σ-Algebra $\mathcal{F}$ nehmen wir wie immer für die endliche Grundgesamtheiten die Potenzmenge $\mathcal{P}(\mathcal{X})$, und als mögliche Verteilungen der Stichprobe kommen alle Binomialverteilungen $B_{n,\theta}$ mit $0 \leq \theta \leq 1$ infrage, d.h., wir haben

$$\mathbf{P} = \{B_{n,\theta} : 0 \leq \theta \leq 1\}.$$

Der das Experiment beschreibende Stichprobenraum lautet also

$$(\mathcal{X}, \mathcal{P}(\mathcal{X}), \mathbb{P})_{\mathbb{P} \in \mathbf{P}} \quad \text{mit} \quad \mathcal{X} = \{0, \ldots, n\} \quad \text{und} \quad \mathbf{P} = \{B_{n,\theta} : 0 \leq \theta \leq 1\}.$$

Das nächste Beispiel spielt insbesondere in der Gütekontrolle eine wichtige Rolle.

8.1 Statistische Räume

Beispiel 8.1.4

Ein Käufer erhält von einem Händler eine Lieferung von N Geräten, von denen M defekt sind. Die Zahl M kennt der Käufer nicht. Um Aussagen über die Zahl M zu erhalten, entnimmt der Käufer der Lieferung zufällig n Geräte und prüft diese. Dabei stellt er fest, dass m der geprüften Geräte nicht in Ordnung sind. Die beobachtete Stichprobe ist somit die Zahl $m \in \{0, \ldots, n\}$. Damit ergibt sich $\mathcal{X} = \{0, \ldots, n\}$ als natürliche Wahl für den Stichprobenraum, und die Menge der möglichen Verteilungen der Stichproben ist

$$\mathbf{P} = \{H_{N,M,n} : M = 0, \ldots, N\}.$$

Hierbei bezeichnet $H_{N,M,n}$ die in 1.4.21 eingeführte hypergeometrische Verteilung mit Parametern N, M und n.

Ehe wir weitere Beispiele betrachten, wollen wir auf einen besonders wichtigen Spezialfall eines statistischen Raums eingehen, der das **n-fache unabhängige Wiederholen** eines Experiments beschreibt.

Gegeben sei ein Wahrscheinlichkeitsraum $(\Omega_0, \mathcal{A}_0, \mathbb{P}_0)$ mit unbekanntem $\mathbb{P}_0 \in \mathbf{P}_0$, wobei $\mathbf{P}_0$ eine Menge von (infrage kommenden) Wahrscheinlichkeitsmaßen auf $(\Omega_0, \mathcal{A}_0)$ ist. Wir nennen $(\Omega_0, \mathcal{A}_0, \mathbb{P}_0)_{\mathbb{P}_0 \in \mathbf{P}_0}$ den **Ausgangsraum**.

Zur Bestimmung von $\mathbb{P}_0$ führen wir n unabhängige Versuche gemäß $\mathbb{P}_0$ durch. Die Ergebnisse der einzelnen Versuche seien $\omega_1, \ldots, \omega_n$ mit $\omega_j \in \Omega_0$. Fassen wir diese n Ergebnisse zusammen, so ist unsere Stichprobe nunmehr der Vektor $(\omega_1, \ldots, \omega_n)$ und unser Stichprobenraum ergibt sich als Ω_0^n. Welcher statistische Raum beschreibt dieses Experiment? Um diese Frage zu beantworten erinnern wir an die Ergebnisse aus Abschnitt 1.9, in dem genau solche Fragestellungen eine Rolle spielten. Als σ-Algebra $\mathcal{F}$ wählen wir die aus den $\mathcal{A}_0$ gebildete Produkt-σ-Algebra und das beschreibende Wahrscheinlichkeitsmaß ist das in Definition 1.9.8 eingeführte n-fache Produktmaß $\mathbb{P}_0^n$, d.h., es gilt

$$\mathbb{P}_0^n\{(\omega_1, \ldots, \omega_n) \in \Omega_0^n : \omega_1 \in A_1, \ldots, \omega_n \in A_n\} = \mathbb{P}_0\{\omega_1 \in A_1\} \cdots \mathbb{P}_0\{\omega_n \in A_n\}$$

für $A_j \in \mathcal{A}_0$. Da wir $\mathbb{P}_0 \in \mathbf{P}_0$ angenommen haben, so besitzen die das Experiment beschreibenden Wahrscheinlichkeitsmaße notwendigerweise die Darstellung $\mathbb{P}_0^n$ mit $\mathbb{P}_0 \in \mathbf{P}_0$.

Fassen wir das erhaltene Ergebnis in einer Definition zusammen:

Definition 8.1.5

Der statistische Raum zur Beschreibung des **n-fachen unabhängigen Wiederholens** eines durch den Ausgangsraum $(\Omega_0, \mathcal{A}_0, \mathbb{P}_0)_{\mathbb{P}_0 \in \mathbf{P}_0}$ bestimmten Experiments hat die Form

$$(\Omega_0^n, \mathcal{F}, \mathbb{P}_0^n)_{\mathbb{P}_0 \in \mathbf{P}_0}$$

mit Produkt-σ-Algebra $\mathcal{F}$ und n-fachem Produktmaß $\mathbb{P}_0^n$.

Zwei Beispiele sollen Definition 8.1.5 erläutern.

Beispiel 8.1.6

Eine mit „0" und „1" beschriftete Münze scheint nicht fair zu sein. Die Zahlen „0" und „1" erscheinen mit den Wahrscheinlichkeiten $1 - \theta$ bzw. mit θ, wobei unbekannt ist, ob $\theta = 1/2$ gilt. Um dies zu überprüfen führen wir folgendes statistisches Experiment aus: Wir werfen die Münze n-mal und registrieren die Folge von „0" und „1". Es gilt $\Omega_0 = \{0,1\}$ und $\mathbf{P}_0 = \{B_{1,\theta} : 0 \leq \theta \leq 1\}$. Entsprechend Beispiel 1.9.13 besteht für $\omega \in \{0,1\}^n$ die Gleichung

$$\mathbb{P}_0^n(\{\omega\}) = \theta^k(1-\theta)^{n-k},$$

wobei k die Anzahl des Auftretens der Zahl „1" in der Folge $\omega = (\omega_1, \ldots, \omega_n)$ bezeichnet. Der das Experiment beschreibende statistische Raum lautet also

$$(\{0,1\}^n, \mathcal{P}(\{0,1\}^n), \mathbb{P}_0^n)_{\mathbb{P}_0 \in \mathbf{P}_0}.$$

Beispiel 8.1.7

Die Lebensdauerverteilung eines neu produzierten Typs von Glühbirnen sei unbekannt. Um Aussagen über diese Verteilung zu erhalten nehme man n Glühbirnen des neuen Typs in Betrieb und registriere deren Ausfallzeiten $t_1, \ldots, t_n$. Mit anderen Worten, man überprüft unabhängig voneinander n-mal die Lebensdauer einer Glühbirne. Aus Erfahrung weiß man, dass die Lebensdauer jeder einzelnen Glühbirne gemäß E_λ, also exponentiell, verteilt ist, mit unbekanntem Parameter $\lambda > 0$. In der obigen Notation ist der Ausgangsraum somit $(\mathbb{R}, \mathcal{B}(\mathbb{R}), \mathbb{P}_0)_{\mathbb{P}_0 \in \mathbf{P}_0}$, wobei aufgrund unserer Annahme $\mathbf{P}_0 = \{E_\lambda : \lambda > 0\}$ gilt. Damit ist der das Experiment der n-fachen Wiederholung beschreibende statistischer Raum durch

$$(\mathbb{R}^n, \mathcal{B}(\mathbb{R}^n), \mathbb{P}_0^n)_{\mathbb{P} \in \mathbf{P}_0} = (\mathbb{R}^n, \mathcal{B}(\mathbb{R}^n), E_\lambda^n)_{\lambda > 0}$$

mit $\mathbf{P}_0 = \{E_\lambda : \lambda > 0\}$ gegeben. Zur Erinnerung, E_λ^n ist das Wahrscheinlichkeitsmaß auf $(\mathbb{R}^n, \mathcal{B}(\mathbb{R}^n))$ mit Dichte $p(t_1, \ldots, t_n) = \lambda^n e^{-\lambda(t_1+\cdots+t_n)}$ für $t_j \geq 0$.

8.1.2 Statistische Räume in Parameterform

In allen bisher betrachteten Beispielen existiert ein Parameter, der die Menge $\mathbf{P}$ der möglichen Wahrscheinlichkeitsmaße in natürlicher Weise parametrisiert. Im Beispiel 8.1.3 ist das die Zahl $\theta \in [0,1]$, im Beispiel 8.1.4 ist das $M \in \{0, \ldots, N\}$, im Beispiel 8.1.6 ist der Parameter ebenfalls $\theta \in [0,1]$ und schließlich im Beispiel 8.1.7 ist der natürliche Parameter $\lambda > 0$. Wir nehmen also ab jetzt an, dass die Menge $\mathbf{P}$ in parametrisierter Form gegeben ist, d.h., es existiert ein **Parameterraum** Θ mit

$$\mathbf{P} = \{\mathbb{P}_\theta : \theta \in \Theta\}.$$

Definition 8.1.8

Ein statistische Raum in **Parameterform** hat die Gestalt

$$(\mathcal{X}, \mathcal{F}, \mathbb{P}_\theta)_{\theta \in \Theta}$$

mit Parameterraum Θ. Äquivalent dazu ist, dass die Verteilungsannahme $\mathbf{P}$ in Definition 8.1.2 in der Form $\mathbf{P} = \{\mathbb{P}_\theta : \theta \in \Theta\}$ dargestellt ist.

8.1 Statistische Räume   281

Wir vermerken, dass in den Beispielen 8.1.3, 8.1.4, 8.1.6 und 8.1.7 die entsprechenden Parameterräume durch $\Theta = [0,1]$, $\Theta = \{0,\ldots,N\}$, $\Theta = [0,1]$ bzw. durch $\Theta = (0,\infty)$ gegeben sind.

Bemerkung 8.1.9

Man beachte, dass ein Parameter θ auch die Form $\theta = (\theta_1,\ldots,\theta_k)$ besitzen kann. In diesem Fall existieren in Wirklichkeit k unbekannte Parameter $\theta_1,\ldots,\theta_k$, die wir aber zu einem einzigen Parameter, dem Vektor θ, zusammenfassen.

Betrachten wir noch zwei weitere wichtige Beispiele mit komplizierteren Parameterräumen.

Beispiel 8.1.10

Gegeben sei ein Werkstück mit unbekannter Länge μ. Dieses messe man mit einem Messgerät mit unbekannter Genauigkeit. Wir setzen voraus, dass das Messgerät im Mittel den richtigen Wert des Werkstücks angibt, also keine systematisch verfälschten Werte anzeigt. Aufgrund des Zentralen Grenzwertsatzes nehmen wir an, die Messwerte sind normalverteilt, also gemäß $\mathcal{N}(\mu,\sigma^2)$ mit unbekannten $\mu \in \mathbb{R}$ und $\sigma^2 > 0$. Dabei spiegelt der Wert von $\sigma > 0$ die Genauigkeit des Messgerätes wider, also großes σ für ungenaue Messgeräte, kleines σ für präzise Geräte. Aufgrund unserer Verteilungsannahme ist der Ausgangsraum $(\mathbb{R},\mathcal{B}(\mathbb{R}),\mathcal{N}(\mu,\sigma^2))_{\mu \in \mathbb{R},\,\sigma^2 > 0}$.

Man messe nun n-mal unabhängig voneinander das Werkstück, man wiederholt also n-mal unabhängig voneinander denselben Versuch. Damit sind der Stichprobenraum als $\mathcal{X} = \mathbb{R}^n$ und der beschreibenden statistische Raum als

$$\left(\mathbb{R}^n, \mathcal{B}(\mathbb{R}^n), \mathcal{N}(\mu,\sigma^2)^n\right)_{(\mu,\sigma^2) \in \mathbb{R} \times (0,\infty)}$$

gegeben. Unter Verwendung von (6.12) können wir diesen Raum auch in der Form

$$\left(\mathbb{R}^n, \mathcal{B}(\mathbb{R}^n), \mathcal{N}(\vec{\mu},\sigma^2 I_n)\right)_{(\mu,\sigma^2) \in \mathbb{R} \times (0,\infty)}$$

mit $\vec{\mu} = (\mu,\ldots,\mu) \in \mathbb{R}^n$ und der Diagonalmatrix $\sigma^2 I_n$ schreiben. Der unbekannte Parameter θ hat damit die Gestalt (μ,σ^2) und der Parameterraum Θ ist $\mathbb{R} \times (0,\infty)$.

Beispiel 8.1.11

Gegeben seien zwei unterschiedliche Werkstücke mit unbekannten Längen μ_1 und μ_2. Man führe m Messungen des ersten Werkstücks aus und n Messungen des zweiten, eventuell mit unterschiedlichen Genauigkeiten. Als Ergebnis bzw. als Stichprobe ergibt sich ein Vektor $(x,y) \in \mathbb{R}^{m+n}$, wobei $x = (x_1,\ldots,x_m)$ die Messergebnisse des ersten Werkstücks sind und $y = (y_1,\ldots,y_n)$ die des zweiten. Alle Messungen sollen unabhängig voneinander erfolgen. Wie zuvor nehmen wir an, die Messwerte x_i seien $\mathcal{N}(\mu_1,\sigma_1^2)$-verteilt, die y_j gemäß $\mathcal{N}(\mu_2,\sigma_2^2)$. Hierbei seien weder μ_1 und μ_2 noch σ_1^2 und σ_2^2 bekannt. Als mögliche Wahrscheinlichkeitsmaße, die die Verteilung der Vektoren (x,y) im Stichprobenraum $\mathcal{X} = \mathbb{R}^{m+n}$ beschreiben, erhalten wir $\mathcal{N}((\vec{\mu}_1,\vec{\mu}_2), R_{\sigma_1^2,\sigma_2^2})$, wobei die Kovarianzmatrix

$R_{\sigma_1^2,\sigma_2^2}$ Diagonalform mit Einträgen σ_1^2 auf den ersten m Diagonalelementen und mit σ_2^2 auf den weiteren n Diagonalelementen besitzt.

Nach Definition 1.9.8 des Produkts von Wahrscheinlichkeitsmaßes ergibt sich

$$\mathcal{N}((\vec{\mu}_1,\vec{\mu}_2), R_{\sigma_1^2,\sigma_2^2}) = \mathcal{N}(\mu_1,\sigma_1^2)^m \otimes \mathcal{N}(\mu_2,\sigma_2^2)^n ,$$

denn für $A \in \mathcal{B}(\mathbb{R}^m)$ und $B \in \mathcal{B}(\mathbb{R}^n)$ hat man

$$\mathcal{N}((\vec{\mu}_1,\vec{\mu}_2), R_{\sigma_1^2,\sigma_2^2})(A \times B) = \mathcal{N}(\mu_1,\sigma_1^2)^m(A) \cdot \mathcal{N}(\mu_2,\sigma_2^2)^n(B) .$$

Damit ist in diesem Fall der natürliche Parameterraum Θ als $\mathbb{R}^2 \times (0,\infty)^2$ gegeben und der statistische Raum lautet

$$\left(\mathbb{R}^{m+n}, \mathcal{B}(\mathbb{R}^{m+n}), \mathcal{N}(\mu_1,\sigma_1^2)^m \otimes \mathcal{N}(\mu_2,\sigma_2^2)^n\right)_{(\mu_1,\mu_2,\sigma_1^2,\sigma_2^2)\in\mathbb{R}^2\times(0,\infty)^2} .$$

8.2 Statistische Tests

8.2.1 Aufgabenstellung

Unser statistischer Raum sei in der Parameterform $(\mathcal{X}, \mathcal{F}, \mathbb{P}_\theta)_{\theta\in\Theta}$ gegeben. Wir zerlegen den Parameterraum Θ in zwei disjunkte Teilmengen Θ_0 und Θ_1. Anhand der beobachteten Stichprobe $x \in \mathcal{X}$ wollen wir nunmehr entscheiden, ob für den „wahren" Parameter θ die Aussage $\theta \in \Theta_0$ oder aber $\theta \in \Theta_1$ gilt.

Erläutern wir diese Aufgabenstellung an zwei Beispielen:

Beispiel 8.2.1

Wir betrachten die in Beispiel 8.1.4 beschriebene Situation. Nehmen wir an, es gibt eine kritische Größe M_0, sodass der Käufer die Lieferung kauft, sofern für die Anzahl M der defekten Geräte $M \leq M_0$ gilt, während er für $M > M_0$ die Lieferung reklamiert und zurücksendet. In diesem Beispiel galt $\Theta = \{0,\ldots,N\}$, und wir setzen nun $\Theta_0 = \{0,\ldots,M_0\}$, somit $\Theta_1 = \{M_0+1,\ldots,N\}$. Die Frage, ob der Käufer die Lieferung akzeptiert oder ablehnt, ist folglich gleichbedeutend mit der Frage, ob der unbekannte Parameter M zu Θ_0 bzw. zu Θ_1 gehört. Der Käufer beobachtet unter den n geprüften Geräten m defekte und muss auf Grundlage dieser Beobachtung einschätzen, ob $M \in \Theta_0$ oder $M \in \Theta_1$ gilt, er also die Lieferung akzeptieren kann oder besser ablehnt.

Beispiel 8.2.2

Betrachten wir Beispiel 8.1.11. Wir haben vorausgesetzt, dass die Messgeräte keinen systematischen Fehler haben, also die Erwartungswerte μ_1 und μ_2 die wahren Größen der beiden vermessenen Werkstücke sind. Dann stellt sich zum Beispiel die Frage, ob eventuell $\mu_1 = \mu_2$ gilt. Erinnern wir uns, dass der Parameterraum Θ die Gestalt $\Theta = \mathbb{R}^2 \times (0,\infty)^2$ hat, so besitzen die beiden Werkstücke dieselbe Länge, wenn der Parameter $(\mu_1,\mu_2,\sigma_1^2,\sigma_2^2)$ in Θ_0 mit

$$\Theta_0 := \{(\mu,\mu,\sigma_1^2,\sigma_2^2) : \mu \in \mathbb{R},\ \sigma_1^2,\sigma_2^2 > 0\}$$

8.2 Statistische Tests

liegt. Dagegen haben wir $\mu_1 \neq \mu_2$, sofern sich der Parameter in Θ_1, der Komplemtärmenge von Θ_0, befindet.

Oder man kann fragen, ob vielleicht das erste Werkstück kleiner oder gleich dem zweiten ist. In diesem Fall muss der Parameter in Θ_0 mit

$$\Theta_0 := \{(\mu_1, \mu_2, \sigma_1^2, \sigma_2^2) : -\infty < \mu_1 \leq \mu_2 < \infty, \, \sigma_1^2, \sigma_2^2 > 0\}$$

liegen.

Die exakte mathematische Formulierung der erläuterten Fragestellung ist wie folgt:

> **Definition 8.2.3**
>
> Es sei $(\mathcal{X}, \mathcal{F}, \mathbb{P}_\theta)_{\theta \in \Theta}$ ein statistischer Raum mit $\Theta = \Theta_0 \cup \Theta_1$ und $\Theta_0 \cap \Theta_1 = \emptyset$.
>
> Dann lautet die **Hypothese** (Nullhypothese) $\mathbb{H}_0$, dass für den gesuchten Parameter $\theta \in \Theta$ die Aussage $\theta \in \Theta_0$ gilt. Man schreibt: $\mathbb{H}_0 : \theta \in \Theta_0$.
>
> Die **Gegenhypothese** (Alternativhypothese) $\mathbb{H}_1$ lautet, der „wahre" Parameter θ liegt in Θ_1, und man formuliert dies als $\mathbb{H}_1 : \theta \in \Theta_1$.

Nachdem man die Hypothesen aufgestellt hat, führt man einen statistischen Versuch durch. Im Ergebnis beobachtet man eine Stichprobe $x \in \mathcal{X}$. Eine wesentliche Aufgabe der Mathematischen Statistik besteht nun darin, anhand des registrierten $x \in \mathcal{X}$ zu entscheiden, ob man $\mathbb{H}_0$ akzeptiert oder eventuell ablehnt. Dabei ist wichtig, dass man zuerst die Hypothese aufstellt, danach diese anhand eines Experiments überprüft, nicht umgekehrt.

> **Definition 8.2.4**
>
> Ein statistischer Test $\mathbf{T}$ zur Prüfung von $\mathbb{H}_0$ gegen $\mathbb{H}_1$ ist eine disjunkte Zerlegung $\mathbf{T} = (\mathcal{X}_0, \mathcal{X}_1)$ des statistischen Raums $\mathcal{X}$. Die Menge $\mathcal{X}_0$ heißt **Annahmebereich** während man $\mathcal{X}_1$ **Ablehnungsbereich** oder **kritischen Bereich** nennt. Aus technischen Gründen setzt man noch $\mathcal{X}_0 \in \mathcal{F}$ voraus, womit sich auch $\mathcal{X}_1 \in \mathcal{F}$ ergibt.

Die Anwendung des Tests $\mathbf{T} = (\mathcal{X}_0, \mathcal{X}_1)$ geschieht wie folgt: Beobachtet man ein $x \in \mathcal{X}_1$, so lehnt man $\mathbb{H}_0$ ab. Beobachtet man dagegen ein $x \in \mathcal{X}_0$, so widerspricht dies der Hypothese $\mathbb{H}_0$ nicht, im Gegenteil, ihre Richtigkeit wird bestärkt, und man kann die Hypothese (vorerst) annehmen und weiter mit ihr arbeiten. Erläutern wir das Vorgehen am Beispiel 8.2.1.

Beispiel 8.2.5

Mit der Wahl von Θ_0 und Θ_1 wie in Beispiel 8.2.1 lauten die Hypothesen in diesem Fall

$$\mathbb{H}_0 : 0 \leq M \leq M_0 \quad \text{und} \quad \mathbb{H}_1 : M_0 < M \leq N.$$

Man zerlegt $\mathcal{X} = \{0, \ldots, n\}$ in $\mathcal{X}_0 := \{0, \ldots, m_0\}$ und $\mathcal{X}_1 := \{m_0 + 1, \ldots, n\}$ mit einer (vorerst noch) beliebigen Zahl $m_0 \in \{0, \ldots, n\}$. Beobachtet man also ein $m > m_0$, d.h., unter den geprüften Geräten sind $m_0 + 1$ oder mehr defekte Geräte, so lehnt man $\mathbb{H}_0$ ab. Damit schlussfolgert man, dass die Gesamtzahl M der defekten Geräte in der Lieferung die kritische Zahl M_0 übersteigt, und der Käufer schickt die Lieferung zurück. Andererseits, gilt für das beobachtete m die Aussage $m \leq m_0$, so widerspricht dies nicht $\mathbb{H}_0$, der Käufer wird also die Lieferung akzeptieren und bezahlen. Die entscheidende Frage bleibt natürlich, wie die Zahl m_0 optimal zu wählen ist.

Bemerkung 8.2.6

In der Literatur wird häufig ein Test als eine Abbildung $\varphi : \mathcal{X} \to \{0, 1\}$ eingeführt. Der Zusammenhang ist ganz einfach: Ausgehend von φ ergibt sich $\mathbf{T} = (\mathcal{X}_0, \mathcal{X}_1)$ durch $\mathcal{X}_0 := \{x \in \mathcal{X} : \varphi(x) = 0\}$ bzw. durch $\mathcal{X}_1 := \{x \in \mathcal{X} : \varphi(x) = 1\}$. Umgekehrt, hat man einen Test $\mathbf{T} = (\mathcal{X}_0, \mathcal{X}_1)$, so definiert man φ durch $\varphi(x) := 0$ im Fall $x \in \mathcal{X}_0$ und $\varphi(x) := 1$ falls $x \in \mathcal{X}_1$. Der Vorteil des Zugangs über die Funktion φ besteht darin, dass man mit deren Hilfe so genannte randomisierte Tests definieren kann, also Abbildungen $\varphi : \mathcal{X} \to [0, 1]$. Bei dieser Art von Tests existieren Bereiche in $\mathcal{X}$, wo man $\mathbb{H}_0$ nur mit einer vorgegebenen Wahrscheinlichkeit $\varphi(x)$ annimmt, also erst durch ein zusätzliches Zufallsexperiment (z.B. den Wurf einer Münze) über die Annahme oder Ablehnung entscheidet.

Bei einem statistischen Test $\mathbf{T} = (\mathcal{X}_0, \mathcal{X}_1)$ zum Prüfen der Hypothese $\mathbb{H}_0 : \theta \in \Theta_0$ gegen $\mathbb{H}_1 : \theta \in \Theta_1$ sind zwei Arten von Fehlern möglich:

Definition 8.2.7

Ein **Fehler 1. Art** liegt vor, wenn $\mathbb{H}_0$ richtig ist, man aber aufgrund der beobachteten Stichprobe $x \in \mathcal{X}$ die Hypothese $\mathbb{H}_0$ ablehnt.

Mit anderen Worten, ein Fehler 1, Art tritt ein, wenn für das „wahre" θ die Aussage $\theta \in \Theta_0$ gilt, aber man eine Stichprobe $x \in \mathcal{X}_1$ beobachtet. Im Kontext von Beispiel 8.2.5 bedeutet dies, die Lieferung des Händlers ist in Ordnung, der Kunde oder Käufer lehnt sie aber ab. Deshalb nennt man die Wahrscheinlichkeit des Auftretens eines Fehlers 1. Art auch das **Händlerrisiko**.

Definition 8.2.8

Ein **Fehler 2. Art** tritt ein, wenn $\mathbb{H}_0$ falsch ist, das beobachtete $x \in \mathcal{X}$ aber nicht dieser Hypothese widerspricht.

Somit tritt ein Fehler 2. Art genau dann ein, wenn für das „wahre" θ die Aussage $\theta \in \Theta_1$ gilt, man aber ein $x \in \mathcal{X}_0$ beobachtet, man also schlussfolgert, dass $\mathbb{H}_0$ stimmt. Für Beispiel 8.2.5 bedeutet dies, die Lieferung des Händlers ist von ungenügender Qualität, aber der Käufer akzeptiert die Lieferung. Deshalb nennt man die Wahrscheinlichkeit des Auftretens eines Fehlers 2. Art auch das **Käuferrisiko**.

8.2.2 Gütefunktion und Signifikanztests

Die Qualität eines Tests wird durch seine Gütefunktion beschrieben.

Definition 8.2.9

Es sei $\mathbf{T} = (\mathcal{X}_0, \mathcal{X}_1)$ ein Test zur Prüfung von $\mathbb{H}_0 : \theta \in \Theta_0$ gegen $\mathbb{H}_1 : \theta \in \Theta_1$. Die Funktion $\beta_{\mathbf{T}}$ von Θ nach $[0, 1]$ mit

$$\beta_{\mathbf{T}}(\theta) := \mathbb{P}_\theta(\mathcal{X}_1)$$

heißt **Gütefunktion** des Tests $\mathbf{T}$.

Deutung: Für einen „guten" Test $\mathbf{T}$ sollte die Gütefunktion kleine Werte für $\theta \in \Theta_0$ und möglichst große Werte für $\theta \in \Theta_1$ annehmen. Man beachte, dass im Fall, dass $\mathbb{H}_0$ richtig ist, also θ in Θ_0 liegt, der Wert $\beta_{\mathbf{T}}(\theta)$ die Wahrscheinlichkeit des Eintretens eines Fehlers 1. Art darstellt, während sich für $\theta \in \Theta_1$ wegen $\mathbb{P}_\theta(\mathcal{X}_0) = 1 - \mathbb{P}_\theta(\mathcal{X}_1) = 1 - \beta_{\mathbf{T}}(\theta)$ sich die Wahrscheinlichkeit des Eintretens eines Fehlers 2. Art als $1 - \beta_{\mathbf{T}}(\theta)$ berechnet.

Beispiel 8.2.10

Betrachten wir Beispiel 8.2.5. Hier ist die Gütefunktion durch

$$\beta_{\mathbf{T}}(M) = H_{N,M,n}(\mathcal{X}_1) = \sum_{m=m_0+1}^{n} \frac{\binom{M}{m}\binom{N-M}{n-m}}{\binom{N}{n}} \tag{8.1}$$

als Abbildung von $\{0, \ldots, N\}$ nach $[0, 1]$ gegeben.

Will man einen konkreten Test zur Überprüfung einer Hypothese konstruieren, so befindet man sich bei der Wahl des Annahme- bzw. des Ablehnungsbereichs in folgendem Dilemma:

Dilemma der Testtheorie: Um die Wahrscheinlichkeit des Eintretens eines Fehlers 1. Art so klein wie möglich zu halten, muss der Ablehnungsbereich $\mathcal{X}_1$ möglichst klein gewählt werden, also $\mathcal{X}_0$ möglichst groß. Im Extremfall könnte man zum Beispiel $\mathcal{X}_0 = \mathcal{X}$ nehmen. Im Sinn von Beispiel 8.2.5 bedeutet dies, der Käufer akzeptiert *jede* Lieferung, egal welche Qualität sie hat. Damit verhindert der Käufer, jemals eine Lieferung abzulehnen, die in Wirklichkeit in Ordnung ist, d.h., der Händler trägt keinerlei Risiko. Dass dies eine unsinnige Vorgehensweise ist, sieht man unmittelbar, denn jede Verkleinerung des Ablehnungsbereichs $\mathcal{X}_1$ vergrößert die Wahrscheinlichkeit des Eintretens eines Fehlers 2. Art. Im Extremfall trägt der Käufer das volle Risiko.

Umgekehrt führt eine Vergrößerung des Ablehnungsbereichs zu einer Verminderung der Wahrscheinlichkeit, dass ein Fehler 2. Art eintritt, im Extremfall dazu, dass man *jede* Lieferung ablehnt. Auch das hat natürlich wenig Sinn, und es gilt einen „goldenen" Mittelweg zu finden. Das erreicht man, indem man zuerst nur die Wahrscheinlichkeit des Eintretens eines Fehlers 1. Art nach oben beschränkt. Konkret untersuchen wir folgende Art von Tests:

Definition 8.2.11

Gegeben sei eine Zahl $\alpha \in (0,1)$, die sogenannte **Sicherheitswahrscheinlichkeit**. Ein Test $\mathbf{T} = (\mathcal{X}_0, \mathcal{X}_1)$ zum Testen der Hypothese $\mathbb{H}_0 : \theta \in \Theta_0$ gegen $\mathbb{H}_1 : \theta \in \Theta_1$ heißt α-**Signifikanztest**, wenn die Wahrscheinlichkeit des Eintretens eines Fehlers 1. Art durch α beschränkt ist; es gilt also

$$\sup_{\theta \in \Theta_0} \beta_{\mathbf{T}}(\theta) = \sup_{\theta \in \Theta_0} \mathbb{P}_\theta(\mathcal{X}_1) \leq \alpha.$$

Die Deutung eines α-Signifikanztests ist wie folgt: Man wählt die Sicherheitswahrscheinlichkeit α klein, z.B. $\alpha = 0.1$ oder $\alpha = 0.01$. Beobachtet man dann ein $x \in \mathcal{X}_1$, so ist, angenommen $\mathbb{H}_0$ wäre richtig, ein Ereignis mit sehr kleiner Wahrscheinlichkeit, genauer mit Wahrscheinlichkeit kleiner oder gleich α, eingetreten, also ein sehr unwahrscheinliches Ereignis. Damit kann man ziemlich sicher sagen, dass $\mathbb{H}_0$ nicht richtig ist, man $\mathbb{H}_0$ somit ablehnt. Die Wahrscheinlichkeit, sich dabei zu irren, ist sehr klein. Man beachte aber, dass ein solcher Test keinerlei Abschätzung für die Wahrscheinlichkeit des Eintretens eines Fehlers 2. Art liefert. Die Vorgehensweise ist dann wie folgt: Unter allen α-Signifikanztests wählt man denjenigen aus, für den die Wahrscheinlichkeit des Eintretens eines Fehlers 2. Art minimal wird, d.h., man wählt einen α-Signifikanztest, für den der Ablehnungsbereich $\mathcal{X}_1$ maximal wird, also der Annahmebereich minimal. Solche Tests nennt man dann **beste** α-**Signifikanztests** oder kürzer einfach **beste** α-**Tests**.

Wir beginnen mit der Konstruktion bester α-Tests im hypergeometrischen Fall. Diese lassen sich wie folgt charakterisieren:

Satz 8.2.12

Gegeben sei der statistische Raum $(\mathcal{X}, \mathcal{P}(\mathcal{X}), H_{M,N,n})_{M=0,\ldots,N}$ mit $\mathcal{X} = \{0,\ldots,n\}$. Ein bester α-Test zur Prüfung der Hypothese $M \leq M_0$ hat die Gestalt $\mathbf{T} = (\mathcal{X}_0, \mathcal{X}_1)$ mit $\mathcal{X}_0 = \{0,\ldots,m_0\}$ und m_0 definiert durch

$$m_0 := \max\left\{k \leq n : \sum_{m=k}^{n} \frac{\binom{M_0}{m}\binom{N-M_0}{n-m}}{\binom{N}{n}} > \alpha\right\}$$
$$= \min\left\{k \leq n : \sum_{m=k+1}^{n} \frac{\binom{M_0}{m}\binom{N-M_0}{n-m}}{\binom{N}{n}} \leq \alpha\right\}.$$

Beweis: Zum Beweis von Satz 8.2.12 benötigen wir folgendes Lemma.

Lemma 8.2.13

Die durch (8.1) definierte Gütefunktion ist monoton nichtfallend auf $\{0,\ldots,N\}$.

Beweis: Wir nehmen an, in unserer Lieferung von N Geräten befinden sich M defekte und außerdem $\tilde{M} - M$ falsche, wobei $M \leq \tilde{M}$ gelte. Wir entnehmen nun zufällig n Geräte und

8.2 Statistische Tests

prüfen diese. Mit X bezeichnen wir die Anzahl der beobachteten defekten Geräte, mit $\tilde{X}$ die der defekten oder falschen. Hier folgt $X \leq \tilde{X}$, woraus sich unmittelbar $\mathbb{P}(X > m_0) \leq \mathbb{P}(\tilde{X} > m_0)$ ergibt. Außerdem ist X gemäß $H_{N,M,n}$ verteilt während $\tilde{X}$ die Verteilung $H_{N,\tilde{M},n}$ besitzt. Damit erhalten wir

$$\beta_{\mathbf{T}}(M) = H_{N,M,n}(\{m_0+1,\ldots,n\}) = \mathbb{P}\{X > m_0\} \leq \mathbb{P}\{\tilde{X} > m_0\}$$
$$= H_{N,\tilde{M},n}(\{m_0+1,\ldots,n\}) = \beta_{\mathbf{T}}(\tilde{M}),$$

und $\beta_{\mathbf{T}}$ ist nichtfallend. □

Kommen wir nun zum Beweis von Satz 8.2.12. Wir setzen $\mathcal{X}_0 := \{0,\ldots,m_0\}$, somit $\mathcal{X}_1 = \{m_0+1,\ldots,n\}$, mit einem vorerst beliebigen $m_0 \leq n$. Aufgrund von Lemma 8.2.13 ist dieser Test $\mathbf{T} = (\mathcal{X}_0, \mathcal{X}_1)$ genau dann ein α-Signifikanztest, wenn

$$\sup_{M \leq M_0} H_{N,M,n}(\mathcal{X}_1) = H_{N,M_0,n}(\mathcal{X}_1) = \sum_{m=m_0+1}^{n} \frac{\binom{M_0}{m}\binom{N-M_0}{n-m}}{\binom{N}{n}} \leq \alpha$$

erfüllt ist. Um gleichzeitig die Wahrscheinlichkeit des Eintretens eines Fehlers 2. Art für solch einen Test minimal zu halten, muss $\mathcal{X}_1$ maximal groß sein, also m_0 so klein wie möglich gewählt werden. Das bedeutet aber, es muss

$$\sum_{m=m_0+1}^{n} \frac{\binom{M_0}{m}\binom{N-M_0}{n-m}}{\binom{N}{n}} \leq \alpha \quad \text{als auch} \quad \sum_{m=m_0}^{n} \frac{\binom{M_0}{m}\binom{N-M_0}{n-m}}{\binom{N}{n}} > \alpha$$

gelten. Damit ist der Satz bewiesen. □

Beispiel 8.2.14

Ein Händler erhält eine Lieferung von 100 Geräten. Seine Hypothese lautet, dass sich unter diesen Geräten höchstens 10 defekte befinden. Um dies zu testen, wählt er 15 Geräte aus und überprüft diese. Wie viele von den 15 getesteten Geräten müssen sich als defekt erweisen, damit er die Hypothese mit der Sicherheitswahrscheinlichkeit $\alpha = 0.01$ ablehnt?

Es gilt $N = 100$, $M_0 = 10$ und $n = 15$. Damit ergibt sich im Fall $\alpha = 0.01$ als beste Wahl für m_0 der Wert $m_0 = 4$, denn wir haben

$$\sum_{m=5}^{15} \frac{\binom{10}{m}\binom{90}{15-m}}{\binom{100}{15}} = 0.0063\cdots < \alpha \quad \text{und} \quad \sum_{m=4}^{15} \frac{\binom{10}{m}\binom{90}{15-m}}{\binom{100}{15}} = 0.04\cdots > \alpha.$$

Folglich erhalten wir $\mathcal{X}_0 = \{0,\ldots,4\}$ und somit $\mathcal{X}_1 = \{5,\ldots,15\}$. Beobachtet der Händler also unter den 15 untersuchten Geräten 5 oder mehr defekte, so lehnt er die Hypothese $\mathbb{H}_0 : M \leq 10$ ab und sendet die Lieferung zurück. Die Wahrscheinlichkeit, dass er sich bei dieser Entscheidung irrt, ist kleiner oder gleich 0.01.

Wichtiger Hinweis: Da man bei einem α-Signifikanztest nur relativ sichere Aussagen über die Ablehnung von $\mathbb{H}_0$ treffen kann, muss man die Hypothese so wählen, dass das Auftreten eines Fehlers 1. Art das gravierendere, schlimmere Ereignis ist oder aber, dass man aus einer Ablehnung von $\mathbb{H}_0$ die größere Information erhält. Erläutern wir dies an zwei Beispielen:

Beispiel 8.2.15

Eine Charge eines Lebensmittel enthalte pro Kilogramm μ Milligramm eines gefährlichen Giftstoffs. Gilt $\mu \leq \mu_0$, so ist der Verzehr des Lebensmittel unbedenklich, während für $\mu > \mu_0$ der Verzehr zu Ausfallerscheinungen führen kann. Man untersucht nun Proben des verunreinigten Lebensmittel und will daraus schließen, ob $\mu \leq \mu_0$ oder aber $\mu > \mu_0$ gilt. In diesem Fall ist es sinnvoll, als Hypothese $\mathbb{H}_0$ die Aussage $\mu \leq \mu_0$ zu testen. Zeigt der Test, dass man $\mathbb{H}_0$ ablehnen muss, so ist die Irrtumswahrscheinlichkeit hierfür recht klein, und man kann mit ziemlicher Sicherheit sagen, dass der Verzehr des Lebensmittel bedenklich ist. Das Auftreten eines Fehlers 2. Art ist in diesem Fall nicht so gravierend: Man vernichtet das betreffende Lebensmittel obwohl es verzehrt werden könnte. Das bedeutet zwar einen Verlust für den Hersteller, hat aber keine gesundheitlichen Konsequenzen. Ganz anders sähe es aus, wenn man als $\mathbb{H}_0$ die Aussage $\mu > \mu_0$ gewählt hätte.

Beispiel 8.2.16

Die Körpergröße von männlichen 18-Jährigen in Deutschland sei $\mathcal{N}(\mu, \sigma^2)$ verteilt. Uns interessiert der Wert von μ. Wählt man nun zum Beispiel als Hypothese $\mathbb{H}_0$, dass $\mu \leq 1.90$ m gilt, so wird ein Test dies sicher bestätigen. Allerdings kann man keine Aussage über die Präzision der Aussage treffen. Besser wäre also $\mathbb{H}_0 : \mu > 1.90$ m zu wählen. Dann wird vermutlich ein Test (man misst n zufällig ausgewählte 18-Jährige) die Hypothese ablehnen und man kann mit relativ großer Sicherheit sagen, dass $\mu \leq 1.90$ m richtig ist.

8.3 Tests für binomialverteilte Grundgesamtheiten

Aufgrund der Wichtigkeit binomialverteilter Grundgesamtheiten[1] fassen wir die wesentlichen Aussagen zu Tests für diesen Fall in einem gesonderten Abschnitt zusammen.

Ausgangspunkt unserer Untersuchungen ist die in Beispiel 8.1.3 betrachtete Fragestellung: Gegeben ist eine Binomialverteilung $B_{1,\theta}$ mit unbekanntem Parameter $\theta \in [0,1]$. Um Aussagen über den Parameter θ zu erhalten, führt man n unabhängige Versuche gemäß $B_{1,\theta}$ durch und registriert die $B_{n,\theta}$-verteilte Anzahl der Erfolge bzw. des Erscheinens der Zahl „1". Damit ist der statistische Raum in der Form

$$(\mathcal{X}, \mathcal{P}(\mathcal{X}), B_{n,\theta})_{\theta \in [0,1]} \quad \text{mit} \quad \mathcal{X} = \{0, \ldots, n\} \tag{8.2}$$

gegeben.

Zweiseitige Tests: Hier betrachten wir den Fall, dass für ein $\theta_0 \in [0,1]$ die Aussagen $\Theta_0 = \{\theta_0\}$ und somit $\Theta_1 = [0,1] \setminus \{\theta_0\}$ gelten, d.h., wir vermuten, der wahre Parameter sei θ_0. Die Nullhypothese lautet dann $\mathbb{H}_0 : \theta = \theta_0$, folglich ist die Gegenhypothese $\mathbb{H}_1 : \theta \neq \theta_0$.

Zur Konstruktion eines α-Signifikanztests bestimmen wir (von θ_0 abhängige) Zahlen n_0 und

---

[1] Die Binomialverteilung spielt in der Schule eine zentrale Rolle, insbesondere bei der Behandlung von statistischen Fragestellungen.

8.3 Tests für binomialverteilte Grundgesamtheiten

n_1 mit

$$n_0 := \min\left\{k \leq n : \sum_{j=0}^{k} \binom{n}{j}\theta_0^j(1-\theta_0)^{n-j} > \alpha/2\right\}$$

$$= \max\left\{k \leq n : \sum_{j=0}^{k-1} \binom{n}{j}\theta_0^j(1-\theta_0)^{n-j} \leq \alpha/2\right\} \quad \text{und} \quad (8.3)$$

$$n_1 := \max\left\{k \leq n : \sum_{j=k}^{n} \binom{n}{j}\theta_0^j(1-\theta_0)^{n-j} > \alpha/2\right\}$$

$$= \min\left\{k \leq n : \sum_{j=k+1}^{n} \binom{n}{j}\theta_0^j(1-\theta_0)^{n-j} \leq \alpha/2\right\}. \quad (8.4)$$

Satz 8.3.1

Wir betrachten den statistische Raum (8.2). Zum Prüfen der Hypothese $\mathbb{H}_0 : \theta = \theta_0$ gegen $\mathbb{H}_1 : \theta \neq \theta_0$ ist $\mathbf{T} = (\mathcal{X}_0, \mathcal{X}_1)$ mit $\mathcal{X}_0 := \{n_0, n_0+1, \ldots, n_1-1, n_1\}$, folglich mit $\mathcal{X}_1 = \{0, \ldots, n_0-1\} \cup \{n_1+1, \ldots, n\}$, ein Signifikanztest zum Niveau α. Dabei sind n_0 und n_1 durch (8.3) bzw. (8.4) gegeben.

Beweis: Nach Definition der Zahlen n_0 und n_1 ergibt sich

$$B_{n,\theta_0}(\mathcal{X}_1) = \sum_{j=0}^{n_0-1} \binom{n}{j}\theta_0^j(1-\theta_0)^{n-j} + \sum_{j=n_1+1}^{n} \binom{n}{j}\theta_0^j(1-\theta_0)^{n-j} \leq \frac{\alpha}{2} + \frac{\alpha}{2} = \alpha.$$

Damit ist $\mathbf{T} := (\mathcal{X}_0, \mathcal{X}_1)$ wie behauptet ein α-Signifikanztest. □

Beispiel 8.3.2

In einer Urne befinden sich weiße und schwarze Kugeln unbekannter Anzahl. Es sei θ der Anteil der weißen Kugeln, und unsere Hypothese lautet $\mathbb{H}_0 : \theta = 0.5$, d.h., wir vermuten, es befindet sich dieselbe Zahl von weißen wie von schwarzen Kugeln in der Urne. Um diese Hypothese zu überprüfen werden der Urne nacheinander 100 Kugeln mit Zurücklegen entnommen. Setzen wir

$$\varphi(k) := \sum_{j=0}^{k-1} \binom{100}{j} \cdot \left(\frac{1}{2}\right)^{100},$$

so berechnen sich die Werte von φ durch

$$\varphi(37) = 0.00331856, \varphi(38) = 0.00601649, \varphi(39) = 0.0104894$$
$$\varphi(40) = 0.0176001, \varphi(41) = 0.028444, \quad \varphi(42) = 0.044313$$
$$\varphi(43) = 0.0666053, \varphi(44) = 0.096674, \quad \varphi(45) = 0.135627$$
$$\varphi(46) = 0.184101, \quad \varphi(47) = 0.242059, \quad \varphi(48) = 0.30865,$$
$$\varphi(49) = 0.382177, \quad \varphi(50) = 0.460205$$

Als Sicherheitswahrscheinlichkeit wählen wir $\alpha = 0.1$. Unter Beachtung von $\varphi(42) \leq 0.05$ und $\varphi(43) > 0.05$ erhalten wir für die in (8.3) eingeführte Zahl n_0 die Aussage $n_0 = 42$. Aus Symmetriegründen folgt $n_1 = 58$ für n_1 definiert durch (8.4) und somit

$$\mathcal{X}_0 = \{42, 43, \ldots, 57, 58\} \quad \text{bzw.} \quad \mathcal{X}_1 = \{0, \ldots, 41\} \cup \{59, \ldots, 100\}.$$

Beobachten wir also beim 100-fachen Ziehen k weiße Kugeln mit $k < 42$ oder $k > 58$, so lässt sich mit 90%-iger Sicherheit sagen, dass die Hypothese falsch war, dass folglich mit großer Wahrscheinlichkeit die Anzahl der weißen und schwarzen Kugeln in der Urne unterschiedlich ist. Verwenden wir dagegen als Sicherheitswahrscheinlichkeit $\alpha = 0.01$, so lesen wir aus den Werten der Funktion φ die Gleichung $n_0 = 37$, und somit $n_1 = 63$, ab. Folglich erhalten wir in diesem Fall

$$\mathcal{X}_0 = \{37, 38, \ldots, 62, 63\} \quad \text{bzw.} \quad \mathcal{X}_1 = \{0, \ldots, 36\} \cup \{64, \ldots, 100\}.$$

Einseitige Tests: In diesem Fall lautet unsere Hypothese $\mathbb{H}_0 : \theta \leq \theta_0$ für ein gegebenes $\theta_0 \in [0, 1]$. Im Kontext von Beispiel 8.1.3 bedeutet dies, dass wir annehmen, der Anteil der weißen Kugeln in der Urne betrage höchstens θ_0. Beste α-Tests zur Prüfung dieser Hypothese haben dann folgende Gestalt.

Satz 8.3.3

Gegeben sei der statistische Raum $(\mathcal{X}, \mathcal{P}(\mathcal{X}), B_{n,\theta})_{\theta \in [0,1]}$ mit $\mathcal{X} = \{0, \ldots, n\}$. Ein bester α-Test $\mathbf{T} = (\mathcal{X}_0, \mathcal{X}_1)$ zur Prüfung der Hypothese $\mathbb{H}_0 : \theta \leq \theta_0$ gegen $\mathbb{H}_1 : \theta > \theta_0$ hat die Gestalt $\mathcal{X}_0 = \{0, \ldots, n_0\}$, also $\mathcal{X}_1 = \{n_0 + 1, \ldots, n\}$, mit

$$n_0 := \max\left\{ k \leq n : \sum_{j=k}^{n} \binom{n}{j} \theta_0^j (1-\theta_0)^{n-j} > \alpha \right\} \tag{8.5}$$

$$= \min\left\{ k \leq n : \sum_{j=k+1}^{n} \binom{n}{j} \theta_0^j (1-\theta_0)^{n-j} \leq \alpha \right\}.$$

Beweis: Wir definieren den Annahmebereich eines Tests $\mathbf{T}$ als $\mathcal{X}_0 = \{0, \ldots, n_0\}$ mit einem vorerst noch beliebigem $n_0 \leq n$. Dann berechnet sich die zugehörige Gütefunktion durch

$$\beta_{\mathbf{T}}(\theta) = B_{n,\theta}(\mathcal{X}_1) = \sum_{j=n_0+1}^{n} \binom{n}{j} \theta^j (1-\theta)^{n-j}, \quad 0 \leq \theta \leq 1. \tag{8.6}$$

Für die Fortführung des Beweises benötigen wir nun folgendes Lemma.

8.3 Tests für binomialverteilte Grundgesamtheiten

Lemma 8.3.4

Die durch (8.6) gegebene Gütefunktion ist monoton nichtfallend.

Beweis: In einer Urne befinden sich weiße, rote und schwarze Kugeln, deren Anteil θ_0, $\theta_2 - \theta_1$ und $1 - \theta_2$ mit $0 \leq \theta_1 \leq \theta_2 \leq 1$ betrage. Man ziehe nun n Kugeln mit Zurücklegen. Es sei X die dabei beobachte Zahl der weißen Kugeln und Y die der weißen oder roten Kugeln. Selbstverständlich gilt dann $X \leq Y$. Außerdem ist X gemäß B_{n,θ_1} verteilt und Y gemäß B_{n,θ_2}. Wegen $X \leq Y$ folgt $\mathbb{P}(X > n_0) \leq \mathbb{P}(Y > n_0)$, also

$$\beta_{\mathbf{T}}(\theta_1) = B_{n,\theta_1}(\{n_0+1,\ldots,n\}) = \mathbb{P}(X > n_0) \leq \mathbb{P}(Y > n_0)$$
$$= B_{n,\theta_2}(\{n_0+1,\ldots,n\}) = \beta_{\mathbf{T}}(\theta_2)$$

und die Aussage ist bewiesen. □

Unter Verwendung von Lemma 8.3.4 ergibt sich, dass der durch n_0 definierte Test **T** dann und nur dann ein α-Signifikanztest ist, wenn er die Abschätzung

$$\sum_{j=n_0+1}^{n} \binom{n}{j} \theta_0^j (1-\theta_0)^{n-j} = \beta_{\mathbf{T}}(\theta_0) = \sup_{\theta \leq \theta_0} \beta_{\mathbf{T}}(\theta) \leq \alpha$$

erfüllt. Um die Wahrscheinlichkeit des Eintritts eines Fehlers 2. Art zu minimieren müssen wir $\mathcal{X}_1$ so groß wie möglich wählen, also n_0 minimal, d.h., n_0 muss (8.5) erfüllen. Damit ist der Satz bewiesen. □

Beispiel 8.3.5

Betrachten wir die in Beispiel 8.1.3 behandelte Fragestellung. Wenn unsere Hypothese $\mathbb{H}_0 : \theta \leq 1/2$ lautet, so bedeutet dies im Kontext dieses Beispiels, dass wir annehmen, höchstens die Hälfte der Kugeln sei weiß. Um dies zu testen entnehmen wir 100 Kugeln mit Zurücklegen und registrieren die Anzahl der beobachteten weißen Kugeln. Wegen

$$\sum_{k=56}^{100} \binom{100}{k} 2^{-100} = 0.135627 \quad \text{und} \quad \sum_{k=57}^{100} \binom{100}{k} 2^{-100} = 0.096674,$$

berechnet sich im Fall $\alpha = 0.1$ die durch (8.5) definierte Zahl n_0 als $n_0 = 56$. Damit ist der Test **T** mit $\mathcal{X}_0 = \{0,\ldots,56\}$ der beste α-Test. Beobachten wir beim Ziehen von 100 Kugeln also 57 oder mehr weiße Kugeln, so sollten wir $\mathbb{H}_0$ ablehnen, schlussfolgern, dass mehr als die Hälfte der Kugeln die weiße Farbe tragen, Die Wahrscheinlichkeit, sich bei dieser Aussage zu irren, ist dabei kleiner oder gleich $0,1$. Bevorzugt man dagegen eine größere Sicherheit und wählt zum Beispiel $\alpha = 0.01$, ergibt sich als optimale Wahl für n_0 die Zahl $n_0 = 62$. In anderen Worten, beobachtet man unter den 100 gezogenen Kugeln 63 oder mehr weiße Kugeln, so sollte man $\mathbb{H}_0$ ablehnen, also schließen, dass sich in der Urne mehr weiße als schwarze Kugeln befinden. Die Wahrscheinlichkeit, sich dabei zu irren, ist diesmal kleiner als 0.01.

Bemerkung 8.3.6

An Beispiel 8.3.5 wird das **Dilemma** bei der Aufstellung von Tests nochmals ganz deutlich: Verkleinert man α, verringert somit die Wahrscheinlichkeit des Eintretens eines Fehlers 1. Art, so vergrößert sich der Annahmebereich $\mathcal{X}_0$ und folglich auch die Wahrscheinlichkeit des Eintritts eines Fehlers 2. Art. Im konkreten Fall führt die Verkleinerung von $\alpha = 0.1$ zu $\alpha = 0.01$ von $\mathcal{X}_0 = \{0, \cdots, 56\}$ zu $\mathcal{X}_0 = \{0, \cdots, 62\}$. Die Wahl der Sicherheitswahrscheinlichkeit α muss deshalb vom konkreten Problem abhängig gemacht werden: Ist der Eintritt eines Fehlers 1. Art gravierend, so wählt man α sehr klein, wenn nicht, so reicht eventuell bereits $\alpha = 0.1$ oder gar $\alpha = 0.2$. Außerdem weisen wir noch mal ganz deutlich darauf hin, dass die Beobachtung einer Stichprobe $x \in \mathcal{X}_0$ **die Hypothese nur bestätigt, nicht aussagt, dass sie richtig ist.**

8.4 Tests für normalverteilte Grundgesamtheiten

In diesem Abschnitt setzen wir stets $\mathcal{X} = \mathbb{R}^n$ voraus, d.h., unsere Stichprobe x ist ein Vektor der Form $x = (x_1, \ldots, x_n)$ mit $x_j \in \mathbb{R}$. Die folgenden aus $x \in \mathbb{R}^n$ abgeleiteten Größen werden bei den weiteren Untersuchungen eine zentrale Rolle spielen:

Definition 8.4.1

Für einen Vektor $x = (x_1, \ldots, x_n)$ setzt man

$$\bar{x} := \frac{1}{n} \sum_{j=1}^{n} x_j, \quad s_x^2 := \frac{1}{n-1} \sum_{j=1}^{n} (x_j - \bar{x})^2 \text{ und } \sigma_x^2 := \frac{1}{n} \sum_{j=1}^{n} (x_j - \bar{x})^2. \quad (8.7)$$

Man nennt $\bar{x}$ den **empirischen Erwartungswert**, s_x^2 die **korrigierte empirische Varianz** und σ_x^2 die **empirische Varianz** von x.

Analog werden für einen zufälligen n-dimensionalen Vektor[2] $X = (X_1, \ldots, X_n)$ die entsprechenden Audrücke punktweise definiert, d.h. durch

$$\bar{X}(\omega) := \frac{1}{n} \sum_{j=1}^{n} X_j(\omega) \quad \text{und} \quad s_X^2(\omega) := \frac{1}{n-1} \sum_{j=1}^{n} (X_j(\omega) - \bar{X}(\omega))^2.$$

8.4.1 Satz von R. A. Fisher

In diesem Abschnitt werden die Aussagen hergeleitet, auf denen Tests für normalverteilte Grundgesamtheiten beruhen. Wir beginnen mit einem auf R. A. Fisher zurückgehendem Lemma.

---

[2] Zur Vereinfachung bezeichnen wir in diesem Abschnitt den zufälligen Vektor mit X, nicht wie früher mit $\vec{X}$. Verwechslungen dürften dadurch nicht entstehen.

8.4 Tests für normalverteilte Grundgesamtheiten

Lemma 8.4.2

Seien $Y_1,\ldots,Y_n$ unabhängige $\mathcal{N}(0,1)$-verteilte zufällige Größen und $B = (\beta_{ij})_{i,j=1}^{n}$ eine unitäre $n \times n$ Matrix. Definiert man $Z_1,\ldots,Z_n$ durch

$$Z_i := \sum_{j=1}^{n} \beta_{ij} Y_j, \quad 1 \leq i \leq n,$$

so besitzen diese zufälligen Größen folgende Eigenschaften:
(i) Die $Z_1,\ldots,Z_n$ sind ebenfalls unabhängig und $\mathcal{N}(0,1)$-verteilt.
(ii) Für ein $m < n$ sei die quadratische Form Q auf $\mathbb{R}^n$ durch

$$Q := \sum_{j=1}^{n} Y_j^2 - \sum_{i=1}^{m} Z_i^2$$

definiert. Dann ist Q unabhängig von $Z_1,\ldots,Z_m$ und gemäß χ_{n-m}^2 verteilt.

Beweis: Aussage (i) wurde bereits in Satz 6.1.14 bewiesen.

Kommen wir zum Nachweis von (ii). Da die Matrix B als unitär vorausgesetzt ist, insbesondere die Länge von Vektoren erhält, folgt mit $Y = (Y_1,\ldots,Y_n)$ und $Z = (Z_1,\ldots,Z_n)$ die Aussage

$$\sum_{i=1}^{n} Z_i^2 = |Z|_2^2 = |BY|_2^2 = |Y|_2^2 = \sum_{j=1}^{n} Y_j^2.$$

Somit ergibt sich

$$Q = Z_{m+1}^2 + \cdots + Z_n^2. \tag{8.8}$$

Nach (i) sind die zufälligen Größen $Z_1,\ldots,Z_n$ unabhängig, woraus wegen (8.8) und Bemerkung 4.1.10 auch die Unabhängigkeit von $Z_1,\ldots,Z_m$ zu Q folgt.

Ebenfalls nach (i) sind $Z_{m+1},\ldots,Z_n$ unabhängig und $\mathcal{N}(0,1)$-verteilt. Aus Satz 4.6.14 folgt dann unter Verwendung von (8.8) die Aussage, dass Q gemäß χ_{n-m}^2 verteilt ist. Man beachte, dass die Summe in (8.8) aus genau $n-m$ Summanden besteht. □

Damit kommen wir zur zentralen Aussage über normalverteilte Stichproben.

Satz 8.4.3: *Satz von R. A. Fisher*

Für ein $\mu \in \mathbb{R}$ und ein $\sigma^2 > 0$ seien $X_1,\ldots,X_n$ unabhängig und gemäß $\mathcal{N}(\mu,\sigma^2)$ verteilt. Dann gelten folgende Aussagen:

$$\sqrt{n}\,\frac{\bar{X}-\mu}{\sigma} \quad \text{ist} \quad \mathcal{N}(0,1)\text{-verteilt}. \tag{8.9}$$

$$(n-1)\frac{s_X^2}{\sigma^2} \quad \text{ist} \quad \chi_{n-1}^2\text{-verteilt}. \tag{8.10}$$

$$\sqrt{n}\,\frac{\bar{X}-\mu}{s_X} \quad \text{ist} \quad t_{n-1}\text{-verteilt}, \tag{8.11}$$

wobei $s_X := +\sqrt{s_X^2}$ sei.

Außerdem sind $\bar{X}$ und s_X^2 unabhängige zufällige Größen.

Beweis: Beginnen wir mit dem Nachweis von (8.9). Die Summe $X_1 + \cdots + X_n$ ist nach Satz 4.6.15 gemäß $\mathcal{N}(n\mu, n\sigma^2)$ verteilt, folglich ist nach Satz 4.2.3 die Größe $\bar{X}$ gemäß $\mathcal{N}(\mu, \sigma^2/n)$ verteilt, also ist $\frac{\bar{X}-\mu}{\sigma/\sqrt{n}}$ standardnormal. Damit ist (8.9) bewiesen.

Kommen wir nun zum Beweis der restlichen Aussagen. Setzt man

$$Y_j := \frac{X_j - \mu}{\sigma}, \quad 1 \leq j \leq n, \tag{8.12}$$

so sind $Y_1, \ldots, Y_n$ unabhängig $\mathcal{N}(0,1)$-verteilt. Außerdem folgt

$$s_Y^2 = \frac{1}{n-1} \sum_{j=1}^{n} (Y_j - \bar{Y})^2 = \frac{1}{n-1} \left\{ \sum_{j=1}^{n} Y_j^2 - 2\bar{Y} \sum_{j=1}^{n} Y_j + n\bar{Y}^2 \right\}$$

$$= \frac{1}{n-1} \left\{ \sum_{j=1}^{n} Y_j^2 - 2n\bar{Y}^2 + n\bar{Y}^2 \right\}$$

$$= \frac{1}{n-1} \left\{ \sum_{j=1}^{n} Y_j^2 - (\sqrt{n}\bar{Y})^2 \right\}. \tag{8.13}$$

Im nächsten Schritt definieren wir einen n-dimensionalen Vektor b_1 durch den Ansatz $b_1 := (n^{-1/2}, \ldots, n^{-1/2})$. Dieser Vektor ist normiert, i.e., es gilt $|b_1|_2 = 1$. Der Raum der zu b_1 orthogonalen Vektoren $E \subset \mathbb{R}^n$ ist $(n-1)$-dimensional. Also existiert eine orthonormale Basis $b_2, \ldots, b_n$ in E und aufgrund der Wahl von E bilden $b_1, \ldots, b_n$ eine orthonormale Basis im $\mathbb{R}^n$. Mit $b_i = (\beta_{i1}, \ldots, \beta_{in})$ bilden wir die $n \times n$-Matrix $B = (\beta_{ij})_{i,j=1}^{n}$, d.h., b_1 bis b_n sind die Zeilen von B, und nach der Wahl der b_i ist B unitär.

Wie in Lemma 8.4.2 definieren wir nunmehr zufällige Größen $Z_1, \ldots, Z_n$ durch

$$Z_i := \sum_{j=1}^{n} \beta_{ij} Y_j, \quad 1 \leq i \leq n,$$

und die erzeugte quadratische Form Q (wir wählen $m = 1$) als

$$Q := \sum_{j=1}^{n} Y_j^2 - Z_1^2.$$

Nach Lemma 8.4.2 ist Q gemäß χ_{n-1}^2 verteilt und außerdem unabhängig von Z_1. Aus der Wahl von B und b_1 ergibt sich

$$\beta_{11} = \cdots = \beta_{1n} = n^{-1/2},$$

8.4 Tests für normalverteilte Grundgesamtheiten

also $Z_1 = n^{1/2} \bar{Y}$, folglich nach (8.13) die Identität

$$Q = \sum_{j=1}^n Y_j^2 - (n^{1/2} \bar{Y})^2 = (n-1) s_Y^2 \,.$$

Somit ist $(n-1) s_Y^2$ gemäß χ_{n-1}^2 verteilt und weiterhin sind $(n-1) s_Y^2$ und Z_1 unabhängig, damit auch s_Y^2 und Z_1

Aus (8.12) folgt unmittelbar $\bar{Y} = \frac{\bar{X}-\mu}{\sigma}$, somit

$$s_Y^2 = \sum_{j=1}^n (Y_j - \bar{Y})^2 = \sum_{j=1}^n \left(\frac{X_j - \mu}{\sigma} - \frac{\bar{X} - \mu}{\sigma} \right)^2 = \frac{s_X^2}{\sigma^2},$$

woraus sich (8.10) ergibt. Weiterhin sind wegen $s_X^2 = \sigma^2 s_Y^2$ und $\bar{X} = n^{-1/2} \sigma Z_1 + \mu$ nach Satz 4.1.9 auch s_X^2 und $\bar{X}$ unabhängig.

Verbleibt der Nachweis von (8.11). Wir wissen, dass $V := \sqrt{n}\, \frac{\bar{X}-\mu}{\sigma}$ standardnormalverteilt ist, dass $W := (n-1) s_X^2 / \sigma^2$ gemäß χ_{n-1}^2 verteilt ist, und beide sind unabhängig. Nach Satz 4.7.8 mit $n-1$ folgt also

$$\sqrt{n}\, \frac{\bar{X}-\mu}{s_X} = \frac{V}{\sqrt{\frac{1}{n-1} W}} \quad \text{ist} \quad t_{n-1}\text{-verteilt}.$$

Hieraus erhält man (8.11) und der Satz ist vollständig bewiesen. □

Bemerkung 8.4.4

Man beachte, dass die zufälligen Größen $X_1, \ldots, X_n$ genau dann die Voraussetzungen von Theorem 8.4.3 erfüllen, wenn der zufällige Vektor $(X_1, \ldots, X_n)$ gemäß $\mathcal{N}(\mu, \sigma^2)^n$, oder äquivalent, gemäß $\mathcal{N}(\vec{\mu}, \sigma^2 I_n)$ verteilt ist.

8.4.2 Quantile

Den Begriff des β-Quantils für ein $\beta \in (0,1)$ kann man ganz allgemein für Verteilungen auf $(\mathbb{R}, \mathcal{B}(\mathbb{R}))$ einführen. Wir beschränken uns hier auf solche Quantile, die wir im Weiteren verwenden werden.

Dazu erinnern wir an die in Definition 1.51 eingeführte Verteilungsfunktion Φ der Standardnormalverteilung.

Definition 8.4.5

Für eine Zahl $\beta \in (0,1)$ wird das β-Quantil u_β der Standardnormalverteilung durch

$$\Phi(u_\beta) = \beta \quad \text{bzw.} \quad u_\beta = \Phi^{-1}(\beta)$$

definiert.

Eine andere Möglichkeit für die Definition von u_β ist wie folgt: Sei X eine standardnormalverteilte Größe, so erhält man

$$\mathbb{P}(X \leq u_\beta) = \beta \quad \text{bzw.} \quad \mathbb{P}(X \geq u_\beta) = 1 - \beta.$$

Nun gilt aber $\mathbb{P}(X \geq t) = \mathbb{P}(-X \leq -t) = \mathbb{P}(X \leq -t)$, woraus

$$-u_\beta = u_{1-\beta}$$

folgt. Setzt man $\beta = 1 - \alpha/2$ für ein $\alpha \in (0,1)$, so impliziert dies

$$\begin{aligned}\mathbb{P}(|X| \geq u_{1-\alpha/2}) &= \mathbb{P}(X \leq -u_{1-\alpha/2} \text{ oder } X \geq u_{1-\alpha/2}) \\ &= \mathbb{P}(X \leq -u_{1-\alpha/2}) + \mathbb{P}(X \geq u_{1-\alpha/2}) \\ &= \mathbb{P}(X \leq u_{\alpha/2}) + \mathbb{P}(X \geq u_{1-\alpha/2}) = \alpha/2 + \alpha/2 = \alpha.\end{aligned} \quad (8.14)$$

Man beachte dabei, dass $1-\alpha/2 > 1/2$ gilt, somit $u_{1-\alpha/2} > 0$, und folglich sind die Ereignisse $\{X \leq -u_{1-\alpha/2}\}$ und $\{X \geq u_{1-\alpha/2}\}$ disjunkt.

Als Nächstes führen wir das β-Quantil der χ_n^2-Verteilung ein.

Definition 8.4.6

Es sei X eine gemäß χ_n^2 verteilte zufällige Größe. Dann heißt $\chi_{n;\beta}^2$ für ein $\beta \in (0,1)$ das β-Quantil der χ_n^2-Verteilung, wenn

$$\mathbb{P}(X \leq \chi_{n;\beta}^2) = \beta$$

gilt.

Zwei weitere Möglichkeiten der Einführung dieses Quantils sind wie folgt:

1. Für unabhängige standardnormalverteilte zufällige Größen $X_1, \ldots, X_n$ gilt

$$\mathbb{P}(X_1^2 + \cdots + X_n^2 \leq \chi_{n;\beta}^2) = \beta.$$

2. Man hat

$$\frac{1}{2^{n/2}\Gamma(n/2)} \int_0^{\chi_{n;\beta}^2} x^{n/2-1} e^{-x/2} dx = \beta.$$

Für spätere Anwendungen vermerken wir noch folgende Eigenschaft des Quantils: Zu gegebenem $0 < \alpha < 1$ folgt für eine χ_n^2-verteilte zufällige Größe X, dass

$$\mathbb{P}(X \notin [\chi_{n;\alpha/2}^2, \chi_{n;1-\alpha/2}^2]) = \alpha.$$

In ähnlicher Weise definieren wir nun noch die Quantile der Studentschen t_n- und der Fisherschen $F_{m,n}$-Verteilung, die in Definitionen 4.7.6 bzw. 4.7.13 eingeführt wurden.

8.4 Tests für normalverteilte Grundgesamtheiten

Definition 8.4.7

Seien X gemäß t_n verteilt und Y gemäß $F_{m,n}$. Für eine $\beta \in (0,1)$ sind die β-Quantile $t_{n;\beta}$ bzw. $F_{m,n;\beta}$ der t_n- bzw. der $F_{m,n}$-Verteilung durch

$$\mathbb{P}(X \leq t_{n;\beta}) = \beta \quad \text{bzw.} \quad \mathbb{P}(Y \leq F_{m,n;\beta}) = \beta$$

definiert.

Bemerkung 8.4.8

Da die t_n-Verteilung symmetrisch ist, d.h., für eine t_n-verteilte zufällige Größe X und $s \in \mathbb{R}$ gilt $\mathbb{P}(X \leq s) = \mathbb{P}(-X \leq s)$, so folgt wie im Fall der Normalverteilung $-t_{n;\beta} = t_{n;1-\beta}$, folglich für $0 < \alpha < 1$, dass

$$\mathbb{P}(|X| > t_{n;1-\alpha/2}) = \mathbb{P}(|X| \geq t_{n;1-\alpha/2}) = \alpha \,. \tag{8.15}$$

Bemerkung 8.4.9

Die Quantile der $F_{m,n}$-Verteilung können auch wie folgt charakterisiert werden: Sind X und Y unabhängig und gemäß χ^2_m bzw. χ^2_n verteilt, so folgt

$$\mathbb{P}\left(\frac{X/m}{Y/n} \leq F_{m,n;\beta}\right) = \beta \,.$$

Für $s > 0$ gilt

$$\mathbb{P}\left(\frac{X/m}{Y/n} \leq s\right) = \mathbb{P}\left(\frac{Y/n}{X/m} \geq \frac{1}{s}\right) = 1 - \mathbb{P}\left(\frac{Y/n}{X/m} \leq \frac{1}{s}\right),$$

woraus sich unmittelbar

$$F_{m,n;\beta} = \frac{1}{F_{n,m;1-\beta}}$$

ergibt.

8.4.3 u-Test oder Gaußtest

Unser statistischer Raum ist bei diesem Test

$$\left(\mathbb{R}^n, \mathcal{B}(\mathbb{R}^n), \mathcal{N}(\mu, \sigma_0^2)^n\right)_{\mu \in \mathbb{R}} = \left(\mathbb{R}^n, \mathcal{B}(\mathbb{R}^n), \mathcal{N}(\vec{\mu}, \sigma_0^2 I_n)\right)_{\mu \in \mathbb{R}} \,.$$

Dabei sei $\sigma_0^2 > 0$ bekannt, aber der Mittelwert $\mu \in \mathbb{R}$ unbekannt. Der Parameterraum Θ ist damit $\mathbb{R}$ und für $\mu \in \mathbb{R}$ hat man $\mathbb{P}_\mu = \mathcal{N}(\mu, \sigma_0^2)^n$. Ein zugehöriges statistisches Experiment kann zum Beispiele wie folgt aussehen: Man misst ein Werkstück n-mal mit demselben Messgerät, dessen Genauigkeit, d.h. dessen Varianz, bekannt sei.

Beginnen wir mit dem **einseitigen u- oder Gaußtest**. Unsere Nullhypothese lautet $\mathbb{H}_0 : \mu \leq \mu_0$ für ein vorgegebenes $\mu_0 \in \mathbb{R}$, damit ist die Gegenhypothese $\mathbb{H}_1 : \mu > \mu_0$. In der allgemeinen Notation bedeutet dies $\Theta_0 = (-\infty, \mu_0]$ und $\Theta_1 = (\mu_0, \infty)$.

Satz 8.4.10

Zu vorgegebenem $\alpha \in (0,1)$ ist der Test $\mathbf{T} = (\mathcal{X}_0, \mathcal{X}_1)$ mit

$$\mathcal{X}_0 := \left\{ x \in \mathbb{R}^n : \bar{x} \leq \mu_0 + n^{-1/2}\,\sigma_0\,u_{1-\alpha} \right\}$$

und mit

$$\mathcal{X}_1 := \left\{ x \in \mathbb{R}^n : \bar{x} > \mu_0 + n^{-1/2}\,\sigma_0\,u_{1-\alpha} \right\}$$

ein α-Signifikanztest zur Prüfung von $\mathbb{H}_0$ gegen $\mathbb{H}_1$. Hierbei bezeichnet $u_{1-\alpha}$ das $(1-\alpha)$-Quantil der Standardnormalverteilung.

Beweis: Zum Nachweis der Behauptung ist Folgendes zu zeigen: Es gilt

$$\sup_{\mu \leq \mu_0} \mathbb{P}_\mu(\mathcal{X}_1) = \sup_{\mu \leq \mu_0} \mathcal{N}(\mu, \sigma_0^2)^n(\mathcal{X}_1) \leq \alpha\,.$$

Wählen wir also ein $\mu \leq \mu_0$ und betrachten die Abbildung $S : \mathbb{R}^n \to \mathbb{R}$ mit

$$S(x) := \sqrt{n}\,\frac{\bar{x} - \mu}{\sigma_0}\,. \tag{8.16}$$

Diese Abbildung S ist eine zufällige Größe, definiert auf dem Wahrscheinlichkeitsraum $(\mathbb{R}^n, \mathcal{B}(\mathbb{R}^n), \mathcal{N}(\mu, \sigma_0^2)^n)$, die nach (8.9) standardnormalverteilt ist.[3] Folglich ergibt sich

$$\mathcal{N}(\mu, \sigma_0^2)^n \{ x \in \mathbb{R}^n : S(x) > u_{1-\alpha} \} = \alpha\,. \tag{8.17}$$

Wegen $\mu \leq \mu_0$ folgt aber

$$\mathcal{X}_1 = \left\{ x \in \mathbb{R}^n : \bar{x} > \mu_0 + n^{-1/2}\,\sigma_0\,u_{1-\alpha} \right\}$$
$$\subseteq \{ x \in \mathbb{R}^n : \bar{x} > \mu + n^{-1/2}\,\sigma_0\,u_{1-\alpha} \} = \{ x \in \mathbb{R}^n : S(x) > u_{1-\alpha} \}\,,$$

woraus man wegen (8.17) die Abschätzung

$$\mathcal{N}(\mu, \sigma_0^2)^n(\mathcal{X}_1) \leq \alpha$$

erhält. Damit ist der Satz bewiesen. □

---

[3]Zum besseren Verständnis dieser zentralen Aussage hier eine detaillierte Begründung: Wir definieren zufällige Größen X_j auf dem Wahrscheinlichkeitsraum $(\mathbb{R}^n, \mathcal{B}(\mathbb{R}^n), \mathcal{N}(\mu, \sigma_0^2)^n)$ durch $X_j(x) = x_j$ falls $x = (x_1, \ldots, x_n)$. Dann ist der zufällige Vektor $X = (X_1, \ldots, X_n)$ die identische Abbildung, also gemäß $\mathcal{N}(\mu, \sigma_0^2)^n$ verteilt, und (8.9) ist nach Bemerkung 8.4.4 anwendbar. Beachtet man die Identität

$$S(x) = \sqrt{n}\,\frac{\bar{X}(x) - \mu}{\sigma_0}\,,$$

so sehen wir, dass S wirklich $\mathcal{N}(0,1)$-verteilt ist.

8.4 Tests für normalverteilte Grundgesamtheiten

Zur Veranschaulichung wollen wir noch die Gütefunktion des in Satz 8.4.10 eingeführten einseitigen u-Tests $\mathbf{T}$ bestimmen. Nach Definition 8.2.9 folgt mit der in (8.16) definierten Abbildung S, dass

$$\begin{aligned}\beta_{\mathbf{T}}(\mu) &= \mathcal{N}(\mu, \sigma_0^2)^n(\mathcal{X}_1) \\ &= \mathcal{N}(\mu, \sigma_0^2)^n \left\{ x \in \mathbb{R}^n : \sqrt{n}\, \frac{\bar{x} - \mu_0}{\sigma_0} > u_{1-\alpha} \right\} \\ &= \mathcal{N}(\mu, \sigma_0^2)^n \left\{ x \in \mathbb{R}^n : S(x) > u_{1-\alpha} + (\mu_0 - \mu) \frac{\sqrt{n}}{\sigma_0} \right\} \\ &= 1 - \Phi\left(u_{1-\alpha} + (\mu_0 - \mu) \frac{\sqrt{n}}{\sigma_0} \right) = \Phi\left(u_\alpha + (\mu - \mu_0) \frac{\sqrt{n}}{\sigma_0} \right). \end{aligned}$$

Insbesondere sehen wir, dass $\beta_{\mathbf{T}}$ auf $\mathbb{R}$ streng wachsend ist, dass $\beta_{\mathbf{T}}(\mu_0) = \alpha$, $\beta_{\mathbf{T}}(\mu) < \alpha$ für $\mu < \mu_0$ und $\beta_{\mathbf{T}}(\mu) > \alpha$ wenn $\mu > \mu_0$.

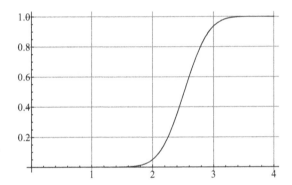

Abb. 8.1: Gütefunktion für $\alpha = 0.05$, $\mu_0 = 2$, $\sigma_0 = 1$ und $n = 10$

Beim **zweiseitigen Gaußtest** ist die Hypothese $\mathbb{H}_0 : \mu = \mu_0$, somit die Gegenhypothese $\mathbb{H}_1 : \mu \neq \mu_0$.

Satz 8.4.11

In diesem Fall ist der Test $\mathbf{T} = (\mathcal{X}_0, \mathcal{X}_1)$ mit

$$\mathcal{X}_0 := \left\{ x \in \mathbb{R}^n : \mu_0 - n^{-1/2} \sigma_0 u_{1-\alpha/2} \leq \bar{x} \leq \mu_0 + n^{-1/2} \sigma_0 u_{1-\alpha/2} \right\}$$

und $\mathcal{X}_1 = \mathbb{R}^n \setminus \mathcal{X}_0$ ein α-Signifikanztest zum Prüfen von $\mathbb{H}_0$ gegen $\mathbb{H}_1$.

Beweis: Wegen $\Theta_0 = \{\mu_0\}$ ist der Beweis einfacher als der von Satz 8.4.10, denn hier müssen wir nur

$$\mathcal{N}(\mu_0, \sigma_0^2)^n(\mathcal{X}_1) \leq \alpha \tag{8.18}$$

zeigen. Setzt man
$$S(x) := \sqrt{n}\,\frac{\bar{x} - \mu_0}{\sigma_0},$$
so ist die auf $(\mathbb{R}^n, \mathcal{B}(\mathbb{R}^n), \mathcal{N}(\mu_0, \sigma_0^2)^n)$ definierte zufällige Größe S standardnormalverteilt, und es gilt nach (8.14), dass
$$\mathcal{N}(\mu_0, \sigma_0^2)^n \{x \in \mathbb{R}^n : |S(x)| > u_{1-\alpha/2}\} = \alpha.$$

Leichte Umrechnung zeigt, dies ist äquivalent zu (8.18), sogar mit „$= \alpha$" an Stelle von „$\leq \alpha$". Damit ist der Satz bewiesen. □

8.4.4 t-Test

Die Aufgabenstellung entspricht der beim Gaußtest. Allerdings verzichten wir hier auf die etwas unrealistische Annahme, dass die Varianz bekannt ist.

Ausgangspunkt ist somit der statistische Raum
$$(\mathbb{R}^n, \mathcal{B}(\mathbb{R}^n), \mathcal{N}(\mu, \sigma^2)^n)_{(\mu, \sigma^2) \in \mathbb{R} \times (0, \infty)}.$$

Für den Parameterraum gilt folglich $\Theta = \mathbb{R} \times (0, \infty)$, und der unbekannte Parameter ist von der Form (μ, σ^2).

Beginnen wir wieder mit dem **einseitigen** t**-Test**. Für ein $\mu_0 \in \mathbb{R}$ lautet die Hypothese $\mathbb{H}_0 : \mu \leq \mu_0$. In der allgemeinen Notation der Tests heißt dies, $\Theta_0 = (-\infty, \mu_0] \times (0, \infty)$, während $\Theta_1 = (\mu_0, \infty) \times (0, \infty)$ gilt.

Satz 8.4.12

Für ein $\alpha \in (0, 1)$ ist der durch $\mathbf{T} = (\mathcal{X}_0, \mathcal{X}_1)$ mit
$$\mathcal{X}_0 := \left\{ x \in \mathbb{R}^n : \bar{x} \leq \mu_0 + n^{-1/2} s_x t_{n-1; 1-\alpha} \right\}$$
und $\mathcal{X}_1 = \mathbb{R}^n \setminus \mathcal{X}_0$ definierte Test ein α-Signifikanztest zur Prüfung von $\mathbb{H}_0$ gegen $\mathbb{H}_1$. Hierbei ist $s_x := +\sqrt{s_x^2}$ mit der in (8.7) eingeführten korrigierten empirischen Varianz, und $t_{n-1; 1-\alpha}$ bezeichnet das $(1-\alpha)$-Quantil der t_{n-1}-Verteilung.

Beweis: Wir wählen ein $\mu \leq \mu_0$ und definieren nunmehr die zufällige Größe S auf dem Wahrscheinlichkeitsraum $(\mathbb{R}^n, \mathcal{B}(\mathbb{R}^n), \mathcal{N}(\mu, \sigma^2)^n)$ durch
$$S(x) := \sqrt{n}\,\frac{\bar{x} - \mu}{s_x}. \tag{8.19}$$

Unter Verwendung von (8.11) folgt, dass S eine t_{n-1}-verteilte zufällige Größe ist, also
$$\mathcal{N}(\mu, \sigma^2)^n \{x \in \mathbb{R}^n : S(x) > t_{n-1; 1-\alpha}\} = \alpha$$

8.4 Tests für normalverteilte Grundgesamtheiten

gilt. Aus $\mu \leq \mu_0$ ergibt sich leicht

$$\mathcal{X}_1 \subseteq \{x \in \mathbb{R}^n : S(x) > t_{n-1;1-\alpha}\},$$

und dies impliziert

$$\sup_{\mu \leq \mu_0} \mathcal{N}(\mu, \sigma^2)^n(\mathcal{X}_1) \leq \mathcal{N}(\mu, \sigma^2)^n \{x \in \mathbb{R}^n : S(x) > t_{n-1;1-\alpha}\} = \alpha$$

wie behauptet. □

Ähnlich wie beim zweiseitigen u-Test lautet beim **zweiseitigen** t-**Test** die Hypothese $\mathbb{H}_0 : \mu = \mu_0$ für ein gegebenes $\mu_0 \in \mathbb{R}$. Allerdings setzen wir auch hier nicht voraus, dass die Varianz bekannt sei.

Die Aussage im zweiseitigen t-Test ist wie folgt:

Satz 8.4.13

Der Test $\mathbf{T} = (\mathcal{X}_0, \mathcal{X}_1)$ mit

$$\mathcal{X}_0 := \left\{ x \in \mathbb{R}^n : \sqrt{n} \left| \frac{\bar{x} - \mu_0}{s_x} \right| \leq t_{n-1;1-\alpha/2} \right\}$$

und $\mathcal{X}_1 = \mathbb{R}^n \setminus \mathcal{X}_0$ ist ein α-Signifikanztest zur Prüfung der Hypothese $\mathbb{H}_0 : \mu = \mu_0$ gegen $\mathbb{H}_1 : \mu \neq \mu_0$.

Satz 8.4.13 wird denselben Methoden wie die Sätze 8.4.11 und 8.4.12 bewiesen. Deshalb verzichten wir auf seinen Beweis.

Beispiel 8.4.14

Wir behaupten, dass die Länge eines Werkstücks 22 cm beträgt. Unsere Hypothese $\mathbb{H}_0$ lautet also $\mu = 22$. Zehn durchgeführte Messungen liefern die folgenden Werte (in Zentimeter):

22.17, 22.11, 22.10, 22.14, 22.02, 21.95, 22.02, 22.08, 21.98, 22.15

Bestärken die gemessenen Werte unsere Hypothese oder sollten wir aufgrund dieser Werte die Hypothese ablehnen? Es folgt

$$\bar{x} = 22.072 \quad \text{und} \quad s_x = 0.07554248, \quad \text{somit} \quad \sqrt{10}\,\frac{\bar{x} - 22}{s_x} = 3.013986.$$

Wählen wir als Sicherheitswahrscheinlichkeit $\alpha = 0.05$, so müssen wir das Quantil $t_{9;0.975}$ berechnen. Für dieses gilt $t_{9;0.975} = 2.26$. Damit liegt unser beobachteter Vektor $x = (x_1, \ldots, x_{10})$ im Ablehnungsbereich $\mathcal{X}_1$ und wir können die Hypothese $\mu = 22$ ablehnen. Die Wahrscheinlichkeit, sich dabei zu irren, liegt unter 5%.

Anmerkung: Geben wir die Werte $x_1, \ldots, x_{10}$ in ein Statistikprogramm ein, so erhalten wir als Ergebnis $\alpha_0 = 0.00128927$. Was heißt das? Das bedeutet Folgendes: Gilt für die gewählte Sicherheitswahrscheinlichkeit α die Ungleichung $\alpha > \alpha_0$, so müssen wir $\mathbb{H}_0$ ablehnen. Wollen wir dagegen sehr sicher sein, dass die Antwort stimmt, also ein $\alpha < \alpha_0$ annehmen, so ist eine Ablehnung nicht möglich. In unserem Fall war $\alpha = 0.05 > \alpha_0$, deshalb lehnten wir $\mathbb{H}_0$ ab.

8.4.5 χ^2-Tests für die Varianz

Wir wollen in diesem Abschnitt Aussagen über die Varianz einer Folge unabhängig gemessener normalverteilter Werte treffen. Nehmen wir zuerst an, dass der Mittelwert μ_0 *bekannt* sei. Der zugehörige statistische Raum ist dann $(\mathbb{R}^n, \mathcal{B}(\mathbb{R}^n), \mathcal{N}(\mu_0, \sigma^2)^n)_{\sigma^2 > 0}$. Im **einseitigen** Test lautet die Hypothese $\mathbb{H}_0 : \sigma^2 \le \sigma_0^2$ für ein gegebenes $\sigma_0^2 > 0$ und im **zweiseitigen** Test $\mathbb{H}_0 : \sigma^2 = \sigma_0^2$.

Satz 8.4.15

Im einseitigen Fall wird ein α-Signifikanztest $\mathbf{T} = (\mathcal{X}_0, \mathcal{X}_1)$ durch

$$\mathcal{X}_0 := \left\{ x \in \mathbb{R}^n : \sum_{j=1}^n \frac{(x_j - \mu_0)^2}{\sigma_0^2} \le \chi^2_{n;1-\alpha} \right\}$$

definiert. Im zweiseitigen Fall wählt man

$$\mathcal{X}_0 := \left\{ x \in \mathbb{R}^n : \chi^2_{n;\alpha/2} \le \sum_{j=1}^n \frac{(x_j - \mu_0)^2}{\sigma_0^2} \le \chi^2_{n;1-\alpha/2} \right\}.$$

In beiden Fällen erhält man den Ablehnungsbereich durch $\mathcal{X}_1 := \mathbb{R}^n \setminus \mathcal{X}_0$.

Beweis: Wir beweisen die Aussage nur im Fall der einseitigen Hypothese. Wählen wir also ein $\sigma^2 \le \sigma_0^2$ und nehmen an, dass $\mathcal{N}(\mu_0, \sigma^2)^n$ das beschreibende Wahrscheinlichkeitsmaß ist. Definieren wir zufällige Größen $X_j : \mathbb{R}^n \to \mathbb{R}$ durch $X_j(x) = x_j$ für $x = (x_1, \ldots, x_n)$, so sind die X_j unabhängig und gemäß $\mathcal{N}(\mu_0, \sigma^2)$ verteilt. Durch die Normierung $Y_j := \frac{X_j - \mu_0}{\sigma}$ werden die Y_j standardnormalverteilt, und setzen wir also

$$S := \sum_{j=1}^n \frac{(X_j - \mu_0)^2}{\sigma^2} = \sum_{j=1}^n Y_j^2,$$

so ist S nach Satz 4.6.14 gemäß χ^2_n verteilt. Folglich ergibt sich aus der Definition der Quantile, dass

$$\mathcal{N}(\mu_0, \sigma^2)^n \{x \in \mathbb{R}^n : S(x) > \chi_{n;1-\alpha}\} = \alpha.$$

Wegen $\sigma^2 \le \sigma_0^2$ haben wir aber

$$\mathcal{X}_1 \subseteq \{x \in \mathbb{R}^n : S(x) > \chi_{n;1-\alpha}\},$$

somit $\mathcal{N}(\mu_0, \sigma^2)^n(\mathcal{X}_1) \le \alpha$. Damit ist der $\mathbf{T} = (\mathcal{X}_0, \mathcal{X}_1)$, wie behauptet, ein Signifikanztest zum Niveau α. □

Kommen wir nun zum Fall, dass der Mittelwert *unbekannt* ist. Der beschreibende statistische Raum ist in diesem Fall

$$(\mathbb{R}^n, \mathcal{B}(\mathbb{R}^n), \mathcal{N}(\mu, \sigma^2)^n)_{(\mu, \sigma^2) \in \mathbb{R} \times (0, \infty)}.$$

8.4 Tests für normalverteilte Grundgesamtheiten

Für den einseitigen Test wird der Parameterraum $\Theta = \mathbb{R} \times (0, \infty)$ in

$$\Theta_0 = \mathbb{R} \times (0, \sigma_0^2] \quad \text{und} \quad \Theta_1 = \mathbb{R} \times (\sigma_0^2, \infty)$$

zerlegt, im zweiseitigen Fall in

$$\Theta_0 = \mathbb{R} \times \{\sigma_0^2\} \quad \text{und} \quad \Theta_1 = \mathbb{R} \times [(0, \sigma_0^2) \cup (\sigma_0^2, \infty).$$

Satz 8.4.16

Im einseitigen Fall wird ein α-Signifikanztest $\mathbf{T} = (\mathcal{X}_0, \mathcal{X}_1)$ durch

$$\mathcal{X}_0 := \left\{ x \in \mathbb{R}^n : (n-1) \frac{s_x^2}{\sigma_0^2} \leq \chi_{n; 1-\alpha}^2 \right\}$$

definiert. Im zweiseitigen Fall wählt man

$$\mathcal{X}_0 := \left\{ x \in \mathbb{R}^n : \chi_{n; \alpha/2}^2 \leq (n-1) \frac{s_x^2}{\sigma_0^2} \leq \chi_{n; 1-\alpha/2}^2 \right\}.$$

In beiden Fällen erhält man den Ablehnungsbereich durch $\mathcal{X}_1 := \mathbb{R}^n \setminus \mathcal{X}_0$.

Beweis: Der Beweis verläuft ähnlich dem von Satz 8.4.15. Der wesentliche Unterschied ist, dass man hier die zufällige Größe S durch

$$S(x) := (n-1) \frac{s_x^2}{\sigma^2}, \quad x \in \mathbb{R}^n,$$

definiert. Nach (8.10) ist dann S gemäß χ_{n-1}^2 verteilt, vorausgesetzt $\mathcal{N}(\mu, \sigma^2)^n$ ist das auf $\mathbb{R}^n$ verwendete Wahrscheinlichkeitsmaß. Der Rest des Beweises folgt dem von Satz 8.4.15. □

8.4.6 Doppel-u-Test

Beim Doppel-u-Test handelt es sich um einen sogenannten **Vergleichstest**, ebenso wie beim unten folgenden Doppel-t-Test. Gegeben seien zwei Versuchsreihen $x = (x_1, \ldots, x_m)$ und $y = (y_1, \ldots, y_n)$, die Ergebnisse zweier voneinander unabhängiger unterschiedlicher statistischer Experimente sind. Dabei führt man im ersten Experiment m unabhängige Messungen durch, im zweiten n. Wir fassen die beiden Versuchsreihen zu einem Vektor $(x, y) \in \mathbb{R}^{m+n}$ zusammen. Ein typisches Beispiel sind m Messwerte von Hektarerträgen ohne Düngergabe und von n Messwerten mit einer bestimmten Düngergabe.

Wir nehmen dabei an, dass die Werte $x_1, \ldots, x_m$ gemäß $\mathcal{N}(\mu_1, \sigma_1^2)$ und die $y_1, \ldots, y_n$ gemäß $\mathcal{N}(\mu_2, \sigma_2^2)$ verteilt sind. Typische Fragestellungen sind dann, ob eventuell $\mu_1 = \mu_2$ oder aber $\mu_1 \leq \mu_2$ gilt bzw. ob $\sigma_1^2 = \sigma_2^2$ bzw. ob $\sigma_1^2 \leq \sigma_2^2$.

Beim Doppel-u-Test setzt man voraus, dass die Varianzen σ_1^2 und σ_2^2 bekannt sind. Damit verringert sich die Anzahl der unbekannten Parameter auf zwei, nämlich auf μ_1 und μ_2, und der beschreibende statistische Raum lautet

$$\left(\mathbb{R}^{m+n}, \mathcal{B}(\mathbb{R}^{m+n}), \mathcal{N}(\mu_1, \sigma_1^2)^m \otimes \mathcal{N}(\mu_2, \sigma_2^2)^n \right)_{(\mu_1, \mu_2) \in \mathbb{R}^2}. \tag{8.20}$$

Zur Erinnerung, dass Wahrscheinlichkeitsmaß $\mathcal{N}(\mu_1, \sigma_1^2)^m \otimes \mathcal{N}(\mu_2, \sigma_2^2)^n$ ist die Normalverteilung auf $\mathbb{R}^{m+n}$ mit Mittelwertvektor $(\underbrace{\mu_1, \ldots, \mu_1}_{m}, \underbrace{\mu_2, \ldots, \mu_2}_{n})$ und der Kovarianzmatrix $R = (r_{ij})_{i,j=1}^{m+n}$ mit $r_{ii} = \sigma_1^2$ für $1 \leq i \leq m$, $r_{ii} = \sigma_2^2$ für $m < i \leq m+n$ und $r_{ij} = 0$ für $i \neq j$.

Satz 8.4.17

Gegeben sei der statistische Raum (8.20). Dann ist $\mathbf{T} = (\mathcal{X}_0, \mathcal{X}_1)$ mit

$$\mathcal{X}_0 := \left\{ (x,y) \in \mathbb{R}^{m+n} : \sqrt{\frac{mn}{n\sigma_1^2 + m\sigma_2^2}} (\bar{x} - \bar{y}) \leq u_{1-\alpha} \right\}$$

ein α-Signifikanztest zum Prüfen von $\mathbb{H}_0 : \mu_1 \leq \mu_2$ gegen $\mathbb{H}_1 : \mu_1 > \mu_2$.
Der Test $\mathbf{T} = (\mathcal{X}_0, \mathcal{X}_1)$ mit

$$\mathcal{X}_0 := \left\{ (x,y) \in \mathbb{R}^{m+n} : \sqrt{\frac{mn}{n\sigma_1^2 + m\sigma_2^2}} |\bar{x} - \bar{y}| \leq u_{1-\alpha/2} \right\}$$

ein α-Signifikanztest zum Prüfen von $\mathbb{H}_0 : \mu_1 = \mu_2$ gegen $\mathbb{H}_1 : \mu_1 \neq \mu_2$.

Beweis: Wir beweisen nur die erste Aussage, d.h., wir setzen $\mu_1 \leq \mu_2$ voraus und müssen

$$\mathcal{N}(\mu_1, \sigma_1^2)^m \otimes \mathcal{N}(\mu_2, \sigma_2^2)^n(\mathcal{X}_1) \leq \alpha \qquad (8.21)$$

zeigen. Wir betrachten die unabhängigen zufälligen Größen X_i und Y_j mit $X(x,y) = x_i$ und $Y(x,y) = y_j$ und bemerken, dass diese nach Wahl des Wahrscheinlichkeitsmaßes auf $\mathbb{R}^{m+n}$ gemäß $\mathcal{N}(\mu_1, \sigma_1^2)$ bzw. gemäß $\mathcal{N}(\mu_2, \sigma_2^2)$ verteilt sind. Folglich ist $\bar{X}$ eine $\mathcal{N}\left(\mu_1, \frac{\sigma_1^2}{m}\right)$ verteilte zufällige Größe und analog $\bar{Y}$ gemäß $\mathcal{N}\left(\mu_2, \frac{\sigma_2^2}{n}\right)$. Aufgrund der Unabhängigkeit von $\bar{X}$ und $\bar{Y}$ und der Tatsache, dass mit $\bar{Y}$ auch $-\bar{Y}$ gemäß $\mathcal{N}\left(\mu_2, \frac{\sigma_2^2}{n}\right)$ verteilt ist, schließen wir, dass $\bar{X} - \bar{Y}$ eine $\mathcal{N}\left(\mu_1 - \mu_2, \frac{\sigma_1^2}{m} + \frac{\sigma_2^2}{n}\right)$-Verteilung besitzt. Damit ist die auf $\mathbb{R}^{m+n}$ definierte Abbildung

$$S(x,y) := \left(\frac{\sigma_1^2}{m} + \frac{\sigma_2^2}{n}\right)^{-1/2} \left[(\bar{X}(x,y) - \bar{Y}(x,y)) - (\mu_1 - \mu_2)\right]$$

standardnormalverteilt, folglich gilt

$$\mathcal{N}(\mu_1, \sigma_1^2)^m \otimes \mathcal{N}(\mu_2, \sigma_2^2)^n\{(x,y) \in \mathbb{R}^{m+n} : S(x,y) > u_{1-\alpha}\} = \alpha. \qquad (8.22)$$

Aus $\mu_1 \leq \mu_2$ folgern wir

$$S(x,y) \geq \left(\frac{\sigma_1^2}{m} + \frac{\sigma_2^2}{n}\right)^{-1/2} [\bar{X}(x,y) - \bar{Y}(x,y)] = \sqrt{\frac{mn}{n\sigma_1^2 + m\sigma_2^2}} [\bar{X}(x,y) - \bar{Y}(x,y)],$$

also

$$\mathcal{X}_1 \subseteq \{(x,y) \in \mathbb{R}^{m+n} : S(x,y) > u_{1-\alpha}\},$$

woraus sich wegen (8.22) sofort (8.21) ergibt. Damit ist die erste Aussage bewiesen. □

8.4.7 Doppel-t-Test

Die Situation ist wie beim Doppel-u-Test; allerdings setzen wir hier nicht voraus, dass σ_1^2 und σ_2^2 bekannt sind. Dafür müssen wir aber folgende Annahme treffen:

$$\sigma_1^2 = \sigma_2^2 := \sigma^2$$

Somit existieren drei unbekannte Größen, nämlich die Mittelwerte μ_1, μ_2 und die gemeinsame Varianz σ^2, und folglich lautet der zugehörige statistische Raum

$$\left(\mathbb{R}^{m+n}, \mathcal{B}(\mathbb{R}^{m+n}), \mathcal{N}(\mu_1, \sigma^2)^m \otimes \mathcal{N}(\mu_2, \sigma^2)^n\right)_{(\mu_1,\mu_2,\sigma^2)\in\mathbb{R}^2\times(0,\infty)}. \quad (8.23)$$

Zur Vereinfachung der folgenden Aussagen definieren wir eine Abbildung $T : \mathbb{R}^{m+n} \to \mathbb{R}$ durch

$$T(x,y) := \sqrt{\frac{(m+n-2)\,mn}{m+n}} \frac{\bar{x}-\bar{y}}{\sqrt{(m-1)s_x^2 + (n-1)s_y^2}}. \quad (8.24)$$

Satz 8.4.18

Gegeben sei der statistische Raum (8.23). Dann ist $\mathbf{T} = (\mathcal{X}_0, \mathcal{X}_1)$ mit

$$\mathcal{X}_0 := \left\{(x,y) \in \mathbb{R}^{m+n} : T(x,y) \leq t_{m+n-2;1-\alpha}\right\}$$

ein α-Signifikanztest zum Prüfen von $\mathbb{H}_0 : \mu_1 \leq \mu_2$ gegen $\mathbb{H}_1 : \mu_1 > \mu_2$.

Der Test $\mathbf{T} = (\mathcal{X}_0, \mathcal{X}_1)$ mit

$$\mathcal{X}_0 := \left\{(x,y) \in \mathbb{R}^{m+n} : |T(x,y)| \leq t_{m+n-2;1-\alpha/2}\right\}$$

ein α-Signifikanztest zum Prüfen von $\mathbb{H}_0 : \mu_1 = \mu_2$ gegen $\mathbb{H}_1 : \mu_1 \neq \mu_2$.

Beweis: Diesmal beweisen wir nur den zweiseitigen Fall, d.h., $\mathbb{H}_0$ lautet $\mu_1 = \mu_2$. Sind die zufälligen Größen X_i und Y_j wie im Beweis von Satz 8.4.17 definiert, so sind nach Satz 4.1.9 und Bemerkung 4.1.10 auch ihre korrigierten empirischen Varianzen

$$s_X^2 = \frac{1}{m-1}\sum_{i=1}^{m}(X_i - \bar{X})^2 \quad \text{und} \quad s_Y^2 = \frac{1}{n-1}\sum_{j=1}^{m}(Y_j - \bar{Y})^2$$

unabhängig. Weiterhin sind nach (8.10) die Größen

$$(m-1)\frac{s_X^2}{\sigma^2} \quad \text{und} \quad (n-1)\frac{s_Y^2}{\sigma^2}$$

gemäß χ_{m-1}^2 bzw. χ_{n-1}^2 verteilt. Nun impliziert Satz 4.6.13, dass

$$s_{(X,Y)}^2 := \frac{1}{\sigma^2}\left\{(m-1)s_X^2 + (n-1)s_Y^2\right\}$$

eine χ^2_{m+n-2}-verteilte zufällige Größe ist. Aufgrund von Satz 8.4.3 sind sowohl s_X^2 und $\bar{X}$ als auch s_Y^2 und $\bar{Y}$ unabhängig, folglich auch $s^2_{(X,Y)}$ und $\frac{\sqrt{mn}}{\sigma\sqrt{m+n}}(\bar{X} - \bar{Y})$.

Wie im Beweis von Satz 8.4.17 folgt, dass $\bar{X} - \bar{Y}$ gemäß $\mathcal{N}\left(\mu_1 - \mu_2, \frac{\sigma_1^2}{m} + \frac{\sigma_2^2}{n}\right)$ verteilt ist. Setzen wir nun voraus, $\mathbb{H}_0$ ist richtig, es gilt also $\mu_1 = \mu_2$, so ergibt sich hieraus, dass $\frac{\sqrt{mn}}{\sigma\sqrt{m+n}}(\bar{X}-\bar{Y})$ eine standardnormalverteilte zufällige Größe ist, unabhängig von $s^2_{(X,Y)}$. Nach Satz 4.7.8 besitzt der normierte Quotient

$$Z := \sqrt{m+n-2}\, \frac{\frac{\sqrt{mn}}{\sigma\sqrt{m+n}}(\bar{X} - \bar{Y})}{s_{(X,Y)}}$$

mit $s_{(X,Y)} := +\sqrt{s^2_{(X,Y)}}$ eine t_{m+n-2}-Verteilung. Einfache Umstellung zeigt, die zufällige Größe Z stimmt mit der in (8.24) definierten Abbildung T überein, also ist T auch gemäß t_{m+n-2} verteilt. Aus diesem Grund gilt mit $\mathbb{P}_{\mu_1,\mu_2,\sigma^2} = \mathcal{N}(\mu_1,\sigma^2)^m \otimes \mathcal{N}(\mu_2,\sigma^2)^n$ nach (8.15) die Gleichung

$$\mathbb{P}_{\mu_1,\mu_2,\sigma^2}(\mathcal{X}_1) = \mathbb{P}_{\mu_1,\mu_2,\sigma^2}\left\{(x,y) \in \mathbb{R}^{m+n} : |T(x,y)| > t_{m+n-2;1-\alpha/2}\right\} = \alpha$$

wie behauptet. $\square$

8.4.8 F-Tests

Abschließend wollen wir noch Tests für den Vergleich der Varianz zweier Versuchsreihen angeben. Wir verzichten auf die Beweise, da diese demselben Schema wie in den vorangegangenen Sätzen folgen. Wesentlich verwendet werden dabei folgende Tatsachen:

1. Sind $X_1, \ldots, X_m$ und $Y_1, \ldots, Y_n$ unabhängig und $\mathcal{N}(\mu_1, \sigma_1^2)$ bzw. $\mathcal{N}(\mu_2, \sigma_2^2)$ verteilt, so sind

$$V := \frac{1}{\sigma_1^2}\sum_{i=1}^m (X_i - \mu_1)^2 \quad \text{und} \quad W := \frac{1}{\sigma_2^2}\sum_{j=1}^n (Y_j - \mu_2)^2,$$

gemäß χ_m^2 bzw. χ_n^2 verteilt und unabhängig. Folglich ist $\frac{V/m}{W/n}$ gemäß $F_{m,n}$ verteilt.

2. Für $X_1, \ldots, X_m$ und $Y_1, \ldots, Y_n$ unabhängig standardnormal sind

$$(m-1)\frac{s_X^2}{\sigma_1^2} \quad \text{bzw.} \quad (n-1)\frac{s_Y^2}{\sigma_2^2}.$$

unabhängig gemäß χ^2_{m-1} bzw. χ^2_{n-1} verteilt. Folglich besitzt s_X^2/s_Y^2 eine Verteilung gemäß $F_{m-1,n-1}$.

Beim F-Test muss man 2 Fälle unterscheiden:
(a) Die Mittelwerte μ_1 und μ_2 sind bekannt. Dann lautet der statistische Raum

$$\left(\mathbb{R}^{m+n}, \mathcal{B}(\mathbb{R}^{m+n}), \mathcal{N}(\mu_1,\sigma_1^2)^m \otimes \mathcal{N}(\mu_2,\sigma_2^2)^n\right)_{(\sigma_1^2,\sigma_2^2)\in(0,\infty)^2}.$$

(b) Die Mittelwerte sind unbekannt. Der diese Situation beschreibende statistische Raum ist dann

$$\left(\mathbb{R}^{m+n}, \mathcal{B}(\mathbb{R}^{m+n}), \mathcal{N}(\mu_1, \sigma_1^2)^m \otimes \mathcal{N}(\mu_2, \sigma_2^2)^n\right)_{(\mu_1, \mu_2, \sigma_1^2, \sigma_2^2) \in \mathbb{R}^2 \times (0,\infty)^2}.$$

In beiden Fällen sind die Hypothesen entweder $\mathbb{H}_0 : \sigma_1^2 \leq \sigma_2^2$ beim einseitigen Test oder aber $\mathbb{H}_0 : \sigma_1^2 = \sigma_2^2$ im zweiseitigen. Die Annahmebereiche lauten dann wie folgt:

(a) $\mathbb{H}_0 : \sigma_1^2 \leq \sigma_2^2$

$$\mathcal{X}_0 := \left\{(x,y) \in \mathbb{R}^{m+n} : \frac{\frac{1}{m}\sum_{i=1}^m (x_i - \mu_1)^2}{\frac{1}{n}\sum_{j=1}^n (y_j - \mu_2)^2} \leq F_{m,n;1-\alpha}\right\}$$

(a) $\mathbb{H}_0 : \sigma_1^2 = \sigma_2^2$

$$\mathcal{X}_0 := \left\{(x,y) \in \mathbb{R}^{m+n} : F_{m,n;\alpha/2} \leq \frac{\frac{1}{m}\sum_{i=1}^m (x_i - \mu_1)^2}{\frac{1}{n}\sum_{j=1}^n (y_j - \mu_2)^2} \leq F_{m,n;1-\alpha/2}\right\}$$

(b) $\mathbb{H}_0 : \sigma_1^2 \leq \sigma_2^2$

$$\mathcal{X}_0 := \left\{(x,y) \in \mathbb{R}^{m+n} : \frac{s_x^2}{s_y^2} \leq F_{m-1,n-1;1-\alpha}\right\}$$

(b) $\mathbb{H}_0 : \sigma_1^2 = \sigma_2^2$

$$\mathcal{X}_0 := \left\{(x,y) \in \mathbb{R}^{m+n} : F_{m-1,n-1;\alpha/2} \leq \frac{s_x^2}{s_y^2} \leq F_{m-1,n-1;1-\alpha/2}\right\}$$

8.5 Punktschätzungen

Ausgangspunkt ist wieder ein statistischer Raum $(\mathcal{X}, \mathcal{F}, \mathbb{P}_\theta)_{\theta \in \Theta}$ in Parameterform. Nehmen wir an, wir beobachten eine Stichprobe $x \in \mathcal{X}$. In diesem Abschnitt zeigen wir, wie man anhand dieser Stichprobe eine „gute" Schätzung für den Parameter $\theta \in \Theta$ erhält.

Beispiel 8.5.1

Sei der statistische Raum durch $(\mathbb{R}^n, \mathcal{B}(\mathbb{R}^n), \mathcal{N}(\mu, \sigma_0^2)^n)_{\mu \in \mathbb{R}}$ mit bekanntem $\sigma_0^2 > 0$ gegeben. Wir beobachten die Messwerte $x = (x_1, \ldots, x_n)$ und wollen hieraus den unbekannten Parameter $\mu \in \mathbb{R}$ schätzen. Eine sich intuitiv anbietende Möglichkeit zur Schätzung von μ ist der Schätzer $\hat{\mu}(x)$ definiert durch

$$\hat{\mu}(x) = \frac{1}{n} \sum_{j=1}^n x_j = \bar{x}.$$

Es stellt sich aber die Frage, ob $\hat{\mu}$ ein „guter" Schätzer für μ ist, oder ob vielleicht noch bessere Schätzungen für μ existieren.

Verallgemeinern wir das Problem des Schätzens des unbekannten $\theta \in \Theta$ leicht. In einigen wichtigen Fällen interessiert uns in Wirklichkeit gar nicht der genaue Wert des unbekannten θ, sondern der Wert $\gamma(\theta)$ für eine Funktion $\gamma : \Theta \to \mathbb{R}$. Mit anderen Worten, für eine gegebene Funktion $\gamma : \Theta \to \mathbb{R}$ suchen wir einen geeigneten Schätzer $\hat{\gamma} : \mathcal{X} \to \mathbb{R}$. Allerdings werden wir in den meisten uns interessierenden Fällen die Funktion γ gar nicht benötigen, d.h., es gilt $\Theta \subseteq \mathbb{R}$ und $\gamma(\theta) = \theta$, und gesucht ist eine Funktion $\hat{\theta} : \mathcal{X} \to \mathbb{R}$, die $\theta \in \Theta$ schätzt.

Folgend ein wichtiges Beispiel, in denen eine Funktion γ eine Rolle spielt, die nicht die Identität ist.

Beispiel 8.5.2

Unser statistischer Raum sei $(\mathbb{R}^n, \mathcal{B}(\mathbb{R}^n), \mathcal{N}(\mu, \sigma^2)^n)_{(\mu,\sigma^2) \in \mathbb{R} \times (0,\infty)}$. Nun interessiert uns nicht der Wert des Parameters (μ, σ^2), sondern nur der von μ. Man setzt also

$$\gamma(\mu, \sigma^2) := \mu, \quad (\mu, \sigma^2) \in \mathbb{R} \times (0, \infty),$$

und schätzt γ, also μ.

Analog, wenn uns nur der Wert der unbekannten Varianz σ^2 interessiert, wählt man γ als

$$\gamma(\mu, \sigma^2) := \sigma^2, \quad (\mu, \sigma^2) \in \mathbb{R} \times (0, \infty).$$

Nach den vorbereitenden Betrachtungen geben wir nun die exakte Definition eines Schätzers.

Definition 8.5.3

Gegeben seien ein statistischer Raum $(\mathcal{X}, \mathcal{F}, \mathbb{P}_\theta)_{\theta \in \Theta}$ in Parameterform und eine Funktion $\gamma : \Theta \to \mathbb{R}$ des Parameters. Eine Abbildung $\hat{\gamma} : \mathcal{X} \to \mathbb{R}$ heißt **Punktschätzer** (oder einfach nur **Schätzer**) für $\gamma(\theta)$, wenn für $t \in \mathbb{R}$ die Menge $\{x \in \mathcal{X} : \hat{\gamma}(x) \leq t\}$ in der σ-Algebra $\mathcal{F}$ liegt. D.h., $\hat{\gamma}$ ist eine auf $\mathcal{X}$ definierte zufällige Größe.

Die Deutung dieser Definition ist wie folgt: Beobachtet man eine Stichprobe $x \in \mathcal{X}$, so ist die reelle Zahl $\hat{\gamma}(x)$ eine Schätzung für die unbekannte Zahl $\gamma(\theta)$. Misst man z.B. ein Werkstück viermal und erhält die Werte $22.03, 21.87, 22.11, 22, 15$, so schätzt man unter Verwendung des in Beispiel 8.5.2 definierten Schätzers $\hat{\mu}$, dass der Erwartungswert der zugrunde liegenden Normalverteilung 22.04 beträgt.

8.5.1 Maximum-Likelihood-Schätzer

Gegeben sei ein statistischer Raum $(\mathcal{X}, \mathcal{F}, \mathbb{P}_\theta)_{\theta \in \Theta}$ in Parameterform. Es existieren mehrere Verfahren zur Gewinnung „guter" Schätzer für den unbekannten Parameter θ. Wir wollen in diesem Abschnitt das wichtigste dieser Verfahren vorstellen und erläutern, und zwar das so genannte **Maximum-Likelihood-Prinzip**.

Das folgende einfache Beispiel dient dem Verständnis dieses Prinzips.

8.5 Punktschätzungen

Beispiel 8.5.4

Wir nehmen an, wir müssen uns anhand der Versuchsergebnisse zwischen zwei möglichen Wahrscheinlichkeitsmaßen $\mathbb{P}_0$ und $\mathbb{P}_1$ entscheiden, d.h., unser Parameterraum Θ enthält zwei Elemente, nämlich 0 und 1. Weiterhin sei $\mathcal{X} = \{a, b\}$, und es gelte $\mathbb{P}_0(\{a\}) = 1/4$, somit $\mathbb{P}_0(\{b\}) = 3/4$, sowie $\mathbb{P}_1(\{a\}) = \mathbb{P}(\{b\}) = 1/2$. Wir führen nun einen statistischen Versuch durch und beobachten „a". Welchen Parameter würden wir dann anhand dieses Ergebnisses schätzen? Selbstverständlich $\theta = 1$, denn unter $\mathbb{P}_1$ ist das Eintreten von „a" wahrscheinlicher als unter $\mathbb{P}_0$ oder anders ausgedrückt, das Ergebnis „a" passt besser zu $\mathbb{P}_1$ als zu $\mathbb{P}_0$. Der Schätzer $\hat{\theta}$ sähe also wie folgt aus: $\hat{\theta}(a) = 1$ und $\hat{\theta}(b) = 0$.

Durch welche Eigenschaft zeichnet sich der Schätzer $\hat{\theta}$ in Beispiel 8.5.4 aus? Um diese Frage zu beantworten, betrachten wir bei festem $x \in \mathcal{X}$ die Funktion

$$\theta \mapsto \mathbb{P}_\theta(\{x\}), \quad \theta \in \Theta. \tag{8.25}$$

Für $x = a$ wird diese Funktion maximal für $\theta = 1$, während sie für $x = b$ ihr Maximum bei $\theta = 0$ annimmt. Der Schätzer $\hat{\theta}$ ist also so definiert, dass $\hat{\theta}(x)$ derjenige Parameter θ ist, für den die Funktion (8.25) bei festem $x \in \mathcal{X}$ maximal wird. Dies ist aber genau die Vorgehensweise, auf der das Maximum-Likelihood-Prinzip beruht.

Wir wollen jetzt dieses Prinzip mathematisch exakt formulieren. Dazu benötigen wir den Begriff der Likelihoodfunktion. Nehmen wir zuerst an, $\mathcal{X}$ enthalte höchstens abzählbar unendlich viele Elemente. Dann sind die Wahrscheinlichkeitsmaße $\mathbb{P}_\theta$ eindeutig durch ihre Werte für Elementarereignisse bestimmt.

Definition 8.5.5

Die Funktion p von $\Theta \times \mathcal{X} \to \mathbb{R}$ mit

$$p(\theta, x) := P_\theta(\{x\}), \quad \theta \in \Theta,, \ x \in \mathcal{X},$$

heißt **Likelihoodfunktion** des statistischen Raums $(\mathcal{X}, \mathcal{P}(\mathcal{X}), \mathbb{P}_\theta)_{\theta \in \Theta}$.

Betrachten wir jetzt den stetigen Fall. Der statistische Raum sei $(\mathbb{R}^n, \mathcal{B}(\mathbb{R}^n), \mathbb{P}_\theta)_{\theta \in \Theta}$. Weiterhin nehmen wir an, dass jedes Wahrscheinlichkeitsmaß $\mathbb{P}_\theta$ eine Wahrscheinlichkeitsdichte besitzt, die von $\mathbb{R}^n$ nach $\mathbb{R}$ abbildet. Da diese Dichte nicht nur von $x \in \mathbb{R}^n$ abhängt, sondern auch von der Wahl des Parameters θ, so bezeichnen wir sie mit $p(\theta, \cdot)$. In anderen Worten, für alle Quader der Form 1.52 und alle $\theta \in \Theta$ gilt

$$\mathbb{P}_\theta(Q) = \int_Q p(\theta, x)\, dx = \int_{a_1}^{b_1} \cdots \int_{a_n}^{b_n} p(\theta, x_1, \ldots, x_n)\, dx_n \ldots dx_1. \tag{8.26}$$

Definition 8.5.6

Eine Funktion $p : \Theta \times \mathbb{R}^n \to \mathbb{R}$, die (8.26) für alle Quader Q und alle $\theta \in \Theta$ erfüllt, heißt **Likelihoodfunktion** des statistischen Raums $(\mathbb{R}^n, \mathcal{B}(\mathbb{R}^n), \mathbb{P}_\theta)_{\theta \in \Theta}$.

Zum besseren Verständnis der Definitionen 8.5.5 und 8.5.6 im Folgenden ein paar Beispiele von Likelihoodfunktionen.

1. Für $(\mathcal{X}, \mathcal{P}(\mathcal{X}), B_{n,\theta})_{0 \leq \theta \leq 1}$ mit $\mathcal{X} = \{0, \ldots, n\}$ aus Abschnitt 8.3 besitzt die Likelihoodfunktion die Gestalt

$$p(\theta, k) = \binom{n}{k} \theta^k (1 - \theta)^{n-k}, \quad \theta \in [0,1], \, k \in \{0, \ldots, n\}. \tag{8.27}$$

2. Betrachten wir den statistischen Raum $(\mathcal{X}, \mathcal{P}(\mathcal{X}), H_{N,M,n})_{M=0,\ldots,N}$ aus Beispiel 8.1.4, so lautet hier die Likelihoodfunktion

$$p(M, m) = \frac{\binom{M}{m}\binom{N-M}{n-m}}{\binom{N}{n}}, \quad M = 0, \ldots, N, \, m = 0, \ldots, n. \tag{8.28}$$

3. Die Likelihoodfunktion des im Beispiel 8.5.18 betrachteten statistischen Raums $(\mathbb{N}_0^n, \mathcal{P}(\mathbb{N}_0^n), \text{Pois}_\lambda^n)_{\lambda > 0}$ berechnet sich als

$$p(\lambda, k_1, \ldots, k_n) = \frac{\lambda^{k_1 + \cdots + k_n}}{k_1! \cdots k_n!} e^{-\lambda n}, \quad \lambda > 0, \, k_j \in \mathbb{N}_0. \tag{8.29}$$

4. Die Likelihoodfunktion des Raums $(\mathbb{R}^n, \mathcal{B}(\mathbb{R}^n), \mathcal{N}(\mu, \sigma^2)^n)_{(\mu,\sigma^2) \in \mathbb{R} \times (0,\infty)}$ aus Beispiel 8.1.10 berechnet sich als

$$p(\mu, \sigma^2, x) = \frac{1}{(2\pi)^{n/2} \sigma^n} \exp\left(-\frac{|x - \vec{\mu}|^2}{2\sigma^2}\right), \quad \mu \in \mathbb{R}, \, \sigma^2 > 0, \tag{8.30}$$

wobei wie zuvor $\vec{\mu} = (\mu, \ldots, \mu)$.

5. Die Likelihoodfunktion des Raums $(\mathbb{R}^n, \mathcal{B}(\mathbb{R}^n), E_\lambda^n)_{\lambda > 0}$ aus Beispiel 8.1.7 hat die Form

$$p(\lambda, t_1, \ldots, t_n) = \lambda^n e^{-\lambda(t_1 + \cdots + t_n)}, \quad \lambda > 0, \, t_j \geq 0. \tag{8.31}$$

Definition 8.5.7

Es sei $(\mathcal{X}, \mathcal{F}, \mathbb{P}_\theta)_{\theta \in \Theta}$ ein statistischer Raum mit Likelihoodfunktion p. Ein Schätzer $\hat{\theta} : \mathcal{X} \to \Theta$ heißt **Maximum-Likelihood-Schätzer** (kurz **ML-Schätzer**), wenn für jedes $x \in \mathcal{X}$ stets Folgendes gilt:

$$p(\hat{\theta}(x), x) = \max_{\theta \in \Theta} p(\theta, x)$$

Wie gewinnt man nun ML-Schätzer für konkrete statistische Räume? Dazu überlegt man sich, dass der Logarithmus eine streng wachsende Funktion ist, die Likelihoodfunktion p genau dann an einer Stelle maximal wird, wenn dies für $\ln p$ gilt.

Definition 8.5.8
Es sei $(\mathcal{X}, \mathcal{F}, \mathbb{P}_\theta)_{\theta \in \Theta}$ ein statistischer Raum mit Likelihoodfunktion p. Die Funktion
$$L(\theta, x) := \ln p(\theta, x), \quad \theta \in \Theta, \, x \in \mathcal{X},$$
nennt man **Log-Likelihoodfunktion**.

Mit dieser Notation folgt, dass ein Schätzer $\hat{\theta}$ dann und nur dann ein ML-Schätzer ist, wenn
$$L(\hat{\theta}(x), x) = \max_{\theta \in \Theta} L(\theta, x)$$
gilt.

Beispiel 8.5.9
Die Log-Likelihoodfunktion zur Funktion p in (8.27) lautet
$$L(\theta, k) = c + k \ln \theta + (n-k) \ln(1-\theta), \tag{8.32}$$
wobei $c \in \mathbb{R}$ eine von θ unabhängige Konstante ist.

Die Log-Likelihoodfunktion zur Funktion p aus (8.31) hat die Gestalt
$$L(\lambda, t_1, \ldots, t_n) = n \ln \lambda - \lambda(t_1 + \cdots + t_n).$$

Setzen wir nunmehr voraus, es gelte $\Theta \subseteq \mathbb{R}^k$ für ein $k \geq 1$. Somit ist jedes $\theta \in \Theta$ in der Form $\theta = (\theta_1, \ldots, \theta_k)$ darstellbar. Weiterhin sei die Log-Likelihoodfunktion für jedes feste $x \in \mathcal{X}$ bezüglich θ stetig differenzierbar[4]. Dann betrachten wir zu jedem $x \in \mathcal{X}$ solche $\theta^* \in \Theta$, für die
$$\left. \frac{\partial}{\partial \theta_i} L(\theta, x) \right|_{\theta = \theta^*} = 0, \quad i = 1, \ldots, k,$$
erfüllt ist. Solche von x abhängigen Punkte $\theta^* = (\theta_1^*, \ldots, \theta_k^*)$ sind dann verdächtig, dass dort die Funktion $L(\theta, x)$ bei festem $x \in \mathcal{X}$ maximal wird.

Gilt $\Theta \subseteq \mathbb{R}^k$ und ist die Log-Likelihoodfunktion stetig differenzierbar, dann erfüllt der ML-Schätzer $\hat{\theta}$ die Gleichungen
$$\left. \frac{\partial}{\partial \theta_i} L(\theta, x) \right|_{\theta = \hat{\theta}(x)} = 0, \quad i = 1, \ldots, k.$$

---
[4]D.h., die partiellen Ableitungen existieren und sind stetig.

Beispiel 8.5.10

Für die in (8.32) definierte Log-Likelihoodfunktion gilt

$$\frac{\partial}{\partial \theta} L(\theta, k) = \frac{k}{\theta} - \frac{n-k}{1-\theta}.$$

Die rechte Seite verschwindet genau für $\theta^* = \frac{k}{n}$. Somit ergibt sich der ML-Schätzer in diesem Fall als

$$\hat{\theta}(k) = \frac{k}{n}, \quad k = 0, \ldots, n.$$

Beispiel 8.5.11

Der Logarithmus der Funktion p in (8.30) lautet

$$L(\mu, \sigma^2, x) = L(\mu, \sigma^2, x_1, \ldots, x_n) = c - \frac{n}{2} \cdot \ln \sigma^2 - \frac{1}{2\sigma^2} \sum_{j=1}^{n}(x_j - \mu)^2$$

mit $c \in \mathbb{R}$ unabhängig von μ und σ^2. In diesem Fall hat man $\Theta \subseteq \mathbb{R}^2$, weswegen für $\theta^* = (\mu^*, \sigma^{2*})$ gleichzeitig die beiden Gleichungen

$$\frac{\partial}{\partial \mu} L(\mu, \sigma^2, x)\Big|_{(\mu,\sigma^2)=(\mu^*,\sigma^{2*})} = 0 \quad \text{und} \quad \frac{\partial}{\partial \sigma^2} L(\mu, \sigma^2, x)\Big|_{(\mu,\sigma^2)=(\mu^*,\sigma^{2*})} = 0$$

erfüllt sein müssen. Nun ergibt sich

$$\frac{\partial}{\partial \mu} L(\mu, \sigma^2, x) = \frac{1}{\sigma^2} \sum_{j=1}^{n}(x_j - \mu) = \frac{1}{\sigma^2} \left[\sum_{j=1}^{n} x_j - n\mu\right],$$

also $\mu^* = \frac{1}{n} \sum_{j=1}^{n} x_j = \bar{x}$.

Auf der anderen Seite berechnet sich die Ableitung nach σ^2 an der Stelle $\mu^* = \bar{x}$ als

$$\frac{\partial}{\partial \sigma^2} L(\bar{x}, \sigma^2, x) = -\frac{n}{2} \cdot \frac{1}{\sigma^2} + \frac{1}{\sigma^4} \sum_{j=1}^{n}(x_j - \bar{x})^2.$$

Als Nullstelle dieser Ableitung erhält man

$$\sigma^{2*} = \frac{1}{n} \sum_{j=1}^{n}(x_j - \bar{x})^2 = \sigma_x^2$$

mit σ_x^2 definiert in (8.7). Fassen wir zusammen, so ergeben sich als ML-Schätzer für μ und σ^2 die Abbildungen

$$\hat{\mu}(x) = \bar{x} \quad \text{und} \quad \widehat{\sigma^2}(x) = \sigma_x^2.$$

8.5 Punktschätzungen

Bemerkung 8.5.12

Die ML-Schätzer zu den Likelihoodfunktionen in (8.29) und (8.31) erhält man durch einfache Rechnung als

$$\hat{\lambda}(k_1,\ldots,k_n) = \frac{1}{n}\sum_{i=1}^{n} k_i \quad \text{bzw.} \quad \hat{\lambda}(t_1,\ldots,t_n) = \frac{1}{\frac{1}{n}\sum_{i=1}^{n} t_i}.$$

Es folgen noch zwei wichtige Beispiele, bei denen man die ML-Schätzer durch direkte Untersuchung der Likelihoodfunktionen bestimmt. Zuerst betrachten wir das im Beispiel 1.4.22 und der anschließenden Bemerkung bereits erwähnte Problem: Ein Händler erhält eine Lieferung von N Geräten, von denen eine unbekannte Zahl defekt ist. Um diese Zahl zu schätzen entnimmt er der Lieferung zufällig n Geräte und prüft diese. Bei dieser Prüfung stellt er fest, dass m der n Geräte defekt sind. Wie kann er dann aus dieser Zahl m auf die Gesamtzahl M der defekten Geräte in der Lieferung schließen? Der folgende Satz beantwortet diese Frage.

Satz 8.5.13

Gegeben sei der statistische Raum $(\mathcal{X}, \mathcal{P}(\mathcal{X}), H_{M,N,n})_{M=0,\ldots,N}$. Der ML-Schätzer $\hat{M}$ für M hat die Gestalt

$$\hat{M}(m) = \begin{cases} \left[\frac{m(N+1)}{n}\right] & : m < n \\ N & : m = n \end{cases}$$

Hierbei bezeichnet $[\,\cdot\,]$ den ganzen Teil einer reellen Zahl.

Beweis: Die Likelihoodfunktion berechnet sich nach (8.28), d.h.

$$p(M,m) = \frac{\binom{M}{m}\binom{N-M}{n-m}}{\binom{N}{n}}, \quad M = 0,\ldots,N,\ m = 0,\ldots,n.$$

Einfache Rechnungen geben

$$\frac{p(M,m)}{p(M-1,m)} = \frac{M}{M-m} \cdot \frac{N-M+1-(n-m)}{N-M+1} \quad (8.33)$$

für $m+1 \leq M \leq N$. Man beachte hierbei $p(M-1,m) = 0$ für $M \leq m$. Aufgrund von (8.33) gilt genau dann $p(M,m) \geq p(M-1,m)$, wenn

$$M(N-M+1-(n-m)) \geq (M-m)(N-M+1)$$

erfüllt ist. Elementare Umformungen zeigen, diese Ungleichung ist äquivalent zu

$$-nM \geq -mN - m,$$

d.h. zu $M \leq \frac{m(N+1)}{n}$.

Damit ist $M \mapsto p(M, m)$ nicht fallend auf $\left\{0, \ldots, \left[\frac{m(N+1)}{n}\right]\right\}$ und nicht wachsend auf $\left\{\left[\frac{m(N+1)}{n}\right], \ldots, N\right]\right\}$, und folglich wird die Likelihoodfunktion $M \mapsto p(M,m)$ maximal im Punkt $M^* = \left[\frac{m(N+1)}{n}\right]$. Der ML-Schätzer ergibt sich also als

$$\hat{M}(m) = \left[\frac{m(N+1)}{n}\right], \quad m = 0, \ldots, n.$$

Im Fall $m = n$ ist $M \mapsto p(M,m)$ auf ganz $\{0, \ldots, N\}$ nicht fallend, also wird hier das Maximum für $M = N$ angenommen, d.h., es folgt $\hat{M}(n) = N$. □

Beispiel 8.5.14

Ein Händler erhält eine Lieferung von 100 Fernsehgeräten zum Weiterverkauf. Er entnimmt der Lieferung 15 Geräte und prüft diese. Ist unter den 15 geprüften Geräten eins defekt, so beträgt seine Schätzung für die Gesamtzahl der defekten Geräte in der Lieferung 6, bei 2 beobachteten 13, bei 4 defekten Geräten 26 und bei 6 beobachteten 40.

Abschließend betrachten wir nochmals die im Beispiel 1.4.24 untersuchte Fragestellung. Um die Anzahl N der Fische im Teich zu schätzen, fängt man M Stück, markiert diese und entnimmt nach einiger Zeit nochmals n Fische. Von denen seien m markiert. Kann man daraus die Zahl N aller Fische im Teich schätzen? Um diese Frage zu beantworten geben wir zuerst den beschreibenden statistischen Raum an. Dieser ist

$$(\mathcal{X}, \mathbb{P}(\mathcal{X}), H_{N,M,n})_{N=0,1,\ldots}$$

mit $\mathcal{X} = \{0, \ldots, n\}$ und der in Definition 1.4.21 eingeführten hypergeometrischen Verteilung $H_{N,M,n}$. Die Likelihoodfunktion lautet somit

$$p(N, m) = \frac{\binom{M}{m}\binom{N-M}{n-m}}{\binom{N}{n}}, \quad N = 0, 1, \ldots, \quad m = 0, \ldots, n.$$

Im Folgenden müssen wir den Fall $m = 0$ ausschließen, denn dann kann man keine vernünftige Schätzung für N angeben.

Satz 8.5.15

Für $1 \leq m \leq n$ ist der ML-Schätzer $\hat{N}$ für N durch

$$\hat{N}(m) = \left[\frac{Mn}{m}\right]$$

gegeben.

Beweis: Der Beweis ist ähnlich dem von Satz 8.5.13. Es gilt

$$\frac{p(N,m)}{p(N-1,m)} = \frac{N-M}{N} \cdot \frac{N-n}{N-M-(n-m)},$$

8.5 Punktschätzungen

und man sieht recht einfach, dass man genau dann $p(N, m) \geq p(N-1, m)$ hat, wenn $N \leq \frac{Mn}{m}$ erfüllt ist. Damit ist $N \mapsto p(N, m)$ nicht fallend für $N \leq \left[\frac{Mn}{m}\right]$ und nicht wachsend für die anderen N. Daraus folgt unmittelbar der Satz. □

Beispiel 8.5.16

In einer Urne befindet sich eine unbekannte Zahl von Kugeln. Um deren Zahl zu schätzen, entnehme man 50 Kugeln und markiere diese. Nach gutem Durchmischen entnehme man nochmals 30 Kugeln. Davon seien 7 markiert. Die Schätzung für die Zahl N aller Kugeln beträgt dann 214. Beobachtet man nur zwei markierte Kugeln, so beträgt die Schätzung für die Gesamtzahl 750, bei 16 beobachteten 93.

8.5.2 Erwartungstreue Schätzer

Ein Schätzer $\hat{\gamma}$ wird in den seltensten Fällen genau den richtigen Wert $\gamma(\theta)$ angeben. Soll man z.B. anhand der Untersuchung von n Geräten und der festgestellten Zahl von m defekten schätzen, wie groß die Zahl M der defekten Geräte in der Gesamtlieferung ist, so wird manchmal das geschätzte $\hat{M}$ größer als das wahre M sein, manchmal kleiner. Einmal bezahlt der Käufer zu wenig für die Lieferung, ein andermal zu viel. Aus diesem Grund sollte eine Forderung an einen „guten" Schätzer wie folgt lauten:

Im Mittel ist der geschätzte Wert richtig, d.h., führt man viele Schätzungen mittels $\hat{\gamma}$ aus, so sollte der Mittelwert der Schätzungen den „wahren" Wert $\gamma(\theta)$ approximieren. In Anbetracht von Satz 7.1.21 kann diese Forderung auch wie folgt formuliert werden:

Ist $\theta \in \Theta$ der „wahre" Parameter, so stimmt der Erwartungswert des Schätzers $\hat{\gamma}$ mit $\gamma(\theta)$ überein.

Um dies präziser darstellen zu können, benötigen wir folgende Notation. Gegeben sei ein statistischer Raum $(\mathcal{X}, \mathcal{F}, \mathbb{P}_\theta)_{\theta \in \Theta}$ sowie eine zufällige Größe $X : \mathcal{X} \to \mathbb{R}$. Dann hängen das Verteilungsgesetz von X, aber auch davon abgeleitete Größen wie der Erwartungswert oder die Varianz (falls sie existieren) vom auf $(\mathcal{X}, \mathcal{F})$ verwendeten Wahrscheinlichkeitsmaß $\mathbb{P}_\theta$ ab.

Definition 8.5.17

Der Erwartungswert einer zufälligen Größe $X : \mathcal{X} \to \mathbb{R}$ wird mit $\mathbb{E}_\theta X$ bezeichnet, wenn er bezüglich des Wahrscheinlichkeitsmaßes $\mathbb{P}_\theta$ berechnet wird. Analog bezeichnet $\mathbb{V}_\theta X$ die Varianz von X, falls $\mathbb{P}_\theta$ verwendet wird, d.h., es gilt

$$\mathbb{V}_\theta X = \mathbb{E}_\theta |X - \mathbb{E}_\theta X|^2.$$

Hierbei setzen wir natürlich voraus, dass die entsprechenden Erwartungswerte bzw. Varianzen existieren.

Erläutern wir Definition 8.5.17 zuerst an einem Beispiel einer diskreten zufälligen Größe.

Beispiel 8.5.18

Der statistische Raum sei $(\mathbb{N}_0^n, \mathcal{P}(\mathbb{N}_0^n), \text{Pois}_\lambda^n)_{\lambda > 0}$ mit der Poissonverteilung Pois_λ. Man definiert nun $X : \mathbb{N}_0^n \to \mathbb{R}$ durch

$$X(k_1, \ldots, k_n) := \frac{1}{n} \sum_{j=1}^{n} k_j, \quad (k_1, \ldots, k_n) \in \mathbb{N}_0^n.$$

Wie berechnet sich dann $\mathbb{E}_\lambda X$?

Antwort: Sei $X_j(k_1, \ldots, k_n) := k_j$, so sind die X_j gemäß Pois_λ verteilt. Unter Verwendung von $X = \frac{1}{n} \sum_{j=1}^{n} X_j$ ergibt sich dann nach Satz 5.1.14 die Gleichung

$$\mathbb{E}_\lambda X = \mathbb{E}_\lambda \left(\frac{1}{n} \sum_{j=1}^{n} X_j \right) = \frac{1}{n} \sum_{j=1}^{n} \mathbb{E}_\lambda X_j = \frac{1}{n} n \lambda = \lambda.$$

Das nächste Beispiel behandelt den Fall einer stetigen zufälligen Größe.

Beispiel 8.5.19

Betrachten wir den statistischen Raum

$$(\mathbb{R}^n, \mathcal{B}(\mathbb{R}^n), \mathcal{N}(\mu, \sigma^2)^n)_{(\mu, \sigma^2) \in \mathbb{R} \times (0, \infty)}.$$

Für die Abbildung $X : \mathbb{R}^n \to \mathbb{R}$ mit $X(x) = \bar{x}$ ist X gemäß $\mathcal{N}(\mu, \sigma^2/n)$-verteilt, d.h.,

$$(\mathbb{P}_{\mu, \sigma^2})_X = \mathcal{N}(\mu, \sigma^2/n) \quad \text{mit} \quad \mathbb{P}_{\mu, \sigma^2} = \mathcal{N}(\mu, \sigma^2)^n.$$

Damit folgt nach den Sätzen 5.1.33 und 5.2.27, dass

$$\mathbb{E}_{\mu, \sigma^2} X = \mu \quad \text{und} \quad V_\theta X = \frac{\sigma^2}{n}.$$

Mithilfe von Definition 8.5.17 können wir nun die eingangs gestellte Forderung an einen „guten" Schätzer präziser formulieren.

Definition 8.5.20

Eine Abbildung $\hat{\gamma} : \mathcal{X} \to \mathbb{R}$ heißt **erwartungstreuer** oder **unverfälschter** Schätzer für $\gamma : \Theta \to \mathbb{R}$, wenn

$$\mathbb{E}_\theta |\hat{\gamma}| < \infty \quad \text{und} \quad \mathbb{E}_\theta \hat{\gamma} = \gamma(\theta), \quad \theta \in \Theta.$$

8.5 Punktschätzungen

Beispiel 8.5.21

Betrachten wir das in Beispiel 8.1.3 untersuchte Modell: In einer Urne sind weiße und schwarze Kugeln im (unbekannten) Verhältnis θ und $1 - \theta$ enthalten. Bei der n-fachen Ziehung von Kugeln (mit Zurücklegen) beobachtet man k weiße Kugeln. Man schätzt nun das unbekannte θ durch $\hat{\theta}(k) := k/n$. Ist das ein erwartungstreuer Schätzer für θ?

Antwort: Der statistische Raum $(\mathcal{X}, \mathcal{P}(\mathcal{X}), B_{n,\theta})_{0 \leq \theta \leq 1}$ mit $\mathcal{X} = \{0, \ldots, n\}$ beschreibt das Problem. Setzt man $Z := n\hat{\theta}$, so ist Z die identische Abbildung auf $\mathcal{X}$, somit $B_{n,\theta}$-verteilt. Also folgt aus Satz 5.1.11, dass $\mathbb{E}_\theta Z = n\theta$, damit

$$\mathbb{E}_\theta \hat{\theta} = \mathbb{E}_\theta (Z/n) = \mathbb{E}_\theta Z / n = \theta \tag{8.34}$$

gilt. Gleichung (8.34) besteht für alle $\theta \in [0, 1]$, folglich ist $\hat{\theta}$ ein erwartungstreuer Schätzer für θ.

Beispiel 8.5.22

Die Anzahl der täglichen Kunden in einem Kaufhaus sei Poissonverteilt mit unbekanntem Parameter $\lambda > 0$. Um λ zu schätzen, registriere man die Zahl der das Kaufhaus betretenden Kunden an n unterschiedlichen Tagen. Die beobachteten Zahlen seien $k_1, \ldots, k_n$. Man schätzt nun λ durch

$$\hat{\lambda}(k_1, \ldots, k_n) := \frac{1}{n} \sum_{j=1}^n k_j\,.$$

Ist dies ein erwartungstreuer Schätzer für den Parameter λ?

Antwort: Ja, denn es gilt $\hat{\lambda} = \overline{X}$ mit $\overline{X}$ definiert in Beispiel 8.5.18. Dort haben wir $\mathbb{E}_\lambda \overline{X} = \lambda$ gezeigt.

Beispiel 8.5.23

Wir beobachten n normalverteilte Messwerte $x_1, \ldots, x_n$ mit unbekanntem Mittelwert μ und unbekannter Varianz $\sigma^2 > 0$. Unsere Aufgabe besteht darin, anhand dieser Messwerte sowohl μ als auch σ^2 zu schätzen. Der dem Problem zugrunde liegende statistische Raum ist $(\mathbb{R}^n, \mathcal{B}(\mathbb{R}^n), \mathcal{N}(\mu, \sigma^2)^n)_{(\mu, \sigma^2) \in \Theta}$ mit $\Theta = \mathbb{R} \times (0, \infty)$.

Betrachten wir zuerst die durch $\gamma(\mu, \sigma^2) := \mu$ definierte Funktion des Parameters. Wir definieren einen Schätzer $\hat{\gamma}$ durch

$$\hat{\gamma}(x) := \bar{x} = \frac{1}{n} \sum_{j=1}^n x_j\,.$$

Aufgrund der Berechnungen im Beispiel 8.5.19 folgt

$$\mathbb{E}_{\mu, \sigma^2} \hat{\gamma} = \mu = \gamma(\mu, \sigma^2)\,,$$

und $\hat{\gamma}$ ist folglich ein erwartungstreuer Schätzer für den unbekannten Erwartungswert μ.

Wie kann man σ^2 schätzen? Dazu betrachten wir nunmehr die Funktion des Parameters γ definiert als $\gamma(\mu, \sigma^2) := \sigma^2$. Mit der in (8.7) eingeführten korrigierten empirischen Varianz betrachten wir den Schätzer

$$\hat{\gamma}(x) := s_x^2 = \frac{1}{n-1} \sum_{j=1}^{n} (x_j - \bar{x})^2, \quad x \in \mathbb{R}^n.$$

Zur Untersuchung dieses Schätzers verwenden wir Aussage (8.10) in Satz 8.4.3. Diese besagt, dass die auf dem Wahrscheinlichkeitsraum $(\mathbb{R}^n, \mathcal{B}(\mathbb{R}^n), \mathcal{N}(\mu, \sigma^2))$ definierte zufällige Größe $x \mapsto (n-1)\frac{s_x^2}{\sigma^2}$ gemäß χ_{n-1}^2 verteilt ist. Somit ergibt sich nach Folgerung 5.1.29 die Gleichung

$$\mathbb{E}_{\mu, \sigma^2}\left[(n-1)\frac{s_x^2}{\sigma^2}\right] = n-1.$$

Aufgrund der Linearität des Erwartungswertes erhalten wir schließlich

$$\mathbb{E}_{\mu, \sigma^2} \hat{\gamma} = \mathbb{E}_{\mu, \sigma^2} s_x^2 = \sigma^2.$$

Damit ist $\hat{\gamma}(x) = s_x^2$ ein erwartungstreuer Schätzer für σ^2.

Das folgende Beispiel ist etwas komplizierter, aber von großem Interesse in der Anwendung.

Beispiel 8.5.24

Die Lebensdauer eines Typs von Glühbirnen sei exponentiell verteilt. Der Parameter λ der Exponentialverteilung sei unbekannt. Um ihn zu schätzen, nehme man n Glühbirnen in Betrieb und registriere deren Lebensdauer. Das Ergebnis ist ein zufälliger Vektor $t = (t_1, \ldots, t_n)$. Als Schätzer für λ wählt man

$$\hat{\lambda}(t) := \frac{n}{\sum_{j=1}^{n} t_j} = \frac{1}{\bar{t}}.$$

Ist dies ein erwartungstreuer Schätzer für λ?

Antwort: Das Problem wird durh den statistischen Raum $(\mathbb{R}^n, \mathcal{B}(\mathbb{R}^n), E_\lambda^n)_{\lambda > 0}$ beschrieben. Die zufälligen Größen $X_j(t) := t_j$ sind unabhängig und E_λ-verteilt. Nach Satz 4.6.10 besitzt die Summe $X := \sum_{j=1}^{n} X_j$ eine Erlangverteilung mit Parametern n und λ. Damit folgt nach (5.18) aus Satz 5.1.35, hier mit $f(x) := \frac{n}{x}$, die Gleichung

$$\mathbb{E}_\lambda \hat{\lambda} = \mathbb{E}_\lambda \left(\frac{n}{X}\right) = \int_0^\infty \frac{n}{x} \frac{\lambda^n}{(n-1)!} x^{n-1} e^{-\lambda x} \, dx.$$

Substituieren wir $s := \lambda x$, so geht das Integral in

$$\frac{\lambda n}{(n-1)!} \int_0^\infty s^{n-2} e^{-s} \, ds = \frac{\lambda n}{(n-1)!} \Gamma(n-1) = \frac{\lambda n}{(n-1)!} \cdot (n-2)! = \lambda \cdot \frac{n}{n-1}$$

über. Damit sehen wir, dass $\hat{\lambda}$ **kein** erwartungstreuer Schätzer für λ ist[5].

Definiert man aber einen anderen Schätzer $\hat{\lambda}_1$ durch

$$\hat{\lambda}_1(t) := \frac{n-1}{\sum_{j=1}^n t_j} = \frac{1}{\frac{1}{n-1}\sum_{j=1}^n t_j}, \quad t = (t_1, \ldots, t_n),$$

so gilt $\hat{\lambda}_1 = \frac{n-1}{n}\hat{\lambda}$, also

$$\mathbb{E}_\lambda \hat{\lambda}_1 = \frac{n-1}{n}\mathbb{E}_\lambda \hat{\lambda} = \frac{n-1}{n} \cdot \lambda \cdot \frac{n}{n-1} = \lambda.$$

Damit ist $\hat{\lambda}_1$ ein erwartungstreuer Schätzer für λ. Man beachte aber, dass alle unsere Berechnungen nur für $n \geq 2$ gelten, denn im Fall $n = 1$ sind die Erwartungswerte von $\hat{\lambda}$ bzw. $\hat{\lambda}_1$ nicht endlich.

8.5.3 Risikofunktion

Gegeben sei ein statistischer Raum $(\mathcal{X}, \mathcal{F}, \mathbb{P}_\theta)_{\theta \in \Theta}$ in Parameterform. Weiterhin gegeben seien eine Funktion des Parameters $\gamma : \Theta \to \mathbb{R}$ und ein Schätzer $\hat{\gamma} : \mathcal{X} \to \Theta$ für γ. Nehmen wir an, θ ist der richtige Parameter und wir beobachten eine Stichprobe $x \in \mathcal{X}$. Dann wird im Allgemeinen $\gamma(\theta) \neq \hat{\gamma}(x)$ gelten, und der entstehende quadratische Fehler beträgt $|\gamma(\theta) - \hat{\gamma}(x)|^2$. Andere Fehlermessungen sind möglich und auch sinnvoll, aber wir beschränken uns hier auf den Fall des quadratischen Abstands. Man erhält also die **Fehler- oder Verlustfunktion** $L : \Theta \times \mathcal{X} \to \mathbb{R}$ durch

$$L(\theta, x) := |\gamma(\theta) - \hat{\gamma}(x)|^2.$$

In anderen Worten, beim Vorliegen von θ und Beobachtung von x entsteht bei Verwendung des Schätzers $\hat{\gamma}$ der Fehler oder Verlust $L(\theta, x)$. Der durchschnittlich entstehende Verlust beträgt dann $\mathbb{E}_\theta |\gamma(\theta) - \hat{\gamma}|^2$.

Definition 8.5.25

Die durch

$$R(\theta, \hat{\gamma}) := \mathbb{E}_\theta |\gamma(\theta) - \hat{\gamma}|^2$$

definierte Funktion $R : \Theta \to \mathbb{R}$ heißt **Risikofunktion** bei Verwendung des Schätzers $\hat{\gamma}$.

Ehe wir Beispiele von Risikofunktionen angeben, wollen wir diese in einer anderen Form schreiben.

---

[5]Da der Erwartungswert des Schätzers $\hat{\lambda}$ für $n \to \infty$ gegen den gesuchten Parameter λ konvergiert, nennt man $\hat{\lambda}$ asymptotisch erwartungstreu.

Satz 8.5.26

Für $\theta \in \Theta$ gilt

$$R(\theta, \hat{\gamma}) = |\gamma(\theta) - \mathbb{E}_\theta \hat{\gamma}|^2 + \mathbb{V}_\theta \hat{\gamma}. \tag{8.35}$$

Beweis: Aus

$$\begin{aligned} R(\theta, \hat{\gamma}) &= \mathbb{E}_\theta \left[\gamma(\theta) - \hat{\gamma}\right]^2 = \mathbb{E}_\theta \left[(\gamma(\theta) - \mathbb{E}_\theta \hat{\gamma}) + (\mathbb{E}_\theta \hat{\gamma} - \hat{\gamma})\right]^2 \\ &= |\gamma(\theta) - \mathbb{E}_\theta \hat{\gamma}|^2 + 2((\gamma(\theta) - \mathbb{E}_\theta \hat{\gamma}) \mathbb{E}_\theta (\mathbb{E}_\theta \hat{\gamma} - \hat{\gamma}) + \mathbb{V}_\theta \hat{\gamma} \end{aligned}$$

folgt wegen

$$\mathbb{E}_\theta (\mathbb{E}_\theta \hat{\gamma} - \hat{\gamma}) = \mathbb{E}_\theta \hat{\gamma} - \mathbb{E}_\theta \hat{\gamma} = 0$$

die Behauptung. □

Definition 8.5.27

Die von θ abhängige Zahl $|\gamma(\theta) - \mathbb{E}_\theta \hat{\gamma}|^2$ in (8.35) heißt **Bias, Verfälschung** oder **systematischer Fehler** des Schätzers $\hat{\gamma}$.

Folgerung 8.5.28

Ein Schätzer $\hat{\gamma}$ ist genau dann erwartungstreu (unverfälscht), wenn er keinen Bias hat. Außerdem gilt dann

$$R(\theta, \hat{\gamma}) = \mathbb{V}_\theta \hat{\gamma}, \quad \theta \in \Theta.$$

Beispiel 8.5.29

Wir betrachten den statistischen Raum $(\mathbb{R}^n, \mathcal{B}(\mathbb{R}^n), \mathcal{N}(\mu, \sigma^2)^n)_{(\mu,\sigma^2) \in \mathbb{R} \times (0,\infty)}$. Zuerst sei $\gamma(\mu, \sigma^2) = \mu$. Der Schätzer $\hat{\gamma}$ ist durch $\hat{\gamma}(x) = \bar{x}$ gegeben. In Beispiel 8.5.24 wurde gezeigt, dass dieser Schätzer erwartungstreu ist, somit impliziert Folgerung 8.5.28, dass

$$R((\mu, \sigma^2), \hat{\gamma}) = V_{(\mu, \sigma^2)} \hat{\gamma}.$$

Die zufällige Größe $x \mapsto \bar{x}$ ist $\mathcal{N}(\mu, \sigma^2/n)$-verteilt, also erhalten wir

$$R((\mu, \sigma^2), \hat{\gamma}) = \frac{\sigma^2}{n}.$$

Wir sehen, dass die Risikofunktion unabhängig vom zu schätzenden Erwartungswert ist. Außerdem konvergiert der durchschnittliche Fehler mit wachsendem n gegen Null.

Sei nunmehr $\gamma(\mu, \sigma^2) = \sigma^2$. Hier wählen wir den Schätzer $\hat{\gamma}(x) = s_x^2$ mit s_x^2 definiert in (8.7). In Beispiel 8.5.24 sahen wir, dass $\hat{\gamma}$ erwartungstreu ist. Also folgt

$$R((\mu, \sigma^2), \hat{\gamma}) = V_{(\mu, \sigma^2)} \hat{\gamma}.$$

8.5 Punktschätzungen

Nach (8.10) ist $\frac{n-1}{\sigma^2} s_x^2$ gemäß χ_{n-1}^2 verteilt, woraus sich aufgrund von Folgerung 5.2.26 die Aussage

$$\mathbb{V}_{(\mu,\sigma^2)}\left[\frac{n-1}{\sigma^2} s_x^2\right] = 2(n-1),$$

ergibt, also

$$R((\mu,\sigma^2),\hat{\gamma}) = \mathbb{V}_{(\mu,\sigma^2)} s_x^2 = 2(n-1) \cdot \frac{\sigma^4}{(n-1)^2} = \frac{2\sigma^4}{n-1}$$

folgt. In diesem Fall hängt die Risikofunktion stark vom zu schätzenden σ^2 ab. Für $n \to \infty$ konvergiert der durchschnittliche Fehler ebenfalls gegen Null.

Beispiel 8.5.30

Betrachten wir den statistischen Raum $(\mathcal{X}, \mathcal{P}(\mathcal{X}), B_{n,\theta})_{0 \leq \theta \leq 1}$ mit $\mathcal{X} = \{0, \ldots, n\}$. Der Schätzer $\hat{\theta}$ für θ sei $\hat{\theta}(k) = \frac{k}{n}$. Auch dieser Schätzer ist wie in Beispiel 8.5.21 festgestellt erwartungstreu. Damit ergibt sich nach Folgerung 8.5.28, dass

$$R(\theta) := R(\theta, \hat{\theta}) = \mathbb{V}_\theta \hat{\theta}.$$

Sei X die identische Abbildung von $\mathcal{X}$ auf $\mathcal{X}$, so berechnet sich nach Satz 5.2.18 die Varianz von X durch $\mathbb{V}_\theta X = n\theta(1-\theta)$. Wegen $\hat{\theta} = \frac{X}{n}$ folgern wir

$$R(\theta) = \mathbb{V}_\theta(X/n) = \frac{\mathbb{V}_\theta X}{n^2} = \frac{\theta(1-\theta)}{n}.$$

Damit sehen wir, dass der durchschnittliche quadratische Fehler beim Schätzen von θ durch $\hat{\theta}$ am größten für $\theta = 1/2$ wird, wogegen, was nicht verwundert, für $\theta = 0$ oder $\theta = 1$ die Risikofunktion Null wird.

Wie wir in Folgerung 8.5.28 sahen, gilt für einen erwartungstreuen Schätzer $\hat{\gamma}$ für $\gamma(\theta)$ die Identität $R(\theta, \hat{\gamma}) = \mathbb{V}_\theta \hat{\gamma}$. Ungleichung (7.2) impliziert nun

$$\mathbb{P}_\theta \{x \in \mathcal{X} : |\gamma(\theta) - \hat{\gamma}(x)| > c\} \leq \frac{\mathbb{V}_\theta \hat{\gamma}}{c^2},$$

d.h., je kleiner $\mathbb{V}_\theta \hat{\gamma}$, mit desto größerer Wahrscheinlichkeit liegt der geschätzte Wert nahe beim wahren $\gamma(\theta)$. Diese Beobachtung führt zu folgender Definition.

Definition 8.5.31

Gegeben seien zwei erwartungstreue Schätzer $\hat{\gamma}_1$ und $\hat{\gamma}_2$ für $\gamma(\theta)$. Dann nennt man $\hat{\gamma}_1$ **gleichmäßig besser** als $\hat{\gamma}_2$, wenn

$$\mathbb{V}_\theta \hat{\gamma}_1 \leq \mathbb{V}_\theta \hat{\gamma}_2 \quad \text{für alle } \theta \in \Theta.$$

Ein erwartungstreuer Schätzer $\hat{\gamma}_*$ heißt **gleichmäßig bester Schätzer**, wenn er gleichmäßig besser als alle anderen erwartungstreuen Schätzer für $\gamma(\theta)$ ist.

Beispiel 8.5.32

Man weiß, dass die beobachteten Werte auf $[0, b]$ für ein $b > 0$ gleichverteilt sind, kennt aber nicht die Zahl b. Um diese Zahl zu schätzen, betrachte man n unabhängig erhaltene Versuchswerte $x = (x_1, \ldots, x_n)$. Als Schätzer für $b > 0$ wähle man:

$$\hat{\gamma}_1(x) := \frac{n+1}{n} \max_{1 \leq i \leq n} x_i \quad \text{und} \quad \hat{\gamma}_2(x) := \frac{2}{n} \sum_{i=1}^{n} x_i.$$

Nach Aufgabe 8.4 sind sowohl $\hat{\gamma}_1$ als auch $\hat{\gamma}_2$ erwartungstreue Schätzer für die Zahl $b > 0$ mit

$$\mathbb{V}_b \hat{\gamma}_1 = \frac{b^2}{n(n+2)} \quad \text{und} \quad \mathbb{V}_b \hat{\gamma}_2 = \frac{b^2}{3n^2}.$$

Damit folgt $\mathbb{V}_b \hat{\gamma}_1 \leq \mathbb{V}_b \hat{\gamma}_2$ für $b > 0$ und $\hat{\gamma}_1$ ist gleichmäßig besser als $\hat{\gamma}_2$.

Bemerkung 8.5.33

Es stellt sich die Frage, wie gut ein Schätzer maximal werden kann. Anders ausgedrückt, wie klein kann im optimalen Fall die Risikofunktion eines Schätzers werden. Die Antwort auf diese Frage hängt stark von der im statistischen Raum enthalten „Information" ab. Betrachten wir dazu nochmals Beispiel 8.5.4. Würde beispielsweise $\mathbb{P}_0(\{a\}) = 1$ und $\mathbb{P}_1(\{b\}) = 1$ gelten, so könnte man mit 100%-iger Sicherheit beim Erscheinen von „a" sagen, dass $\theta = 0$ der wahre Parameter ist. Der zughörige Schätzer hätte also die Varianz Null. Gilt dagegen auch für $\mathbb{P}_0$ die Aussage $\mathbb{P}_0(\{a\}) = \mathbb{P}_0(\{b\}) = 1/2$, so liefert uns das Erscheinen von „a" keinerlei Information darüber, welches der wahre Parameter ist.

Präziser hat man Folgendes: Gegeben sei ein statistischer Raum $(\mathcal{X}, \mathcal{F}, \mathbb{P}_\theta)_{\theta \in \Theta}$ mit der in Definition 8.5.8 definierten Log-Likelihoodfunktion L. Wir nehmen $\Theta \subseteq \mathbb{R}$ an. Dann nennt man die Funktion $I : \Theta \to \mathbb{R}$ mit

$$I(\theta) := \mathbb{E}_\theta \left(\frac{\partial L}{\partial \theta} \right)^2$$

die **Fisherinformation** des statistischen Raums, wobei natürlich Ableitung und Erwartungswert existieren sollen. Das Theorem von Rao-Cramér-Frechet besagt dann, dass für jeden erwartungstreuen Schätzer $\hat{\theta}$ für θ die Ungleichung

$$\mathbb{V}_\theta \hat{\theta} \geq \frac{1}{I(\theta)}, \quad \theta \in \Theta,$$

besteht. Schätzer $\hat{\theta}$, die die bestmögliche untere Schranke annehmen, für die also $\mathbb{V}_\theta \hat{\theta} = \frac{1}{I(\theta)}$ gilt, nennt man **effizient**.

Beispielsweise sind die in den Beispielen 8.5.22 und 8.5.10 betrachteten Schätzer als auch der Schätzer für μ in 8.5.23 effizient.

8.6 Bereichsschätzer und Konfidenzbereiche

Punktschätzungen liefern einen einzelnen Wert für das zu schätzende θ, also eine Zahl, mit der man dann arbeiten kann. Der Nachteil dabei ist aber, dass man keinerlei Information über die Genauigkeit der Schätzung erhält. Betrachten wir dazu nochmals Beispiel 8.5.14. Bei 4 defekten Geräten schätzt der Händler, es befänden sich insgesamt 26 Geräte in der Lieferung. die nicht funktionieren. Aber wie genau ist diese Zahl? Das Einzige, was der Händler weiß, das ist, er wird bei sehr vielen Lieferungen im Durchschnitt die richtige Zahl schätzen.

Diesen Nachteil der Punktschätzung vermeiden so genannte Bereichsschätzer. Hier wird ein Bereich, kein einzelner Punkt, geschätzt, in dem sich der gesuchte Parameter mit großer Wahrscheinlichkeit befindet. Meist werden diese Bereiche Intervalle reeller Zahlen oder natürlicher Zahlen sein.

Definition 8.6.1

Gegeben sei ein statistischer Raum $(\mathcal{X}, \mathcal{F}, \mathbb{P}_\theta)_{\theta \in \Theta}$. Eine Abbildung $C : \mathcal{X} \to \mathcal{P}(\Theta)$ heißt **Bereichsschätzer**, wenn für jedes feste $\theta \in \Theta$ die Bedingung

$$\{x \in \mathcal{X} : \theta \in C(x)\} \in \mathcal{F} \tag{8.36}$$

erfüllt ist.

Bemerkung 8.6.2

Bedingung (8.36) ist rein technischer Natur und spielt im Weiteren keine Rolle. Sie ist notwendig, damit die folgende Definition sinnvoll wird.

Definition 8.6.3

Gilt für einen Bereichsschätzer C mit einem $\alpha \in (0, 1)$ für alle $\theta \in \Theta$ stets

$$\mathbb{P}\{x \in \mathcal{X} : \theta \in C(x)\} \geq 1 - \alpha, \tag{8.37}$$

so sagt man, C ist ein **Bereichsschätzer zum Niveau** α. Die Mengen $C(x)$ nennt man **Konfidenzbereiche** zum Niveau α.

Die Vorstellung, die man von einem Bereichsschätzer zum Niveau α haben soll, ist wie folgt: Man beobachtet eine Stichprobe $x \in \mathcal{X}$. Dann wählt man eine von x abhängige Teilmenge $C(x) \subseteq \Theta$, die das gesuchte θ mit großer Wahrscheinlichkeit, genauer mit Wahrscheinlichkeit größer oder gleich $1-\alpha$, enthält. Ganz deutlich weisen wir darauf hin, dass **nicht das θ zufällig ist** (dies ist nur unbekannt), **sondern der Bereich** $C(x)$. Bildlich gesprochen, man will einen Fisch in einem See fangen. Der Fisch befindet sich an einem festen, aber unbekanntem Ort. Abhängig von einer beobachteten Stichprobe wirft man nun ein *zufälliges* Netz aus, das den Fisch mit großer Wahrscheinlichkeit enthält.

Bemerkung 8.6.4

Es versteht sich eigentlich von selbst, dass man versucht, die Konfidenzbereiche $C(x) \subseteq \Theta$ so klein wie möglich zu wählen, natürlich ohne dabei Bedingung (8.37) zu verletzen. Wäre man nicht an „kleinstmöglichen" Konfidenzbereichen interessiert, so könnte man z.B. immer $C(x) = \Theta$ setzen. Das ist zwar vom theoretischen Standpunkt nicht verboten, hat allerdings keinerlei Aussagekraft.

Konstruktion von Bereichsschätzern: Um die folgende Konstruktion verständlicher zu gestalten, schreiben wir den statistischen Raum jetzt in der Form $(\mathcal{X}, \mathcal{F}, \mathbb{P}_\vartheta)_{\vartheta \in \Theta}$. Für ein gegebenes $\theta \in \Theta$ seien dann Nullhypothese und Gegenhypothese durch

$$\mathbb{H}_0(\theta) : \vartheta = \theta \quad \text{und} \quad \mathbb{H}_1(\theta) : \vartheta \neq \theta$$

gegeben. Betrachten wir nunmehr einen α-Signifikanztest $\mathbf{T}(\theta) = (\mathcal{X}_0(\theta), \mathcal{X}_1(\theta))$ zum Testen von $\mathbb{H}_0(\theta)$ gegen $\mathbb{H}_1(\theta)$. Unter Verwendung dieses Tests setzen wir

$$C(x) := \{\theta \in \Theta : x \in \mathcal{X}_0(\theta)\}. \tag{8.38}$$

Dann gilt folgende Aussage.

Satz 8.6.5

Die durch (8.38) konstruierte Abbildung $C : \mathcal{X} \to \mathcal{P}(\Theta)$ ist ein Bereichsschätzer zum Niveau α.

Beweis: Der Test $\mathbf{T}(\theta)$ ist ein α-Signifikanztest zur Prüfung von $\mathbb{H}_0(\theta)$. Nach der Definition solcher Tests muss die Abschätzung

$$\mathbb{P}_\theta(\mathcal{X}_1(\theta)) \leq \alpha, \quad \text{also} \quad \mathbb{P}_\theta(\mathcal{X}_0(\theta)) \geq 1 - \alpha,$$

erfüllt sein. Andererseits, aufgrund der Konstruktion von $C(x)$, gilt $\theta \in C(x)$ genau dann, wenn $x \in \mathcal{X}_0(\theta)$ erfüllt ist. Fassen wir diese beiden Beobachtungen zusammen, so ergibt sich für $\theta \in \Theta$ die Ungleichung

$$\mathbb{P}_\theta\{x \in \mathcal{X} : \theta \in C(x)\} = \mathbb{P}_\theta\{x \in \mathcal{X} : x \in \mathcal{X}_0(\theta)\} = \mathbb{P}_\theta(\mathcal{X}_0(\theta)) \geq 1 - \alpha.$$

Damit ist der Satz bewiesen. □

Beispiel 8.6.6

Wir erläutern die obige Konstruktion am im Satz 8.4.11 untersuchten u-Test. Hier galt

$$\mathcal{X}_0(\mu) = \{x \in \mathbb{R}^n : |\bar{x} - \mu| \leq \frac{\sigma_0}{\sqrt{n}} u_{1-\alpha/2}\}.$$

Damit folgt

$$C(x) = \{\mu \in \mathbb{R} : x \in \mathcal{X}_0(\mu)\}$$
$$= \left\{\mu \in \mathbb{R} : |\bar{x} - \mu| \leq \frac{\sigma_0}{\sqrt{n}} u_{1-\alpha/2}\right\} = \left[\bar{x} - \frac{\sigma_0}{\sqrt{n}} u_{1-\alpha/2}, \bar{x} + \frac{\sigma_0}{\sqrt{n}} u_{1-\alpha/2}\right].$$

8.6 Bereichsschätzer und Konfidenzbereiche

Beobachtet man also ein $x \in \mathbb{R}^n$, so schließt man, der unbekannte Mittelwert μ ist eine Zahl zwischen $\bar{x} - \frac{\sigma_0}{\sqrt{n}} u_{1-\alpha/2}$ und $\bar{x} + \frac{\sigma_0}{\sqrt{n}} u_{1-\alpha/2}$. Die Wahrscheinlichkeit dafür, dass dies nicht stimmt, ist kleiner oder gleich dem vorgegeben α.

In einem weiteren Beispiel betrachten wir den im Satz 8.4.11 behandelten t-Test.

Beispiel 8.6.7

In diesem Fall hatten wir

$$\mathcal{X}_0(\mu) = \left\{ x \in \mathbb{R}^n : \sqrt{n} \left| \frac{\bar{x} - \mu}{s_x} \right| \leq t_{n-1;1-\alpha/2} \right\},$$

woraus sich unmittelbar

$$C(x) = \{\mu \in \mathbb{R} : x \in \mathcal{X}_0(\mu)\} = \left\{ \mu \in \mathbb{R} : \sqrt{n} \left| \frac{\bar{x} - \mu}{s_x} \right| \leq t_{n-1;1-\alpha/2} \right\}$$
$$= \left[\bar{x} - \frac{s_x}{\sqrt{n}} t_{n-1;1-\alpha/2}, \, \bar{x} + \frac{s_x}{\sqrt{n}} t_{n-1;1-\alpha/2} \right]$$

ergibt.

Erläutern wir das erhaltene Ergebnis am Zahlenbeispiel 8.4.14. Dort galt $\bar{x} = 22.072$, $s_x = 0.07554248$ und $n = 10$. Für $\alpha = 0.05$ berechnete sich das Quantil von t_9 als $t_{9;0.975} = 2,26$. Damit ergibt sich $[22.016\,,\,22.126]$ als Konfidenzintervall zum Niveau 0.05. In Worten bedeutet dies, mit Wahrscheinlichkeit größer als 0.95 liegt der gesuchte Mittelwert zwischen 22.016 und 22.126.

Das folgende Beispiel zeigt wie man Satz 8.6.5 im Fall diskreter Verteilungen anwendet.

Beispiel 8.6.8

Der statistische Raum sei $(\mathcal{X}, \mathcal{P}(\mathcal{X}), B_{n,\theta})_{0 \leq \theta \leq 1}$ mit Grundraum $\mathcal{X} = \{0, \ldots, n\}$. Man beobachtet nun ein $k \leq n$ und sucht einen (möglichst kleinen) Bereich $C(k) \subseteq [0,1]$ in dem sich mit großer Wahrscheinlichkeit der unbekannte Parameter θ befindet. Wie im Satz 8.3.1 festgestellt ergibt sich für $\theta \in [0,1]$ der Annahmebereich $\mathcal{X}_0(\theta)$ durch

$$\mathcal{X}_0(\theta) = \{n_0(\theta), \ldots, n_1(\theta)\}$$

mit

$$n_0(\theta) := \min \left\{ k \leq n : \sum_{j=0}^{k} \binom{n}{j} \theta^j (1-\theta)^{n-j} > \alpha/2 \right\}$$

und

$$n_1(\theta) := \max \left\{ k \leq n : \sum_{j=k}^{n} \binom{n}{j} \theta^j (1-\theta)^{n-j} > \alpha/2 \right\}.$$

Somit erhält man nach Satz 8.6.5 für $k \leq n$ Konfidenzbereiche zum Niveau α durch den Ansatz

$$C(k) := \{\theta \in [0,1] : k \in \mathcal{X}_0(\theta)\} = \{\theta \in [0,1] : n_0(\theta) \leq k \leq n_1(\theta)\}.$$

Nach Definition von $n_0(\theta)$ und $n_1(\theta)$ gilt aber genau dann $n_0(\theta) \leq k \leq n_1(\theta)$, wenn (gleichzeitig) die beiden Ungleichungen

$$B_{n,\theta}(\{0,\ldots,k\}) = \sum_{j=0}^{k} \binom{n}{j} \theta^j (1-\theta)^{n-j} > \alpha/2 \quad \text{und}$$

$$B_{n,\theta}(\{0,\ldots,k\}) = \sum_{j=k}^{n} \binom{n}{j} \theta^j (1-\theta)^{n-j} > \alpha/2$$

richtig sind. Mit anderen Worten, bei einem beobachteten $k \leq n$ erhalten wir als Konfidenzbereich[6] zum Niveau α die Menge

$$C(k) = \{\theta : B_{n,\theta}(\{0,\ldots,k\}) > \alpha/2\} \cap \{\theta : B_{n,\theta}(\{k,\ldots,n\}) > \alpha/2\}. \quad (8.39)$$

Betrachten wir folgendes konkrete Beispiel: In einer Urne befinden sich weiße und schwarze Kugeln mit einem unbekannten Anteil θ von weißen Kugeln. Um nähere Aussagen über θ zu erhalten entnehmen wir 500 Kugeln, die wir nach jedem Ziehen wieder zurück legen. Dabei beobachten wir insgesamt 220-mal eine weiße Kugel; als Sicherheitswahrscheinlichkeit sei $\alpha = 0.1$ gewählt. Konfidenzbereiche für den gesuchten Anteil weißer Kugeln ergeben sich somit als Menge derjenigen $\theta \in [0,1]$, für die die beiden Ungleichungen

$$f(\theta) := \sum_{j=0}^{220} \binom{500}{j} \theta^j (1-\theta)^{500-j} > 0.05 \quad \text{und}$$

$$g(\theta) := \sum_{j=220}^{500} \binom{500}{j} \theta^j (1-\theta)^{500-j} > 0.05$$

gleichzeitig erfüllt sind. Nun gilt aber

$$f(0.477707) = 0.0500029 \quad \text{und} \quad f(0.477708) = 0.0499983 \quad \text{als auch}$$
$$g(0.402822) = 0.0500014 \quad \text{und} \quad g(0.402821) = 0.0499967,$$

woraus sich das Konfidenzintervall zum Niveau 0.1 für 220 als

$$C(220) = (0.402822, 0.477707)$$

ergibt.

---

[6]Diese Bereiche werden auch Clopper-Pearson Intervalle genannt.

8.6 Bereichsschätzer und Konfidenzbereiche

Bemerkung 8.6.9

Das vorhergehende Zahlenbeispiel zeigt bereits, dass für große n die Bestimmung der Konfidenzbereiche recht kompliziert ist. Aus diesem Grund verwendet man häufig einen approximativen Weg für binomialverteilte Stichproben. Seien S_n gemäß $B_{n,\theta}$ verteilte zufällige Größe, dann folgt nach Satz 7.2.12, dass

$$\lim_{n\to\infty} \mathbb{P}\left\{\left|\frac{S_n - n\theta}{\sqrt{n\theta(1-\theta)}}\right| \leq u_{1-\alpha/2}\right\} = 1 - \alpha,$$

oder, in äquivalenter Form,

$$\lim_{n\to\infty} B_{n,\theta}\left\{k \leq n : \left|\frac{k - n\theta}{\sqrt{n\theta(1-\theta)}}\right| \leq u_{1-\alpha/2}\right\} = 1 - \alpha$$

gilt. Hierbei bezeichnet $u_{1-\alpha/2}$ das in Definition 8.4.5 eingeführte Quantil zum Niveau $1 - \alpha/2$. Damit erhält man als „approximativen" Annahmebereich

$$\mathcal{X}_0(\theta) = \left\{k \leq n : \left|\frac{k}{n} - \theta\right| \leq u_{1-\alpha/2}\sqrt{\frac{\theta(1-\theta)}{n}}\right\}.$$

Wegen des Faktors $\sqrt{\theta(1-\theta)}$ auf der rechten Seite kann man aus Satz 8.6.5 keine konkreten Konfidenzintervalle ableiten. Also muss in einem letzten Schritt θ durch seine Schätzung $\hat{\theta}(k) = \frac{k}{n}$ ersetzt werden. Dann ergeben sich die „approximativen" Konfidenzintervalle $C(k)$ zum Niveau α für $0 \leq k \leq n$ als

$$C(k) = \left[\frac{k}{n} - u_{1-\alpha/2}\sqrt{\frac{\hat{\theta}(k)(1-\hat{\theta}(k))}{n}}, \frac{k}{n} + u_{1-\alpha/2}\sqrt{\frac{\hat{\theta}(k)(1-\hat{\theta}(k))}{n}}\right].$$

Beispiel 8.6.10

Wir wollen nun die im Beispiel 8.6.8 behandelte Frage nochmals „approximativ" lösen. Von 500 gezogenen Kugeln sind 220 weiß; die Sicherheitswahrscheinlichkeit betrage 0.1. Als Quantil der Standardnormalverteilung zum Niveau 0.95 findet man $u_{0.95} = 1.64485$, woraus sich nach obiger Formel als linke und rechte Eckpunkte des „approximatives" Konfidenzintervalls $C(222)$ die Werte

$$\frac{220}{500} - 1.64485 \cdot \sqrt{\frac{(220/500)(280/500)}{500}} = 0.402828 \quad \text{bzw.}$$

$$\frac{220}{500} + 1.64485 \cdot \sqrt{\frac{(220/500)(280/500)}{500}} = 0.477172$$

ergeben. Man vergleiche das „approximative" Intervall $C(220) = [0.402828, 0.477172]$ mit dem im Beispiel 8.6.7 erhaltenen „exakten" Intervall $C(220) = (0.402822, 0.477707)$.

Beispiel 8.6.11

Vor einer Wahl werden 1000 Personen befragt, ob sie am kommenden Sonntag Kandidat A oder Kandidat B ihre Stimme geben werden. Von den Befragten haben 540 geantwortet, sie würden A wählen, während 460 sich für B entschieden. Man bestimme ein Intervall, in dem mit 90%-ger Sicherheit der zu erwartende Stimmenanteil des Kandidaten A liegt.

Lösung: Es gilt $n = 1000$ und $k = 540$ Das Quantil zum Niveau 0.95 berechnet sich, wie wir in Beispiel 8.6.10 bereits feststellten, als $u_{0,95} = 1.64485$. Damit ergibt sich $[0.514, 0.566]$ als „approximatives" Konfidenzintervall.

8.7 Aufgaben

Aufgabe 8.1

Auf $(\mathbb{R}, \mathcal{B}(\mathbb{R}))$ sei $\mathbb{P}_b$ die Gleichverteilung auf dem Interval $[0, b]$ mit unbekanntem $b > 0$. Es wird nun die Hypothese

$$\mathbb{H}_0 : b \leq b_0 \quad \text{gegen} \quad \mathbb{H}_1 : b > b_0$$

für ein gegebenes $b_0 > 0$ aufgestellt. Um $\mathbb{H}_0$ zu testen, entnimmt man unabhängig voneinander n Zahlen $x_1, \ldots, x_n$ gemäß $\mathbb{P}_b$. Für ein $c > 0$ sei der Test $\mathbf{T}_c$ durch den Annahmebereich $\mathcal{X}_0$ mit

$$\mathcal{X}_0 := \{(x_1, \ldots, x_n) : \max_{1 \leq i \leq n} x_i \leq c\}$$

definiert.

1. Für welche $c > 0$ ist $\mathbf{T}_c$ ein α-Signifikanztest zum Niveau $\alpha < 1$?
2. Wie ist c zu wählen, damit für den α-Signifikanztest $\mathbf{T}_c$ die Wahrscheinlichkeit eines Fehlers 2. Art minimal wird?
3. Wie berechnet sich die Gütefunktion dieses besten α-Tests $\mathbf{T}_c$?

Aufgabe 8.2

Für ein $\theta > 0$ sei $\mathbb{P}_\theta$ das Wahrscheinlichkeitsmaß auf $\mathbb{R}$ mit der Dichte p_θ definiert durch

$$p_\theta(s) = \begin{cases} \theta s^{\theta-1} & : s \in (0,1] \\ 0 & : \text{sonst} \end{cases}$$

1. Man überprüfe, dass die Funktionen p_θ wirklich Wahrscheinlichkeitsdichten sind.
2. Welcher statistische Raum beschreibt das n-fache unabhängige Wiederholen eines Versuchs gemäß $\mathbb{P}_\theta$?
3. Man bestimme den Schätzer für θ nach der Maximum-Likelihood-Methode.

8.7 Aufgaben

Aufgabe 8.3

Die Lebensdauer von Glühbirnen sei exponentiell mit unbekanntem Parameter $\lambda > 0$ verteilt. Um λ näher zu bestimmen, schalte man n Glühbirnen ein und registriere die Anzahl der Glühbirnen, die bis zu einem vorgegebenen Zeitpunkt $T > 0$ ausfallen. Welcher statistische Raum beschreibt dieses statistische Experiment? Wie sieht der Maximum-Likelihood-Schätzer für λ aus?

Aufgabe 8.4

Wir betrachten den statistischen Raum aus Beispiel 8.5.32, also $(\mathbb{R}^n, \mathcal{B}(\mathbb{R}^n), \mathbb{P}_b^n)_{b>0}$ mit der Gleichverteilung $\mathbb{P}_b$ auf $[0,b]$. Als Schätzer für b wähle man $\hat{\gamma}_1$ und $\hat{\gamma}_2$ mit

$$\hat{\gamma}_1(x) := \frac{n+1}{n} \max_{1 \leq i \leq n} x_i \quad \text{und} \quad \hat{\gamma}_2(x) := \frac{2}{n} \sum_{i=1}^n x_i, \quad x = (x_1, \ldots, x_n) \in \mathbb{R}^n.$$

Man zeige, das $\hat{\gamma}_1$ und $\hat{\gamma}_2$ folgende Eigenschaften besitzen:
1. Sowohl $\hat{\gamma}_1$ als auch $\hat{\gamma}_2$ sind erwartungstreue Schätzer für die Zahl $b > 0$.
2. Es gilt

$$\mathbb{V}_b \hat{\gamma}_1 = \frac{b^2}{n(n+2)} \quad \text{und} \quad \mathbb{V}_b \hat{\gamma}_2 = \frac{b^2}{3n^2}.$$

Aufgabe 8.5

Bei einer Befragung von 2000 zufällig ausgewählten Personen gaben 1420 an, das Internet regelmäßig zu nutzen. In welchem Bereich liegt mit 90%-iger Sicherheit der wahre Anteil der regelmäßigen Nutzer in der Bevölkerung? Man beantworte diese Frage „approximativ" unter Verwendung der in Bemerkung 8.6.9 dargestellten Methode. Welche Ungleichungen bestimmen den durch (8.39) definierten Konfidenzbereich für den unbekannten Anteil?

Aufgabe 8.6

Wie berechnen sich die in (8.39) konstruierten Konfidenzbereiche im Fall $k=0$ und $k=n$?

Aufgabe 8.7

Der statistische Raum sei $(\mathcal{X}, \mathcal{P}(\mathcal{X}), H_{N,M,n})_{M \leq N}$ mit $\mathcal{X} = \{0, \ldots, n\}$ und den in Definition 1.4.21 eingeführten hypergeometrischen Verteilungen $H_{N,M,n}$.

1. Durch Modifizierung der im Satz 8.2.12 verwendeten Methoden bestimme man Zahlen $0 \leq m_0 \leq m_1 \leq n$, sodass mit $\mathcal{X}_0 = \{m_0, \ldots, m_1\}$ der Test $(\mathcal{X}_0, \mathcal{X}_1)$ ein α-Signifikanztest zur Prüfung der Hypothese $\mathbb{H}_0 : M = M_0$ gegen $\mathbb{H}_1 : M \neq M_0$ ist. Dabei sei M_0 eine beliebig vorgegebene Zahl aus $\{0, \ldots, N\}$
2. Mithilfe von Satz 8.6.5 konstruiere man bei beobachtetem $m \leq n$ zu gegebenem α aus dem obigen $\mathcal{X}_0$ Konfidenzbereiche $C(m)$ für M zum Niveau α. Dabei folge man der Vorgehensweise aus Beispiel 8.6.8 im Fall der Binomialverteilung.

Aufgabe 8.8

Unter Verwendung von Satz 8.6.5 konstruiere man aus den in den Sätzen 8.4.15 und 8.4.16 betrachteten α-Signifikanztests Konfidenzintervalle für die unbekannte Varianz einer normalverteilten Grundgesamtheit.

A Anhang

A.1 Bezeichnungen

Im Buch verwenden wir folgende Standardnotationen:

1. Mit $\mathbb{N}$ werden immer die **natürlichen Zahlen** beginnend mit der Zahl 1 bezeichnet. Wollen wir andeuten, dass wir mit der 0 beginnen, so schreiben wir $\mathbb{N}_0$.

2. Die **ganzen Zahlen** $\mathbb{Z}$ sind durch $\mathbb{Z} = \{\ldots, -2, -1, 0, 1, 2, \ldots\}$ definiert.

3. Mit $\mathbb{R}$ wird stets die Gesamtheit der **reellen Zahlen** mit den üblichen algebraischen Operationen und der natürlichen Ordnung bezeichnet. Die Teilmenge $\mathbb{Q} \subset \mathbb{R}$ ist die Gesamtheit der **rationalen Zahlen**, also der Zahlen der Form m/n für $m, n \in \mathbb{Z}$ und $n \neq 0$.

4. Für ein $n \geq 1$ sei $\mathbb{R}^n$ stets der n-**dimensionale Euklidische Vektorraum**, d.h., es gilt
$$\mathbb{R}^n = \{x = (x_1, \ldots, x_n) : x_j \in \mathbb{R}\}.$$
Die Addition und skalare Multiplikation in $\mathbb{R}^n$ erfolgen koordinatenweise, also durch
$$x + y = (x_1, \ldots, x_n) + (y_1, \ldots, y_n) = (x_1 + y_1, \ldots x_n + y_n) \text{ und } \alpha\, x = (\alpha x_1, \ldots, \alpha x_n)$$
für $\alpha \in \mathbb{R}$.

A.2 Grundbegriffe der Mengenlehre

Gegeben sei eine Menge M. Dann bezeichnen wir mit $\mathcal{P}(M)$ die **Potenzmenge** von M, also die Gesamtheit aller Teilmengen von M. Man beachte, ist M endlich, so gilt $\#(\mathcal{P}(M)) = 2^{\#(M)}$, wobei $\#(\cdot)$ die **Kardinalität** oder Anzahl einer Menge bezeichnet.

Für Teilmengen A und B von M, also $A, B \subseteq M$, oder $A, B \in \mathcal{P}(M)$, sind **Vereinigung** und **Durchschnitt** von A und B wie üblich durch
$$A \cup B = \{x \in M : x \in A \text{ oder } x \in B\} \text{ sowie } A \cap B = \{x \in M : x \in A \text{ und } x \in B\}$$
definiert. Analog werden für Teilmengen $A_1, A_2, \ldots$ von M die Vereinigung $\bigcup_{j=1}^{\infty} A_j$ und der Durchschnitt $\bigcap_{j=1}^{\infty} A_j$ als Menge derjenigen $x \in M$ eingeführt, die in wenigstens einem der A_j enthalten bzw. die Element von allen A_j sind.

Häufiger verwenden werden wir das **Distributivgesetz**

$$A \cap \left(\bigcup_{j=1}^{\infty} B_j \right) = \bigcup_{j=1}^{\infty} (A \cap B_j).$$

Zwei Mengen A und B heißen **disjunkt**, falls $A \cap B = \emptyset$. Eine Folge von Mengen $A_1, A_2, \ldots$ nennt man disjunkt (exakter wäre die Bezeichnung „paarweise disjunkt"), sofern $A_i \cap A_j = \emptyset$ für $i \neq j$ gilt.

Ein Element $x \in M$ liegt in der Mengendifferenz $A \setminus B$, sofern $x \in A$, aber nicht $x \in B$ erfüllt ist. Mithilfe des **Komplements** $B^c := \{x \in M : x \notin B\}$ kann man diese Differenz auch als

$$A \setminus B = A \cap B^c$$

schreiben. Andererseits hat man auch $B^c = M \setminus B$. Man beachte noch $(B^c)^c = B$. Schließlich führen wir noch die **symmetrische Differenz** $A \Delta B$ zweier Mengen A und B als

$$A \Delta B := (A \setminus B) \cup (B \setminus A) = (A \cap B^c) \cup (B \cap A^c) = (A \cup B) \setminus (A \cap B) \quad \text{(A.1)}$$

ein. Man beachte, dass für eine Element $x \in M$ dann und nur dann $x \in A \Delta B$ gilt, wenn x in genau einer der beiden Mengen A und B liegt.

Wichtig sind die **De Morganschen Regeln**, die besagen, dass die folgenden Identitäten gelten:

$$\left(\bigcup_{j=1}^{\infty} A_j \right)^c = \bigcap_{j=1}^{\infty} A_j^c \quad \text{und} \quad \left(\bigcap_{j=1}^{\infty} A_j \right)^c = \bigcup_{j=1}^{\infty} A_j^c.$$

Für Mengen $A_1, \ldots, A_n$ definiert man ihr **kartesisches Produkt** $A_1 \times \cdots \times A_n$ durch

$$A_1 \times \cdots \times A_n := \{(a_1, \ldots, a_n) : a_j \in A_j\}.$$

Es sei $f : M \to S$ eine Abbildung mit einer gegebenen Menge S, beispielsweise mit $S = \mathbb{R}$. Für eine Teilmenge $B \subseteq S$ bezeichnet man mit $f^{-1}(B) \subseteq M$ das **vollständige Urbild** von B unter f. Es ist durch

$$f^{-1}(B) := \{x \in M : f(x) \in B\} \quad \text{(A.2)}$$

definiert. Mit anderen Worten, in $f^{-1}(B)$ liegen genau diejenigen $x \in M$, deren Bild nach Anwendung von f Element der Menge B ist.

Wir fassen die wesentlichen verwendeten Eigenschaften des vollständigen Urbilds in einem Satz zusammen.

Satz A.2.1

Sei $f : M \to S$ eine Abbildung mit einer beliebigen Menge S. Dann gilt Folgendes:

(1) Man hat $f^{-1}(\emptyset) = \emptyset$ und $f^{-1}(S) = M$.

(2) Für endlich oder unendlich viele Teilmengen $B_j \subset S$ bestehen folgende Gleichungen:

$$f^{-1}\left(\bigcup_{j\geq 1} B_j\right) = \bigcup_{j\geq 1} f^{-1}(B_j) \text{ und } f^{-1}\left(\bigcap_{j\geq 1} B_j\right) = \bigcap_{j\geq 1} f^{-1}(B_j). \tag{A.3}$$

Beweis: Wir beweisen nur die linke Identität in (A.3). Die rechte Gleichung weist man mit der gleichen Methode nach und Aussage (1) folgt unmittelbar.

Sei also $x \in f^{-1}\left(\bigcup_{j\geq 1} B_j\right)$. Dann ist dies dann und nur dann der Fall, wenn

$$f(x) \in \bigcup_{j\geq 1} B_j \tag{A.4}$$

erfüllt ist. Dies ist äquivalent zur Existenz eines $j_0 \geq 1$ mit $f(x) \in B_{j_0}$. Nach Definition des vollständigen Urbilds kann man die letzte Aussage wie folgt umschreiben: Es existiert ein $j_0 \geq 1$ mit $x \in f^{-1}(B_{j_0})$. Das wiederum heißt nichts Anderes, als dass

$$x \in \bigcup_{j\geq 1} f^{-1}(B_j). \tag{A.5}$$

Damit erfüllt ein $x \in M$ die Aussage (A.4) genau dann wenn (A.5) gilt. Dies beweist die linke Identität in (A.3). □

A.3 Kombinatorik

A.3.1 Binomialkoeffizienten

Ordnet man n Objekte fortlaufend, also zum Beispiel die Zahlen von 1 bis n, so gibt es hierfür

$$n! = 1 \cdot 2 \cdots (n-1) \cdot n$$

Möglichkeiten. Dabei vereinbart man noch $0! := 1$. Anders ausgedrückt, es existieren genau $n!$ (gesprochen **n-Fakultät**) verschiedene Permutationen der n Objekte. Warum? Am einfachsten sieht man das mit vollständiger Induktion. Für $n = 1$ stimmt die Aussage, und gilt sie für $n-1$, so erhält man die möglichen Anordnungen von n Objekten dadurch, dass man zuerst einmal die ersten $n-1$ Objekte permutiert, danach das neu hinzu gekommene n-te bei jeder der erhaltenen Permutationen entweder an die erste Stelle setzt, oder an die zweite oder bis hin an die letzte. Also kommen zu den bereits vorhandenen $(n-1)!$ Möglichkeiten jeweils noch n hinzu, somit insgesamt $(n-1)! \cdot n = n!$.

Nehmen wir nun an, wir teilen diese n Objekte in zwei Klassen ein, sodass für ein gewisses $k \leq n$ genau k Objekte in der ersten Klasse enthalten sind, somit in der zweiten $n-k$. Wie viele mögliche Aufteilungen gibt es, wobei zwei Aufteilungen identisch sein sollen, wenn in jeder Klasse dieselben Elemente enthalten sind?

Alle solche Einteilungen ergeben sich zum Beispiel dadurch, dass man die n Objekte beliebig permutiert, und dann bei jeder dieser Permutationen die ersten k Objekte in Klasse 1 einfügt, die restlichen $n - k$ in Klasse 2. Damit erhält man aber viel zu viele Möglichkeiten, denn permutiert man die Objekte innerhalb der beiden Klassen, so ändert dies nichts an ihrer Zusammensetzung. Es gibt $k!$ Möglichkeiten die Objekte der ersten Klasse zu permutieren und $(n-k)!$ für die zweite Klasse. Teilt man diese identischen Aufteilungen aus den $n!$ Möglichkeiten der Anordnung heraus, so ergeben sich schließlich

$$\frac{n!}{k!\,(n-k)!} := \binom{n}{k}$$

verschiedene Aufteilungen. Man nennt $\binom{n}{k}$ den **Binomialkoeffizienten** und spricht „n über k". Wir vereinbaren noch $\binom{n}{k} = 0$ falls $k > n$ oder $k < 0$.

Beispiel A.3.1

Ein digital übertragenes Wort der Länge n besteht aus einer Folge von n Nullen oder Einsen. Insgesamt existieren 2^n verschiedene solche Wörter, denn an der ersten Stelle kann „0" oder „1" stehen, an der zweiten ebenso bis hin zur n-ten Stelle. Wie viele verschiedene solche Wörter gibt es, die genau k Nullen enthalten? Dies sind $\binom{n}{k}$ Wörter, denn jedes Wort teilt die Zahlen von 1 bis n in zwei Klassen ein, nämlich in solche Stellen, an denen eine „0" steht und in solche mit einer „1". Dabei soll die erste Klasse nach Annahme k Elemente enthalten, die zweite somit $n - k$.

Wir fassen einige einfache Eigenschaften der Binomialkoeffizienten in einem Satz zusammen.

Satz A.3.2

Es gelte $k = 0, \ldots, n$ für ein $n \in \mathbb{N}$ und sei $r \geq 0$. Dann bestehen die Gleichungen

$$\binom{n}{k} = \binom{n}{n-k} \tag{A.6}$$

$$\binom{n}{k} = \binom{n-1}{k} + \binom{n-1}{k-1} \quad \text{und} \tag{A.7}$$

$$\binom{n+r}{n} = \sum_{j=0}^{n} \binom{n+r-j-1}{n-j} = \sum_{j=0}^{n} \binom{r+j-1}{j}. \tag{A.8}$$

Beweis: Gleichungen (A.6) und (A.7) folgen einfach unter Verwendung der Definition des Binomialkoeffizienten. Dabei beachte man, dass (A.7) auch für $k = n$ richtig bleibt, weil nach Vereinbarung $\binom{n-1}{n} = 0$ gilt.

A.3 Kombinatorik

Eine Iteration von (A.7) führt zu

$$\binom{n}{k} = \sum_{j=0}^{n} \binom{n-j-1}{k-j}.$$

Ersetzt man nun in dieser letzten Gleichung n durch $n+r$ sowie k durch n, so folgt die erste Identität in (A.8). Die zweite Gleichung ergibt sich dann durch Umkehrung der Summation, d.h., man ersetzt j durch $n-j$. □

Bemerkung A.3.3

Gleichung (A.7) lässt sich graphisch in Form des **Pascalschen Dreieck** darstellen, denn wenn man in der n-ten Zeile die Koeffizienten der Form $\binom{n}{k}$ mit $k = 0, \ldots, n$ aufschreibt, so ergibt sich der k-te Term als Summe der beiden darüber liegenden Terme in der $(n-1)$-ten Zeile:

$$
\begin{array}{ccccccc}
 & & & 1 & & & \\
 & & 1 & & 1 & & \\
 & 1 & & 2 & & 1 & \\
1 & & 3 & & 3 & & 1 \\
\cdot & \cdot & \cdot & \cdot & \cdot & \cdot & \cdot \\
\binom{n}{0} & \binom{n}{1} & \cdot & \cdot & \binom{n}{n-1} & \binom{n}{n}
\end{array}
$$

Folgende Eigenschaft der Binomialkoeffizienten spielt eine wichtige Rolle bei der Betrachtung der hypergeometrischen Verteilung (siehe Satz 1.4.20) sowie bei der Untersuchung der Summe unabhängiger binomialverteilter zufälliger Größen (siehe Satz 4.6.1).

Satz A.3.4

Für k, m und n in $\mathbb{N}_0$ folgt

$$\sum_{j=0}^{k} \binom{n}{j} \binom{m}{k-j} = \binom{n+m}{k}. \tag{A.9}$$

Beweis: Wir betrachten die Funktion

$$f(x) = (1+x)^{n+m} = \sum_{k=0}^{n+m} \binom{n+m}{k} x^k, \quad x \in \mathbb{R}. \tag{A.10}$$

Auf der anderen Seite gilt auch[1]

$$
\begin{aligned}
f(x) &= (1+x)^n(1+x)^m \\
&= \left[\sum_{j=0}^{n}\binom{n}{j}x^j\right]\left[\sum_{i=0}^{m}\binom{m}{i}x^i\right] = \sum_{j=0}^{n}\sum_{i=0}^{m}\binom{n}{j}\binom{m}{i}x^{i+j} \\
&= \sum_{k=0}^{n+m}\left[\sum_{i+j=k}\binom{n}{j}\binom{m}{i}\right]x^k = \sum_{k=0}^{n+m}\left[\sum_{j=0}^{k}\binom{n}{j}\binom{m}{k-j}\right]x^k. \quad \text{(A.11)}
\end{aligned}
$$

Die Koeffizienten in der Entwicklung von f in ein Polynom sind eindeutig, somit folgt aus (A.10) und (A.11), dass für alle $k \leq m+n$ die Gleichung

$$\binom{n+m}{k} = \sum_{j=0}^{k}\binom{n}{j}\binom{m}{k-j}$$

besteht. Man beachte, dass im Fall $k > n+m$ beide Seiten in (A.9) Null sind. Damit ist der Satz vollständig bewiesen. □

Schließlich formulieren und beweisen wir noch den Binomischen Lehrsatz:

Satz A.3.5: *Binomischer Lehrsatz*

Für reelle Zahlen a und b und $n = 0, 1, \ldots$ gilt

$$(a+b)^n = \sum_{k=0}^{n}\binom{n}{k}a^k b^{n-k}. \quad \text{(A.12)}$$

Beweis: Den Binomischen Lehrsatz beweist man am besten durch Induktion nach n.

Für $n = 0$ ist (A.12) selbstverständlich richtig. Nehmen wir die Gültigkeit von (A.12) für $n-1$ an. Unter Verwendung dieser Annahme erhalten wir dann

$$
\begin{aligned}
(a+b)^n &= (a+b)^{n-1}(a+b) \\
&= \sum_{k=0}^{n-1}\binom{n-1}{k}a^{k+1}b^{n-1-k} + \sum_{k=0}^{n-1}\binom{n-1}{k}a^k b^{n-k}
\end{aligned}
$$

---

[1] Beim Übergang von der zweiten zur dritten Zeile ändert man die Ordnung der Summation wie folgt: Man summiert im Rechteck $[0,m] \times [0,n]$ nicht mehr zuerst über i, dann über j, sondern nun entlang der Diagonalen, auf denen $i+j=k$ gilt. Dabei ist zu beachten, dass das Produkt der Binomialkoeffizienten Null wird, sobald man entweder $i > m$ oder $j > n$ hat.

A.3 Kombinatorik

$$= a^n + \sum_{k=0}^{n-2}\binom{n-1}{k}a^{k+1}b^{n-1-k} + b^n + \sum_{k=1}^{n-1}\binom{n-1}{k}a^k b^{n-k}$$

$$= a^n + b^n + \sum_{k=1}^{n-1}\left[\binom{n-1}{k-1} + \binom{n-1}{k}\right]a^k b^{n-k}$$

$$= \sum_{k=0}^{n}\binom{n}{k}a^k b^{n-k},$$

wobei der Übergang zur letzten Zeile unter Ausnutzung der Identität (A.6) erfolgte. □

Im Folgenden wollen wir den Binomialkoeffizienten verallgemeinern. In Anlehnung an

$$\binom{n}{k} = \frac{n(n-1)\cdots(n-k+1)}{k!}$$

führen wir für $k \geq 0$ und $n \in \mathbb{N}$ den **verallgemeinerten Binomialkoeffizienten** als

$$\binom{-n}{k} := \frac{-n(-n-1)\cdots(-n-k+1)}{k!} \tag{A.13}$$

ein.

Das folgende Lemma zeigt, wie man diese verallgemeinerte Koeffizienten in „normale" Binomialoeffizienten umrechnen kann.

Lemma A.3.6

Es gilt

$$\binom{-n}{k} = (-1)^k \binom{n+k-1}{k}$$

Beweis: Nach Definition des verallgemeinerten Binomialkoeffizienten folgt

$$\binom{-n}{k} = \frac{(-n)(-n-1)\cdots(-n-k+1)}{k!}$$

$$= (-1)^k \frac{(n+k-1)(n+k-2)\cdots(n+1)n}{k!} = (-1)^k \binom{n+k-1}{k}.$$

Damit ist das Lemma bewiesen. □

Beispielsweise ergibt sich $\binom{-1}{k} = (-1)^k$ und $\binom{-n}{1} = -n$.

A.3.2 Ziehen von Kugeln aus einer Urne

Wir nehmen an, dass sich in einer Urne n mit den Zahlen von 1 bis n beschriftete Kugeln befinden. Wir ziehen nun k mal Kugeln aus der Urne und beobachten die entstandene Zahlenfolge. Wie groß ist die Anzahl der möglichen zu beobachtenden Konfigurationen?

Um diese Frage zu beantworten, müssen wir die Versuchsanordnung präzisieren:

Fall 1 : **(Ziehen mit Zurücklegen und unter Beachtung der Reihenfolge)**

Für die erste Kugel gibt es n Möglichkeiten, und da wir die gezogene Zahl wieder zurück legen, auch für die zweite usw. bis zur n-ten. Fassen wir zusammen, so erhalten wir:

> Die Anzahl der möglichen Folgen beträgt n^k

Beispiel A.3.7

Buchstaben in Blindenschrift (Brailleschrift) werden dadurch erzeugt, dass sich an sechs vorgegebenen Stellen eine Erhöhung (Punkt) befinden kann. Wie viele Buchstaben lassen sich in dieser Schrift darstellen?

Antwort: Hier haben wir $n = 2$ (Erhöhung oder keine) und $k = 6$ Stellen. Also beträgt die Gesamtzahl der möglichen Wörter $2^6 = 64$.

Fall 2 : **(Ziehen ohne Zurücklegen und unter Beachtung der Reihenfolge)**

Dieser Fall ist nur sinnvoll für $k \leq n$. Für die zuerst gezogene Kugel existieren n Möglichkeiten, für die zweite dann nur noch $n-1$, denn eine Kugel fehlt, und so fort, bis zur letzten k-ten Kugel, für die es noch $n-k+1$ verbleibende Zahlen gibt. Fassen wir zusammen, so erhalten wir:

> Die Anzahl der möglichen Folgen beträgt $n(n-1)\cdots(n-k+1) = \dfrac{n!}{(n-k)!}$

Beispiel A.3.8

Wie viele Möglichkeiten gibt es für die Ziehung der Lottozahlen unter Berücksichtigung der Reihenfolge ihres Erscheinens?

Antwort: In diesem Fall ist $n = 49$ und $k = 6$. Die gesuchte Anzahl beträgt somit

$$\frac{49!}{43!} = 49\cdots 44 = 10.068.347.520$$

Fall 3 : **(Ziehen ohne Zurücklegen und ohne Beachtung der Reihenfolge)**

Auch hier nehmen wir wieder sinnvollerweise $k \leq n$ an. Diesen Fall haben wir bereits unter einem anderen Gesichtspunkt bei der Einführung des Binomialkoeffizienten betrachtet. Die k gezogenen Kugeln fassen wir in der ersten Klasse zusammen, die $n-k$ in der Urne verbliebenen in der zweiten. Damit erhalten wir das Folgende.

A.3 Kombinatorik

> Die Anzahl der möglichen Folgen beträgt $\binom{n}{k}$

Beispiel A.3.9

Wenn es in Beispiel A.3.8 keine Rolle spielt, in welcher Reihenfolge die Lottozahlen erschienen, so ergibt sich als Anzahl der möglichen Zahlenkombinationen

$$\binom{49}{6} = \frac{49 \cdots 43}{6!} = 13.983.816$$

Fall 4: (**Ziehen mit Zurücklegen und ohne Beachtung der Reihenfolge**)

Dieser Fall ist etwas komplizierter und bedarf einer anderen Sichtweise: Wir zählen wie häufig jede der n Kugeln bei den k Versuchen entnommen wurde. Also sei k_1 die Zahl, wie oft Kugel 1 in den k Versuchen erschien, k_2 die Häufigkeit der zweiten Kugel bis k_n die der n-ten Kugel. Dann folgt $0 \leq k_j \leq k$ und $k_1 + \cdots + k_n = k$. Damit sehen wir, dass die gestellte Frage äquivalent zu folgender ist:

Wie viele Zahlenfolgen $(k_1, \ldots, k_n)$ mit $k_j \geq 0$ und $\sum_{j=1}^n k_j = k$ existieren?

Um diese Frage zu beantworten überlegen wir uns ein Hilfsmodell. Und zwar nehmen wir n Kästen $K_1, \ldots, K_n$ und platzieren k Teilchen in die n Kästen. Dabei seien in Kasten K_1 genau k_1 Teilchen, in K_2 seien es k_2 bis in K_n genau k_n. Jetzt stellen wir uns vor, die Kästen stehen nebeneinander und sind jeweils durch eine Wand getrennt. Dann existieren $n + 1$ Trennwände, von denen die zwei äußeren fixiert sind, die anderen $n - 1$ flexibel. Durch Permutation der k Teilchen und $n - 1$ Trennwände erhalten wir nun alle möglichen Belegungen der n Kästen. Das sind $(k + n - 1)!$ Möglichkeiten. Aber dabei erscheinen einige Verteilungen mehrfach, nämlich indem man entweder die Teilchen permutiert oder aber die Trennwände. Nimmt man diese Vielfachheiten heraus, so ergibt sich Folgendes.

> Die Anzahl der möglichen Folgen beträgt $\dfrac{(k+n-1)!}{k!\,(n-1)!} = \binom{n+k-1}{k}$

Beispiel A.3.10

Dominosteine können auf jeder ihrer Hälften durch 0 bis 6 Punkte markiert werden. Dabei sind die Steine symmetrisch, d.h., ein Stein mit einem Punkt auf der linken und zwei Punkten auf der rechte Hälfte ist identisch mit einem Stein mit umgekehrter Markierung. Wie viele verschiedene Dominosteine gibt es?

Antwort: Es gilt $n = 7$ und $k = 2$, also beträgt die Gesamtzahl der Steine

$$\binom{7+2-1}{2} = \binom{8}{2} = 28\,.$$

Beispiel A.3.11

Zur Veranschaulichung der vier verschiedenen Fälle betrachten wir die Entnahme von zwei Kugeln aus vier mit den Zahlen 1, 2, 3 und 4 beschrifteten. Es gilt also $n = 4$ und $k = 2$. In Abhängigkeit von den unterschiedlichen Versuchsanordnungen sind dann folgende Ergebnisse möglich. Dabei beachte man, dass zum Beispiel im 3. Fall die Kombination $(3, 2)$ wegfällt, da sie wegen der Nichtbeachtung der Reihenfolge identisch mit $(2, 3)$ ist.

Fall 1

$(1,1)$	$(1,2)$	$(1,3)$	$(1,4)$
$(2,1)$	$(2,2)$	$(2,3)$	$(2,4)$
$(3,1)$	$(3,2)$	$(3,3)$	$(3,4)$
$(4,1)$	$(4,2)$	$(4,3)$	$(4,4)$

16 Möglichkeiten

Fall 2

·	$(1,2)$	$(1,3)$	$(1,4)$
$(2,1)$	·	$(2,3)$	$(2,4)$
$(3,1)$	$(3,2)$	·	$(3,4)$
$(4,1)$	$(4,2)$	$(4,3)$	·

12 Möglichkeiten

Fall 3

·	$(1,2)$	$(1,3)$	$(1,4)$
·	·	$(2,3)$	$(2,4)$
·	·	·	$(3,4)$
·	·	·	·

6 Möglichkeiten

Fall 4

$(1,1)$	$(1,2)$	$(1,3)$	$(1,4)$
·	$(2,2)$	$(2,3)$	$(2,4)$
·	·	$(3,3)$	$(3,4)$
·	·	·	$(4,4)$

10 Möglichkeiten

A.3.3 Multinomialkoeffizienten

Der Binomialkoeffizient $\binom{n}{k}$ gibt die Anzahl der Möglichkeiten an, n Objekte in zwei Klassen mit k bzw. mit $n - k$ Elementen einzuteilen. Was passiert nun, wenn wir nicht zwei Klassen haben, sondern m, und wir fragen, wie viele Möglichkeiten existieren, die n Objekte so zu verteilen, sodass die erste Klasse k_1 Elemente enthält, die zweite k_2 usw. bis die m-te Klasse k_m. Damit diese Frage sinnvoll ist, muss $k_1 + \cdots + k_m = n$ erfüllt sein.

Überlegen wir uns wie im Fall von zwei Klassen, welche Anzahl von Aufteilungen existieren. Wir permutieren die n Objekte beliebig, nehmen die ersten k_1 Objekte in die erste Klasse, die folgenden k_2 in die zweite Klasse usw. Wieder haben wir einige Aufteilungen mehrfach gezählt, und zwar die, die dadurch entstehen, dass man die Elemente in den einzelnen Klassen permutiert. Das sind aber $k_1! \cdot k_2! \cdots k_m!$ Fälle. Nehmen wir diese heraus, so erhalten wir folgendes Ergebnis:

> Die Anzahl der möglichen Aufteilungen von n Objekten auf m Klassen der Größen $k_1, \ldots, k_m$ mit $k_1 + \cdots + k_m = n$ beträgt $\dfrac{n!}{k_1! \cdots k_m!}$

A.3 Kombinatorik

In Anlehnung an den Binomialkoeffizienten schreiben wir

$$\binom{n}{k_1, \ldots, k_m} := \frac{n!}{k_1! \cdots k_m!}, \quad k_1 + \cdots + k_m = n, \tag{A.14}$$

und nennen $\binom{n}{k_1,\ldots,k_m}$ den **Multinomialkoeffizienten** von „n über k_1 bis k_m".

Bemerkung A.3.12

Im Fall $m = 2$ folgt $k_1 + k_2 = n$, d.h., setzen wir $k_1 = k$, so gilt $k_2 = n - k$, und wir erhalten

$$\binom{n}{k, n-k} = \binom{n}{k}.$$

Beispiel A.3.13

Ein Skatspiel besteht aus 32 Karten. Von diesen werden jeweils 10 Karten auf die drei Spieler und 2 Karten in den Skat verteilt. Wie viele mögliche Verteilungen der Karten gibt es?

Antwort: Wir müssen zuerst festlegen, wann zwei Kartenverteilungen identisch sind. Sagen wir, die Verteilungen stimmen überein, wenn sowohl Spieler A, als auch B und C exakt dieselben Karten besitzen (dann stimmen automatisch die Karten im Skat überein). Unter dieser Annahme heißt das, wir verteilen die 32 Karten in vier Klassen, nämlich an Spieler A, B, C und den Skat. Also gilt $n = 32$, $k_1 = k_2 = k_3 = 10$ und $k_4 = 2$, und die gesuchte Anzahl beträgt[2]

$$\binom{32}{10, 10, 10, 2} = \frac{32!}{(10!)^3 \, 2!} = 2.753294409 \times 10^{15}.$$

Kommen wir jetzt zur angekündigten Verallgemeinerung von Satz A.3.5. Gegeben seien m reelle Zahlen $x_1, \ldots, x_m$ und eine Zahl $n \geq 0$.

Satz A.3.14: *Multinomialsatz*

Unter diesen Voraussetzungen folgt

$$(x_1 + \cdots + x_m)^n = \sum_{\substack{k_1 + \cdots + k_m = n \\ k_i \geq 0}} \binom{n}{k_1, \ldots, k_m} x_1^{k_1} \cdots x_m^{k_m}. \tag{A.15}$$

Beweis: Wir beweisen (A.15) mithilfe vollständiger Induktion über die Zahl m der Summanden; präziser, wir zeigen, gilt (A.15) für $m - 1$ und alle n, dann ist die Gleichung auch für m und alle n richtig.

Für $m = 1$ überzeugt man sich unmittelbar von der Richtigkeit der Aussage.

---

[2] Die Größe der Zahl zeigt, warum Skatspiele immer wieder aufs Neue interessant sind.

Wir nehmen jetzt an, dass (A.15) für m und alle n richtig ist, und betrachten nunmehr $m+1$ Summanden. Mit $y := x_1 + \cdots + x_m$ erhalten wir unter Verwendung von Satz A.3.5 und der Induktionsannahme, dass

$$\left(\sum_{i=1}^{m+1} x_i\right)^n = (y + x_{m+1})^n = \sum_{j=1}^{n} \frac{n!}{j!\,(n-j)!}\, x_{m+1}^j y^{n-j}$$

$$= \sum_{j=1}^{n} \frac{n!}{j!\,(n-j)!} \sum_{\substack{k_1+\cdots+k_m=n-j \\ k_i \geq 0}} \frac{(n-j)!}{k_1!\cdots k_m!}\, x_1^{k_1}\cdots x_m^{k_m} x_{m+1}^j .$$

Indem wir in der letzten Summe $j = k_{m+1}$ setzen, folgt unmittelbar

$$(x_1 + \cdots + x_{m+1})^n = \sum_{\substack{k_1+\cdots+k_{m+1}=n \\ k_i \geq 0}} \frac{n!}{k_1!\cdots k_{m+1}!}\, x_1^{k_1}\cdots x_{m+1}^{k_{m+1}},$$

und somit gilt (A.15) auch für $m+1$ Summanden. Damit ist der Satz bewiesen. $\square$

Bemerkung A.3.15

Die Anzahl der Summanden in (A.15) beträgt $\binom{n+m-1}{n}$. Man vergleiche Fall 4 aus Abschnitt A.3.2.

A.4 Analytische Hilfsmittel

In diesem Abschnitt wollen wir einige Ergebnisse der Analysis vorstellen, die im Buch an wichtigen Stellen verwendet werden. Dabei beschränken wir uns auf solche Themen, die vielleicht weniger bekannt sind und nicht unbedingt zum Inhalt einer Grundvorlesung der Analysis gehören. Für eine allgemeine Einführung in die Analysis, wie z.B. zu Konvergenzkriterien für unendliche Reihen, zum Mittelwertsatz der Differentialrechnung oder über den Hauptsatz der Differential- und Integralrechnung, verweisen wir auf die Bücher [4], [5], [6] und [7].

Wir beginnen mit dem Beweis einer Aussage, die im Beweis des Poissonschen Grenzwertsatzes 1.4.18 verwendet wird. Aus der Analysis ist wohl bekannt (man vgl. [6], Beispiel 9, §21), dass

$$\lim_{n \to \infty} \left(1 + \frac{x}{n}\right)^n = e^x \tag{A.16}$$

für jedes $x \in \mathbb{R}$ gilt. Im folgenden Satz wollen wir das leicht verallgemeinern.

Satz A.4.1

Gegeben sei eine Folge reeller Zahlen $(x_n)_{n \geq 1}$ mit $\lim_{n \to \infty} x_n = x$. Dann folgt

$$\lim_{n \to \infty} \left(1 + \frac{x_n}{n}\right)^n = e^x .$$

A.4 Analytische Hilfsmittel

Beweis: Aufgrund von (A.16) genügt es

$$\lim_{n\to\infty} \left|\left(1+\frac{x_n}{n}\right)^n - \left(1+\frac{x}{n}\right)^n\right| = 0 \tag{A.17}$$

nachzuweisen. Da die x_n konvergieren, so sind sie beschränkt, und wir finden ein $c > 0$ mit $|x_n| \leq c$ und $|x| \leq c$. Fixieren wir für einen Moment $n \geq 1$ und setzen

$$a := 1 + \frac{x_n}{n} \quad \text{und} \quad b := 1 + \frac{x}{n}.$$

Nach der Wahl von $c > 0$ erhalten wir $|a| \leq 1 + c/n$ und $|b| \leq 1 + c/n$, womit sich

$$\begin{aligned}
|a^n - b^n| &= |a-b|\,|a^{n-1} + a^{n-2}b + \cdots + ab^{n-2} + b^{n-1}| \\
&\leq |a-b|\left(|a|^{n-1} + |a|^{n-2}|b| + \cdots + |a||b|^{n-2} + |b|^{n-1}\right) \\
&\leq |a-b|\,n\left(1+\frac{c}{n}\right)^{n-1} \leq C\,n\,|a-b|
\end{aligned}$$

mit einem $C > 0$ aufgrund der Konvergenz der Folge $(1+c/n)^{n-1}$ [gegen e^c] ergibt. Nach Definition von a und b schreibt sich die erhaltene Abschätzung als

$$\left|\left(1+\frac{x_n}{n}\right)^n - \left(1+\frac{x}{n}\right)^n\right| \leq C\,n\,\frac{|x_n - x|}{n} = C\,|x - x_n|,$$

woraus wegen $x_n \to x$ unmittelbar Aussage (A.17) folgt. Damit ist der Satz bewiesen. □

Im Folgenden wollen wir einige Eigenschaften von Potenzreihen und der von ihnen erzeugten Funktionen darstellen. Dabei beschränken wir uns auf solche Aussagen, die im Buch verwendet werden. Für weiterführende Betrachtungen verweisen wir auf Kapitel 8 in [6].

Gegeben sei eine Folge $(a_k)_{k\geq 0}$ von reellen Zahlen. Der **Konvergenzradius** $r \in [0,\infty]$ der Potenzreihe $\sum_{k=0}^{\infty} a_k x^k$ wird dann durch

$$r := \frac{1}{\limsup\limits_{k\to\infty} |a_k|^{1/k}}$$

definiert. Hierbei gelten die Konventionen $1/0 := \infty$ und $1/\infty := 0$. Hat man $r > 0$, so konvergiert die unendliche Reihe

$$f(x) := \sum_{k=0}^{\infty} a_k\, x^k \tag{A.18}$$

für $|x| < r$ gleichmäßig und absolut. Die auf dem **Konvergenzgebiet** $\{x \in \mathbb{R} : |x| < r\}$ dadurch erzeugte Funktion f ist somit als **Potenzreihe** in der Form (A.18) dargestellt.

Auf dem Konvergenzgebiet ist f beliebig oft differenzierbar mit

$$f^{(n)}(x) = \sum_{k=n}^{\infty} k\,(k-1)\cdots(k-n+1)\,a_k\,x^{k-n} \tag{A.19}$$

$$= \sum_{k=0}^{\infty} (k+n)\,(k+n-1)\cdots(k+1)\,a_{k+n}\,x^k = n!\sum_{k=0}^{\infty}\binom{n+k}{k}a_{k+n}\,x^k.$$

Man beachte dabei, dass die Koeffizienten $n!\binom{n+k}{k}a_{n+k}$ in der Reihendarstellung von $f^{(n)}$ denselben Konvergenzradius $r > 0$ wie die Koeffizienten a_k besitzen. Außerdem erhält man aus (A.20) unmittelbar $a_n = f^{(n)}(0)/n!$, woraus insbesondere die Eindeutigkeit der Koeffizienten a_k in Darstellung (A.18) für gegebenes f folgt.

Satz A.4.2

Für $n \geq 1$ und $|x| < 1$ gilt

$$\frac{1}{(1+x)^n} = \sum_{k=0}^{\infty} \binom{-n}{k} x^k. \tag{A.20}$$

Beweis: Nach der Summenformel für die geometrische Reihe folgt unter Verwendung von $\binom{-1}{k} = (-1)^k$, dass $(1+x)^{-1}$ für $|x| < 1$ die Darstellung

$$\frac{1}{1+x} = \sum_{k=0}^{\infty}(-1)^k x^k = \sum_{k=0}^{\infty}\binom{-1}{k}x^k$$

besitzt. Damit ist die Aussage des Satzes im Fall $n = 1$ richtig.

Nehmen wir nun an, dass der Satz für $n - 1$ bewiesen ist, also für $|x| < 1$ haben wir

$$\frac{1}{(1+x)^{n-1}} = \sum_{k=0}^{\infty}\binom{-n+1}{k}x^k.$$

Differenzieren dieser Gleichung auf dem Gebiet $\{x : |x| < 1\}$ ergibt

$$-\frac{n-1}{(1+x)^n} = \sum_{k=1}^{\infty}\binom{-n+1}{k}k\,x^{k-1} = \sum_{k=0}^{\infty}\binom{-n+1}{k+1}(k+1)\,x^k. \tag{A.21}$$

Direkte Rechnung liefert

$$-\frac{k+1}{n-1}\binom{-n+1}{k+1} = -\frac{k+1}{n-1}\frac{(-n+1)(-n)\cdots(-n+1-(k+1)+1)}{(k+1)!}$$
$$= \frac{(-n)(-n-1)\cdots(-n-k+1)}{k!} = \binom{-n}{k},$$

und zusammen mit (A.21) impliziert dies

$$\frac{1}{(1+x)^n} = \sum_{k=0}^{\infty}\binom{-n}{k}x^k.$$

Damit haben wir den Schritt von $n - 1$ zu n vollzogen, und der Satz ist bewiesen. □

Der folgende Satz kann als Pendant zu (A.9) für verallgemeinerte Binomialkoeffizienten betrachtet werden.

Satz A.4.3

Für $k \geq 0$ und in $m, n \in \mathbb{N}$ folgt

$$\sum_{j=0}^{k} \binom{-n}{j}\binom{-m}{k-j} = \binom{-n-m}{k}. \tag{A.22}$$

Beweis: Der Beweis ist ähnlich dem von Satz A.3.4. Unter Verwendung von Satz A.4.2 wird die Funktion $(1+x)^{-n-m}$ auf zwei Arten als eine Potenzreihe dargestellt. Einmal haben wir für $|x| < 1$ die Darstellung

$$\frac{1}{(1+x)^{n+m}} = \sum_{k=0}^{\infty} \binom{-n-m}{k} x^k \tag{A.23}$$

und andererseits

$$\frac{1}{(1+x)^{n+m}} = \left[\sum_{j=0}^{\infty} \binom{-n}{j} x^j\right] \left[\sum_{l=0}^{\infty} \binom{-m}{l} x^l\right]$$

$$= \sum_{k=0}^{\infty} \left[\sum_{j+l=k} \binom{-n}{j}\binom{-m}{l}\right] x^k = \sum_{k=0}^{\infty} \left[\sum_{j=0}^{k} \binom{-n}{j}\binom{-m}{k-j}\right] x^k. \tag{A.24}$$

Wie oben festgestellt, sind die Koeffizienten in der Darstellung einer Funktion als Potenzreihe eindeutig bestimmt, weswegen sich durch Vergleich von (A.23) und (A.24) die gewünschte Aussage

$$\sum_{j=0}^{k} \binom{-n}{j}\binom{-m}{k-j} = \binom{-n-m}{k}$$

ergibt. □

Gegeben sei eine Funktion $f : \mathbb{R}^n \to \mathbb{R}$. Wie ist ihr Integral $\int_{\mathbb{R}^n} f(x)\,dx$ definiert? Zur Vereinfachung der Notation beschränken wir uns auf den Fall $n = 2$. Die Probleme werden bereits in diesem Fall deutlich und die erhaltenen Aussagen gelten entsprechend auch für $n > 2$.

Die einfachste Möglichkeit, das Integral einzuführen, ist wie folgt:

$$\int_{\mathbb{R}^2} f(x)\,dx := \int_{-\infty}^{\infty}\int_{-\infty}^{\infty} f(x_1, x_2)\,dx_2\,dx_1,$$

wobei man annimmt, dass für festes $x_1 \in \mathbb{R}$ zuerst das Integral der Funktion

$$g(x_1) := \int_{-\infty}^{\infty} f(x_1, x_2)\,dx_2$$

existiert, dann das Integral von g bezüglich x_1. Es stellt sich natürlich sofort die Frage, warum man das Integral nicht in umgekehrter Reihenfolge der Integration (erst über x_1, dann über x_2) definiert. Betrachten wir dazu folgendes Beispiel:

Beispiel A.4.4

Die Funktion $f : \mathbb{R}^2 \to \mathbb{R}$ sei wie folgt definiert: Es gilt $f(x_1, x_2) = 0$ für $x_1 < 0$ oder $x_2 < 0$ und, wenn $x_1, x_2 \geq 0$, dann hat man

$$f(x_1, x_2) := \begin{cases} +1 : x_1 \leq x_2 < x_1 + 1 \\ -1 : x_1 + 1 \leq x_2 \leq x_1 + 2 \\ 0 : \text{sonst} \end{cases}$$

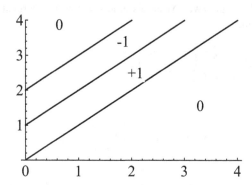

Abb. A.1: Die Funktion f

Dann folgt sofort

$$\int_0^\infty f(x_1, x_2) \, \mathrm{d}x_2 = 0 \quad \text{für alle } x_1 \in \mathbb{R} \text{ also } \int_{\mathbb{R}^2} f(x) \, \mathrm{d}x = 0.$$

Auf der anderen Seite gilt

$$\int_0^\infty f(x_1, x_2) \, \mathrm{d}x_1 = \begin{cases} \int_0^{x_2}(+1) \, \mathrm{d}x_1 = x_2 & : 0 \leq x_2 < 1 \\ \int_0^{x_2-1}(-1) \, \mathrm{d}x_1 + \int_{x_2-1}^{x_2}(+1) \, \mathrm{d}x_1 = 2 - x_2 & : 1 \leq x_2 \leq 2 \\ \int_{x_2-2}^{x_2} f(x_1, x_2) \, \mathrm{d}x_1 = 0 & : 2 < x_2 < \infty \end{cases}$$

Damit erhalten wir

$$\int_0^\infty \left[\int_0^\infty f(x_1, x_2) \, \mathrm{d}x_1 \right] \mathrm{d}x_2 = 1 \neq 0 = \int_0^\infty \left[\int_0^\infty f(x_1, x_2) \, \mathrm{d}x_2 \right] \mathrm{d}x_1.$$

Beispiel A.4.4 zeigt, dass i.A. weder die Definition des Integrals einer Funktion von mehreren Veränderlichen noch die Vertauschung der Integrationsreihenfolgen unproblematisch sind. Glücklicherweise gilt folgendes positive Resultat:

A.4 Analytische Hilfsmittel

Satz A.4.5: *Satz von Fubini*

Im Fall $f(x_1, x_2) \geq 0$ für alle $(x_1, x_2) \in \mathbb{R}^2$ kann man stets die Integrationsreihenfolgen vertauschen, d.h., man hat

$$\int_{-\infty}^{\infty} \left[\int_{-\infty}^{\infty} f(x_1, x_2) \, dx_1 \right] dx_2 = \int_{-\infty}^{\infty} \left[\int_{-\infty}^{\infty} f(x_1, x_2) \, dx_2 \right] dx_1 . \qquad (A.25)$$

Dabei ist es durchaus möglich, dass eines der Integrale, und damit auch das andere, den Wert ∞ annimmt.

Gleichung (A.25) besteht auch für nicht notwendig positive Funktionen f, wenn eins der iterierten Integrale, zum Beispiel

$$\int_{-\infty}^{\infty} \left[\int_{-\infty}^{\infty} |f(x_1, x_2)| \, dx_1 \right] dx_2 , \qquad (A.26)$$

endlich ist. Nach dem ersten Teil gilt (A.26) dann auch für das andere iterierte Integral

$$\int_{-\infty}^{\infty} \left[\int_{-\infty}^{\infty} |f(x_1, x_2)| \, dx_2 \right] dx_1 < \infty .$$

Erfüllt die Funktion f eine der beiden Voraussetzungen aus Satz A.4.5, dann ist das Integral von f durch

$$\int_{\mathbb{R}^2} f(x) \, dx := \int_{-\infty}^{\infty} \left[\int_{-\infty}^{\infty} f(x_1, x_2) \, dx_1 \right] dx_2 = \int_{-\infty}^{\infty} \left[\int_{-\infty}^{\infty} f(x_1, x_2) \, dx_2 \right] dx_1$$

eindeutig definiert. Schließlich setzen wir noch für $B \subseteq \mathbb{R}^2$

$$\int_B f(x) \, dx := \int_{\mathbb{R}^2} f(x) \, \mathbf{1}_B(x) \, dx ,$$

vorausgesetzt die iterierten Integrale existieren. Hierbei ist $\mathbf{1}_B$ die in (3.18) eingeführte Indikatorfunktion von B.

Ist beispielsweise K_1 der Einheitskreis, d.h., es gilt $K_1 = \{(x_1, x_2) : x_1^2 + x_2^2 \leq 1\}$, dann folgt

$$\int_{K_1} f(x) \, dx = \int_{-1}^{1} \int_{-\sqrt{1-x_1^2}}^{\sqrt{1-x_1^2}} f(x_1, x_2) \, dx_2 \, dx_1 .$$

Oder hat man zum Beispiel $B = \{(x_1, x_2, x_3) \in \mathbb{R}^3 : x_1 \leq x_2 \leq x_3\}$, so ergibt sich

$$\int_B f(x) \, dx = \int_{-\infty}^{\infty} \int_{-\infty}^{x_3} \int_{-\infty}^{x_2} f(x_1, x_2, x_3) \, dx_1 \, dx_2 \, dx_3 .$$

Bemerkung A.4.6

Die Aussagen des Satzes A.4.5 gelten auch für unendliche Doppelsummen. Sind α_{ij} reelle Zahlen, für die entweder $\alpha_{ij} \geq 0$ oder aber $\sum_{i=0}^{\infty} \sum_{j=0}^{\infty} |\alpha_{ij}| < \infty$ gilt, so folgt

$$\sum_{i=0}^{\infty}\sum_{j=0}^{\infty} \alpha_{ij} = \sum_{j=0}^{\infty}\sum_{i=0}^{\infty} \alpha_{ij} = \sum_{i,j=0}^{\infty} \alpha_{ij}.$$

Noch allgemeiner, bilden die Mengen $I_k \subseteq \mathbb{N}_0^2$, $k = 0, 1, 2, \ldots$, eine disjunkte Zerlegung von $\mathbb{N}_0^2$, so hat man auch

$$\sum_{i,j=0}^{\infty} \alpha_{ij} = \sum_{k=0}^{\infty} \sum_{(i,j) \in I_k} \alpha_{ij}.$$

Beispielsweise folgt mit $I_k = \{(i,j) \in \mathbb{N}^2 : i+j = k\}$ die Aussage

$$\sum_{i,j=0}^{\infty} \alpha_{ij} = \sum_{k=0}^{\infty} \sum_{(i,j) \in I_k} \alpha_{ij} = \sum_{k=0}^{\infty} \sum_{i=0}^{k} \alpha_{i\,k-i}.$$

Literaturverzeichnis

Bauer, Heinz : *Wahrscheinlichkeitstheorie*, De Gruyter Lehrbuch. Berlin etc., (1991).

Durrett, Rick : *Probability: Theory and Examples*, Cambridge University Press, Cambridge, (2010).

Feller, William : *An introduction to probability theory and its applications. I*, New York–London–Sydney: John Wiley and Sons, (1968).

Fichtenholz, Gregor Michailowitsch : *Differential- und Integralrechnung. I*, Frankfurt am Main (1997).

Fichtenholz, Gregor Michailowitsch : *Differential- und Integralrechnung. II*, Frankfurt am Main (1990).

Heuser, Harro : *Lehrbuch der Analysis. Teil 1*, Mathematische Leitfäden. Wiesbaden: Teubner, (2006).

Heuser, Harro : *Lehrbuch der Analysis. Teil 2*, Wiesbaden: Vieweg & Teubner, (2008).

Irle, Albrecht : *Wahrscheinlichkeitstheorie und Statistik. Grundlagen – Resultate – Anwendungen*, Wiesbaden: Teubner, (2005).

Kolmogoroff, Andrey Nikolajewitsch : *Grundbegriffe der Wahrscheinlichkeitsrechnung* Ergebnisse der Math. und ihrer Grenzgebiete. Berlin: Julius Springer, (1933).

Paolella, Marc S. : *Fundamental Probability. A computational approach*, John Wiley & Sons, Chichester, (2006).

Pfanzagl, Johann : *Elementare Wahrscheinlichkeitsrechnung*, Berlin etc., de Gruyter, (1991).

Shiryaev, Albert Nikolayevich : *Wahrscheinlichkeit*, Berlin, Deutscher Verlag der Wissenschaften, (1988).

Index

Abhängigkeit von Ereignissen, 87
Ablehnungsbereich, 283
absolute Häufigkeit, 5
absolutes Moment, 201
α-Signifikanztest, 286
Alternativhypothese, 283
Annahmebereich, 283
Ausgangsraum, 279

bedingte Verteilung, 82
bedingtes Wahrscheinlichkeitsmaß, 82
Berechnung der Randverteilungen
    – diskreter Fall, 113
    – stetiger Fall, 116
Bereichsschätzer, 323
Bereichsschätzer zum Niveau α, 323
Bernsteinpolynom, 275
Bestimmung des Verteilungsgesetzes
    – diskreter Fall, 102
    – stetiger Fall, 105
Betafunktion, 48
Betaverteilung, 49
Bias, 320
Binomialkoeffizient, 334
binomialverteilte zufällige Größe, 108
Binomialverteilung, 22
Binomischer Lehrsatz, 336
Borelmenge
    – in $\mathbb{R}$, 5
    – in $\mathbb{R}^n$, 60
Borelsche σ-Algebra, 5

Cantorsches Diskontinuum, 41
Cauchyverteilung, 53
χ^2-Verteilung, 52
χ^2-Test für die Varianz
    – bei bekanntem Mittelwert, 302
    – bei unbekanntem Mittelwert, 303
Clopper-Pearson Intervalle, 326
Cornflakeschachteln, 201

De Morgansche Regeln, 332
Dichte
    – eines Wahrscheinlichkeitsmaßes, 37
    – einer zufälligen Größe, 102
Diracmaß, 17
disjunkte Mengen, 332
diskrete zufällige Größe, 101
diskretes Wahrscheinlichkeitsmaß, 16
Doppel-t-Test, 305
Doppel-u-Test, 304
3σ-Regel, 142
Dualbruch, 144

effizienter Schätzer, 322
Einpunktverteilung, 17
Einschluss-Ausschluss-Regel, 75
Eintreten eines Ereignisses, 2
Elementarereignis, 2
empirische Varianz, 292
empirischer Erwartungswert, 292
endliche Additivität, 6
Ereignis, 2
Ereignis-σ-Algebra, 8
Erlangverteilung, 51
erwartungstreuer Schätzer, 316
Erwartungswert
    – einer diskreten Größe, 183
    – einer stetigen Größe, 191
Erwartungswert nichtnegativer Größen
    – diskreter Fall, 182
    – stetiger Fall, 190
Erwartungswertvektor, 234
erzeugte σ-Algebra, 4
Euklidischer Abstand, 230
Eulersche Konstante, 225
Existenz des Erwartungswerts
    – diskreter Fall, 183
    – stetiger Fall, 191
Exponentialverteilung, 50

Fakultät, 333
Faltung, 158
Faltungsformel
    – für $\mathbb{N}_0$-wertige Größen, 156
    – für $\mathbb{Z}$-wertige Größen, 155
    – für stetige Größen, 159
Fehler
    – 1. Art, 284
    – 2. Art, 284
Fisherinformation, 322
Fishersche F-Verteilung, 177
Folge unabhängiger Größen
    – endliche, 119
    – unendliche, 247
Formel
    – von Bayes, 84
    – über totale Wahrscheinlichkeit, 83
F-Test, 307
F-Verteilung, 177

Gütefunktion, 285
Gammafunktion, 44
gammaverteilte zufällige Größe, 108
Gammaverteilung, 47
Gaußsche Fehlerfunktion, 55
Gaußsche Φ-Funktion, 55
Gaußtest, 297
Gegenhypothese, 283
Geometrische Verteilung, 32
gleichmäßig bester Schätzer, 321
gleichverteilte zufällige Größe, 107
Gleichverteilung
    – auf einem Intervall, 40
    – auf endlicher Menge, 18
    – n-dimensionale, 64
Grundraum, 1

Händlerrisiko, 284
Hauptachsentransformation, 231
Hypergeometrische Verteilung, 29
Hypothese, 283

identisch verteilte Größen, 104
Indikatorfunktion, 124

Käuferrisiko, 284
Kardinalität einer Menge, 331

kartesisches Produkt, 332
Komlement einer Menge, 332
Konfidenzbereich, 323
Konvergenz
    – fast sicher, 257
    – in Verteilung, 263
    – in Wahrscheinlichkeit, 256
Konvergenzgebiet, 343
Konvergenzradius, 343
Koordinatenabbildungen, 109
korellierte zufällige Größen, 218
Korrelationskoeffizient, 220
korrigierte empirische Varianz, 292
Kovarianz, 215
Kovarianzmatrix, 234
kritischer Bereich, 283

Laplaceverteilung, 18
Lemma
    – von Borel und Cantelli, 251
    – von R. A. Fisher, 293
Likelihoodfunktion, 309
Log-Likelihoodfunktion, 311

Maximum-Likelihood-Schätzer, 310
Mengendifferenz, 332
messbare Funktion, 135
ML-Schätzer, 310
Momente einer zufälligen Größe, 201
Monte-Carlo-Methode, 259
Multinomialkoeffizient, 341
Multinomialsatz, 341
Multinomialverteilung, 24

$\mathbb{N}$, 331
$\mathbb{N}_0$, 331
Nadeltest, 65
n-dimensionales Volumen, 62
negativ korreliert, 221
negative Binomialverteilung, 34
$\mathcal{N}(\mu, R)$-verteilter Vektor, 234
normale Zahl, 260
normalverteilte zufällige Größe, 108
normalverteilter Vektor, 229
Normalverteilung
    – eindimensionale, 44
    – n-dimensionale, 234
Nullhypothese, 283

oberer Limes von Mengen, 250
Ordnungsstatistik, 128

paarweise Unabhängigkeit, 89
Parameterraum, 280
Pascalsches Dreieck, 335
Poissonscher Grenzwertsatz, 26
Poissonverteilung, 26
positiv definite Matrix, 230
positiv korreliert, 221
Potenzmenge, 331
Potenzreihe, 343
Produkt
    – diskreter Maße, 69
    – stetiger Maße, 71
Produkt-σ-Algebra, 68
Produktmaß, 69
Punktmaß, 17
Punktschätzer, 308

$\mathbb{Q}$, 331
Quantil
    – der $F_{m,n}$-Verteilung, 297
    – der Standardnormalverteilung, 296
    – der χ_n^2-Verteilung, 296
    – der t_n-Verteilung, 297

$\mathbb{R}$, 331
Randverteilungen eines Vektors, 111
reellwertige Zufallsvariable, 98
relative Häufigkeit, 6
Risikofunktion, 319
$\mathbb{R}^n$, 331
$\mathbb{R}^n$-wertige Zufallsvariable, 109
Rosinenverteilung im Teig, 161
Rundungsfehler, 267

Sammlerproblem, 200
Satz
    – von Berry und Esséen, 274
    – von Fubini, 347
    – von R. A. Fisher, 294
    – von de Moivre und Laplace, 269
Schätzer, 308
schließlich immer eintreten, 249
schwaches Gesetz der großen Zahlen, 255
Schwarzsche Ungleichung, 220
sicheres Ereignis, 3

Sicherheitswahrscheinlichkeit, 286
σ-Additivität, 6
σ-Algebra, 3
Signifikanztest, 286
Simulation zufälliger Größen
    – diskreter Fall, 150
    – stetiger Fall, 151
Skalarprodukt, 230
standardnormalverteilter Vektor, 228
Standardnormalverteilung
    – eindimensionale, 44
    – n-dimensionale, 73, 235
starkes Gesetz der großen Zahlen, 257
statistischer Raum
    – in allgemeiner Form, 278
    – in Parameterform, 281
statistischer Test, 283
stetige zufällige Größe, 102
stetiges Wahrscheinlichkeitsmaß
    – eindimensionales, 38
    – n-dimensionales, 61
Stetigkeit eines Maßes
    – von oben, 9
    – von unten, 9
Stetigkeitskorrektur, 266
Stichprobe, 278
Stichprobenraum, 277
Stirlingsche Formel
    – für die Γ-Funktion, 46
    – für n-Fakultät, 46
Streicholzschachtelproblem, 35
Studentsche t-Verteilung, 175
symmetrische Differenz, 332
symmetrische Matrix, 230

Test, 283
Tests für Binomialverteilung, 288
t-Test, 300
t-Verteilung, 175

unabhängige n-fache Wiederholung, 279
unabhängige zufällige Größen, 119
Unabhängigkeit
    – endlich vieler Ereignisse, 87
    – endlich vieler Größen, 119
    – unendlich vieler Ereignisse, 250
    – unendlich vieler Größen, 147, 247

Unabhängigkeit von n Ereignissen, 90
Unabhängigkeit zufälliger Größen
    – diskreter Fall, 121
    – stetiger Fall, 126
unendlich oft eintreten, 250
unendlicher Münzwurf, 147
Ungleichung von Chebyshev, 245
unitäre Matrix, 231
unkorrelierte zufällige Größen, 218
unmögliches Ereignis, 3
unterer Limes von Mengen, 250
unverfälschter Schätzer, 316
u-Test, 297

Varianz, 206
verallgemeinerter Binomialkoeffizient, 337
Verfälschung eines Schätzers, 320
Vergleichstest, 303
Verteilungsannahme, 278
Verteilungsdichte
    – einer zufälligen Größe, 102
    – eines zufälligen Vektors, 116
Verteilungsfunktion
    – eines Wahrscheinlichkeitsmaßes, 54
    – einer zufälligen Größe, 105
Verteilungsgesetz
    – einer zufälligen Größe, 101
    – eines zufälligen Vektors, 110
    – gemeinsames, 110
vollständig normale Zahl, 261
vollständiges Urbild, 332
Volumen, 62

Wahrscheinlichkeit
    – a posteriori, 84
    – a priori, 84
Wahrscheinlichkeitsdichte
    – eindimensionale, 37
    – n-dimensionale, 60
Wahrscheinlichkeitsmaß, 7
Wahrscheinlichkeitsraum, 8
Wahrscheinlichkeitsverteilung, 7
Wertebereich diskreter Größen, 102

$\mathbb{Z}$, 331
Zentraler Grenzwertsatz, 264
Ziehen mit Zurücklegen
    – mit Reihenfolge, 338
    – ohne Reihenfolge, 339
Ziehen ohne Zurücklegen
    – mit Reihenfolge, 338
    – ohne Reihenfolge, 338
zufällige Größe, 98
zufällige Irrfahrt, 138
zufällige reelle Zahl, 98
zufälliger Vektor, 109
Zufallsexperiment, 1